개정2판

KB251448

적중 **품질경영(산업)기사**
CBT 실기 모의고사

Quality Management

품질경쟁력 전문 지도위원
공학박사 · 기술사 · 지도사

권오운 편저

한국기업

품질

경영

관리

품질혁신
사업장

저자 직강
www.cpedua.com
인강 명소

✓ CBT 완벽대비 고득점 핵심 문제+해설

✓ 최신 출제경향 분석 후 필수 정보 해설

✓ CBT 방식대응 실전연습 완전정복 학습

✓ 제조기업·공기업 혁신 교육·지도 경력

도서출판
정일

낭비한 시간에 대한 후회는
더 큰 시간낭비이다.
- 메이슨 쿨리 -

적중 품질경영(산업)기사 CBT 실기 모의고사를 발간하면서

본 수험서는 품질경영(산업)기사 시험의 진행방식이 종전의 PBT방식(필기: 종이 문제지+OMR 답안지 마킹 방식, 실기: 종이 문제지+종이 답안지에 필답형 기술)으로 진행이 되었지만 현재 CBT 방식(필기: 컴퓨터 화면상 문제 제시+콤보형에 답 번호 클릭 방식, 실기: 컴퓨터 화면상 문제 제시+종이 답안지에 필답형 기술)으로 전환되어 시행중이므로 이에 효과적으로 대비하여 고득점 합격을 지원하기 위해 기획 출판하게 되었습니다.

단기합격을 위한 조언으로서 CBT방식으로 바뀌어 진행되더라도 이론 및 실무 내용만 잘 알고 있으면 문제풀이에 애로사항이 없는 방식으로 보면 됩니다. 그러므로 본 교재에서 제공하는 이론 바탕하에 문제에 대한 연습만 확실히 하면 시험은 거뜬히 합격할 수 있다는 의미입니다.

본서의 특징은 다음과 같다.

1) 2022년도에 공시된 최신출제 경향에 맞추어 수험서 내용을 최신판으로 기획하였습니다.
2) 최근 10개년간 기출문제 유형분석을 철저히 하여 품질경영기사 시험에 만전을 기하였다.
3) 각 과목별 실기 모의고사는 현행 출제기준 및 KS규격에 맞게 해설하여 적중률을 높였다.
4) 문제의 풀이과정을 확실히 함으로써 다양한 유형의 문제들에 대해 완전학습을 도모하였다.

품질경영(산업)기사 시험은 산업응용 분야인 품질경영 전문(산업)기사로서의 전문적 지식을 검증하는 시험이므로 출제범위가 상당이 넓고, 출제예상문제를 가늠하기가 쉽지는 않지만, 특히 과년도 기출유사문제를 파악하여 더욱 중점적으로 대비하면 단기합격에 효과적일 수 있습니다.

품질경영(산업)기사 시험범위에는 KS규격, ISO규격 등과 관련이 많으며, 특히 통계이론 등은 국제규격인 ISO규격에 맞추어 KS규격이 개정되므로 개정된 KS 내용이 교재에 반영되어 집필되어 있으며, 앞으로도 관련 국가규격, 국제규격, 단체규격이 개정될 때에는 적시에 수험서를 보완하여 수험편의를 제공할 것임을 약속드립니다.

현재 적용중인 KS나 ISO 규격에 맞추어 통계학 내지 통계적 품질관리 관련 내용이 최신판으로 반영이 되어 있으나, 품질경영과 관련하여 KS나 관련 법규 등은 항상 주기적으로 개정이 되므로 앞으로도 적시에 보완할 것을 약속드립니다.

본 수험서를 통하여 수험생 모두에게 조기 합격의 영광이 있으시길 기원하며 나아가 산업현장에서 성공적인 기회가 주어지시길 바랍니다.

이번에 CBT 방식에 의거한 품질경영(산업)기사 시험대비의 개정판이 나오기까지에는 여러 제약조건이 따랐으나 본 편저자가 저술한 기술사(품질/공장), 지도사(경영/기술), 품질경영(산업)기사 수험서를 구독중이신 회원님들의 뜨거운 격려가 있었기에 더욱 용기를 내어 품질경영기사 부분까지를 충실히 마무리할 수 있었음을 알려 드립니다.

감사합니다.

편저자 산업공학박사/품질관리기술사/기술지도사 권오운 드림

☆ 편저자 약력 : 공학박사·기술사·지도사 권오운

○ 소속 : ㈜ATPM컨설팅(www.atpm.co.kr) 대표컨설턴트/사장
　　　　국가기술자격취득 e-학원 CP에듀(www.cpedua.com) 원장
　　　　☆전문: 기술사(품질/공장)/지도사(안전/경영/기술)/기사(QM)

○ 경력 : 대우조선해양 QA/QC과장, 한국표준협회 수석전문위원/팀장

○ 학력 : 공학박사(산업공학; 고려대), 공학석사(산업경영공학; 연세대)

○ 자격 : 기술사(품질관리), 기술지도사(생산관리/기술혁신관리), 선박기관사(갑종1등)
　　　　품질경영기사, 에너지관리기사(취득시: 열관리기사1급)
　　　　산업안전지도사 1차합격(01070559)/2차합격(기계;01220256)(제13회)/단기고득점

○ 저서 : [최신]산업안전지도사 도서 총 6권 저술(1차 2025년 R2판, 2&3차 2025 R1판)
　　　　　　☆기출문제풀이집/산안법령/산안일반/기업진단지도/기계안전공학/면접실전연습
　　　　[최신]품질관리기술사 도서 총 3권 저술(품질경영 등 3권, ATPM, 2024 14판)
　　　　[최신]공장관리기술사 도서 총 3권 저술(생산시스템 등 4권, ATPM, 2024 14판)
　　　　[최신]경영지도사(생관) 도서 총 3권 저술(경영과학 등 3권, ATPM, 2024년 7판)
　　　　[최신]기술지도사(생관) 도서 총 3권 저술(생산관리 등 3권, ATPM, 2021년 6판)
　　　　　　기술지도사(기술혁신) 도서 총 3권 저술(재료역학 등 3권, 2024년, 3판)
　　　　[최신]품질경영기사 도서 총 6권 저술(신뢰성관리 등 6권, 정일출판, 2021 6판)
　　　　　　[종합] 품질경영기사 필기(증보5판), 실기(증보2판)(성안당→ATPM, 2024)
　　　　　　[최신] 품질경영(산업)기사 CBT필기/실기 모의고사(전자책, ATPM, 2024)
　　　　[최신]품경산업기사 도서 총 5권 저술(통계적품질 등 6권, 정일출판, 2021 6판)
　　　　　　[종합] 품질경영산기 필기(증보5판), 실기(증보2판)(성안당→ATPM, 2024)
　　　　혁신활동 단행본 저서 총 6권 공동저술(품질경영추진론, 차별화경영, e-Biz 등)
　　　　TPM혁신활동 저서 총 19권 저술(최신 TPM종합실무, 영문판 상·하 TPM실무 등)

○ 논문 : 이익이 나는 TPM의 효율적 추진방안 연구 등 10여편 (1996년~현재)

○ 기고 : TPM 도입 기업의 6시그마, TPS의 통합추진 방안 등 27건(KSA, 1996~현재)

○ 실적 : 삼성계열사(7개사), 두산계열사(7개사), LG/현대 계열사 등 대기업 60여개사 및
　　　　중소기업 220개사 무재해, TPM, 품질혁신, 원가혁신 등 기업혁신 교육 및 지도

○ 진흥 : 산업자원부 주관 국가품질경영상(품질·생산·TPM분야) 대통령상 심사위원 역임
　　　　국가품질망 웹구성설계 단독 수주 및 설계(www.q-korea.net) (KSA, 2005) 등

○ 수상 : 대한민국 인물 大賞(권오운)(한경BUSINESS), 대한민국 우수브랜드 大賞(CP에듀)
　　　　한국소비자만족도 평가1위(공장관리기술사 교육)(한국브랜드진흥협회) 권오운
　　　　대한민국 우수기업 브랜드 大賞(국가자격 총6종 교육)(주최: 한국브랜드진흥협회)
　　　　한국경제신문사장賞(공로상), 한국표준협회장賞(공로상), 대우조선 사장賞(공로상)

◈ 품질경영기사 실기 출제기준 ◈

직무분야	경영・회계・사무	자격 종목	품질경영기사	적용 기간	2023.01.01~2026.12.31
중직무분야	생산관리				

○ 직무내용 :

고객만족을 실현하기 위하여 설계, 생산준비, 제조 및 서비스를 산업 전반에서 전문적인 지식을 가지고 제품의 품질을 확보하고 품질경영시스템의 업무를 수행하여 각 단계에서 발견된 문제점을 지속적으로 개선하고 혁신하는 직무 수행.

○ 수행준거 :

1. 통계적 기법을 기초로 품질경영 업무 및 신뢰성 업무를 수행할 수 있다.
2. 품질계획 및 설계, 제조, 서비스에 이르는 품질보증시스템 전반에 대해 이해하고 관리도 및 샘플링검사, 실험계획법 등을 활용하여 관리개선 업무를 수행할 수 있다.
3. 제도적 개선 방법에 대해 이해하고 품질시스템 유지 및 개선을 위한 시스템 운영방법을 적용할 수 있다.

실기과목명	품질경영 실무	실기검정방법	필답형	시험시간	3시간

주요 항목	세부 항목	세세 항목
1. 품질정보 관리	1. 품질정보체계 정립	1. 품질정보의 분류 체계 정립 2. 품질정보 운영 절차 및 기준 작성
	2. 품질정보 분석 및 평가	1. 품질정보 운영기준에 따라 항목별 품질데이터 산출 2. 품질정보 운영기준에 따라 항목별 품질데이터 수집 3. 수집된 품질데이터를 통계적 기법에 따른 분석 4. 품질목표 달성 여부와 프로세스 개선필요 여부 평가 5. 품질정보 평가로 각 부문의 개선활동 계획 수립 반영
	3. 품질정보 활용	1. 각 부문 품질경영 활동 및 통계적 품질관리 계획 수립 2. 각 부문 품질경영 활동에 통계적 품질관리 기법 지원 3. 각 부문 통계적 품질관리 활동 추진결과 사후관리
2. 품질코스트 관리	1. 품질코스트 체계 정립	1. 품질코스트 분류 체계별 품질코스트 항목 설정 2. 품질코스트 항목별 산출기준과 수집방법 사내표준화
	2. 품질코스트 수집	1. 품질코스트 및 COPQ 주기적 산출 및 수집 지원 2. 수집된 품질코스트 및 COPQ 결과 검증
	3. 품질코스트 개선	1. 품질코스트 및 COPQ에 의거 품질개선 필요 항목 도출 2. 도출된 품질코스트 및 COPQ에 따른 개선활동 수행 3. 품질코스트 및 COPQ 정합성 모니터링 및 품질 개선
3. 설계품질 관리	1. 품질특성 및 설계변수 설정	1. 최적설계 구현을 위한 품질변수 설정 2. 설정된 품질변수를 통한 실험설계 3. 실험설계를 위한 실험 방법 및 조건 도출

주요 항목	세부 항목	세세 항목
	2. 파라미터 설계하기	1. 파라미터 설계를 위한 실험계획 수립 2. 계획된 실험방법에 따른 실험 진행 3. 계획된 실험방법에 따른 진행된 실험결과 분석 4. 설계변수의 최적조합조건 도출 및 설계변수 결정
	3. 허용차 설계 및 결정	1. 설계변수의 최적조합수준에서 재현성 실험설계 실시 2. 분산분석에 의한 요인별 기여도 파악 및 허용차 설정 3. 품질특성치의 허용차 결정 및 표준화 실시
4. 공정품질 관리	1. 중점관리항목 선정	1. 중점관리항목 선정 절차에 따라 정보수집 및 분석 2. 분석 정보로 품질기법 활용 및 중점관리항목 선정 3. 선정 중점관리항목을 관리계획 반영 및 문서 작성
	2. 관리도 작성	1. 중점관리항목에 따른 해당 관리도 종류 선정 2. 관리계획서 등에 따라 데이터 수집 및 관리도 작성 3. 작성된 관리도 활용으로 공정 해석 4. 관리도 해석으로 발생한 공정이상에 대한 조치
	3. 공정능력평가	1. 데이터 유형에 따른 공정능력 분석방법 선정 2. 품질특성의 규격에 따른 공정능력 평가 3. 공정능력 평가결과 활용으로 개선방향 수립 4. 수립 개선방향에 따른 공정능력 향상 활동 수행
5. 품질검사 관리	1. 검사체계정립	1. 품질 요구사항 충족 검사업무 절차와 검사기준 설정 2. 검사업무 절차와 검사기준에 따른 검사관리 요소 설정 3. 제품개발 계획과 생산계획에 따른 검사계획을 수립
	2. 품질검사실시	1. 검사업무 절차와 검사기준에 따른 품질검사 실시 2. 검사결과 발생한 불합격 로트에 대한 부적합품 처리 3. 검사 결과에 따른 검사이력 관리대장 작성
	3. 측정기 관리	1. 측정기 유효기간 고려한 교정계획 수립 2. 수립한 교정계획에 따른 교정 실시 3. 측정기 관리 절차에 따른 측정시스템분석 수행
6. 품질보증 체계 확립	1. 품질보증체계 정립	1. 품질보증 업무에 대한 미비·수정·보완 사항 도출 2. 도출된 문제점에 따른 품질보증 업무 프로세스 정립 3. 품질보증 업무 프로세스의 문서화 및 사내표준 정비
	2. 품질보증체계 운영	1. 교육계획 수립으로 품질보증 업무에 대한 교육 운영 2. 품질보증 업무에 대한 단계별 품질보증 활동 지원 3. 품질보증 업무에 대한 단계별 품질보증 활동 수행 4. 품질보증 업무 운영결과에 따른 사후관리
7. 신뢰성관리	1. 신뢰성 체계 정립	1. 신뢰성체계 요구사항에 따른 수정·보완 사항 도출 2. 도출된 문제점에 따른 신뢰성 업무 프로세스 정립 3. 신뢰성 업무 프로세스 문서화 및 사내표준 정비

주요 항목	세부 항목	세세 항목
	2. 신뢰성시험	1. 고객요구 반영 신뢰성시험 업무 절차와 시험방법 선정 2. 신뢰성시험 절차와 시험방법 고려 신뢰성시험 실시 3. 신뢰성시험 결과에 근거한 개선 방향 설정 4. 신뢰성 개선 필요 사항 도출 및 수정
	3. 신뢰성평가	1. 신뢰성 데이터에 의거 신뢰성 파라미터 분석방법 선정 2. 신뢰성파라미터 분석에 따른 신뢰성 수준 분석 및 평가 3. 신뢰성 평가 결과 활용 개선 방향 설정 4. 신뢰성 개선 필요 사항 도출 및 수정
8. 현장품질 관리	1. 3정5S 활동	1. 3정 5S 추진 절차에 따른 활동계획 수립 2. 3정 5S 활동계획에 따른 역할분담 3정 5S 활동 실행
	2. 눈으로 보는 관리	1. 품질특성에 영향을 주는 관리대상 선정, 활동계획 수립 2. 활동계획에 따른 관리 방법과 기준의 결정
	3. 자주보전활동	1. 자주보전 추진계획에 따라 단계별 세부 추진일정 수립 2. 활동 단계별 진행방법에 따른 활동 실행

◆ 품질경영산업기사 실기 출제기준 ◆

직무분야	경영·회계·사무	자격	품질경영	적용	2023.01.01 ~ 2026.12.31
중직무분야	생산관리	종목	산업기사	기간	

○ 직무내용 :

　고객만족을 실현하기 위하여 조직, 생산준비, 제조 및 서비스 등 주로 산업 및 서비스 전반에서 품질경영시스템의 업무를 수행하고 각 단계에서 발견된 문제점을 지속적으로 개선하고 혁신하는 직무 수행.

○ 수행준거 :

　1. 통계적 기법을 이해하고 현장 품질문제에 대한 조사 및 분석업무를 관리도, 샘플링, 실험계획법 등을 활용 실시할 수 있다.

　2. 품질경영 현장실무 기법의 활용 및 검사업무를 수행하여 품질시스템을 유지 및 개선할 수 있다.

실기과목명	품질경영 실무	실기검정방법	필답형	시험시간	2시간 30분

주요 항목	세부 항목	세세 항목
1. 품질정보 관리	1. 품질정보체계 정립	1. 품질정보의 분류 체계 정립 2. 품질정보 운영 절차 및 기준 작성
	2. 품질정보 분석 및 평가	1. 품질정보에 따른 항목별 품질데이터 산출 2. 품질정보에 따른 항목별 품질데이터 수집 3. 수집된 품질데이터의 통계적 기법에 따른 분석 4. 품질정보 분석 결과 목표달성 및 개선 필요 여부 평가 5. 품질정보에 따른 각 부문의 개선활동 계획수립에 반영
	3. 품질정보 활용	1. 각 부문 품질경영 활동 및 통계적 품질관리 계획 수립 2. 각 부문 품질경영 활동에 통계적 품질관리 기법 지원 3. 각 부문 통계적 품질관리 활동 추진결과 평가·사후관리
2. 설계품질 관리	1. 품질특성 및 설계변수 설정	1. 최적설계 구현을 위한 품질변수 설정 2. 설정된 품질변수를 통한 실험설계 3. 실험설계를 위한 실험 방법 및 조건 도출
	2. 파라미터 설계	1. 파라미터 설계를 위한 실험계획 수립 2. 계획된 실험방법에 따른 실험 진행 3. 계획된 실험방법에 따른 진행된 실험결과 분석 4. 설계변수의 최적조합조건 도출 및 설계변수 결정
	3. 허용차 설계 및 결정	1. 설계변수의 최적조합수준에서 재현성 실험설계 실시 2. 분산분석에 의한 요인별 기여도 파악 및 허용차 설정 3. 품질특성치의 허용차 결정 및 표준화 실시
3. 공정품질 관리	1. 중점관리항목 선정	1. 중점관리항목 선정 절차에 따라 정보수집 및 분석 2. 분석 정보로 품질기법 활용 및 중점관리항목 선정 3. 선정 중점관리항목을 관리계획 반영 및 문서 작성

주요 항목	세부 항목	세세 항목
	2. 관리도 작성	1. 중점관리항목에 따른 해당 관리도 종류 선정 2. 관리계획서 등에 따라 데이터 수집 및 관리도 작성 3. 작성된 관리도 활용으로 공정 해석 4. 관리도 해석으로 발생한 공정이상에 대한 조치
	3. 공정능력평가	1. 데이터 유형에 따른 공정능력 분석방법 선정 2. 품질특성의 규격에 따른 공정능력 평가 3. 공정능력 평가결과 활용으로 개선방향 수립 4. 수립 개선방향에 따른 공정능력 향상 활동 수행
4. 품질검사 관리	1. 검사체계정립	1. 품질 요구사항 충족 검사업무 절차와 검사기준 설정 2. 검사업무 절차와 검사기준에 따른 검사관리 요소 설정 3. 제품개발 계획과 생산계획에 따른 검사계획을 수립
	2. 품질검사실시	1. 검사업무 절차와 검사기준에 따른 품질검사 실시 2. 검사결과 발생한 불합격 로트에 대한 부적합품 처리 3. 검사 결과에 따른 검사이력 관리대장 작성
	3. 측정기 관리	1. 측정기 유효기간 고려한 교정계획 수립 2. 수립한 교정계획에 따른 교정 실시 3. 측정기 관리 절차에 따른 측정시스템분석 수행
5. 품질보증 체계 확립	1. 품질보증체계 정립	1. 품질보증 업무에 대한 미비·수정·보완 사항 도출 2. 도출된 문제점에 따른 품질보증 업무 프로세스 정립 3. 품질보증 업무 프로세스의 문서화 및 사내표준 정비
	2. 품질보증체계 운영	1. 교육계획 수립으로 품질보증 업무에 대한 교육 운영 2. 품질보증 업무에 대한 단계별 품질보증 활동 지원 3. 품질보증 업무에 대한 단계별 품질보증 활동 수행 4. 품질보증 업무 운영결과에 따른 사후관리
6. 현장품질 관리	1. 3정5S 활동	1. 3정 5S 추진 절차에 따른 활동계획 수립 2. 3정 5S 활동계획에 따른 역할분담 3정 5S 활동 실행
	2. 눈으로 보는 관리	1. 품질특성에 영향을 주는 관리대상 선정, 활동계획 수립 2. 활동계획에 따른 관리 방법과 기준의 결정
	3. 자주보전활동	1. 자주보전 추진계획에 따라 단계별 세부 추진일정 수립 2. 활동 단계별 진행방법에 따른 활동 실행

[적중] 품질경영(산업)기사 CBT 실기 모의고사 개편이력 현황

개정판	발간년도	주요 증보·개정 내역
개정2판	2025년	* [적중] 품질경영(산업)기사 CBT 실기 모의고사 (도서출판 정일) * CBT에 따른 품질경영(산업)기사 실기 대비 모의고사로 개편
개정1판	2022년	* 품질경영기사 실기 유사문제 풀이집 (도서출판 ATPM) * 2017~2022년도까지의 기출유사문제 풀이집 별책으로 발간
초판	2016년	* 품질경영기사 실기 초판 발행 (도서출판 성안당) * 2012~2015년도까지의 유사문제 풀이집 본문 부록에 첨부

◆ 품질경영(산업)기사 시험의 CBT방식 시행중 안내 ◆

기존 시험의 경우 종이를 이용한 PBT(Paper Based Testing)방식(종이 문제집+OMR 답안지 마킹 방식)으로 진행이 되었지만 최근 많은 국가기술 자격증들이 전자문제집 CBT와 동일한 방식인 CBT(Computer Based Testing) 방식으로 변경되었습니다.

품질경영기사 및 품질경영산업기사 시험의 진행방식이 종전의 PBT방식(필기: 종이 문제지+OMR 답안지 마킹 방식, 실기: 종이 문제지+종이 답안지에 필답형 기술)으로 진행이 되었지만 현재 CBT 방식(필기: 컴퓨터 화면상 문제 제시+콤보형에 답 번호 클릭 방식, 실기: 컴퓨터 화면상 문제 제시+종이 답안지에 필답형 기술)으로 전환되어 시행중이므로 처음 시험제도를 접하는 분들은 다소 생소하게 느껴질 것입니다.

요점은 시험을 치르는 방식이 컴퓨터 화면에서의 문제에 대한 답을 필기 객관식은 클릭 형식으로, 실기 필답형은 문제를 보고 필답형으로 푸는 것으로서, CBT방식으로 바뀌어 진행하더라도 이론 및 실무 내용만 잘 알고 있으면 걱정할 문제가 없는 방식으로 보면 됩니다. 그러므로 본 교재에서 제공하는 문제에 대한 연습만 확실히 하면 시험은 거뜬히 합격한다는 의미입니다.

현재 시행중인 국가기술자격 시험의 CBT 방식으로 전환된 년도는 다음과 같습니다.
  1. 산업기사 전체 : 2020년 4회부터 CBT 시험 전환
  2. 기사 전체 : 2022년 3회부터 CBT 시험 전환

기존 방식의 경우 종이 문제지를 사용하므로 시험 응시후에 시험지를 본인이 집으로 가져 갈 수 있게 되어 있었습니다. 그래서 기출문제라는 개념이 존재했습니다. 하지만 CBT 시험의 경우 기출문제를 공개하지 않습니다(공개가 불가능합니다). 그 이유는 CBT시험의 경우 동일한 시험장, 동일한 장소에서 치른다 하더라도 각 개인별로 서로 다른 문제가 출제될 수 있습니다. 문제 순서만 바뀌는 것이 아닌 응시자마다 다른 문제가 출제됩니다.

CBT 방식은 문제은행에서 문제를 "랜덤+일정한" 패턴을 이용해서 출제하는 방식입니다. 따라서 CBT 방식으로 시험이 치러지면서 더 이상 당일 시험에 사용된 기출문제가 공개되지 않습니다. 모두 각각 다른 시험지를 받아 보기 때문이기도 하고, CBT 방식은 규정상 문제 공개를 하지 않습니다. 결론적으로 기출문제 자체가 존재할 수 없습니다.

일부 기억을 바탕으로 기출문제를 복원하였다고 하는 경우도 있지만 이는 큰 의미가 없습니다. 단순히 순서만 바뀐 것이라도 시험자들의 기억을 바탕으로 복원하는 것은 사람능력으로는 거의 불가능하며, 응시생마다 문제가 다르므로 기억을 바탕으로 복원하는 것은 의미가 없으며, 기억을 바탕으로 복원한 자료를 확인해 보아도 기존 기출문제의 순서를 바꾸어 놓았을 뿐인 자료들이 대부분입니다(문제은행 방식이라 그렇습니다).

따라서 시중에 판매되는 기출문제집에도 위에 안내된 연도 이후 기출문제는 제공되지 않은 것들로 보면 됩니다. CBT 제도 시행이후에 기출문제라고 교재에 안내되면 저자와 공단담당자, 출판사 모두 고발에 의한 법적 문제를 당할 수 있다는 점에 특별한 유의가 필요합니다.

목차

제1편 품질경영기사 실기 CBT 대비

제2편 품질경영산업기사 실기 CBT 대비

제 1 장　품질경영산업기사 실기 CBT 모의고사1　2-03

제 2 장　품질경영산업기사 실기 CBT 모의고사2　2-31

제 3 장　품질경영산업기사 실기 CBT 모의고사3　2-57

제 4 장　품질경영산업기사 실기 CBT 모의고사4　2-83

제 5 장　품질경영산업기사 실기 CBT 모의고사5　2-111

제 6 장　품질경영산업기사 실기 CBT 모의고사6　2-137

부록	통계분포표	A-01

제1편

품질경영기사 실기
CBT 대비

마음을 위대한 일로 이끄는 것은
오직 열정, 위대한 열정 뿐이다.
- 드니 디드로 -

제1장

품질경영기사 실기
CBT 모의고사1

국가기술자격시험	품질경영기사 실기 모의고사 1-1R	시험시간 : 3시간

◆ 품질경영실무 ◆

01 다음은 카노의 품질요소에 대한 그림이다. 괄호안을 채우시오.

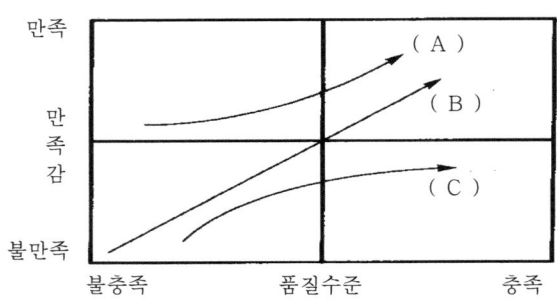

해설

(A) 매력적 품질요소 : 충족되는 경우 만족을 주지만 충족이 되지 않더라고 크게 불이익이 없는 품질요소
(B) 일원적 품질요소 : 충족이 되면 만족하고 충족이 되지 않으면 고객들의 불만을 일으키는 품질요소. "일차원적 품질요소"라고도 함.
(C) 당연적 품질요소 : 반드시 있어야만 만족되는 품질요소

02 품질경영에 대한 전반적인 내용이다. 맞으면 ○, 틀리면 × 표시를 하시오.
(1) 샘플링검사가 무분별한 전수검사보다 신뢰도가 높다. (   )
(2) 시료를 2배로 하고 합격판정개수를 2배로 하면 OC곡선은 변화한다. (   )
(3) 계수규준형 샘플링검사 방식에서 시료의 크기 n과 합격판정개수 c는 p_0, α, p_1, β를 만족하도록 정해져 있다. (   )
(4) OC곡선이 거의 동일하면 공정평균추정의 정확도는 1회 샘플링, 2회 샘플링, 다회 샘플링 순으로 높아진다. (   )
(5) 계수 샘플링검사에서는 일반적으로 로트의 N과 시료의 크기 n을 일정하게 했을 때 합격판정개수 c를 증가시키면 α(생산자위험)는 감소하고, β(소비자위험)는 증가한다. (   )

해설
☞ (1) ○, (2) ○, (3) ○, (4) ×, (5) ○
[참조] (4) 동일 AQL, 동일 샘플문자, 동일한 엄격도의 경우에는 1회 형식, 2회 형식, 다회 형식 중 어느 샘플링형식을 취하여도 OC곡선은 실용상 거의 일치하도록 되어 있다.

(03) 3정5S란 무엇인가?

[해설]

☞ 3정5S는 현장의 관리나 개선을 위한 기본적인 활동

(1) 3정(定)은 눈으로 보는 관리(Visual Management)를 위한 수단이며, 이는 JIT생산을 위해 토요타자동차에서 시작된 것으로서, 지정된 위치에, 지정된 품목이, 지정된 양만큼 있도록 하는 현장관리 수단이다.

   ① 정위치 : 정해진 곳에서 가져 올 수 있도록

   ② 정품 : 정해진 품목을 쓸 수 있도록

   ③ 정량 : 정해진 양을 얻을 수 있도록

(2) 5S(행) :

   ① 정리(Seiri) : 필요한 것과 불필요한 것을 구분하고, 불필요한 것을 없애는 것.

   ② 정돈(Seiton) : 필요한 것을 필요한 때에 끄집어 내어 쓸 수 있는 상태로 놓아 두는 것.

   ③ 청소(Seiso) : 더러움, 먼지, 찌꺼기 등이 없는 상태로 만드는 것.

   ④ 청결(Seiketsu) : 정리, 정돈, 청소의 상태를 유지하는 것.

   ⑤ 습관화(Shitsuke) : 정해진 일을 올바르게 지키는 것이 습관이 되도록 생활화하는 것.

◆ **통계적품질관리** ◆

(04) A 제품을 완성하기 위해서는 부품 150개가 직렬조립되어야 한다고 한다. 각 부품의 부적합품률이 0.02%로 일정하다고 한다면, A 제품이 적합품이 될 확률을 구하시오.

[해설]

☞ 부적합품률은 이항분포를 적용하여 계산하며, 부적합품인 이항분포의 확률변수를 X 라고 할 때, $P_r(X = x) = p(x) = {_n}C_x P^x (1-P)^{n-x}$ 이므로

$$P_r(X = 0) = p(0) = {_{150}}C_0 P^0 (1-P)^{150-0} = {_{150}}C_0 0.0002^0 (1-0.0002)^{150-0} = 0.9704$$

(05) A사의 제품 강도의 모평균은 130, 모표준편차는 15인 집단에서 군의 크기 $n = 4$로 하여 $\bar{x}$ 관리도를 작성하였더니 $U_{CL} = 152.5$, $L_{CL} = 107.5$이었다. 다음 물음에 답하시오.

(단, 산포는 변화가 없었으며, 규격은 100~160이다.)

(1) 이 제품의 규격을 벗어날 확률을 구하시오.

(2) $\bar{x}$ 관리도의 중심선이 U_{CL} 쪽으로 1σ 만큼 이동하였다면 검출력은 얼마나 되겠는가?

[해설]

(1) $S_U = 160$, $S_L = 100$이고, 제품 강도 x 는 $N(130, 15^2)$ 에 따르므로 규격 밖으로 벗어나는 제품의 비율(P)은 정규분포를 이용하여 계산하면 다음과 같다.

$$P = P_r(x > S_U) + P_r(x < S_L) = P_r\left(\frac{x-\mu}{\sigma} > \frac{S_U - \mu}{\sigma}\right) + P_r\left(\frac{x-\mu}{\sigma} < \frac{S_L - \mu}{\sigma}\right)$$

$$= P_r\left(U > \frac{S_U - \mu}{\sigma}\right) + P_r\left(U < \frac{S_L - \mu}{\sigma}\right) = P_r\left(U > \frac{160 - 130}{15}\right) + P_r\left(U < \frac{100 - 130}{15}\right)$$

$$= P_r(U > 2.00) + P_r(U < -2.00) = 0.0228 + 0.028 = 0.0456 \ (4.56\%)$$

[참고] $\mu \pm 2\sigma$ 안에 포함될 확률 → 0.9545(95.45%)

(2) 변동 전의 공정평균 $\mu = 130$, 변동 후의 공정평균 $\mu' = \mu + 1\sigma = 130 + 1 \times 15 = 145$ 이므로,

$\bar{x}$ 가 $U_{CL} = 152.5$를 벗어나는 확률인 검출력$(1 - \beta)$은 다음과 같다.

$$1 - \beta = P_r(\bar{x} > U_{CL}) = P_r\left(\frac{\bar{x} - \mu'}{\sigma / \sqrt{n}} > \frac{U_{CL} - \mu'}{\sigma / \sqrt{n}}\right) = P_r\left(U > \frac{U_{CL} - \mu'}{\sigma / \sqrt{n}}\right)$$

$$= P_r\left(U > \frac{152.5 - 145}{15 / \sqrt{4}}\right) = P_r(U > 1.00) = 0.1587 \ (15.87\%)$$

[참고] $\mu \pm 1\sigma$ 안에 포함될 확률 → 0.6827(68.27%)

[참고] (2)항에서 L_{CL}을 벗어나 확률은 거의 0이므로 이를 생략하고 계산한 것임.

06 한 여성단체에서 같은 직종에 근무하는 남자, 여자 직원을 비교하여 남녀의 월급차이가 있는지를 조사하였다. 다음 물음에 답하시오.

	남자	여자
표본크기	100명	100명
평균	195만원	178만원
모표준편차	25만원	30만원

(1) 남자의 월급이 여자의 월급보다 많다고 할 수 있는지를 검정하시오(단, 유의수준 5%).
(2) 남녀간의 월급차에 대한 95% 신뢰하한을 구간추정하시오.

[해설]

☞ 남자를 1, 여자를 2라고 하고, 남자의 평균월급 μ_1, 모표준편차 σ_1, 여자의 평균월급 μ_2, 모표준편차 σ_2라고 할 때

(1) 검정

① 가설 설정 : $H_0 : \mu_1 \leq \mu_2$, $H_1 : \mu_1 > \mu_2$(한쪽검정) ② 유의수준 : $\alpha = 0.05$

③ 검정통계량의 값(U_0) 계산 : $U_0 = \dfrac{\bar{x}_1 - \bar{x}_2}{\sqrt{\dfrac{\sigma_1^2}{n_1} + \dfrac{\sigma_2^2}{n_2}}} = \dfrac{195 - 178}{\sqrt{\dfrac{25^2}{100} + \dfrac{30^2}{100}}} = 4.353$

④ 기각역 : $U_0 > u_{1-\alpha}$이면 H_0 기각

⑤ 판정 : $U_0 = 4.353 > u_{1-\alpha} = u_{0.95} = 1.645$이므로, H_0를 기각한다.

　　　　즉, 유의수준 5%로 남자의 월급이 여자의 월급보다 많다고 할 수 있다.

(2) 추정

대립가설(H_1 : $\mu_1 > \mu_2$)이 채택된 경우이므로, 신뢰하한 추정을 한다.

$$\widetilde{(\mu_1 - \mu_2)}_L = (\bar{x}_1 - \bar{x}_2) - u_{1-\alpha}\sqrt{\frac{\sigma_1^2}{n_1} + \frac{\sigma_2^2}{n_2}}$$

$$= (195 - 178) - 1.645 \times \sqrt{\frac{25^2}{100} + \frac{30^2}{100}} = 10.58\,(\text{만원})$$

07 K사에서는 부품의 강도가 매우 중요하다고 생각되어 공정을 새로운 방법으로 개선하여 생산된 제품을 측정한 결과 다음의 데이터를 얻었다. 모분산의 신뢰구간을 추정하시오.
(단, 신뢰율 95%, 분포의 값은 주어진 표를 이용하시오.) (단위 : kgf/mm^2)

[데이터] 11.00 11.50 10.75 11.25 10.50 11.75 10.75 11.25 10.50 12.25

해설

☞ 1개 모분산의 95% 양쪽신뢰구간 추정

$n = 10$, $\alpha = 0.05$, $\nu = n - 1 = 10 - 1 = 9$ 이고,

$$S = \sum x^2 - \frac{(\sum x)^2}{n} = (11.00^2 + 11.50^2 + \cdots + 12.25^2) - \frac{(11.0 + 11.50 + \cdots + 12.25)^2}{10} = 2.90 \text{ 이므로}$$

$$\frac{S}{\chi^2_{1-\alpha/2}(\nu)} \le \hat{\sigma}^2 \le \frac{S}{\chi^2_{\alpha/2}(\nu)} \text{ 의 관계식으로부터 } \frac{S}{\chi^2_{0.975}(9)} \le \hat{\sigma}^2 \le \frac{S}{\chi^2_{0.025}(9)}$$

$$\frac{2.90}{19.02} \le \hat{\sigma}^2 \le \frac{2.90}{2.70} \quad \rightarrow \quad \therefore \quad 0.152 \le \hat{\sigma}^2 \le 1.074$$

08 $n = 7$인 다음 데이터를 1차 회귀분석을 하려고 한다. 다음 보기의 데이터 값을 보고 물음에 답하시오.

$$[\text{보기}] \quad S_{(xx)} = \sum x^2 - \frac{(\sum x)^2}{n} = 112, \quad S_{(yy)} = \sum y^2 - \frac{(\sum y)^2}{n} = 68$$

$$S_{(xy)} = \sum xy - \frac{(\sum x)(\sum y)}{n} = 56$$

(1) 회귀에 의한 변동 S_R을 계산하시오. (2) y의 전변동 $S_{(yy)}$를 계산하시오.

(3) 회귀로부터의 잔차변동 $S_{y/x}$를 계산하시오.

해설

(1) 회귀에 의한 변동(회귀에 의하여 설명되는 변동, 회귀변동) : $S_R = \dfrac{\{S_{(xy)}\}^2}{S_{(xx)}} = \dfrac{56^2}{112} = 28$

(2) y의 전변동 $S_{(yy)}$: $S_T = S_{(yy)} = \sum y^2 - \dfrac{(\sum y)^2}{n} = 68$

(3) 회귀로부터의 변동(회귀에 의해 설명되지 않는 변동, 오차변동) :

$$S_{y/x}(=S_E) = S_T - S_R = 68 - 28 = 40$$

(09) 어떤 부품의 수입검사에서 KS Q ISO 2859-1의 계수값 샘플링검사 방식을 적용하고 있다. AQL=1.5%, 검사수준 Ⅱ로 하는 1회 샘플링방식을 채택하고 있다. 처음 검사는 보통검사로 시작하였으며, 15개 로트에 대한 검사를 실시하였다. KS Q ISO 2859-1의 주 샘플링검사표(부표)를 사용하여 답안지 표의 공란을 채우고, 로트의 엄격도 전환을 결정하시오.

로트번호	N	샘플문자	n	A_c	R_e	부적합수	합부판정	전환스코어	엄격도적용
1	300	H	50	2	3	3	불합격		보통검사 시작
2	500					0			
3	200					0			
4	800					2			
5	1,500					1			
6	500					0			
7	2,500					1			

[해설]

☞ 정수 A_c를 적용할 때의 합부판정 및 엄격도 전환에 대한 공란 작성이다.

(1) 표의 공란 작성 및 합부판정

로트번호	N	샘플문자	n	A_c	R_e	부적합품수	합부판정	전환스코어	엄격도적용
1	300	H	50	2	3	3	불합격	0	보통검사로 시작
2	500	H	50	2	3	0	합격	3	보통검사 속행
3	200	G	32	1	2	0	합격	5	보통검사 속행
4	800	J	80	3	4	2	합격	8	보통검사 속행
5	1,500	K	125	5	6	1	합격	11	보통검사 속행
6	500	H	50	2	3	0	합격	14	보통검사 속행
7	2,500	K	125	5	6	1	합격	17	보통검사 속행

(2) 합부판정 및 엄격도 전환 절차

① 샘플문자 : <부표 1>에서 로트크기 N과 검사수준 Ⅱ에 대한 샘플문자를 얻는다.

② n, A_c와 R_e : AQL=1.5와 각 로트의 샘플문자가 만나는 칸에서 또는 화살표의 방향을 따라가서 만난 칸에서 A_c와 R_e를 얻고, 이 칸에 대응하여 샘플크기 n이 정해진다.

③ 합부판정 : (부적합품수$\leq A_c$)이면 로트합격, (부적합품수$\geq R_e$)이면 로트를 불합격으로 판정한다.

④ 전환스코어 : 보통검사 1회 샘플링방식에서 로트가 불합격이면 전환스코어는 0이 되고, A_c 가 0 또는 1에서 합격하면 (직전 로트의 전환스코어+2), A_c 가 2이상에서 합격하면 (직전로트의 전환스코어+3)이 된다. 수월한 검사로 전환하면 전환스코어 계산을 중단한다.

⑤ 엄격도 조정 : 보통검사에서 전환스코어 현상값이 30이상되는 로트의 다음 로트부터 수월한 검사로 전환한다.

(10) 어느 재료의 불순물의 함량이 79.5(%)이하로 규정된 경우 즉 계량규준형 1회 샘플링검사에서 $n=10$, $k=1.74$의 값을 얻어 데이터를 취했더니 아래와 같다. 다음 물음에 답하시오. (단, 표준편차 $\sigma=2.0(\%)$)

[데이터]　79.0　75.5　77.5　76.5　75.0　77.0　79.5　77.0　75.0　78.0

(1) 합격판정치를 구하시오.
(2) 이 로트의 합부판정을 실시하시오.

[해설]

☞ σ 기지의 계량규준형 1회 샘플링검사에서 S_U 가 주어진 경우로서, 로트의 부적합품률을 보증하는 경우이며, 검사방식은 $(n, \overline{X}_U)$로 결정된다.

(1) 합격판정치

$\overline{X}_U = S_U - k\sigma = 79.5 - 1.74 \times 2.0 = 76.02(\%)$　(단, $S_U = 79.5$, $\sigma = 2.0$)

(2) 로트의 합부판정

$n=10$의 평균치 $\bar{x}$ 는 $\bar{x} = \dfrac{\sum x}{n} = \dfrac{770.0}{10} = 77.0(\%)$로서, $\bar{x}(=77.0) > \overline{X}_U(=76.02)$이 되므로, 로트불합격으로 판정한다.

(11) 다음은 계수값 축차 샘플링검사에 대한 내용이다. ( )를 메우시오.

(1) 로트에서 시료를 1개 채취하여 검사하였을 때 나오는 부적합품수의 (①)와 그때마다 계산된 합격판정값(A) 및 불합격판정값(R)과 비교하여 로트의 합격, 불합격, 검사속행을 결정하는 방법이다.

(2) 이 방식은 동일한 OC곡선을 갖는 샘플링검사 방식 중에서 (②)가 가장 작도록 고안된 샘플링 방식이다.

(3) 검사항목은 임의로 선택되고 로트로부터 1개씩 검사하여 누계카운트(D)가 합격판정개수(A) 이하이면 합격시키고, 불합격판정개수(R) 이상이면 로트를 불합격시킨다. 만약 누계샘플사이즈가 (③)에 도달한 경우에는 누계카운트가 합격판정개수인 (④)이하이면 합격시키고, 불합격판정개수인 (⑤)이상이면 로트를 불합격시킨다.

[해설]

☞ (1) 누계카운트(D), (2) 평균 샘플의 크기(시료의 크기), (3) 누계샘플사이즈 중지값(n_t),

(4) A_t, (5) R_t

12 매일 생산되는 어떤 기계부품에서 100개씩 랜덤하게 샘플링하여 검사한 결과는 다음과 같다. 물음에 답하시오.

11월	1	2	3	4	5	6	7	8	9	10	11	12	13	14	15	16	17	18	19	20	계
부적합 품수	2	1	6	4	4	3	5	4	11	4	3	4	5	5	1	5	13	3	6	5	94

(1) 사용되는 관리도 종류를 지정하시오.   (2) 관리한계선을 구하시오.

(3) 이상이 있는 날이 있으면 지적하시오.

[해설]

(1) 관리도 종류 선정 : 일자별로 시료크기가 $n=100$ 으로 동일하므로, np 관리도를 적용

(2) 관리한계선 계산

$$U_{CL} = n\overline{p} + 3\sqrt{n\overline{p}(1-\overline{p})} = 4.7 + 3 \times \sqrt{4.7 \times (1-0.047)} \approx 11.05$$

$$L_{CL} = n\overline{p} - 3\sqrt{n\overline{p}(1-\overline{p})} = 4.7 - 3 \times \sqrt{4.7 \times (1-0.047)} = -(음수로서, 고려하지 않음)$$

여기서, $k=20$, $\sum np = 94$

$$n\overline{p} = \frac{\sum np}{k} = \frac{94}{20} = 4.7 \ , \ \overline{p} = \frac{\sum np}{\sum n} = \frac{94}{20 \times 100} = 0.047$$

(3) 검토

11월 17일의 부적합품수 13개가 $U_{CL} = 11.5$ 보다 커서 관리상한선을 이탈하므로 이상상태 이다.

◆ 실험계획법 ◆

13 어떤 제품을 제조할 때 원료의 투입량(A : 4수준), 처리온도(B : 4수준), 처리시간(C : 4수준)을 인자로 잡고 라틴방격법으로 제품의 수율을 조사하기 위하여 실험을 하였다. 다음 표는 그 배치와 데이터이다. 물음에 답하시오.

	A_1	A_2	A_3	A_4
B_1	C_4=8.4	C_3=9.2	C_2=9.8	C_1=9.9
B_2	C_2=7.4	C_1=10.0	C_3=10.6	C_4=9.8
B_3	C_1=9.2	C_2=9.9	C_4=9.3	C_3=10.6
B_4	C_3=9.6	C_4=9.5	C_1=11.0	C_2=10.2

(1) 분산분석표를 완성하고 판정을 하시오.

요인	SS	DF	MS	F_0	$F_{0.95}$	$F_{0.99}$
A					4.76	9.78
B					4.76	9.78
C					4.76	9.78
e						
T						

(2) 수율을 분석할 경우 최적조합을 구하는 식은?

(3) 최적수준조합의 점추정치는 얼마나 되는가?

(4) 상기의 분산분석표에서 요인 A, C만 유의하다는 가정 하에서 최적조합을 구하는 식은?

(5) 상기의 분산분석표에서 요인 A, C만 유의하다는 가정 하에서 최적조합의 점추정치는 얼마나 되는가?

[해설]

☞ 4×4 라틴방격 실험계획법의 분산분석 및 추정

(1) 분산분석표 작성 및 판정

① 변동의 계산

변동 계산에 활용되는 다음의 보조 값들을 먼저 계산한다.

$T_{i..}$의 계산 : $T_{1..}=34.6$, $T_{2..}=38.6$, $T_{3..}=40.7$, $T_{4..}=40.5$, $T=154.4$

$T_{.j.}$의 계산 : $T_{.1.}=37.3$, $T_{.2.}=37.8$, $T_{.3.}=39.0$, $T_{.4.}=40.3$

$T_{..l}$의 계산 : $T_{..1}=40.1$, $T_{..2}=37.3$, $T_{..3}=40.0$, $T_{..4}=37.0$

$$CT = \frac{T^2}{k^2} = \frac{T^2}{4^2} = \frac{154.4^2}{16} = 1,489.96$$

$$S_T = \sum_i \sum_j \sum_l x_{ijl}^2 - CT = (8.4^2 + 7.4^2 + \cdots + 10.2^2) - 1,489.96 = 11.40$$

$$S_A = \sum_i \frac{T_{i..}^2}{k} - CT = \frac{34.6^2 + 38.6^2 + 40.7^2 + 40.5^2}{4} - 1,489.96 = 6.01$$

$$S_B = \sum_j \frac{T_{.j.}^2}{k} - CT = \frac{37.3^2 + 37.8^2 + 39.0^2 + 40.3^2}{4} - 1,489.96 = 1.35$$

$$S_C = \sum_l \frac{T_{..l}^2}{k} - CT = \frac{40.1^2 + 37.3^2 + 40.0^2 + 37.0^2}{4} - 1,489.96 = 2.12$$

$$S_e = S_T - (S_A + S_B + S_C) = 11.4 - (6.01 + 1.35 + 2.12) = 1.92$$

② 자유도 계산

$v_T = k^2 - 1 = 4^2 - 1 = 15$, $v_A = v_B = v_C = k - 1 = 3$, $v_e = (k-1)(k-2) = 6$

③ 분산분석표의 작성

요인	SS	DF	MS	F_0	$F_{0.95}$	$F_{0.99}$
A	6.01	3	2.00	6.25*	4.76	9.78
B	1.35	3	0.45	1.41	4.76	9.78
C	2.12	3	0.71	2.22	4.76	9.78
e	1.92	6	0.32			
T	11.40	15				

③ 검토 : 위의 계산결과에서 인자 A가 유의수준 5%로 유의적이다.

(2) 최적조합을 구하는 식

$$\hat{\mu}(A_i) = \bar{x}_{i\cdot\cdot} = \bar{x}_{3\cdot\cdot}$$

(3) 최적수준조합의 점추정치 : 인자 A 가 유의하므로 인자 A 의 점추정식

$$\hat{\mu}(A_i) = \bar{x}_{i\cdot\cdot} = \bar{x}_{3\cdot\cdot} = \frac{T_{3\cdot\cdot}}{4} = \frac{40.7}{4} = 10.18$$

(4) 요인 A, C 만 유의하다는 가정 하에서의 최적조합을 구하는 식

$$\hat{\mu}(A_i C_l) = \overbrace{\mu + a_i + c_l} = \overbrace{\mu + a_i} + \overbrace{\mu + c_l} - \hat{\mu} = \bar{x}_{i\cdot\cdot} + \bar{x}_{\cdot\cdot l} - \bar{\bar{x}}$$

(5) 요인 A, C 만 유의하다는 가정 하에서의 최적조합 점추정치

$$\hat{\mu}(A_i C_l) = \overbrace{\mu + a_i + c_l} = \overbrace{\mu + a_i} + \overbrace{\mu + c_l} - \hat{\mu} = \bar{x}_{i\cdot\cdot} + \bar{x}_{\cdot\cdot l} - \bar{\bar{x}}$$

$$= \frac{T_{3\cdot\cdot}}{k} + \frac{T_{\cdot\cdot 1}}{k} - \frac{T}{k^2} = \frac{40.7}{4} + \frac{40.1}{4} - \frac{154.4}{16} = 10.55$$

14 $L_8(2^7)$ 직표배열표를 이용하여 아래 표와 같이 인자를 배치하고 실험데이터를 얻었을 때 아래 물음에 답하시오.

배치			C	A	D	B		실험데이터 x_i
No. \ 열번	1	2	3	4	5	6	7	
1	1	1	1	1	1	1	1	$x_1 = 9$
2	1	1	1	2	2	2	2	$x_2 = 12$
3	1	2	2	1	1	2	2	$x_3 = 8$
4	1	2	2	2	2	1	1	$x_4 = 15$
5	2	1	2	1	2	1	2	$x_5 = 16$
6	2	1	2	2	1	2	1	$x_6 = 20$
7	2	2	1	1	2	2	1	$x_7 = 13$
8	2	2	1	2	1	1	2	$x_8 = 13$
기본표시	a	b	ab	c	ac	bc	abc	$\sum x = 106$

(1) 교호작용 $A \times B$ 는 몇 열에 존재하는가?   (2) 인자 A 의 주효과를 구하시오.

(3) 교호작용 $A \times B$ 의 변동을 구하시오.

[해설]

(1) $A \times B = (c)(bc) = bc^2 = b\,(2열)$

(2) 인자 A 의 주효과 $= \dfrac{1}{N/2}(T_{2\cdot} - T_{1\cdot}) = \dfrac{1}{4}\big[(12 + 15 + 20 + 13) - (9 + 8 + 16 + 13)\big] = 3.5$

여기서, N =실험의 크기=8

(3) 교호작용 $A \times B$의 변동은 (1)항에서 2열에 $A \times B$가 존재하므로

$$S_{A \times B} = \frac{1}{N}(2수준 \ 데이터 \ 합 - 1수준 \ 데이터 \ 합)^2$$

$$= \frac{1}{8}\left[(8 + 15 + 13 + 13) - (9 + 12 + 16 + 20)\right]^2 = 8.0$$

◆ 신뢰성관리 ◆

15 어떤 부품의 고장시간의 분포는 $m = 1.5$, $\eta = 1,200$시간, $\gamma = 0$인 와이블분포를 따른다.

(1) $t = 800$시간에서 신뢰도를 구하시오.

(2) $t = 500$시간에서 고장률을 구하시오.

[해설]

(1) $R(t = 800) = \exp\left(-\frac{(t - \gamma)^m}{\eta}\right) = \exp\left(-\frac{(800 - 0)^{1.5}}{1,200}\right) = 0.5802 \ (58.02\%)$

(2) $\lambda(t = 500) = \frac{m}{\eta}\left(\frac{t - \gamma}{\eta}\right)^{m-1} = \frac{1.5}{1,200}\left(\frac{500 - 0}{1,200}\right)^{1.5-1} = 0.81 \times 10^{-3} \ (/시간)$

16 어떤 모수의 형상모수가 0.7이고, 척도모수가 8,667시간일 때 이 제품의 평균수명인 10,000시간 사용할 때의 구간평균고장률을 구하시오. (단, 위치모수는 0이다.)

[해설]

☞ 와이블분포를 이용한 평균고장률 계산

$$AFR(t_1 = 0, \ t_2 = 10,000) = \frac{\left(\frac{t_2}{\eta}\right)^m - \left(\frac{t_1}{\eta}\right)^m}{t_2 - t_1} = \frac{\left(\frac{10,000}{8,667}\right)^{0.7} - \left(\frac{0}{8,667}\right)^{0.7}}{10,000 - 0} = 1.1 \times 10^{-4} \ (/시간)$$

국가기술자격시험	품질경영기사 실기 모의고사 1-2R	시험시간 : 3시간

◆ 품질경영실무 ◆

01 분임조 활동시 분임토의 기법으로서 사용되고 있는 집단착상법(brainstorming)의 4가지 원칙을 적으시오.

[해설]

☞ 브레인스토밍의 4원칙

① 비판금지 → 제시된 의견에 대해서 좋다, 나쁘다는 비판을 해서는 안 된다(비판을 하면 모처럼의 좋은 의견이 흐지부지되어 버린다).

② 자유분방한 분위기 조성 → 발언은 엉뚱하고 기발한 것 일수록 좋다(고정관념이나 상식을 넘어서지 않으면 문제의 벽은 깨뜨려지지 않는다).

③ 질보다 양의 중시 → 발언은 량이 많으면 많을수록 좋다(다양한 의견을 구해서 문제를 푸는 열쇠를 가능한 많이 얻는다. 량이 많으면 그 가운데 좋은 것이 있다. 백발일중을 노린다.).

④ 편승환영(결합개선) → 타인의 의견이나 아이디어에 편승한다든지, 짝지워서 다른 아이디어로 발전시킨다(타인의 의견에서 연상한 아이디어도 서슴없이 발언하여 이미 제시된 아이디어와 결부시켜서 가공한다).

02 아래 도수표는 어떤 강판 압연공장에서 철판의 두께를 50매 측정한 결과이다. 다음 물음에 답하시오. (단, 규격은 100±2.0이다.)

급번호	계급	중앙치($\tilde{x}$)	도수(f_i)	u_i	$f_i u_i$	$f_i u_i^2$
1	98.45~98.95	98.7	1	-4	-4	16
2	98.95~99.45	99.2	2	-3	-6	18
3	99.45~99.95	99.7	5	-2	-10	20
4	99.95~100.45	100.2	9	-1	-9	9
5	100.45~100.95	100.7	12	0	0	0
6	100.95~101.45	101.2	11	1	11	11
7	101.45~101.95	101.7	7	2	14	28
8	101.95~102.45	102.2	2	3	6	18
9	102.45~102.95	102.7	1	4	4	16
합계	-		50		6	136

(1) 상기의 도수표를 보고 히스토그램을 그리고 규격을 표시하시오.

(2) 평균과 표준편차를 구하시오.

(3) 규격을 벗어날 확률을 구하시오.

[해설]

☞ 도수표를 활용한 히스토그램 작성 및 통계량 계산 문제

(1) 히스토그램 작성, 규격한계 표시

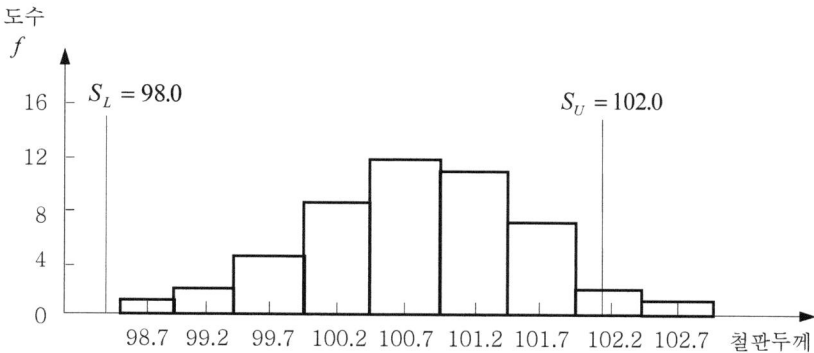

(2) 평균치와 표준편차 계산

$$\bar{x} = x_0 + \frac{\sum fu}{\sum f} \times h = 100.7 + \frac{6}{50} \times 0.5 = 100.76$$

$$s \approx \sqrt{V} = h \times \sqrt{\frac{1}{\sum f - 1}\left[\sum fu^2 - \frac{(\sum fu)^2}{\sum f}\right]} = 0.5 \times \sqrt{\frac{1}{50-1}\left[136 - \frac{(6)^2}{50}\right]} = 0.83$$

(3) 규격을 벗어날 확률

$$P_r(x > S_U) + P_r(x < S_L) = P_r\left(\frac{x-\mu}{\sigma} > \frac{S_U - \mu}{\sigma}\right) + P_r\left(\frac{x-\mu}{\sigma} < \frac{S_L - \mu}{\sigma}\right)$$

$$= P_r\left(U > \frac{102.0 - 100.76}{0.83}\right) + P_r\left(U > \frac{98.0 - 100.76}{0.83}\right) = P_r(U > 1.49) + P_r(U < -3.32)$$

$$= 0.0681 + 0.0004 = 0.0685 \ (6.85\%)$$

03 길이, 질량, 강도, 압력 등과 같은 계량치의 데이터가 어떤 분포를 하고 있는지를 알아보기 위해 작성한 그래프를 히스토그램이라 한다. 히스토그램의 활용목적을 3가지 적으시오.

〔해설〕

☞ 히스토그램(도수분포도)의 작성목적

① 데이터의 분포형태를 파악, ② 평균치를 구함, ③ 표준편차를 구함, ④ 규격과의 대조 등

◆ **통계적품질관리** ◆

04 어떤 공장에서 사고발생에 대한 분포가 포아송분포를 이루며, 1개월 동안에 평균 0.2건의 사고가 일어난다는 것을 알았다. 이 공장에서 3개월 동안 한 번도 고장이 나지 않을 확률을 포아송분포로 계산하시오.

〔해설〕

☞ $m = 0.2 \times 3 = 0.6$ 이므로, 부적합수 X 는 포아송분포에 따라 계산할 수 있다.

$$P(X = 0) = p(0) = \frac{e^{-m}m^x}{x!} = \frac{e^{-0.6}(0.6)^0}{0!} = 0.5488\,(54.88\%)$$

05 전자기기에 들어가는 M 부분품의 품질특성인 인장강도의 분산이 종래의 제조법에서는 9kgf/mm^2 이었다. 이 제품의 제조공정을 변경하여 제조하여 본 결과 다음의 데이터를 얻었다. 물음에 답하시오.

[데이터]	53	52	51	51	52	52	51	50	51

(1) 변경 후의 분산이 변경 전의 분산과 차이가 있는지를 검정하시오(단, 유의수준 5%).
(2) 변경 후의 모분산을 구간추정하시오(단, 유의수준 5%).

해설

(1) 한 개의 모분산의 검정

① 가설 설정 : $H_0 : \sigma^2 = 9(\sigma_0^2), \quad H_1 : \sigma^2 \neq 9$ (양쪽검정)

② 유의수준 : $\alpha = 0.05$

③ 검정통계량의 값(χ_0^2) 계산 : $\chi_0^2 = \dfrac{S}{\sigma_0^2} = \dfrac{6.22}{9} = 0.691$

여기서, $S = \sum x_i^2 - \dfrac{(\sum x_i)^2}{n} = (53^2 + 52^2 + \cdots + 51^2) - \dfrac{463^2}{9} = 23,825 - 23,818.78 = 6.22$

④ 기각역 설정 : $\chi_0^2 > \chi_{1-\alpha/2}^2(\nu) = \chi_{0.975}^2(8) = 17.54$ 또는

$$\chi_0^2 < \chi_{\alpha/2}^2(\nu) = \chi_{0.025}^2(8) = 2.18 \text{이면 } H_0 \text{ 기각}$$

⑤ 판정 : $\chi_0^2 = 0.691 < \chi_{0.025}^2(8) = 2.18$ 이므로 H_0 를 기각한다. 따라서, 위험률 5%로 유의적이며, 변경 후의 분산이 변경 전의 분산과 차이가 있다고 할 수 있다.

(2) 모분산의 구간추정

$$\frac{S}{\chi_{1-\alpha/2}^2(\nu)} \leq \hat{\sigma}^2 \leq \frac{S}{\chi_{\alpha/2}^2(\nu)} \;\rightarrow\; \frac{S}{\chi_{0.975}^2(\nu)} \leq \hat{\sigma}^2 \leq \frac{S}{\chi_{0.025}^2(\nu)}$$

$$\rightarrow\; \frac{6.22}{17.54} \leq \hat{\sigma}^2 \leq \frac{6.22}{2.18} \;\rightarrow\; \therefore\; 0.355 \leq \hat{\sigma}^2 \leq 2.853$$

06 현재 사용되고 있는 제조방법의 모부적합품률이 13%이다. 새로운 제조방법에서 실험결과 120개의 제품 중 16개의 부적합품이 나왔다. 새로운 방법과 기존 방법에 차이가 있는지를 검정하시오(단, 유의수준 5%).

해설

☞ 1개의 모부적합품률의 양쪽검정

① 가설 설정 : $H_0 : P = 0.13(P_0), \quad H_1 : P \neq 0.13$ (양쪽검정)

② 유의수준 : $\alpha = 0.05$

③ 검정통계량의 값(U_0) 계산 : $U_0 = \dfrac{\hat{p} - P_0}{\sqrt{\dfrac{P_0(1-P_0)}{n}}} = \dfrac{x/n - P_0}{\sqrt{\dfrac{P_0(1-P_0)}{n}}} = \dfrac{(16/120) - 0.13}{\sqrt{\dfrac{0.13(1-0.13)}{120}}} = 0.109$

여기서, $nP_0 = 120 \times 0.13 = 15.6 > 5$ 이므로 이항분포의 정규분포근사법 적용이 가능.

④ 기각역 설정 : $|U_0| > u_{1-\alpha/2} = u_{0.975} = 1.960$ 이면 H_0 기각

⑤ 판정 : $|U_0| = 0.109 < u_{0.975} = 1.960$ 이므로 유의수준 5%로 H_0를 기각할 수 없다.

즉, 새로운 방법은 기존 방법과 비교할 때 모부적합품률의 차이가 있다고 할 수 없다.

07 제품 A, 제품 B, 제품 C의 생산비율 P_A, P_B, P_C가 각각 0.6, 0.3, 0.1이었다. 공정개량 후에 이 생산비율이 달라졌는가를 알아보기 위하여 공정개량 후에 만들어진 제품 중에서 150개를 랜덤하기 채취하여 분류하여 보니 A, B, C 제품이 각각 100개, 30개, 20개이었다. 공정개량 후의 생산비율이 종전과 같은가를 유의수준 5%로 검정하시오.

해설

☞ Pearson의 적합도 검정

① 가설 설정 : H_0 : P_A=0.6, P_B=0.3, P_C=0.1

H_1 : 공정개량 후에 생산비율이 달라졌다.

② 유의수준 : $\alpha = 0.05$

③ 검정통계량의 값(χ_0^2) 계산 :

	A 제품	B 제품	C 제품	합계
측정횟수(x_i)	100	30	20	150(n)
가정된 확률(P_{i0})	0.6	0.3	0.1	1.00
기대횟수(nP_{i0})	90	45	15	150
$(x_i - nP_{i0})^2 / nP_{i0}$	1.11	5.00	1.67	χ_0^2=7.78

④ 기각역 설정 : $\chi_0^2 > \chi_{1-\alpha}^2(v) = \chi_{1-\alpha}^2(k-1) = \chi_{0.95}^2(3-1) = \chi_{0.95}^2(2) = 5.99$ 이면 H_0 기각

⑤ 판정 : $\chi_0^2 = 7.78 > \chi_{0.95}^2(2) = 5.99$ 이므로 유의수준 5%로 H_0를 기각한다.

즉, 공정개량 후 생산비율은 종전과 다르다고 할 수 있다.

08 검사의 목적으로 쓰시오. (3가지 이상)

해설

☞ 검사의 목적은 ① 좋은 로트와 나쁜 로트의 구별, ② 적합품과 부적합품의 구별, ③ 공정이 변화했는지 어떤지를 판단, ④ 공정이 규격 한계에 가까워 졌는지를 판단, ⑤ 제품의 결점 정도를 평가, ⑥ 검사원의 정확도를 평가, ⑦ 측정 기기의 정밀도를 평가, ⑧ 제품 설계에 필요한 정보의 확보, ⑨ 공정 능력을 측정, ⑩ 다음 공정에 부적합품 이월 방지, ⑪ 품질정보 제공, ⑫ 작업자의 품질의욕 자극, ⑬ 고객에게 품질에 대한 안심감 제공 등이다.

이들 중 검사의 직접적인 목적은 ①, ②, ⑤, ⑩ 등이 해당한다고 볼 수 있다.

09 어떤 금속 부품을 가공하는 공정에서 $n=4$인 $\bar{x}-R$ 관리도를 그려 본 결과, 완전 관리 상태이다. $\bar{x}$ 관리도의 $U_{CL}=12.7$, $L_{CL}=6.7$일 때 개개 측정치 관리도 데이터의 산포(σ_H)를 구하시오.

해설

☞ 개개의 데이터를 대상으로 한 데이터 전체의 산포 σ_H^2(혹은 σ^2)은 히스토그램에 의해 구하며, $\sigma_H^2 = \sigma_b^2 + \sigma_w^2$(분산의 분해)로 된다. 완전관리상태이면 $\sigma_b^2 = 0$ 이므로 $\sigma_H^2 = \sigma_w^2$이다.

$$U_{CL} - L_{CL} = 6 \cdot \frac{\sigma_w}{\sqrt{n}} \rightarrow 12.7 - 6.7 = 6 \times \frac{\sigma_w}{\sqrt{4}} \rightarrow \sigma_w = 2.0 \quad \therefore \sigma_H = \sigma_w = 2.0$$

10 섬유를 제조하는 P회사는 탄력성을 특성으로 하여 3σ 관리도법을 이용한 $\bar{x}-R$ 관리도를 작성하였더니, $\bar{x}$ 관리도에서 $U_{CL}=14$, $L_{CL}=11$, $n=5$가 되었다. 이때 공정에 이상이 생겨 공정평균이 13으로 되었을 때 이를 발견할 확률은?

해설

☞ 공정평균이 변화 후 $\mu'=13$으로 된 경우, 이를 발견할 확률은 '검출력($1-\beta$)'이 된다.

$$1-\beta = P_r(\bar{x} > U_{CL}) + P_r(\bar{x} < L_{CL}) = P_r\left(\frac{\bar{x}-\mu'}{\sigma/\sqrt{n}} > \frac{U_{CL}-\mu'}{\sigma/\sqrt{n}}\right) + P_r\left(\frac{\bar{x}-\mu'}{\sigma/\sqrt{n}} < \frac{L_{CL}-\mu'}{\sigma/\sqrt{n}}\right)$$

$$= P_r\left(U > \frac{14-13}{0.5}\right) + P_r\left(U < \frac{11-13}{0.5}\right) = P_r(U > 2.0) + P_r(U < -4.0)$$

$$\approx 0.0228 + 0 = 0.0228 \ (2.28\%)$$

여기서, $U_{CL} - L_{CL} = 6\frac{\sigma}{\sqrt{n}} \rightarrow 14-11 = 6\frac{\sigma}{\sqrt{n}} \rightarrow \frac{\sigma}{\sqrt{n}} = 0.5$

11 U_{CL} =18.7, L_{CL} =12.7, n =4인 해석용 $\bar{x}$ 관리도가 있다. 공정의 분포가 $N(15,\ 2^2)$ 일 때, $\bar{x}$ 가 관리한계 밖으로 나갈 확률을 구하시오.

[해설]

☞ 공정변동이 없는 상태이므로, $\bar{x}$ 가 관리한계를 벗어날 확률은 제1종 과오(α)가 된다.

$$\alpha = P_r(\bar{x} > U_{CL}) + P_r(\bar{x} < L_{CL}) = P_r\left(\frac{\bar{x} - \mu}{\sigma/\sqrt{n}} > \frac{U_{CL} - \mu}{\sigma/\sqrt{n}}\right) + P_r\left(\frac{\bar{x} - \mu}{\sigma/\sqrt{n}} < \frac{L_{CL} - \mu}{\sigma/\sqrt{n}}\right)$$

$$= P_r\left(U > \frac{U_{CL} - \mu}{\sigma/\sqrt{n}}\right) + P_r\left(U < \frac{L_{CL} - \mu}{\sigma/\sqrt{n}}\right) = P_r\left(U > \frac{18.7 - 15}{2/\sqrt{4}}\right) + P_r\left(U < \frac{12.7 - 15}{2/\sqrt{4}}\right)$$

$$= P_r(U > 3.7) + P_r(U < -2.3) = 0.00011 + 0.0107 = 0.0108 \ (1.08\%)$$

◆ **실험계획법** ◆

12 $L_{16}(2^{15})$형 직교배열표에 다음과 같이 배치했다. 다음 물음에 답하시오.

열	1	2	3	4	5	6	7	8	9	10	11	12	13	14	15
기본 표시	a	b	a b	c	a c	b c	a b c	d	a d	b d	a b d	c d	a c d	b c d	a b c d
배치	M	N	O	P				S					Q	R	T

(1) 2인자 교호작용 $O \times T$, $S \times R$은 몇 열에 나타나는가?

(2) 2인자 교호작용 $R \times T$가 무시되지 않을 때 위와 같이 배치한다면 어떤 문제점이 일어나는가?

[해설]

(1) $O \times T = (ab)(abcd) = a^2 b^2 cd = cd \;\rightarrow$ 12열에 배치

　　　　(단, 2수준계 직교배열표에서는 $a^2 = b^2 = c^2 = \cdots = 1$)

　　$S \times R = (d)(bcd) = bcd^2 = bc \;\rightarrow$ 6열에 배치

(2) $R \times T = (bcd)(abcd) = ab^2 c^2 d^2 = a \;\rightarrow$ 1열에 배치

　　이 경우 1열에는 이미 M이 배치되어 있는 상태이다. 그러므로 $R \times T$와 M은 서로 교락된다.

13 다음은 2^3형의 Yates 알고리즘이다. 다음에 답하시오.

처리조합			데이터	(1)	(2)	(3)	
A	B	C					
0	0	0	(1)=7	17	39	72	수정항
0	0	1	c=10	22	33	2	C
0	1	0	b=9	17	7	4	B
0	1	1	bc=13	16	-5	10	$B \times C$
1	0	0	a=12	3	5	-6	A
1	0	1	ac=5	4	-1	-12	$A \times C$
1	1	0	ab=7	-7	1	-6	$A \times B$
1	1	1	abc=9	2	9	8	e

(1) A의 주효과를 구하시오.   (2) $A \times B$의 교호작용효과를 구하시오.

(3) B의 변동을 구하시오.

[해설]

☞ 주어진 데이터를 이용하여 Yates 계산법을 사용하면 [표 1]이 얻어진다.

[표 1] 2^3형 요인의 효과 및 변동에 대한 Yates 계산법

처리조합			데이터	(1)	(2)	(3)	요인의 효과 (3)/제수	요인의 변동 $(3)^2/8$
A	B	C						
0	0	0	(1)=7	17	39	72	72/8=9= M	$(72)^2/8$=648=CT
0	0	1	c=10	22	33	2	2/4=0.5= C	$(2)^2/8$=0.5=S_C
0	1	0	b=9	17	7	4	4/4=1.0= B	$(4)^2/8$=2=S_B
0	1	1	bc=13	16	-5	10	10/4=2.5= BC	$(10)^2/8$=12.5=$S_{B \times C}$
1	0	0	a=12	3	5	-6	-6/4=-1.5= A	$(-6)^2/8$=4.5=S_A
1	0	1	ac=5	4	-1	-12	-12/4=-3.0= AC	$(-12)^2/8$=18=$S_{A \times C}$
1	1	0	ab=7	-7	1	-6	-6/4=-1.5= AB	$(-6)^2/8$=4.5=$S_{A \times B}$
1	1	1	abc=9	2	9	8	8/4=2.0= ABC	$(8)^2/8$=8=S_E

(1) A의 주효과 : -1.5   (2) $A \times B$의 교호작용효과 : -1.5   (3) B의 변동 : 2

[참조[]] S_T는 CT항을 제외한 전 변동들의 합이다. S_E는 3인자 이상의 교호작용의 변동임.

◈ 신뢰성관리 ◈

14 어떤 제품의 수명이 평균수명 100시간인 지수분포를 따른다. 다음 물음에 답하시오.

(1) 50시간 사용했을 때 신뢰도를 구하시오.

(2) 200시간 사용 후, 50시간 더 사용했을 때 신뢰도를 구하시오.

(3) 설비의 신뢰도를 높이기 위해 부품을 정기적으로 교체할 필요가 있는지를 지수분포의 특성을 이용해 설명하시오.

[해설]

☞ 고장시간이 지수분포를 따를 때의 신뢰도, 조건부 신뢰도

(1) $R(t = 50) = e^{-\lambda t} = e^{-t/MTBF} = e^{-t/\theta} = e^{-50/100} = e^{-0.5} = 0.6065$

(2) $R(250 / 200) = \dfrac{P_r(\theta \geq 250)}{P_r(\theta \geq 200)} = \dfrac{e^{-250/100}}{e^{-200/100}} = e^{-0.5} = 0.6065 \,(60.65\%)$

(3) 지수분포를 따르는 기간은 고장률이 일정(CFR)한 형태가 되는 우발고장기간이므로, 이 기간에는 부품을 정기적으로 교체하는 예방보전은 고장률 감소를 위한 효과적인 방법이라고 할 수 없으므로 부품교환을 해 줄 필요가 없다. 참고로 예방보전은 마모고장기간에 유효한 설비보전 방식이다.

15 XYZ사에서 월간 연속사용시간은 지수분포를 따르는 100시간 사용하는 설비가 있다. 사용 설비의 고장률을 10%이내로 관리하고 싶다면 MTBF는 얼마이어야 하는가?

[해설]

☞ $R(t) \geq 1 - F(t) = 1 - 0.1 = 0.9$ 이므로 $R(t) = e^{-\lambda t} = e^{-\lambda \times 100} \geq 0.9$

상기 식을 풀면 $-\lambda \times 100 \geq \ln 0.9 = -0.11 \;\rightarrow\; \lambda = \dfrac{1}{MTBF} \leq \dfrac{0.11}{100}$

∴ $MTBF \geq 909.1$ 시간

16 샘플 100개에 대하여 4개가 고장날 때까지 교체를 안하고 수명시험한 결과 2,000, 3,000, 5,000, 10,000시간에 각각 고장이 났다. 다음 물음에 답하시오.

(1) 평균수명을 점추정하시오.

(2) 95% 신뢰율로 구간추정하시오.

[해설]

☞ 정수중단시험의 경우 평균수명 θ의 점추정 및 구간추정

(1) 평균수명의 점추정

$$\hat{\theta} = \frac{T}{r} = \frac{\sum\limits_{i=1}^{r} t_i + (n-r)t_r}{r} = \frac{(2,000+\cdots+10,000) + (100-4) \times 10,000}{4} = 245,000(h)$$

(2) 95% 신뢰율에 의한 구간추정

$$\frac{2r\hat{\theta}}{\chi^2_{1-\alpha/2}(2r)} \le \hat{\theta} \le \frac{2r\hat{\theta}}{\chi^2_{\alpha/2}(2r)} \rightarrow \frac{2 \times 4 \times 245,000}{\chi^2_{0.975}(8)} \le \hat{\theta} \le \frac{2 \times 4 \times 245,000}{\chi^2_{0.025}(8)}$$

$$\rightarrow \frac{2 \times 4 \times 245,000}{17.54} \le \hat{\theta} \le \frac{2 \times 4 \times 245,000}{2.18} \rightarrow \therefore 111,745 \le \hat{\theta} \le 899,083$$

국가기술자격시험	품질경영기사 실기 모의고사 1-3R	시험시간 : 3시간

◈ 품질경영실무 ◈

01 ISO 9000:2008의 문서화 요구사항 중 이 규격이 요구하는 문서화된 절차 4가지를 기술하시오. (단, 분야는 상관없음)

(해설)

☞ ISO 9000:2008의 문서화 요구사항

(1) 문서화하여 표명된 품질방침 및 품질목표

(2) 품질매뉴얼

(3) KS Q ISO 9001 규격에서 문서화를 요구하는 다음 항목의 6가지 절차 및 기록
  ① 문서관리, ② 기록관리, ③ 내부심사, ④ 부적합제품관리, ⑤ 시정조치, ⑥ 예방조치

(4) 프로세스의 효과적인 기획, 운영 및 관리를 보장하기 위해 필요로 하는 문서 및 기록

[참조] ISO 9000:2015에서 '문서화 요구사항'이 삭제되었고, ISO 9001:2015 '7.5 문서화된 정보'에서 문서화 관련 사항이 규정되어 있으나, 내용은 위의 내용과는 다르게 개정되었다.

02 6시그마 활동에 있어서 다음의 정의는 무엇에 대한 내용인지 용어를 적으시오.

(1) 백만 기회당 부적합수 (　　)

(2) 개선 프로젝트의 해결과 담당업무를 병행하는 문제해결의 전담자로서 프로젝트 추진, 고객 요구사항의 조사 등을 수행하는 사람에게 주어지는 자격 (　　)

(해설)

☞ (1) DPMO　(2) BB(블랙벨트)

[참고] DPU, DPO 및 DPMO (계수형 데이터의 공정성능)

① DPU(Defects per Unit)= $\dfrac{총 결점수}{총 생산단위수}$

② DPO(Defects per Opportunity)= $\dfrac{총 결점수}{총 결점기회수}$

③ DPMO(Defects per Million Opportunities)= $\dfrac{총 결점수}{총 결점발생기회수} \times 1,000,000$

◈ 통계적품질관리 ◈

03 어떤 부품의 길이에 대한 모평균을 추정하기 위하여 $n=10$의 샘플을 취하여 다음과 같은 데이터를 얻었다. 물음에 답하시오.

[데이터]　54　52　49　50　49　50　48　50　53　40 (단위 : cm)

(1) σ =3.83이라고 할 때 모평균의 신뢰구간을 추정하시오. (단, 신뢰율 95%)

(2) σ 가 미지인 경우로 가정한다면 모평균의 신뢰구간은 어떻게 되는가? (단, 신뢰율 95%)

(3) 모분산에 대해 신뢰율 95%로 구간추정을 행하시오.

[해설]

(1) σ 기지의 경우 μ 의 95% 신뢰율에 의한 신뢰구간 추정

$$\hat{\mu} = \bar{x} \pm u_{1-\alpha/2} \cdot \frac{\sigma}{\sqrt{n}}$$

$$= 49.5 \pm u_{0.975} \times \frac{3.83}{\sqrt{10}} = 49.5 \pm 1.96 \times \frac{3.83}{\sqrt{10}} = 49.5 \pm 2.37 = (47.13,\ 51.87)$$

여기서, α =0.05, $\bar{x} = \dfrac{\sum x}{n} = \dfrac{54 + 52 + \cdots + 40}{10} = 49.5$

(2) σ 미지의 경우 μ 의 95% 신뢰율에 의한 신뢰구간 추정

$$\hat{\mu} = \bar{x} \pm t_{1-\alpha/2}(\nu)\frac{s}{\sqrt{n}} = \bar{x} \pm t_{0.975}(\nu)\frac{\sqrt{V}}{\sqrt{n}} = \bar{x} \pm t_{0.975}(9)\sqrt{\frac{V}{n}}$$

$$= 49.5 \pm 2.262 \times \sqrt{\frac{14.722}{10}} = 49.5 \pm 2.74 = (46.76,\ 52.24)$$

여기서, $\bar{x} = 49.5$, $s^2 \approx V = \dfrac{S}{n-1} = \dfrac{\sum x^2 - (\sum x)^2/n}{n-1} = 14.722$

(3) 모분산에 대한 신뢰율 95%로 구간추정

$$\frac{S}{\chi^2_{1-\alpha/2}(\nu)} \leq \hat{\sigma}^2 \leq \frac{S}{\chi^2_{\alpha/2}(\nu)} \rightarrow \frac{\nu V}{\chi^2_{0.975}(9)} \leq \hat{\sigma}^2 \leq \frac{\nu V}{\chi^2_{0.025}(9)}$$

$$\rightarrow \frac{9 \times 14.722}{19.02} \leq \hat{\sigma}^2 \leq \frac{9 \times 14.722}{2.70} \rightarrow 6.966 \leq \hat{\sigma}^2 \leq 49.074$$

04 작업자의 검사비용은 8,000원/400개이며, 부적합품 1개당 손실비용이 1,600원이라고 한다. 이에 검사 중 발견되는 부적합품에 대해서는 수리하기로 하고, 그 수리비용은 제품당 320원이라고 한다. 지금 로트의 부적합품률이 2%로 추정되면 무검사와 전수검사 중 어느 것을 선택하겠는가?

[해설]

☞ a 를 1개당 검사비용, b 를 검사하지 않음으로서 입는 부적합품 1개당 손실이라 할 때,

임계부적합품률 $P_b = \dfrac{a}{b-c} = \dfrac{20}{1,600-320} = 0.0165$ (1.65%)

여기서, 개당 검사비용 $a = \dfrac{8,000}{400} = 20$ 원

개당 손실비용 $b = 1,600$ 원, 개당 수리비용 $c = 320$ 원

$P > P_b$ 즉, $P = 0.02(2\%) > P_b = 0.0165(1.65\%)$ 이므로 전수검사의 선택이 유리하다.

05 어느 재료의 두께가 79.0mm이하로 규정된 경우, 즉 계량규준형 1회 샘플링검사(p_0, α, p_1, β)에서 $n=8$, $k=1.74$이 값을 얻어 데이터를 취했더니 아래와 같다. 이 결과에서 로트의 합격·불합격을 판정하시오. (단, 표준편차 $\sigma=2$mm)

[데이터] 79.0 75.5 77.5 76.5 77.0 79.5 77.0 75.0 (단위 : mm)

해설

☞ σ 기지의 계량규준형 1회 샘플링검사에서 S_U가 주어진 경우로서, 로트의 부적합품률을 보증하는 경우이다. 따라서 검사방식은 (n, $\overline{X}_U$)로 결정된다.

주어진 조건에서 $S_U=79.0$, $\sigma=2$이므로 $\overline{X}_U = S_U - k\sigma = 79 - 1.74 \times 2 = 75.52$, 그리고 $n=8$의 평균치 $\bar{x}$는 $\bar{x} = \dfrac{\sum x}{n} = \dfrac{617}{8} = 77.13$ 이다. 따라서 $\bar{x}(=77.13) > \overline{X}_U(=75.52)$이 되므로, 로트 불합격으로 판정한다.

06 다음 표는 용광로에서 선철을 만들 때 선철의 백분율(x)과 비금속의 산화를 조절하기 위하여 사용되는 석회의 소요량(y)에 대한 실험결과이다. 다음 물음에 답하시오.

선철(%)	석회소요량(kg)	선철(%)	석회소요량(kg)
26	7.0	42	10.0
30	8.7	46	11.0
34	9.6	50	10.6
38	9.7	54	11.9

(1) 산점도를 그리시오.
(2) 선철의 백분율에 관한 석회의 소요량의 회귀직선의 방정식을 구하시오.
(3) 선철이 40%인 경우 석회는 대략 몇 kg가량 소요되는가?
(4) 선철의 백분율과 석회소요량 사이의 상관계수를 구하시오.

해설

(1) 산점도 작성

선철(%)을 x축으로, 석회소요량(kg)을 y축으로 하여 산점도를 그리면 다음과 같다.

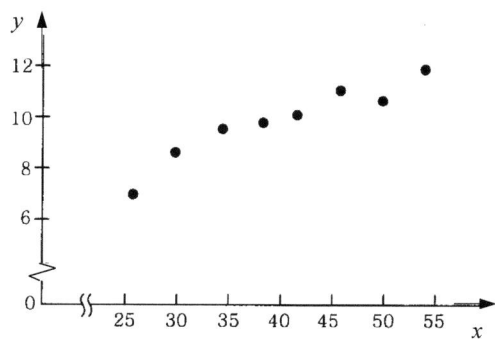

선철(%)과 석회소요량(kg) 간에는 양(+)상관이 있으므로 회귀직선식 추정이 가능하다.

(2) x에 대한 y의 회귀직선 방정식

$\hat{y}_i = \hat{\beta}_0 + \hat{\beta}_1 \cdot x_i$ 의 관계식으로부터 $\hat{y}_i = \hat{\beta}_0 + \hat{\beta}_1 \cdot x_i = 4.21 + 0.14 x_i$

여기서, $\hat{\beta}_1 = \dfrac{S_{(xy)}}{S_{(xx)}} = \dfrac{\sum xy - (\sum x)(\sum y)/n}{\sum x^2 - (\sum x)^2/n} = \dfrac{3,236.6 - (320 \times 78.5)/8}{13,472 - (320)^2/8} = 0.14$

$\hat{\beta}_0 = \bar{y} - \hat{\beta}_1 \bar{x} = 9.81 - 0.14 \times 40 = 4.21$

단, $\bar{x} = \dfrac{\sum x}{n} = \dfrac{320}{8} = 40, \quad \bar{y} = \dfrac{\sum y}{n} = \dfrac{78.5}{8} = 9.81$

(3) $x_i = 40$일 때 $\hat{y}_i = 4.21 + 0.14 \times 40 = 9.81 \,(\text{kg})$

(4) 상관계수 계산 : $r = \dfrac{S_{(xy)}}{\sqrt{S_{(xx)}S_{(yy)}}} = \dfrac{96.6}{\sqrt{672 \times 15.6}} = 0.94$

여기서, $S_{(yy)} = \sum y^2 - \dfrac{(\sum y)^2}{n} = 785.91 - \dfrac{(78.5)^2}{8} = 15.63$

07 철재의 인장강도는 클수록 좋다. 이때 평균치가 46kgf/mm^2 이상인 로트는 통과시키고, 43kgf/mm^2 이하인 로트는 통과시키지 않게 하는 계량규준형 1회 샘플링검사에서 n, G_0, $\overline{X}_L$를 구하면 얼마인가? (단, $\sigma = 4\text{kgf/mm}^2$, $\alpha = 0.05$, $\beta = 0.10$, $K_{0.05} = 1.645$, $K_{0.10} = 1.282$)

[해설]

☞ σ 기지의 계량규준형 1회 샘플링검사에서, 로트의 평균치를 보증하는 경우로서, 특성치가 높을수록 좋은 경우이다. 따라서 검사방식은 $(n, \overline{X}_L)$로 결정된다.

(1) n, G_0의 계산

$m_0 = 46$, $m_1 = 43$, $\sigma = 4$ 이므로

$n \geq \left(\dfrac{K_\alpha + K_\beta}{m_0 - m_1}\right)^2 \cdot \sigma^2 = \left(\dfrac{K_{0.05} + K_{0.10}}{m_0 - m_1}\right)^2 \times 4^2 = \left(\dfrac{1.645 + 1.282}{46 - 43}\right)^2 \times 4^2 = 8.57 \;\rightarrow\; 9$

$G_0 = \dfrac{K_\alpha}{\sqrt{n}} = \dfrac{K_{0.05}}{\sqrt{9}} = \dfrac{1.645}{3} = 0.548$

(2) $\overline{X}_L = m_0 - G_0 \cdot \sigma = 46 - 0.548 \times 4 = 43.81 \,(\text{kgf/mm}^2)$

08 D형 핸드폰 무게가 200g이하로 알고 있다. 작업방법을 변경한 후 로트로부터 10개의 시료를 랜덤하게 샘플링하여 측정한 결과 다음 데이터를 얻었다. 물음에 답하시오.

| [데이터] | 198 | 205 | 204 | 197 | 203 | 199 | 206 | 201 | 210 | 198 |

(1) 핸드폰 무게가 200g이하라고 할 수 있는지를 판정하시오. (단, $\alpha = 0.05$)
(2) (1)의 검정결과에 상관없이 신뢰도 95%로 핸드폰 무게에 대한 신뢰구간을 구하시오.

해설

(1) σ가 미지인 때의 한 개의 모평균과 기준치와의 차이 검정

① 가설 설정 : $H_0 : \mu > 200(\mu_0)$, $H_1 : \mu \leq 200$ (한쪽검정)

② 유의수준 : $\alpha = 0.05$

③ 검정통계량의 값(t_0) 계산 : $t_0 = \dfrac{\bar{x} - \mu_0}{s / \sqrt{n}} = \dfrac{\bar{x} - \mu_0}{\sqrt{V / n}} = \dfrac{202.1 - 200}{\sqrt{17.88 / 10}} = 1.571$

여기서, $\bar{x} = \dfrac{\sum x}{n} = \dfrac{2021}{10} = 202.1$

$s^2 \approx V = \dfrac{S}{n-1} = \dfrac{1}{n-1}\left[\sum x^2 - \dfrac{(\sum x)^2}{n}\right] = \dfrac{1}{10-1}\left[408,605 - \dfrac{(2,021)^2}{10}\right] = 17.88$

④ 기각역 설정 : $t_0 < -t_{1-\alpha}(\nu) = -t_{0.95}(9) = -1.833$ 이면 H_0 기각

⑤ 판정 : $t_0 = 1.571 > -t_{0.95}(9) = -1.833$ 이므로 유의수준 5%로 H_0 를 기각할 수 없다.

즉, 핸드폰 무게가 200g이하라고 할 수 없다.

(2) 신뢰도 95%로 핸드폰 무게에 대한 신뢰구간 추정

$H_1 : \mu \leq 200$의 채택여부에 관계없이 핸드폰 무게를 200g이하로 알고 있으므로 신뢰상한 추정을 한다.

$$\hat{\mu}_U = \bar{x} + t_{1-\alpha}(\nu)\dfrac{s}{\sqrt{n}} = \bar{x} + t_{1-\alpha}(\nu)\dfrac{\sqrt{V}}{\sqrt{n}} = 202.1 + t_{1-0.95}(9)\dfrac{\sqrt{17.88}}{\sqrt{10}}$$

$$= 202.1 + 2.45 = (199.65,\ 204.55)$$

(09) 매일 생산되는 어떤 기계부품에서 100개씩 랜덤하게 샘플링하여 검사한 결과는 다음과 같다. 물음에 답하시오.

11월	1	2	3	4	5	6	7	8	9	10	계
부적합품수	2	5	3	4	6	5	5	2	7	3	42

(1) 사용되는 관리도 종류를 지정하시오.

(2) 지정된 관리도의 C_L, U_{CL}, L_{CL} 을 계산하시오.

해설

(1) 일자별로 시료의 크기가 100개로서 일정하므로 np 관리도를 사용한다.

(2) $C_L = n\bar{p} = \dfrac{\sum np}{k} = \dfrac{42}{10} = 4.2$

$U_{CL} = n\bar{p} + 3\sqrt{n\bar{p}(1 - \bar{p})} = 4.2 + 3\sqrt{4.2(1 - 0.0042)} = 10.22$

$L_{CL} = n\bar{p} - 3\sqrt{n\bar{p}(1 - \bar{p})} = 4.2 - 3\sqrt{4.2(1 - 0.0042)} = -$ (음수로서, 고려하지 않음)

여기서, $k = 10$ 이고, $\bar{p} = \dfrac{\sum np}{\sum n} = \dfrac{42}{k \times n} = \dfrac{42}{10 \times 100} = 0.042$

(10) 전자레인지의 최종검사에서 20대를 랜덤하게 추출하여 부적합수를 조사하였다. 한 대당 발견된 부적합수를 기록하여 보니 다음과 같았다. 해당되는 c 관리도의 관리상한과 관리하한을 구하시오.

군번호	1	2	3	4	5	6	7	8	9	10	11	12	13	14	15	16	17	18	19	20
부적합수	4	5	3	3	4	8	4	2	3	3	6	4	1	6	4	2	4	4	3	7

[해설]

☞ c 관리도의 관리상한과 관리하한

$k = 20$, $\sum c = 80$ 이므로

$$C_L = \bar{c} = \frac{\sum c}{k} = \frac{80}{20} = 4$$

$$U_{CL} = \bar{c} + 3\sqrt{\bar{c}} = 4 + 3 \times \sqrt{4} = 10.0$$

$$L_{CL} = \bar{c} - 3\sqrt{\bar{c}} = 4 - 3 \times \sqrt{4} = -(\text{음수로서, 고려하지 않음})$$

(11) 2개의 관리상태에 있는 공정 A, B 의 평균치의 차이를 검정하기 위하여 층별한 $\bar{x} - R$ 관리도를 작성하여 다음과 같은 결과를 얻었다.

$n_A = 6$	$k_A = 20$	$\overline{R}_A = 29.0$	$\overline{\overline{x}}_A = 335.58$
$n_B = 6$	$k_B = 20$	$\overline{R}_B = 28.1$	$\overline{\overline{x}}_B = 343.78$

모분산의 차를 검정한 결과 각 층의 산포에 차가 없다고 한다면 공식을 이용하여 평균치의 차이가 있는지를 검정하시오.

[해설]

☞ $\bar{x} - R$ 관리도법에 의한 평균치 차 검정

① 가설 설정 : $H_0 : \mu_A = \mu_B$, $H_1 : \mu_A \neq \mu_B$ (양쪽검정)

② 검정통계량의 값 계산 : $\left| \overline{\overline{x}}_A - \overline{\overline{x}}_B \right| = |335.58 - 343.78| = 8.80$

③ 기각역 설정 : $\left| \overline{\overline{x}}_A - \overline{\overline{x}}_B \right| \geq A_2 \overline{R} \sqrt{\dfrac{1}{k_A} + \dfrac{1}{k_B}}$ 이면 H_0 기각

④ 판정 : $\left| \overline{\overline{x}}_A - \overline{\overline{x}}_B \right| = 8.80 > A_2 \overline{R} \sqrt{\dfrac{1}{k_A} + \dfrac{1}{k_B}} = 4.361$ 이므로 H_0 를 기각한다.

즉, 두 대의 기계에서 만들어진 제품의 평균치에 차이가 있다고 할 수 있다.

상기 식에서, $n = 6$일 때 $A_2 = 0.483$,

$$\overline{R} = \frac{k_A \overline{R}_A + k_B \overline{R}_B}{k_A + k_B} = \frac{20 \times 29.0 + 20 \times 28.1}{20 + 20} = 28.55$$

$$A_2 \overline{R} \sqrt{\frac{1}{k_A} + \frac{1}{k_B}} = 0.483 \times 28.55 \sqrt{\frac{1}{20} + \frac{1}{20}} = 4.361$$

[참조] $\bar{x} - R$ 관리도법에 의한 평균치 차 검정의 전제조건 검토

① 두 관리도는 관리상태(안정상태)이다. ② $n_A = n_B$ ③ k_A와 k_B가 충분히 크다.

④ $\bar{R}_A$와 $\bar{R}_B$간에 유의적인 차가 없다. ⑤ 두 관리도는 정규분포에 가깝다.

◈ 실험계획법 ◈

(12) 인자 A(4수준), B(5수준)이고, 모수모형인 2원배치 실험에서 $\bar{x}_{3.}$=8.6, $\bar{x}_{.2}$=10.6, $\bar{\bar{x}}$ = 8.855, V_e=0.468일 때 물음에 답하시오.

(1) 유효반복수 n_e를 구하시오.

(2) $\mu(A_3 B_2)$의 신뢰율 95%로 구간추정을 행하시오.

해설

☞ 2원배치 실험(모수모형, 반복없는 경우)

(1) 유효반복수 n_e

$$n_e = \frac{\text{총실험횟수}}{\text{유의한 요인의 자유도 합}+1} = \frac{lm}{\nu_A + \nu_B + 1} = \frac{lm}{(l-1)+(m-1)+1} = \frac{lm}{l+m-1} = \frac{4 \times 5}{4+5-1} = 2.5$$

(2) $\mu(A_3 B_2)$의 신뢰율 95%로 구간추정

① $\mu(A_3 B_2)$의 점추정

$$\hat{\mu}(A_3 B_2) = \widehat{\mu + a_3 + b_2} = \widehat{\mu + a_3} + \widehat{\mu + b_2} - \hat{\mu} = \bar{x}_{3.} + \bar{x}_{.2} - \bar{\bar{x}} = 8.6 + 10.6 - 8.855 = 10.345$$

② $\mu(A_3 B_2)$의 구간추정

$$\hat{\mu}(A_3 B_2) = (\bar{x}_{3.} + \bar{x}_{.2} - \bar{\bar{x}}) \pm t_{1-\alpha/2}(\nu_e)\sqrt{\frac{V_e}{n_e}}$$

$$= 10.345 \pm t_{0.975}(12)\sqrt{\frac{0.468}{2.5}} = 10.345 \pm 2.179 \times \sqrt{\frac{0.468}{2.5}} = (9.402, \ 11.288)$$

여기서, $\nu_e = (l-1)(m-1) = (4-1)(5-1) = 12$

(13) 어느 실험실에서 5명의 분석공이 일하고 있는데 이들 간에는 동일한 시료의 분석결과에 도 차이가 있는 것으로 생각된다. 이를 확인하기 위하여 일정한 표준시료를 만들어서, 동일 장치로 날짜를 랜덤하게 바꾸어 가면서 각 5회 반복하여 5명의 분석공에게 분석시켰으나 결측치 가 다음과 같이 나타났다고 했을 때 분석분석을 행하시오.

	A_1	A_2	A_3	A_4	A_5
1	9.41	9.82	8.92	9.07	9.92
2	8.92	8.43	9.62	9.82	9.62
3	8.70	9.30	9.17	8.08	9.15
4	9.05	9.51	9.44		9.47
5	8.45	9.54	8.98		

해설

☞ 1원배치법 (변량모형, 반복수 불일정) 분산분석

(1) 인자 종류

5명의 분석공인 인자 A는 그 수준의 선택이 랜덤하게 이루어지고, 따라서 각 수준이 기술적인 의미를 갖고 있지 못하므로 변량인자이다. 1원배치법에서는 결측치가 생긴 경우는 결측치를 추정하지 않고, 반복이 불일정한 1원배치법에 의한 분석이 가능하다.

(2) 분산분석

① 변동의 계산

$$CT = \frac{T^2}{N} = \frac{202.29^2}{22} = 1,860.06$$

$$S_T = \sum_i \sum_j x_{ij}^2 - CT = (9.41^2 + 8.92^2 \cdots + 9.47^2) - 1,860.06 = 4.93$$

$$S_A = \sum_i \frac{T_{i\cdot}^2}{r_i} - CT = \frac{44.53^2}{5} + \frac{46.50^2}{5} + \frac{46.13^2}{5} + \frac{26.97^2}{3} + \frac{38.16^2}{4} - 1,860.06 = 1.08$$

$$S_e = S_T - S_A = 4.93 - 1.08 = 3.85$$

② 자유도의 계산

$$\nu_T = N - 1 = 21, \quad \nu_A = l - 1 = 4, \quad \nu_e = \nu_T - \nu_A = N - l = 22 - 5 = 17$$

③ 분산분석표

요인	SS	DF	MS	F_0	$F_{0.95}$
A	1.08	4	0.27	1.19	2.87
e	3.85	17	0.23		
T	4.93	21			

분산분석 결과 인자 A는 유의수준 5%로 유의하지 않다.

14 반복이 없는 2원배치의 실험 데이터에서 다음과 같이 하나의 결측치가 생겼다. 다음 물음에 답하시오.

(1) Yates 방법에 의하여 결측치를 추정하시오. (2) 분산분석을 행하시오.

(3) $\mu(B_1)$과 $\mu(B_4)$의 분석치 간에 차가 있다고 볼 수 있는지를 최소유의차 검정을 행하시오. (단, $\alpha = 0.05$)

인자 B \ 인자 A	A_1	A_2	A_3	A_4	$T_{\cdot j}$
B_1	4	-1	-1	2	4
B_2	1	1	y	-2	y
B_3	0	0	-1	-2	-3
B_4	0	-5	-4	-4	-13
$T_{i\cdot}$	5	-5	-6+y	-6	-12+y

[해설]

(1) 결측치 y의 추정

결측치 y를 제외한 상태에서 $T'_{3.}=-6$, $T'_{.2}=0$, $T'=-12$이므로

$$\therefore\ y = \frac{lT'_{3.} + mT'_{.2} - T'}{(l-1)(m-1)} = \frac{4\times(-6) + 4\times(0) - (-12)}{(4-1)(4-1)} = -1.3$$

(2) 추정된 결측치를 포함후의 분산분석

　① 변동의 계산

$$CT = \frac{T^2}{N} = \frac{T^2}{lm} = \frac{(-13.3)^2}{4\times4} = 11.11$$

$$S_T = \sum_i\sum_j x_{ij}^2 - CT = [(4)^2 + (1)^2 + \cdots + (-4)^2] - CT = 91.78 - 11.11 = 80.67$$

$$S_A = \sum_i \frac{T_{i.}^2}{m} - CT = \frac{T_{1.}^2 + T_{2.}^2 + T_{3.}^2 + T_{4.}^2}{4} - CT$$

$$= \frac{(5)^2 + (-5)^2 + (-7.3)^2 + (-6)^2}{4} - 11.11 = 23.83$$

$$S_B = \sum_j \frac{T_{.j}^2}{l} - CT = \frac{T_{.1}^2 + T_{.2}^2 + T_{.3}^2 + T_{.4}^2}{4} - CT$$

$$= \frac{4^2 + (-1.3)^2 + (-3)^2 + (-13)^2}{4} - 11.11 = 37.83$$

$$S_e = S_T - S_A - S_B = 87.67 - 23.83 - 37.83 = 19.0$$

　② 자유도 계산

$$v_A = l-1 = 4-1 = 3,\quad v_B = m-1 = 4-1 = 3$$

$$v_e = (l-1)(m-1) - 결측치\ 개수 = (4-1)(4-1) - 1 = 8 \qquad ☆(주의요망)$$

$$v_T = (lm-1) - 결측치\ 개수 = (4\times4-1) - 1 = 14 \qquad ☆(주의요망)$$

　③ 분산분석표의 작성

요인	SS	DF	MS	F_0	$F_{0.95}$	$F_{0.99}$
A	23.83	3	7.94	3.34	4.07	7.59
B	37.83	3	12.61	5.30^*	4.07	7.59
e	19.01	8	2.38			
T	80.67	14				

　④ 판정 : 분산분석 결과, 인자 A는 유의수준 5%로 유의하지 않고, 인자 B는 유의수준 5%로 유의하다.

(3) $\mu(B_1)$과 $\mu(B_4)$의 분석치 간에 차가 있는지의 최소유의차 검정

$$\left(\left|\bar{x}_{\cdot 1} - \bar{x}_{\cdot 4}\right| = 4.25\right) > \left(LSD = t_{0.975}(8)\sqrt{\frac{2 \times 2.38}{4}} = 2.51\right)$$ 이므로 유의적이며, $\mu(B_1)$과 $\mu(B_4)$

의 분석치 간에 차가 있다고 볼 수 있다.

여기서, $\left|\bar{x}_{\cdot j} - \bar{x}_{\cdot j'}\right| \rightarrow \left|\bar{x}_{\cdot 1} - \bar{x}_{\cdot 4}\right| = \left|\frac{T_{\cdot 1}}{l} - \frac{T_{\cdot 4}}{l}\right| = \left|\frac{4}{4} - \left(\frac{-13}{4}\right)\right| = 4.25$

$$LSD = t_{1-\alpha/2}(V_e)\sqrt{\frac{2V_e}{l}} = t_{0.975}(8)\sqrt{\frac{2 \times 2.38}{4}} = 2.306 \times \sqrt{\frac{2 \times 2.38}{4}} = 2.51$$

[참조] 최소유의차 검정 : $\left|\bar{x}_{\cdot j} - \bar{x}_{\cdot j'}\right| > t_{1-\alpha/2}(V_e)\sqrt{\frac{2V_e}{l}}$ 이면 유의하다고 결론을 내릴 수 있다.

◆ 신뢰성관리 ◆

15 어떤 부품의 고장시간 분포가 m =1.5, η =1,200시간, γ =0인 와이블분포를 따른다.
(1) t =800시간에서 신뢰도를 구하시오.
(2) t =500에서 고장률을 구하시오.
(3) 만약 이 부품의 신뢰도를 90% 이상으로 유지하는 사용시간을 구하시오.

[해설]

☞ 와이블분포를 이용한 신뢰성 척도의 계산
(1) 사용시간 t =800에서의 신뢰도

$$R(t = 800) = \exp\left\{-\left(\frac{t-\gamma}{\eta}\right)^m\right\} = \exp\left\{-\left(\frac{800-0}{1,200}\right)^{1.5}\right\} = 0.5802 \ (58.02\%)$$

(2) 사용시간 t =500에서의 고장률

$$\lambda(t = 500) = \frac{m}{\eta}\left(\frac{t-\gamma}{\eta}\right)^{m-1} = \frac{1.5}{1,200}\left(\frac{500-0}{1,200}\right)^{1.5-1} = 8.07 \times 10^{-4} \ (/시간)$$

(3) 신뢰도 0.90이상 유지 사용시간 t

$$R(t) = \exp\left\{-\left(\frac{t-\gamma}{\eta}\right)^m\right\} \geq 0.90$$

윗 식에서 양변에 자연대수를 취하면 $\ln 0.90 (= -0.105) \leq -\left(\frac{t-0}{1,200}\right)^{1.5}$ 이 되고, 이를 정리하

면 $\left(\frac{t-0}{1,200}\right)^{1.5} \leq 0.105$ 이 되므로, $t \leq 267.08$ (시간)이다

16 형상모수 $m = 4$, 척도모수 $\eta = 1,000$, 위치모수 $\gamma = 1,000$인 와이블분포에서 사용시간 1,500시간일 때 물음에 답하시오.

(1) 신뢰도를 구하시오. (2) 고장률을 구하시오.

[해설]

☞ 와이블분포에 의한 신뢰성 척도의 계산

(1) $R(t = 1,500) = \exp\left(-\dfrac{(t - \gamma)^m}{\eta}\right) = \exp\left(-\dfrac{(1,500 - 1,000)^4}{1,000}\right) = 0.9394$

(2) $\lambda(t = 1,500) = \dfrac{m}{\eta}\left(\dfrac{t - \gamma}{\eta}\right)^{m-1} = \dfrac{4}{1,000}\left(\dfrac{1,500 - 1,000}{1,000}\right)^{4-1} = 0.5 \times 10^{-3} (/시간)$

행운은 100% 노력한 뒤에
남는 것이다!
- 랭스턴 콜만 -

제 2 장

품질경영기사 실기
CBT 모의고사2

국가기술자격시험	품질경영기사 실기 모의고사 2-1R	시험시간 : 3시간

◈ 품질경영실무 ◈

01 측정시스템분석(MSA)에서 반복성과 재현성에 대해 설명하시오.

[해설]

☞ 측정시스템 관련 오차 또는 변동의 유형

① 반복성(repeatability) → 한 사람의 평가자가 하나의 측정계기를 여러 차례 사용해서 동일한 시료의 동일한 특성을 측정하여 얻은 측정값의 변동이다.

② 재현성(reproducibility) → 서로 다른 평가자들이 동일한 측정계기를 사용해서 동일한 시료의 동일한 특성을 측정해서 얻은 측정값의 평균의 변동이다.

02 KS Q ISO 9000:2015의 용어에 대한 설명이다. ( )안을 채우시오.

(1) 요구사항을 명시한 문서 : (   )　(2) 조직의 품질경영시스템을 규정한 문서 : (   )

(3) 수행된 활동 또는 달성된 결과에 대한 객관적인 증거를 제공하는 문서 : (   )

(4) 품질경영시스템이 어떻게 특정 제품, 특정 프로젝트 또는 특정 계약에 적용되는지를 기술한 문서 : (   )

[해설]

☞ (1) 시방서, (2) 품질매뉴얼, (3) 기록, (4) 품질계획서

◈ 통계적품질관리 ◈

03 시료군의 크기 $n=4$인 $\bar{x}-R$ 관리도 데이터에 대한 분석치이다. 다음 질문에 답하시오. (단, $n=4$일 때 $d_2=2.059$, $D_4=2.282$이다.)

No.	1	2	3	4	5	6	7	8	9	10	11	12
$\bar{x}_i$	38.72	39.10	39.92	37.30	39.05	39.12	40.00	39.32	41.10	39.17	39.55	38.47
R_i	1.1	1.3	1.9	2.0	0.9	1.5	1.2	2.7	3.7	2.5	2.1	1.2

(1) $\bar{x}-R$ 관리도의 C_L, U_{CL}, L_{CL}을 구하시오.

(2) $\bar{x}-R$ 관리도를 작성하시오.

(3) 관리상태(안정상태) 여부를 판정하시오.

[해설]

☞ (1) $\bar{x}-R$ 관리도의 C_L, U_{CL}, L_{CL}

① $\bar{x}$ 관리도 : $\left.\begin{array}{c} U_{CL} \\ L_{CL} \end{array}\right\} = \bar{\bar{x}} \pm A_2\bar{R} = \bar{\bar{x}} \pm \dfrac{3}{\sqrt{n}\cdot d_2}\bar{R} = 39.15 \pm \dfrac{3}{\sqrt{4}\times 2.059}\times 1.84 = (37.81,\ 40.49)$

여기서, $C_{L(\bar{x})} = \bar{\bar{x}} = \dfrac{\sum \bar{x}_i}{k} = \dfrac{469.82}{12} = 39.15$, $C_{L(R)} = \bar{R} = \dfrac{\sum R}{k} = \dfrac{22.1}{12} = 1.84$

② R 관리도 : $U_{CL} = D_4\bar{R} = 2.282 \times 1.84 = 4.20$, $L_{CL} = D_3\bar{R} = -$ (고려하지 않음)

(2) $\bar{x} - R$ 관리도 작성

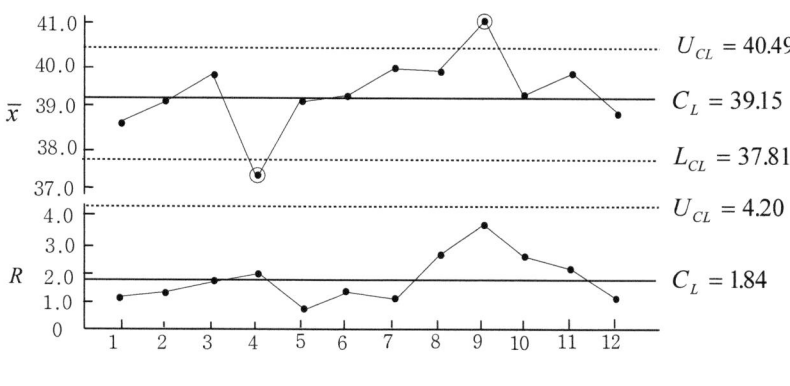

[그림 1] $\bar{x} - R$ 관리도

(3) 관리상태(안정상태) 여부 판정

R 관리도는 관리한계를 이탈하는 점이 없고, 점의 배열에 어떤 버릇이 없으므로 관리상태라고 판정할 수 있다. 그러나 $\bar{x}$관리도는 No.4 점은 L_{CL} 을 이탈, No.9 점은 U_{CL} 을 이탈하므로 관리상태라고 볼 수 없다.

04 S사에서 2급품이 나올 확률이 40%가 되는지를 검정하기 위하여 생산되는 제품 중 50개를 추출하여 검사한 결과 1급품이 35개, 2급품이 15개가 나왔다면 2급품이 나올 확률이 40%가 되는지를 χ^2 분포를 이용하여 검정하시오. (단, 위험률 α=0.05이고, χ^2 분포표는 주어짐)

[해설]

☞ Pearson의 적합도 검정

① 가설 설정 ; $H_0 : P_2 = 0.4$, $H_1 : P_2 \neq 0.4$ ② 유의수준 : α =0.05

③ 검정통계량의 값(χ_0^2) 계산 ;

	1급	2급	합계
측정횟수(x_i)	35	15	50(n)
가정된 확률(P_{i0})	0.6	0.4	1.00
기대횟수(nP_{i0})	30	20	50
$(x_i - nP_{i0})^2 / nP_{i0}$	0.83	1.25	χ_0^2 =2.08

④ 기각역 설정 ; $\chi_0^2 > \chi_{1-\alpha}^2(\nu) = \chi_{1-\alpha}^2(k-1) = \chi_{0.95}^2(2-1) = \chi_{0.95}^2(1) = 3.84$ 이면 H_0 기각

⑤ 판정 ; $\chi_0^2 = 2.08 < \chi_{0.95}^2(1) = 3.84$ 이므로 유의수준 5%로 H_0를 기각할 수 없다.

즉, 2급품이 나올 확률이 40%라고 할 수 있다.

05 다음 데이터는 P사의 새로운 공정에서 랜덤으로 10개의 샘플을 측정한 결과이다.

[데이터] 5.5 6.0 5.9 5.2 5.7 6.2 5.4 5.9 6.3 5.8

(1) 신공법에 의하여 시험 제작된 제품의 모분산이 기준으로 설정된 값 σ_0^2=0.6보다 작다고 할 수 있겠는가? ((단, 위험률 α=0.01이고, χ^2분포표는 주어짐)

(2) 모분산의 신뢰구간을 신뢰율 95%로써 구하시오.

[해설]

(1) 한 개의 모분산의 한쪽검정

① 가설 설정 : $H_0 : \sigma^2 \geq 0.6(\sigma_0^2)$, $H_1 : \sigma^2 < 0.6$(한쪽검정)   ② 유의수준 : α =0.01

③ 검정통계량의 값(χ_0^2) 계산 : $\chi_0^2 = \dfrac{S}{\sigma_0^2} = \dfrac{1.089}{0.6} = 1.815$

여기서, $S = \sum x^2 - \dfrac{(\sum x)^2}{n} = 336.33 - \dfrac{(57.9)^2}{10} = 1.089$

④ 기각역 설정 : $\chi_0^2 < \chi_\alpha^2(\nu) = \chi_{0.01}^2(9) = 2.09$ 이면 H_0 기각

⑤ 판정 : $\chi_0^2 = 1.089 < \chi_{0.01}^2(9) = 2.09$ 이므로 유의수준 1%로 H_0를 기각한다.

즉, 신공법에 의한 모분산이 기준으로 설정된 값 σ_0^2=0.6보다 작다고 할 수 있다.

(2) 모분산의 95% 신뢰한계 추정

가설검정 결과 $H_1 : \sigma^2 < 0.6$ 이 채택이므로 신뢰상한을 추정하도록 한다.

$$\hat{\sigma}_L^2 = \frac{S}{\chi_\alpha^2(\nu)} = \frac{S}{\chi_{0.05}^2(9)} = \frac{1.089}{3.33} = 0.327$$

06 부적합품률 관리도로써 공정을 관리할 경우, 공정부적합품률이 $\overline{P}$=0.07에서 $\overline{P}'$=0.02로 변했을 때 이를 1회의 샘플로써 탐지할 확률이 0.5이상이 되기 위해서는 샘플의 크기가 대략 얼마 이상이어야 되겠는가? (단, 정규분포 근사법을 이용할 경우)

[해설]

☞ 3σ 의 p관리도에서 검출력에 근거한 샘플 크기 산출

(1) $L_{CL} = \overline{p} - 3\sqrt{\dfrac{\overline{p}(1-\overline{p})}{n}} = 0.07 - 3\sqrt{\dfrac{0.07(1-0.07)}{n}} = 0.07 - \dfrac{0.765}{\sqrt{n}}$

(2) 부적합품률이 대폭 감소된 경우는 U_{CL}을 벗어날 확률은 거의 0으로 보고 계산이 가능.

$$검출력(1-\beta) = P_r\left(\frac{X}{n} < L_{CL}\right) = P_r(X < n \times L_{CL}) = P_r\left[X < n\left(0.07 - \frac{0.765}{\sqrt{n}}\right)\right]$$

$$= P_r\left(U < \frac{n(0.07 - 0.765/\sqrt{n}) - n \times 0.02}{\sqrt{n \times 0.02 \times 0.98}}\right) = P_r\left(U < \frac{0.05n - 0.765\sqrt{n}}{\sqrt{0.0196n}}\right)$$

$$= P_r\left[U < (0.357\sqrt{n}) - 5.464\right] = 0.5$$

(3) 그런데 $P_r(U < 0) = 0.5$이므로 $0.357\sqrt{n} - 5.464 = 0$ → $n = 234.3$ → ∴ $n = 235$

07 S사의 어떤 공정에서 원료의 상태는 제품의 품질특성치에 큰 영향을 미치고 있는데 그 원료는 A, B 두 회사로부터 납품되고 있다. 이 두 회사의 원료에 대해서 제품이 미치는 부적합 품률(회사 A, B의 부적합품률은 각각 P_A, P_B라 가정함.)에 차이가 있으면 좋은 쪽 회사의 원료를 더 많이 구입하거나 나쁜 쪽 회사에 대해서는 감가를 요구하고 싶다. 부적합품률의 차를 조사하기 위하여 회사 A, 회사 B의 원료로 만들어진 제품 중에서 랜덤하게 각각 100개, 120개의 제품을 추출하여 부적합품 개수를 파악하였더니 각각 12개, 3개였다.

(1) 가설 $H_0 : P_A = P_B$, $H_1 : P_A \neq P_B$를 $\alpha = 0.05$에서 검정하시오.

(2) $(P_A - P_B)$에 대한 95% 신뢰구간을 구하시오.

해설

(1) 모부적합품률차($P_A - P_B$)의 검정

① 가설 설정 : $H_0 : P_A = P_B$, $H_1 : P_A \neq P_B$ (양쪽검정)

② 유의수준 : $\alpha = 0.05$

③ 검정통계량의 값(U_0) 계산

$$U_0 = \frac{\hat{p}_A - \hat{p}_B}{\sqrt{\hat{p}(1-\hat{p})\left(\frac{1}{n_A} + \frac{1}{n_B}\right)}} = \frac{0.12 - 0.025}{\sqrt{0.0682 \times 0.9318 \times \left(\frac{1}{100} + \frac{1}{120}\right)}} \approx 2.784$$

여기서, $\hat{p}_A = \frac{x_A}{n_A} = \frac{12}{100} = 0.12$, $\hat{p}_B = \frac{x_B}{n_B} = \frac{3}{120} = 0.025$

$$\hat{p} = \frac{x_A + x_B}{n_A + n_B} = \frac{12 + 3}{100 + 120} = 0.0682$$

④ 기각역 설정: $|U_0| > u_{1-\alpha/2}$ 이면 H_0 기각

⑤ $|U_0| = 2.784 > u_{1-\alpha/2} = u_{0.975} = 1.960$ 이 되므로 H_0를 기각한다.

즉, P_1과 P_2 사이에 차가 있다고 말할 수 있다.

(2) $(P_A - P_B)$에 대한 95% 신뢰구간

$$\widetilde{P_A - P_B} = (\hat{p}_A - \hat{p}_B) \pm u_{1-\alpha/2}\sqrt{\frac{\hat{p}_A(1-\hat{p}_A)}{n_A} + \frac{\hat{p}_B(1-\hat{p}_B)}{n_B}}$$

$$= (0.12 - 0.025) \pm u_{0.975}\sqrt{\frac{0.12 \times 0.88}{100} + \frac{0.025 \times 0.975}{120}} = 0.095 \pm 0.070 = (0.025,\ 0.165)$$

08 어떤 생산제품을 매일 100개씩 20일 동안 샘플링하였다. 다음 물음에 답하시오.

일	1	2	3	4	5	6	7	8	9	10	11	12	13	14	15	16	17	18	19	20
부적합 품수	5	1	3	4	9	4	3	2	8	3	5	1	3	4	9	4	3	2	8	3

(1) 어떤 확률분포를 따르는가?

(2) (1)에서 답한 확률분포가 정규분포로 근사하기 위한 조건은?

해설

(1) 부적합품수(np)는 이항분포를 따름.

(2) $nP \geq 5$ (또는 $nP(1-P) \geq 5$), $P \leq 0.5$ 일 때 (이항분포→정규분포) 근사시켜 계산 가능.

09 A회사에서 고형 가성소다의 NaOH 함유 규격은 국가규격에 의하면 1급품은 90% 이상으로 되어 있다. NaOH 함유규격을 1급품으로 보증하고 싶을 때 1급품 규격 90%에 미달한 것이 1.0% 이하의 로트는 통과시키고, 그것이 9.0% 이상되는 로트는 통과되지 않도록 하는 계량규준형 1회 샘플링검사를 적용하고자 한다. 물음에 답하시오. (단, σ=2.0%, α=0.05, β=0.10)

(자료 : $K_{0.01}$=2.326, $K_{0.05}$=1.645, $K_{0.09}$=1.341, $K_{0.10}$=1.282)

(1) n　　(2) k　　(3) 샘플링검사방식의 설계

해설

☞ σ 기지 계량규준형 1회 샘플링검사에서 S_L 이 주어지고, 로트 부적합품률 보증의 경우임. 검사방식은 (n, $\overline{X}_L$)로 결정됨 부표가 주어져 있지 않으므로 계산에 의거 구한다.

(1) $n \geq \left(\dfrac{K_\alpha + K_\beta}{K_{P_0} - K_{P_1}} \right)^2 = \left(\dfrac{K_{0.05} + K_{0.10}}{K_{0.01} - K_{0.09}} \right)^2 = \left(\dfrac{1.645 + 1.282}{2.326 - 1.341} \right)^2 = 8.8 \rightarrow 9$개

(2) $k = \dfrac{K_{P_0} K_\beta + K_{P_1} K_\alpha}{K_\alpha + K_\beta} = \dfrac{2.326 \times 1.282 + 1.341 \times 1.645}{1.645 + 1.282} = 1.77$

(3) 샘플링검사방식의 설계

$\overline{X}_L = S_L + k\sigma = 90 + 1.77 \times 2.0 = 93.54$ (%)이고, 샘플링검사방식은 (n=8, $\overline{X}_L$=93.54)

따라서, n=9의 시료평균 $\overline{x}$ 을 구하여 $\overline{x} \geq \overline{X}_L$ (=93.54)이면 로트합격, $\overline{x} < \overline{X}_L$ (=93.54) 이면 로트불합격으로 판정한다.

10 B사는 어떤 부품의 수입검사에 AQL지표형 샘플링검사인 KS Q ISO 2859-1의 보조표인 분수 샘플링검사를 적용하고 있다. 적용조건은 AQL=1.0%, 통상검사수준 Ⅱ에서 엄격도는 보통검사, 샘플링형식은 1회로 시작하였다. 다음 물음에 답하시오. (단, 보조표들은 주어짐)

(1) 다음 표의 (　)안을 로트별로 완성하시오.

(2) 로트번호 5의 검사결과 다음 로트에 적용되는 로트번호 6의 엄격도를 결정하시오.

로트 번호	N	샘플 문자	n	당초 A_c	합부판정 스코어 (검사전)	적용 A_c	부적합 품수 d	합부 판정	합부판정 스코어 (검사후)	전환 스코어
1	200	G	32	1/2	5	0	1	불합격	0	0
2	250	G	32	1/2	5	0	0	합격	5	2
3	600	(①)	(③)	(⑤)	(⑦)	(⑨)	1	(⑪)	(⑬)	(⑮)
4	80	(②)	(④)	(⑥)	(⑧)	(⑩)	0	(⑫)	(⑭)	(⑯)
5	120	F	20	1/3	3	0	0	합격	3	9

해설

☞ KS Q ISO 2859-1의 전환규칙, 로트의 합부판정 기준 활용 계산

로트 번호	N	샘플 문자	n	당초 A_c	합부판정 스코어 (검사전)	적용 A_c	부적합 품수 d	합부 판정	합부판정 스코어 (검사후)	전환 스코어
1	200	G	32	1/2	5	0	1	불합격	0	0
2	250	G	32	1/2	5	0	0	합격	5	2
3	600	(J)	(80)	(2)	(12)	(2)	1	(합격)	(0)	(5)
4	80	(E)	(13)	(0)	(0)	(0)	0	(합격)	(0)	(7)
5	120	F	20	1/3	3	0	0	합격	3	9

[참조 사항]

(1) 샘플문자는 <부표 1>를 이용하여 로트의 크기 N에 따라 정해 짐. : ①=J, ②=E

(2) 시료 크기 n 은 <부표 2-A>를 이용해서 샘플문자에 따라 구함. : ③=80, ④=13

(3) 당초 A_c 는 <부표 2-A>를 이용해서 샘플문자와 AQL=1.0%에 대해 구함 : ⑤=2, ⑥=0

(4) (검사전) 합부판정스코어와 (검사후) 합부판정스코어 (본문에 제시된 계산표 참조)

　　1) 로트번호 3에서 당초의 A_c >1이므로 ⑦=로트 2의 검사후 스코어 5+7=12, 부적합품수 d =1(d ≥1)이므로 스코어를 0로 되돌리면 ⑬=0

　　2) 로트번호 4에서 당초의 A_c =0이므로 ⑧=로트 3의 검사후 스코어 0과 동일, 부적합품수 d =0이므로 ⑭=로트 4의 검사전 스코어 0과 동일

(5) 적용하는 A_c : 로트번호 3, 4의 경우 당초의 A_c 가 정수이므로 그대로 하여 ⑬=2, ⑭=0

(6) 전환스코어 : 로트번호 3에서 당초의 A_c 가 2이상에서 합격이므로 ⑮=로트번호 2의 스코어 2+3=5, 로트번호 4에서 당초의 A_c 가 0에서 합격이므로 ⑯=로트번호 3의 스코어 5+2=7

(7) 로트번호 6에 적용할 엄격도는 보통검사에서 전환스코어 현상값이 30미만이므로 보통검사를 계속한다.

11 K사의 어떤 도자기 제품의 모부적합품률은 P=10%이며, 그 제품으로부터 랜덤하게 160개의 시료를 샘플링하여 검사한 결과 8개의 부적합품이 나왔다. 다음 물음에 답하시오.

(1) 이 도자기 제품의 부적합품이 나오는 방식이 달라졌다고 할 수 있겠는가? (단, α=0.05)

(2) (1)의 결과를 토대로 모부적합품률의 95% 신뢰구간을 구하시오.

[해설]

(1) 모부적합품률의 양쪽검정

　① 가설 설정 : $H_0 : P = 0.10(P_0)$,　$H_1 : P \neq 0.10$ (양쪽검정)　② 유의수준 : α=0.05

　③ 검정통계량의 값(U_0) 계산 : $U_0 = \dfrac{\hat{p} - P_0}{\sqrt{\dfrac{P_0(1-P_0)}{n}}} = \dfrac{x/n - P_0}{\sqrt{\dfrac{P_0(1-P_0)}{n}}} = \dfrac{(8/160) - 0.1}{\sqrt{\dfrac{0.1(1-0.1)}{160}}} = -2.108$

　　　여기서, $nP_0 = 160 \times 0.1 = 16 > 5$, $P = 0.1 < 0.5$ 이므로 이항분포의 정규분포근사법 가능

　④ 기각역 설정 : $|U_0| > u_{1-\alpha/2} = u_{0.975} = 1.960$ 이면 H_0 기각

　⑤ 판정 : $|U_0| = 2.108 > u_{0.975} = 1.960$ 이므로 유의수준 5%로 H_0를 기각한다.

　　　　　즉, 부적합품이 나오는 방식이 달라졌다고 할 수 있다.

(2) 모부적합품률의 양쪽 신뢰구간

$$\left.\begin{array}{l}\hat{P}_U \\ \hat{P}_L\end{array}\right\} = \hat{p} \pm u_{1-\alpha/2}\sqrt{\dfrac{\hat{p}(1-\hat{p})}{n}} = \dfrac{8}{160} \pm u_{0.975}\sqrt{\dfrac{0.05(1-0.95)}{160}} = (0.016,\ 0.084)$$

◈　**실험계획법**　◈

12 반복이 일정한 1원배치 데이터의 구조식을 $x_{ij} = \mu + a_i + e_{ij}$로 쓸 수 있다. 아래 빈칸에 데이터의 구조를 식으로 표시하시오.

(단, μ : 총평균, a_i : A_i 수준의 효과, e_{ij} : 오차. $i = 1, 2, \cdots, l, j = 1, 2, \cdots, r$ 이다.)

	A 인자 : 모수인자	A : 변량인자
A_i 수준의 평균	(①)	(②)
총평균	(③)	(④)

[해설]

☞ ① $\mu + a_i + \bar{e}_{i.}$, ② $\mu + a_i + \bar{e}_{i.}$, ③ $\mu + \bar{\bar{e}}$, ④ $\mu + \bar{a} + \bar{\bar{e}}$

13 P 화학회사 어떤 제품의 중합반응에서 약품의 흡수속도가 제조시간에 영향을 미치고 있다. 그것에 대한 큰 요인이라고 생각되는 촉매량과 반응온도를 취급하여 다음 실험조건으로 2회 반복하여 $4 \times 3 \times 2 = 24$회의 실험을 랜덤하게 행한 결과 다음의 데이터를 얻었다. $D_4\bar{R}$에 대한 등분산의 가정을 검토하여 이 실험의 관리상태 여부를 답하시오. (단, $n = 2$일 때, $D_4 = 3.267$)

[실험조건]	
촉매량(%)	반응온도(°C)
A_1=0.3	B_1=80
A_2=0.4	B_2=90
A_3=0.5	B_3=100
A_4=0.6	

[데이터] 흡수속도(g/hr)

	A_1	A_2	A_3	A_4
B_1	94 87	95 101	99 107	91 98
B_2	99 108	114 108	112 117	109 103
B_3	116 111	121 127	125 131	116 122

〔해설〕

☞ 범위 R 관리도에 의한 등분산의 가정에 대한 검토

(1) 등분산 가설 설정 : H_0 : 실험의 조합조건에서의 데이터는 등분산이다.

H_1 : 실험의 조합조건에서의 데이터는 등분산이지 않다.

(2) 등분산 가설 검정

[표] 범위 R 표

	A_1	A_2	A_3	A_4	계
B_1	7	6	8	7	28
B_2	9	6	5	6	26
B_3	5	6	6	6	23
계	21	18	19	19	77

$$\overline{R} = \frac{\sum R}{n} = \frac{77}{12} = 6.4 \text{ 이고, } r=2 \text{일 때 } D_4 = 3.267 \text{ 이므로 } D_4\overline{R} = 3.267 \times 6.4 = 20.9$$

여기서 모든 R 의 값이 $D_4\overline{R} = 20.9$ 보다 작으므로, 등분산의 가정은 옳고 실험 전체가 관리상태에 있다고 판정할 수 있다.

⑭ H사에서 두 종류의 고무배합(A_0, A_1)을 두 종류의 몰드(B_0, B_1)를 사용하여 타이어를 만들 때 얻어지는 타이어의 밸런스를 4회씩 측정한 데이터는 다음과 같다. 물음에 답하시오.

	A_0	A_1	합계
B_0	31 45 46 43	82 110 88 72	517
B_1	22 21 18 23	30 37 38 29	218
합계	249	486	735

(1) 주효과 B 를 구하시오.

(2) 교호작용 $A \times B$ 의 변동을 구하시오.

[해설]

(1) $B = \dfrac{1}{2^{n-1}r}[T_{\cdot 1 \cdot} - T_{\cdot 0 \cdot}] = \dfrac{1}{2^{2-1} \times 4}[T_{\cdot 1 \cdot} - T_{\cdot 0 \cdot}] = \dfrac{1}{8}[218 - 517] = -37.4$

(2) $S_{A \times B} = \dfrac{1}{2^n r}[T_{11 \cdot} + T_{00 \cdot} - T_{10 \cdot} - T_{01 \cdot}]^2 = \dfrac{1}{2^2 \times 4}[134 + 165 - 352 - 84]^2 = 1,173.1$

15 인자 A의 수준수 5, 인자 B의 수준수 4, 반복 2회의 실험에서 다음 물음에 답하시오.

(1) 교호작용 $A \times B$가 유의하지 않아서 오차항에 풀링한 경우, 유효반복수(n_e)를 구하시오.

(2) 교호작용 $A \times B$가 유의한 경우, 유효반복수(n_e)를 구하시오.

(3) 상기 두 항의 비교시 어떤 항이 실험설계시 더 유리한가?

[해설]

(1) $n_e = \dfrac{\text{총실험횟수}}{\text{유의한 요인의 자유도 합} + 1} = \dfrac{lmr}{\nu_A + \nu_B + 1} = \dfrac{lmr}{(l-1) + (m-1) + 1} = \dfrac{5 \times 4 \times 2}{(5-1) + (4-1) + 1} = 5$

(2) $\hat{\mu}(A_i B_j) = \overline{\mu + a_i + b_j + (ab)_{ij}} = \bar{x}_{ij\cdot}$ 로서 $n_e = r = 2$

(3) 교호작용 $A \times B$가 유의한 경우가 실험설계시 더 유리하다.

교호작용이 유의하지 않아 오차항에 풀링하면 이는 반복없는 경우와 동일한 경우가 된다.

반복(r)이 있으면 교호작용이 검출될 수 있고, 또한 오차의 자유도 $\nu_e = lm(r-1)$ 값이 커져서 $V_e = S_e / \nu_e = S_e / lm(r-1)$ 값이 작게 되어 검출력이 커진다.

이는 분산분석표에서 검정할 때, 예를 들어 인자 A의 유의성 검정은 분산비 $F_0(A) = V_A / V_e$를 구해 $F_0(A) > F_{1-\alpha}(\nu_A, \nu_e)$이면 인자 A가 유의하다고 판정하는 데서 확인이 될 수 있다.

◆ **신뢰성관리** ◆

16 어떤 자동차용 부품의 수명은 $\mu = 150$, $\sigma = 75$시간인 정규분포를 따른다고 할 때 다음 물음에 답하시오. (단, 정규분포표는 주어짐)

(1) $t = 75$시간에서의 신뢰도를 구하시오.

(2) 이미 150시간을 사용한 후 추가적으로 75시간을 사용할 때의 신뢰도를 구하시오.

[해설]

(1) 수명시간 $T \sim N(150, 75^2)$일 때

$$R(t) = P_r(T \geq 75) = P_r\left(\dfrac{T - \mu}{\sigma} \geq \dfrac{75 - \mu}{\sigma}\right) = P_r\left(U \geq \dfrac{75 - 150}{75}\right) = P_r(U \geq -1.0) = 0.8413$$

(2) $R(225/150) = \dfrac{P_r(T \geq 225)}{P_r(T \geq 150)} = \dfrac{P_r\left(U \geq \dfrac{225-\mu}{\sigma}\right)}{P_r\left(U \geq \dfrac{150-\mu}{\sigma}\right)} = \dfrac{P_r\left(U \geq \dfrac{225-150}{75}\right)}{P_r\left(U \geq \dfrac{150-150}{75}\right)} = \dfrac{P_r(U \geq 1)}{P_r(U \geq 0)}$

$\qquad\qquad = \dfrac{0.1587}{0.5} = 0.3174 \ (31.74\%)$

17 어떤 제품의 전자회로는 5개의 정류기, 4개의 트랜지스터, 20개의 저항, 10개의 축전지 가 직렬로 구성되어 있고 배선과 납땜은 고장나지 않는다고 한다. 이러한 부품들은 정상운용상 태에서 다음과 같은 고장률을 갖는다. 물음에 답하시오.

(단, 부품의 고장은 상호독립이며, 고장분포는 지수분포라고 한다.)

각 정류기	각 트랜지스터	각 저항	각 축전지
$\lambda_D = 5.0 \times 10^{-6}$/시간	$\lambda_T = 1.0 \times 10^{-5}$/시간	$\lambda_R = 1.0 \times 10^{-6}$/시간	$\lambda_C = 4.0 \times 10^{-5}$/시간

(1) 이 회로를 200시간 사용하였을 경우의 신뢰도를 구하시오.

(2) 이 회로의 평균수명을 구하시오.

[해설]

(1) 200시간 사용하였을 때의 신뢰도

$\qquad R_S(t) = e^{-\lambda_S t} = \exp[-(4.85 \times 10^{-4}) \times 200] = 0.9076$

$\qquad$ 여기서, $\lambda_S = \sum (n_i \lambda_i) = 5 \times \lambda_D + 4 \times \lambda_T + 20 \times \lambda_R + 10 \times \lambda_C = 4.85 \times 10^{-4}$ (/시간)

(2) 평균수명 : $MTBF_S = \dfrac{1}{\lambda_S} = \dfrac{1}{4.85 \times 10^{-4}} = 2,061.86$ (시간)

국가기술자격시험	품질경영기사 실기 모의고사 2-2R	시험시간 : 3시간

◆ 품질경영실무 ◆

01 KS Q ISO 9000:2015의 용어에 대한 설명이다. 괄호 안을 채우시오.
(1) 요구사항을 명시한 문서 (   )
(2) 달성된 결과를 명시하거나 수행한 활동의 증거를 제공하는 문서 (   )
(3) 부적합의 원인을 제거하고 재발을 방지하기 위한 조치 (   )

[해설]
☞ (1) 시방서, (2) 기록, (3) 시정조치

02 KS 인증제에는 당해 제품·가공기술인증과 서비스인증 분야로 나뉘어진다. 제품·가공기술 인증 분야의 6가지 심사항목을 적으시오.

[해설]
☞ 제품·가공기술 KS인증 심사기준 항목으로는 ① 표준화 일반, ② 자재관리, ③ 공정관리, ④ 제품의 품질관리, ⑤ 제조설비의 관리, ⑥ 검사설비의 관리의 6개 항목이다.
여기서 ①항 사내표준화 일반은 "㉠ 표준화 및 품질경영의 추진, ㉡ 사내표준화와 품질경영 의 도입, 확산 활동, ㉢ 표준화 및 품질경영에 관한 교육·훈련의 정도, ㉣ 품질경영담당자 및 기술계 인력 확보, ㉤ 불만처리 및 로트 추적, ㉥ 작업환경 및 안전시설 등 관리 상태"로 구 성되어 있다.

◆ 통계적품질관리 ◆

03 F사에서는 A급 제품, B급 제품, C급 제품의 생산비율이 각각 0.6, 0.3, 0.1이었다. 공정 개량 후 생산비율의 변화를 알아보기 위하여 공정개량 후에 만들어진 제품 중 150개를 랜덤으 로 채취하여 분류시켜 보니, A, B, C급 제품이 각각 100개, 30개, 20개였다.

공정개량 후의 생산비율이 종전과 같은가를 α=0.05로 검정하시오. (단, χ^2 분포표는 주어짐)

[해설]
☞ Pearson의 적합도 검정
① 가설 설정 : H_0 : P_A=0.6, P_B=0.3, P_C=0.1

H_1 : 공정개량 후에 생산비율이 달라졌다.

② 유의수준 : α =0.05

③ 검정통계량의 값(χ_0^2) 계산 :

	A급	B급	C급	합계
측정횟수(x_i)	100	30	20	150(n)
가정된 확률(P_{i0})	0.6	0.3	0.1	1.00
기대횟수(nP_{i0})	90	45	15	150
$(x_i - nP_{i0})^2 / nP_{i0}$	1.11	5	1.67	$\chi_0^2 = 7.78$

④ 기각역 설정 : $\chi_0^2 > \chi_{1-\alpha}^2(\nu) = \chi_{1-\alpha}^2(k-1) = \chi_{0.95}^2(3-1) = \chi_{0.95}^2(2) = 5.99$ 이면 H_0 기각

⑤ 판정 : $\chi_0^2 = 7.78 > \chi_{0.95}^2(2) = 5.99$ 이므로 유의수준 5%로 H_0를 기각한다.

   즉, 공정개량 후 생산비율이 종전과 다르다고 할 수 있다.

(04) C사의 한 공정에서는 공정부적합품률이 $\bar{p}$ =0.03이고 관리범위가 알려지지 않은 관리도로 관리되고 있을 때, 부적합품률이 0.05로 변한 경우 이를 1회의 샘플로써 탐지할 확률이 0.5 이상이 되기 위해서는 샘플의 크기가 얼마 이상이라야 하는가?
(단, 정규분포 근사법을 사용하는 경우)

[해설]

☞ 3σ의 P관리도에서 검출력에 근거한 샘플 크기 산출

(1) $U_{CL} = \bar{p} + 3\sqrt{\dfrac{\bar{p}(1-\bar{p})}{n}} = 0.03 + 3\sqrt{\dfrac{0.03(1-0.03)}{n}} = 0.03 + \dfrac{0.512}{\sqrt{n}}$

(2) 부적합품률이 대폭 증가된 경우는 L_{CL}을 벗어날 확률은 거의 0으로 보고 계산이 가능.

$$\text{검출력}(1-\beta) = P_r\left(\frac{X}{n} > U_{CL}\right) = P_r(X > n \times U_{CL}) = P_r\left[X > n\left(0.03 + \frac{0.512}{\sqrt{n}}\right)\right]$$

$$= P_r\left(U > \frac{n(0.03 + 0.512/\sqrt{n}) - n \times 0.05}{\sqrt{n \times 0.05 \times 0.95}}\right) = P_r\left(U > \frac{0.512\sqrt{n} - 0.02n}{\sqrt{0.0475n}}\right)$$

$$= P_r\left[U > (2.349 - 0.0918\sqrt{n})\right] = 0.5$$

(3) 그런데 $P_r(U > 0) = 0.5$이므로 $2.349 - 0.0918\sqrt{n} = 0 \rightarrow \therefore n = 655$

(05) Y사에서 생산되는 제품의 로트 크기별 생산소요시간을 측정하였더니 결과가 다음과 같았다. 물음에 답하시오.

x_i	30	20	60	80	40	50	60	30	70	80
y_i	73	50	128	170	87	108	135	69	148	132

(1) 상관계수(r_{xy})를 구하시오.   (2) 상관관계가 존재하는지를 검정하시오. (단, α =0.05)
(3) 모상관계수의 95% 구간추정을 행하시오. (단, 관련 분포표는 주어짐.)

[해설]

(1) 상관계수(r_{xy}) 계산

$$r_{xy} = \frac{S_{(xy)}}{\sqrt{S_{(xx)} \cdot S_{(yy)}}} = \frac{\sum xy - \left(\sum x \sum y\right)/n}{\sqrt{\left(\sum x^2 - \frac{(\sum x)^2}{n}\right)\left(\sum y^2 - \frac{(\sum y)^2}{n}\right)}} = \frac{7,240}{\sqrt{4,160 \times 13,660}} = 0.96$$

여기서, $\sum x = 520$, $\sum x^2 = 31,200$, $\sum y = 1,100$, $\sum y^2 = 134,660$, $\sum xy = 64,440$

(2) 모상관계수의 상관관계 유무 검정 (단, $\alpha = 0.05$)

① 가설 설정 : $H_0 : \rho = 0$, $H_1 : \rho \neq 0$ ② 유의수준 : $\alpha = 0.05$

③ 검정통계량의 값(t_0) 계산 : $t_0 = \frac{r\sqrt{n-2}}{\sqrt{1-r^2}} = \frac{0.96 \times \sqrt{10-2}}{\sqrt{1-0.96^2}} = 9.75$

④ 기각역 설정 : $|t_0| > t_{1-\alpha/2}(n-2) = t_{0.975}(10-2) = t_{0.975}(8) = 2.306$ 이면 H_0 기각

⑤ 판정 : $|t_0| = 9.75 > t_{0.975}(8) = 2.306$ 이므로 유의수준 5%로 H_0 를 기각한다.

즉, 상관관계가 존재한다고 할 수 있다.

(3) 모상관계수의 95% 신뢰구간 추정

① Z 값의 계산 : $Z = \frac{1}{2}\ln\left(\frac{1+r}{1-r}\right) = \frac{1}{2}\ln\left(\frac{1+0.96}{1-0.96}\right) = 1.946$

② Z 의 95% 신뢰구간

$$\left.\begin{array}{c} Z_U \\ Z_L \end{array}\right\} = Z \pm u_{1-\alpha/2}\frac{1}{\sqrt{n-3}} = 1.946 \pm u_{0.975}\frac{1}{\sqrt{10-3}}$$

$$= 1.946 \pm 1.960 \times 0.378 = 1.946 \pm 0.7409 = (1.2051, \ 2.6869)$$

③ ρ 값의 95% 신뢰구간 추정 : $\hat{\rho}_L \leq \rho \leq \hat{\rho}_U$ → $0.835 \leq \rho \leq 0.991$

여기서, $\hat{\rho}_U \approx r_U = \frac{e^{2Z_U}-1}{e^{2Z_U}+1} = \frac{e^{2\times 2.6869}-1}{e^{2\times 2.6869}+1} = \frac{214.25}{216.25} = 0.991$

$\hat{\rho}_L \approx r_L = \frac{e^{2Z_L}-1}{e^{2Z_L}+1} = \frac{e^{2\times 1.2051}-1}{e^{2\times 1.2051}+1} = \frac{10.14}{12.14} = 0.835$

06 D사에서는 가스레인지의 최종검사에서 20대를 랜덤하게 추출하여 부적합수를 조사하였다. 한 대당 발견되는 부적합수를 기록하여 보니 다음과 같았다. 물음에 답하시오.

시료군번호	1	2	3	4	5	6	7	8	9	10	11	12	13	14	15	16	17	18	19	20
부적합수	4	5	3	3	4	8	4	2	3	3	6	4	1	6	4	2	4	4	3	7

(1) 해당되는 관리도의 중심선, 관리상한선, 관리하한선을 구하시오.

(2) 관리도를 작성하고 관리상태를 판정하시오.

[해설]

(1) 부적합수 c 관리도에서 $k = 20$, $\sum c = 80$이므로

$$C_L = \overline{c} = \frac{\sum c}{k} = \frac{80}{20} = 4$$

$$U_{CL} = \overline{c} + 3\sqrt{\overline{c}} = 4 + 3\sqrt{4} = 10, \quad L_{CL} = \overline{c} - 3\sqrt{\overline{c}} = 4 - 3\sqrt{4} = -(\text{고려하지 않음})$$

위의 계산 결과에 따라 c 관리도를 그리면 다음과 같다.

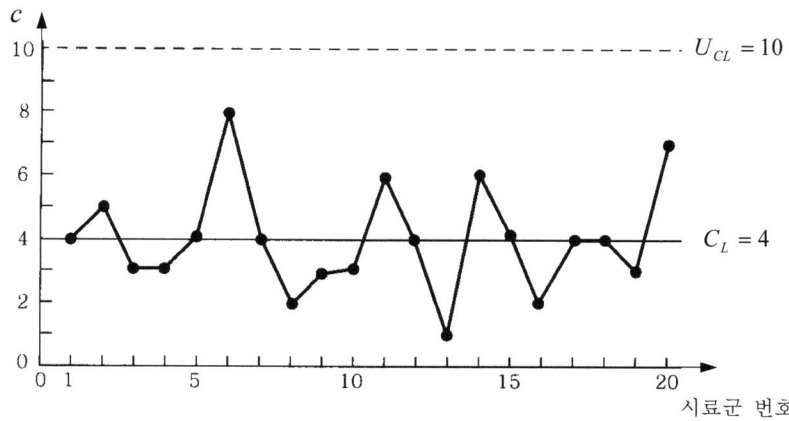

(2) 관리상태 판정 : 관리한계선을 벗어난 점이 없고, 점의 배열에 아무런 버릇(습관)도 없으므로 공정이 관리상태에 있다고 판단할 수 있다.

07 I사는 어떤 부품의 계량치 검사를 위한 축차샘플링검사에서 연결식 양쪽 규격이 205±5로 규정되어 있다. σ=1.2이고 PRQ=0.5%, CRQ=2%라 할 때 다음 물음에 답하시오.

(1) $n_{cum} < n_t$인 경우 각각의 합격판정선을 구하시오.

(2) 다음 빈칸을 채우고 로트를 판정하시오. (단, 관련 부표는 주어짐)

로트	특성치 (x)	여유치 (y)	누적여유치 (Y)	불합격판정선 (R^L)	합격판정선 (A^L)	합격판정선 (A^U)	불합격판정선 (R^U)
1	196.6	-3.4	-3.4	-3.8652	7.9524	2.0476	13.8652
2	205.5	(①)	(⑤)	(⑨)	(⑬)	(⑰)	(㉑)
3	211.0	(②)	(⑥)	(⑩)	(⑭)	(⑱)	(㉒)
4	201.7	(③)	(⑦)	(⑪)	(⑮)	(⑲)	(㉓)
5	209.0	(④)	(⑧)	(⑫)	(⑯)	(⑳)	(㉔)

해설

☞ KS Q ISO 8423 계량치 축차 샘플링검사

(1) 양쪽규격이 주어지고, n_0을 모르므로 KS Q ISO 8423 <표 1>에서 PRQ=0.5%, CRQ=2%에 대하여 n_t=49와 h_A=4.312, h_R=5.536, g=2.315를 얻는다. 큰 값부터 순차로 구하면

① $R^{(U)} = (U - L - g\sigma)n_{cum} + h_R \cdot \sigma = (210 - 200 - 2.315 \times 1.2)n_{cum} + 5.536 \times 1.2 = 7.222n_{cum} + 6.643$

② $A^{(U)} = (U - L - g\sigma)n_{cum} - h_A \cdot \sigma = (210 - 200 - 2.315 \times 1.2)n_{cum} - 4.312 \times 1.2 = 7.222n_{cum} - 5.174$

③ $A^{(L)} = g\sigma n_{cum} + h_A \sigma = 2.315 \times 1.2 n_{cum} + 4.312 \times 1.2 = 2.778 n_{cum} + 5.174$

④ $R^{(L)} = g\sigma n_{cum} - h_R \sigma = 2.315 \times 1.2 n_{cum} - 5.536 \times 1.2 = 2.778 n_{cum} - 6.643$

(2) 빈칸 (   )안을 채우고, 합부여부 판정

n_{cum}	측정값 x (mm)	여유치 y	누계 여유치 Y	하측불합격 판정치 $R^{(L)}$	하측합격 판정치 $A^{(L)}$	상측합격 판정치 $A^{(U)}$	상측불합격 판정치 $R^{(U)}$
1	196.6	-3.4	-3.4	-3.865	7.9524	2.0476	13.865
2	205.5	(5.5)	(2.1)	(-1.087)	(10.730)	(9.270)	(21.087)
3	211.0	(11.0)	(13.1)	(1.691)	(13.508)	(16.492)	(28.309)
4	201.7	(1.7)	(14.8)	(4.469)	(16.286)	(23.714)	(35.531)
5	209.0	(9.0)	(23.8)	(7.247)	(19.064)	(30.936)	(42.753)

판정 : 5번째 로트에서 $A^{(L)} \le Y \le A^{(U)}$ 의 관계에 있으므로 "로트합격"으로 판정한다.

[해설] 계산의 일례로서,

1) 여유치 y : $y = x - L = x - 200$

2) 누계여유치 Y : $Y = \sum y$ (⑤=-3.4+5.5=2.1)

3) 하측불합격판정치 $R^{(L)}$: $R^{(L)} = 2.778 n_{cum} - 6.643$ (⑨=2.778×2-6.643=-1.087)

4) 하측합격판정치 $A^{(L)}$: $A^{(L)} = 2.778 n_{cum} + 5.174$ (⑬=2.778×2+5.174=10.730)

5) 상측합격판정치 $A^{(U)}$: $A^{(U)} = 7.222 n_{cum} - 5.174$ (⑰=7.2228×2-5.174=9.270)

6) 상측불합격판정치 $R^{(U)}$: $R^{(U)} = 7.222 n_{cum} + 6.643$ (㉑=7.222×2+6.643=21.087)

[참고] $A^{(L)} \le Y \le A^{(U)}$ 의 관계에 있으면 로트합격, $A^{(U)} < Y < R^{(U)}$ 또는 $R^{(L)} < Y < A^{(L)}$ 이면 검사속행, $Y \ge R^{(U)}$, $Y \le R^{(L)}$ 의 관계에 있으면 로트불합격

08 샘플링검사의 실시조건을 5가지 기술하시오.

해설

☞ 샘플링검사 적용 조건 (KS Q 0001:2013에 규정되어 있음)
  ① 제품이 로트로 처리될 수 있을 것
  ② 합격로트 가운데에도 어느 정도의 부적합품이 섞여 있는 것을 허용할 수 있을 것
  ③ 시료의 샘플링은 랜덤하게 될 것, ④ 품질기준이 정해져 있을 것
  ⑤ 검사단위의 품질특성은 계량치로 나타내고, 정규분포를 하는 것으로 간주할 수 있을 것
  ⑥ 로트 특성치의 표준편차를 알고 있을 것

09 H사의 어떤 금속 제품의 품질특성 평균치가 3% 이하의 로트는 합격으로, 4% 이상의 로트는 불합격으로 하려고 할 때, 다음 물음에 답하시오. (단, $\sigma=1(\%)$, $\alpha=0.05$, $\beta=0.10$)

(1) 계량규준형 1회 샘플링검사를 실시하려고 할 때 샘플의 크기(n)와 상한합격판정치($\overline{X}_U$)를 구하시오.

(2) n개의 시료에서 평균치($\overline{x}$)를 계산하였더니 3.45%가 나왔다면 샘플링한 로트는 어떻게 처리해야 하는가?

[해설]

☞ 특성치가 낮을 수록 좋은 경우, 계량 규준형 1회 샘플링검사

(1) $n \geq \left(\dfrac{K_\alpha + K_\beta}{m_1 - m_0} \right)^2 \cdot \sigma^2 = \left(\dfrac{1.645 + 1.282}{4 - 3} \right)^2 \cdot 1^2 = 8.6 \rightarrow 9$개

$\overline{X}_U = m_0 + G_0 \sigma = m_0 + \dfrac{K_\alpha}{\sqrt{n}} \cdot \sigma = 3 + \dfrac{1.645}{\sqrt{9}} \times 1 = 3.55\,(\%)$

(2) $\overline{x} \leq \overline{X}_U = 3.55$이면 로트 합격, $\overline{x} > \overline{X}_U = 3.55$이면 로트 불합격으로 판정한다.

10 아래 도표는 계량규준형 1회 샘플링검사의 OC곡선을 보이려는 것이다. 로트의 평균치를 보증하려는 경우 특성치가 낮은 편이 바람직하다고 하면, 이를 위하여 표에 제시된 기호를 모두 포함시켜 다음 물음에 답하시오. (단, $n=4$, $\sigma=10$)

$L(m)$	로트가 합격할 확률	α	생산자의 위험(=0.05)
m_0	합격시키고 싶은 로트의 평균치	β	소비자의 위험(=0.10)
m_1	불합격시키고 싶은 로트의 평균치	$\overline{X}_U$	합격판정치(여기서는 500)

(1) m_0, m_1을 구하시오.   (2) OC곡선을 작성하시오.

[해설]

☞ σ 기지의 계량규준형 1회 샘플링검사에서 망소특성, 로트 평균치를 보증의 OC곡선 작성

(1) m_0, m_1의 계산

$$m_0 = \overline{X}_U - K_\alpha \cdot \dfrac{\sigma}{\sqrt{n}} = 500 - 1.645 \times \dfrac{10}{\sqrt{4}} = 491.775$$

$$m_1 = \overline{X}_U + K_\beta \cdot \dfrac{\sigma}{\sqrt{n}} = 500 + 1.282 \times \dfrac{10}{\sqrt{4}} = 506.410$$

여기서, $K_\alpha = u_{1-\alpha} = u_{0.95} = 1.645$, $K_\beta = u_{1-\beta} = u_{0.90} = 1.282$

(2) OC곡선의 완성

m	$(m - \overline{X}_U)/(\sigma/\sqrt{n})$	$L(m)$
491.775(m_0)	(491.775-500)/(10/$\sqrt{4}$)=-1.645	0.95
500($\overline{X}_U$)	(500-500)/(10/$\sqrt{4}$)=0	0.50
506.410(m_1)	(506.410-500)/(10/$\sqrt{4}$)=1.282	0.10

위의 계산결과를 사용하여 OC곡선을 완성하면 다음과 같다.

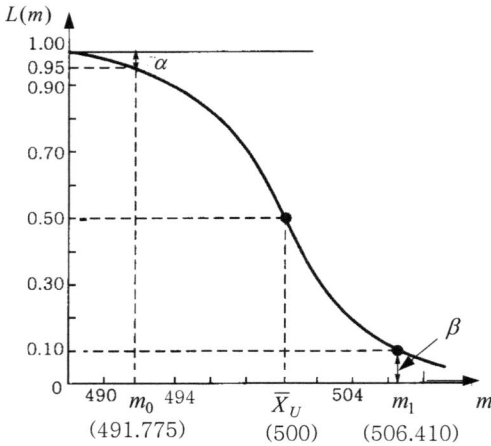

[참고] OC곡선 작성 원리

> m_1을 평균치 m으로, β를 $L(m)$으로 놓은 후, m과 $L(m)$ 간의 OC곡선이 그려진다.
>
> $\overline{X}_L$지정의 경우 : $m_1 = \overline{X}_L - \dfrac{K_\beta}{\sqrt{n}} \cdot \sigma \;\rightarrow\; m = \overline{X}_L - K_{L(m)}\dfrac{\sigma}{\sqrt{n}} \;\rightarrow\; K_{L(m)} = \dfrac{\overline{X}_L - m}{\sigma/\sqrt{n}}$
>
> $\overline{X}_U$지정의 경우 : $m_1 = \overline{X}_U + \dfrac{K_\beta}{\sqrt{n}} \cdot \sigma \;\rightarrow\; m = \overline{X}_U + K_{L(m)}\dfrac{\sigma}{\sqrt{n}} \;\rightarrow\; K_{L(m)} = \dfrac{m - \overline{X}_U}{\sigma/\sqrt{n}}$

11 3σ시그마 기법을 이용한 $\overline{x}$ 관리도에서 U_{CL}이 45이고 L_{CL}이 15인데, 공정평균이 40으로 변했을 때 검출력을 구하시오.

[해설]

☞ 공정평균이 $\hat{\mu} = \overline{\overline{x}} = \dfrac{U_{CL} + L_{CL}}{2} = \dfrac{45+15}{2} = 30$에서 μ'=40으로 상향이동된 경우, 관리한계를 벗어날 확률(검출력, $1-\beta$)

$$1-\beta = P_r(\overline{x} > U_{CL}) + P_r(\overline{x} < L_{CL}) = P_r\left(\dfrac{\overline{x} - \mu'}{\sigma/\sqrt{n}} > \dfrac{U_{CL} - \mu'}{\sigma/\sqrt{n}}\right) + P_r\left(\dfrac{\overline{x} - \mu'}{\sigma/\sqrt{n}} < \dfrac{L_{CL} - \mu'}{\sigma/\sqrt{n}}\right)$$

$$= P_r\left(U > \frac{45-40}{5}\right) + P_r\left(U < \frac{15-40}{5}\right) = P_r(U > 1) + P_r(U < -5)$$

$$= 0.1587 + 0 = 0.1587 \;\rightarrow\; 15.87(\%)$$

여기서, $U_{CL} = 45$, $L_{CL} = 15$이므로 $U_{CL} - L_{CL} = 6 \times \dfrac{\sigma}{\sqrt{n}} = 45 - 15 = 30 \;\rightarrow\; \dfrac{\sigma}{\sqrt{n}} = 5$

◆ **실험계획법** ◆

12 난괴법이란 A인자는 모수이고 B인자는 변량인 반복없는 2원배치 실험으로서 데이터의 구조식은 $x_{ij} = \mu + a_i + b_j + e_{ij}$로 쓸 수 있다. 아래 빈칸에 데이터의 구조를 식으로 표시하시오. (단, μ : 총평균, a_i : A_i수준의 효과, b_j : B_j수준의 효과, e_{ij} : 오차, $i = 1, 2, \cdots, l$, $j = 1, 2, \cdots, m$ 이다.)

	데이터의 구조
A_i수준의 평균	(①)
B_j수준의 평균	(②)
총평균	(③)

[해설]

☞ ① $\bar{x}_{i\cdot} = \mu + a_i + \bar{b} + \bar{e}_{i\cdot}$, ② $\bar{x}_{\cdot j} = \mu + b_j + \bar{e}_{\cdot j}$, ③ $\bar{\bar{x}} = \mu + \bar{b} + \bar{\bar{e}}$

13 인자 A, B, C는 각각 변량인자로서 A는 일간인자, B는 일별로 두 대의 트럭을 랜덤하게 선택한 것이며, C는 트럭내에서 랜덤하게 두 삽을 취한 것이다. 또한 각 삽에서 두 번에 걸쳐 소금의 염도를 측정한 것으로서, 이 실험은 A_1에서 8회를 랜덤하게 하여 데이터를 얻고, A_2에서 8회를 랜덤하게, A_3와 A_4에서도 같은 방법으로 하여 얻은 데이터를 토대로 분산분석한 결과이다. σ_A^2, $\sigma_{B(A)}^2$, $\sigma_{C(AB)}^2$를 각각 추정하시오..

요인	S	ν	V	F_0
A	3.8940	3	1.29800	6.962[*]
$B(A)$	0.7458	4	0.18645	4.376[*]
$C(AB)$	0.3409	8	0.04261	35.215[**]
e	0.0193	16	0.00121	
T	4.0000	31		

[해설]

(1) $\hat{\sigma}_A^2 = \dfrac{V_A - V_{B(A)}}{mnr} = \dfrac{1.29800 - 0.18645}{2 \times 2 \times 2} = 0.13894$

(2) $\hat{\sigma}^2_{B(A)} = \dfrac{V_{B(A)} - V_{C(AB)}}{nr} = \dfrac{0.18645 - 0.04261}{2 \times 2} = 0.03596$

(3) $\hat{\sigma}^2_{C(AB)} = \dfrac{V_{C(AB)} - V_E}{r} = \dfrac{0.04261 - 0.00121}{2} = 0.02070$

14 $L_8(2^7)$형 직교배열표를 이용하여 아래 표와 같이 인자를 배치하고 실험 데이터를 얻었을 때, 물음에 답하시오. (단, 데이터의 특성은 망대특성으로 한다.)

배치	A	B	$A \times B$	C	e	e	e	실험데이터
열번 No.	1	2	3	4	5	6	7	x_i
1	0	0	0	0	0	0	0	8
2	0	0	0	1	1	1	1	13
3	0	1	1	0	0	1	1	7
4	0	1	1	1	1	0	0	14
5	1	0	1	0	1	0	1	17
6	1	0	1	1	0	1	0	21
7	1	1	0	0	1	1	0	10
8	1	1	0	1	0	0	1	10
기본 표시	a	b	a b	c	a c	b c	a b c	

(1) 다음의 분산분석표를 완성하고 검정을 행하시오.

요인	SS	DF	MS	F_0	$F_{0.90}$
A					5.54
B					5.54
C					5.54
$A \times B$					5.54
e					
T					

(2) 아래의 빈칸을 채우고 최적수준을 구하시오. (단, 신뢰율 90%)

	A_0	A_1
B_0		
B_1		

C_0	C_1

(3) 최적조건의 조합평균을 구간 추정하시오. (단, 신뢰율 90%)

[해설]

(1) $L_8(2^7)$형의 직교배열표 실험계획법에 의한 분산분석표 작성 및 검정

　1) 변동의 계산

　　$S_A = \dfrac{1}{N}$ [(1수준 데이터 합)-(0수준 데이터 합)]^2

$$= \frac{1}{8}[(17+21+10+10)-(8+13+7+14)]^2 = 32.0$$

$$S_B = \frac{1}{8}[(7+14+10+10)-(8+13+17+21)]^2 = 40.5$$

$$S_C = \frac{1}{8}[(13+14+21+10)-(8+7+17+10)]^2 = 32.0$$

$$S_{A \times B} = \frac{1}{8}[(7+14+17+21)-(8+13+10+10)]^2 = 40.5$$

$$S_T = \sum_i x_i^2 - CT = \sum_i x_i^2 - \frac{T^2}{N} = (8^2 + 13^2 + \cdots + 10^2) - \frac{100^2}{8} = 158.0$$

$$S_e = S_{(5)} + S_{(6)} + S_{(7)} \text{ 이며, } S_e = S_T - (S_A + S_B + S_C + S_{A \times B}) \text{ 로 구함.}$$

2) 분산분석표

요인	SS	DF	MS	F_0	$F_{0.90}$
A	32.0	1	32.0	7.38*	5.54
B	40.5	1	40.5	9.35*	5.54
C	32.0	1	32.0	7.38*	5.54
$A \times B$	40.5	1	40.5	9.35*	5.54
e	13.0	3	4.3		
T	158.0	7			

F 검정결과 모든 요인(A, B, C)과 교호작용($A \times B$)이 =0.10에서 유의하다.

(2) 아래의 빈칸을 채우고 최적수준을 구하시오. (단, 신뢰율 90%)

	A_0	A_1		C_0	C_1
B_0	8	17		8	13
	13	21		7	14
B_1	7	10		17	21
	14	10		10	10

데이터가 망대특성이므로 $A_1 B_0 C_1$이 최적수준조합이다.

(3) 최적조건의 조합평균 구간 추정 (단, 신뢰율 90%)

1) 최적조건의 조합평균 점 추정

$$\hat{\mu}(A_1 B_0 C_1) = \overbrace{\mu + a_1 + b_0 + (ab)_{10} + c_1} = \overbrace{\mu + a_1 + b_0 + (ab)_{10}} + \overbrace{\mu + c_1} - \hat{\mu}$$

$$= \frac{38}{2} + \frac{58}{4} - \frac{100}{8} = 21.0$$

2) 최적조건의 조합평균 구간 추정

$$\hat{\mu}(A_1 B_0 C_1) = \hat{\mu}(A_1 B_0 C_1) \pm t_{1-\alpha/2}(v_e)\sqrt{\frac{V_e}{n_e}}$$

$$= 21.0 \pm t_{0.95}(3)\sqrt{\frac{V_e}{n_e}} = 21.0 \pm 2.353 \times \sqrt{\frac{4.3}{1.6}} = 21.0 \pm 3.857 = (17.1,\ 24.9)$$

$$여기서,\ n_e = \frac{총실험횟수}{유의한\ 요인의\ 자유도\ 합+1} = \frac{N}{\nu_A + \nu_B + \nu_C + \nu_{A \times B} + 1} = \frac{8}{5} = 1.6$$

◆ 신뢰성관리 ◆

15 E사에서 생산하고 있는 브레이크 라이닝(Brake Lining) 8개를 시험기에 걸어 마모시험을 한 결과, 다음 데이터를 얻었다. 2번째 고장에 대해 메디안순위법으로 다음을 구하시오.

고장번호	1	2	3	4	5	6	7	8
고장시간(hr)	120	180	225	250	300	370	400	500

(1) 신뢰도 $R(t)$　　(2) 고장확률밀도함수 $f(t)$　　(3) 고장률함수 $\lambda(t)$

[해설]

(1) $R(t_i) = 1 - F(t_i) = 1 - \dfrac{i-0.3}{n+0.4} = \dfrac{n-i+0.7}{n+0.4} = \dfrac{8-2+0.7}{8+0.4} = 0.7976$

여기서, n 은 샘플수, i 는 고장순번

(2) $f(t_i) = \dfrac{1}{(n+0.4)(t_{i+1} - t_i)} = \dfrac{1}{(8+0.4)(225-180)} = 0.00265$

단, t_i 는 i 번째 고장발생시간, t_{i+1} 은 $i+1$번째, 즉 다음 번 고장발생시간

(3) $\lambda(t_i) = \dfrac{1}{(n-i+0.7)(t_{i+1} - t_i)} = \dfrac{1}{(8-2+0.7)(225-180)} = 0.0033$ (/hr)

16 G사의 어떤 기계부품의 고장시간 분포가 형상모수 $m=4$, 척도모수 $\eta=1,000$, 위치모수 $\gamma=1,000$인 와이블분포를 따른다. 다음 물음에 답하시오.

(1) $t=1,500$에서 신뢰도를 구하시오.　　(2) $t=1,500$에서 고장률을 구하시오.

[해설]

(1) $R(t=1,500) = \exp\left(-\dfrac{(t-\gamma)^m}{\eta}\right) = \exp\left(-\dfrac{(1,500-1,000)^4}{1,000}\right) = 0.9394$

(2) $\lambda(t=1,500) = \dfrac{m}{\eta}\left(\dfrac{t-\gamma}{\eta}\right)^{m-1} = \dfrac{4}{1,000}\left(\dfrac{1,500-1,000}{1,000}\right)^{4-1} = 5 \times 10^{-4}$ (/시간)

국가기술자격시험	품질경영기사 실기 모의고사 2-3R	시험시간 : 3시간

◆ 품질경영실무 ◆

01 다음 정의에 대한 용어를 괄호안에 쓰시오.

(1) 규정된 요구사항에 적합하지 않은 제품을 사용하거나 불출하는 것이 대한 허가 ( )

(2) 부적합의 원인을 제거하고 재발을 방지하기 위한 조치 ( )

[해설]

☞ (1) 특채, (2) 시정조치

02 KS 인증에서 제품·가공기술 인증의 경우 심사기준 6가지를 적으시오.

[해설]

☞ 제품·가공기술 KS인증 심사기준 항목으로는 ① 표준화 일반, ② 자재관리, ③ 공정관리, ④ 제품의 품질관리, ⑤ 제조설비의 관리, ⑥ 검사설비의 관리의 6개 항목이다.

여기서 ①항 사내표준화 일반은 "㉠ 표준화 및 품질경영의 추진, ㉡ 사내표준화와 품질경영의 도입, 확산 활동, ㉢ 표준화 및 품질경영에 관한 교육·훈련의 정도, ㉣ 품질경영담당자 및 기술계 인력 확보, ㉤ 불만처리 및 로트 추적, ㉥ 작업환경 및 안전시설 등 관리 상태"로 구성되어 있다.

◆ 통계적품질관리 ◆

03 K항의 부두에 부선으로 광석이 입하되었다. 부선은 5척이고 각각 약 500, 700, 1,500, 1,800, 600톤씩 싣고 있다. 각 부선으로부터 하선할 때 100톤 간격으로 1인크리멘트씩 떠서 이것을 대상으로 혼합할 경우, 샘플링의 정밀도는 얼마나 되는가?

(단, 이 광석은 100톤 내의 인크리멘트 간의 분포 σ_w =0.8%인 것을 과거 실적으로 알고 있다.)

[해설]

☞ $\dfrac{n_i}{N_i}$ =일정으로서 비례할당하고 있으며, 층별비례샘플링의 경우이다.

$$n = \frac{500 + 700 + 1,500 + 1,800 + 600}{100} = 51 \; \rightarrow \; V(\bar{\bar{x}}) = \frac{\sigma_w^2}{m\bar{n}} = \frac{\sigma_w^2}{n} = \frac{(0.8)^2}{51} = 0.0125(\%)$$

04 다음은 J사 공정의 np관리도에 대한 데이터이다. 물음에 답하시오. (단, $n=100$이다.)

로트 번호	부적합품수 (np)	로트 번호	부적합품수 (np)	로트 번호	부적합품수 (np)	로트 번호	부적합품수 (np)
1	3	8	4	15	1	22	4
2	2	9	1	16	3	23	2
3	4	10	0	17	3	24	0
4	3	11	2	18	2	25	5
5	2	12	3	19	0		
6	6	13	1	20	7		
7	1	14	6	21	3		

(1) C_L, U_{CL}, L_{CL}을 구하시오.　　(2) 관리도를 작성하시오.　　(3) 관리상태를 판정하시오.

〔해설〕

(1) C_L, U_{CL}, L_{CL} 계산

$$C_L = n\overline{p} = \frac{\sum np}{k} = \frac{68}{25} = 2.72 \ \text{(단, } k=25, \ \sum np = 68)$$

$$U_{CL} = n\overline{p} + 3\sqrt{n\overline{p}(1-\overline{p})} = 2.72 + \sqrt{2.72(1-0.0272)} = 7.60$$

$$L_{CL} = n\overline{p} - 3\sqrt{n\overline{p}(1-\overline{p})} = 2.72 - \sqrt{2.72(1-0.0272)} = - \ \text{(고려하지 않음)}$$

$$\text{여기서, } \overline{p} = \frac{\sum np}{\sum n} = \frac{\sum np}{k \times n} = \frac{68}{25 \times 100} = 0.0272$$

(2) np 관리도의 작성

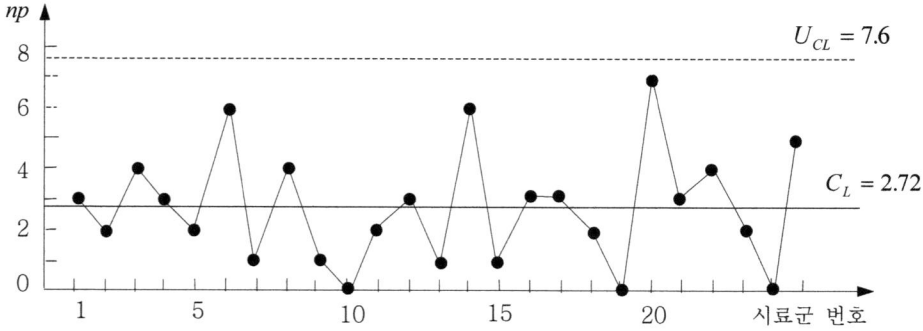

(3) 관리상태 여부의 판정 : 이 관리도에는 관리한계선을 벗어나는 점이 없고, 점의 배열에 아무런 습관(버릇)이 없다고 판단되므로, 이 공정은 관리상태에 있다고 할 수 있다.

05 L사에의 한 공정에서 $U_{CL}=43.41641$, $L_{CL}=16.58359$, $n=5$인 3σ관리도법 $\bar{x}$ 관리도가 있다. 만약 공정의 평균이 40으로 변화되었을 때 이 관리도에 의해 검출될 확률은?

〔해설〕

☞ 공정평균이 $\hat{\mu} = \overline{\overline{x}} = \dfrac{U_{CL} + L_{CL}}{2} = \dfrac{43.41641 + 16.58359}{2} = 30$ 에서 $\mu' = 40$으로 상향이동된 경우로서, 관리한계를 벗어날 확률(검출력, $1-\beta$)

$$1-\beta = P_r(\overline{x} > U_{CL}) + P_r(\overline{x} < L_{CL}) = P_r\left(\frac{\overline{x} - \mu'}{\sigma/\sqrt{n}} > \frac{U_{CL} - \mu'}{\sigma/\sqrt{n}}\right) + P_r\left(\frac{\overline{x} - \mu'}{\sigma/\sqrt{n}} < \frac{L_{CL} - \mu'}{\sigma/\sqrt{n}}\right)$$

$$= P_r\left(U > \frac{43.41641 - 40}{4.472}\right) + P_r\left(U < \frac{16.58359 - 40}{4.472}\right) = P_r(U > 0.764) + P_r(U < -5.236)$$

$$= 0.2236 + 0 = 0.2236 \rightarrow 22.36(\%)$$

여기서, $U_{CL} - L_{CL} = 6 \times \dfrac{\sigma}{\sqrt{n}} = 43.41641 - 16.58359 = 26.83102 \rightarrow \dfrac{\sigma}{\sqrt{n}} = 4.472$

06 R사로부터 납품되고 있던 기계부품 치수의 표준편차는 0.15cm이었다. 이번에 납품된 로트의 평균치를 신뢰율 95%, 정밀도 0.10cm로 알고자 한다. 샘플을 몇 개로 하는 것이 좋은가?

[해설]

☞ $\beta_{\overline{x}} = \pm u_{1-\alpha/2} \dfrac{\sigma}{\sqrt{n}}$ 의 관계식으로부터 $\pm 0.10 = \pm 1.960 \times \dfrac{0.15}{\sqrt{n}} \rightarrow n = 8.6 \rightarrow \therefore n = 9$

여기서, 신뢰구간의 폭 $\beta_{\overline{x}} = \pm 0.10$이고, $\sigma = 0.15$, $\alpha = 0.05$, $u_{1-\alpha/2} = 1.960$

07 S사 공정관리용 p 관리도에서 $k=25$, $n=300$인데, '군번호 10'에서 부적합품이 16개로 관리 이상상태로 판정되었다면, 이 군을 제거시키고 수정하여 p 관리도를 그리려고 할 때 U_{CL}, L_{CL}을 각각 구하시오. (단, $\sum np = 138$)

[해설]

☞ $C'_L = \overline{p} = \dfrac{\sum np - 16}{\sum n - 300} = \dfrac{138 - 16}{25 \times 300 - 300} = \dfrac{122}{7,200} = 0.0169$

$$U'_{CL} = \overline{p} + 3\sqrt{\frac{\overline{p}(1-\overline{p})}{n}} = 0.0169 + 3\sqrt{\frac{0.0169(1-0.0169)}{300}} = 0.0393$$

$$L'_{CL} = \overline{p} - 3\sqrt{\frac{\overline{p}(1-\overline{p})}{n}} = 0.0169 - 3\sqrt{\frac{0.0169(1-0.0169)}{300}} = - \,(고려하지 \ 않음)$$

08 M사에서 $p_A = 1\%$, $p_R = 10\%$, $\alpha = 5\%$, $\beta = 10\%$을 만족시키는 로트의 부적합품률을 보증하는 계량값 샘플링검사방식을 적용하려 한다. (단, 품질특성치 무게는 대체로 정규분포를 따르고 있으며, 상한규격치 $U = 200$kg, 표준편차(σ)는 2kg으로 알려져 있다.)
다음 물음에 답하시오. (부록 표의 값을 사용할 것.)

(1) 누계 샘플사이즈의 중지값(n_t)과 합격판정기준을 설정하시오.

(2) $n_{cum} < n_t$인 경우 합격판정선과 불합격판정선을 설계하시오.

(3) 진행된 로트에 대해 표를 채우고 합부 여부를 판정하시오.

누계 샘플사이즈	측정값 x(kg)	여유치 y	불합격판정치 R	누계여유치 Y	합격판정치 A
1	194.5	5.5	−1.924	5.5	7.918
2	196.5	(①)	(⑤)	(⑨)	(⑬)
3	201.0	(②)	(⑥)	(⑩)	(⑭)
4	197.8	(③)	(⑦)	(⑪)	(⑮)
5	198.0	(④)	(⑧)	(⑫)	(⑯)

[해설]

☞ KS Q ISO 8423 계량값 축차 샘플링검사

(1) ① 한쪽규격이 주어지고, n_0을 모르므로 <표 1>에서 PRQ=1%, CRQ=10%에 대하여 n_t = 13과 h_A =2.155, h_R =2.766, g =1.804를 얻는다.

② 합격판정역 : A_t =46.904 ≤ Y (여기서, $A_t = g\sigma n_t$ =1.804×2×13=46.904)

(2) $A = g\sigma \cdot n_{cum} + h_A \cdot \sigma = 1.804 \times 2 \times n_{cum} + 2.155 \times 2 = 3.608 n_{cum} + 4.31$

$R = g\sigma \cdot n_{cum} - h_R \cdot \sigma = 1.804 \times 2 \times n_{cum} - 2.766 \times 2 = 3.608 n_{cum} - 5.532$

(3) ( )안을 채우고, 합부여부 판정

누계샘플 사이즈	측정값 x(mm)	여유치 y	불합격 판정치 R	누계 여유치 Y	합격판정치 A
1	194.5	5.5	−1.924	5.5	7.918
2	196.5	(3.5)	(1.684)	(9.0)	(11.526)
3	201.0	(−1.0)	(5.292)	(8.0)	(15.134)
4	197.8	(2.2)	(8.900)	(10.2)	(18.742)
5	198.0	(2.0)	(12.508)	(12.2)	(22.350)

[참고] 계산의 일례로서,

1) 여유치 y : $y = x - S_U = x - 200$

2) 불합격판정치 R : R =3.608 n_{cum} -5.532 (⑤=3.608×2-5.532=1.684)

3) 누계여유치 Y : $Y = \sum y$ (⑨=5.5+3.5=9.0)

4) 합격판정치 A : A =3.608 n_{cum} + 4.31 (⑬=3.608×2+4.31=11.526)

09 T사에서는 출하 측과 수입 측에서 어떤 금속의 함유량(%)을 분석하게 되었다. 분석법에 차가 있는가를 검토하기 위하여 표준시료를 10개 취한 후 각각 양분시켜 출하 측과 수입 측이 동시에 분석하여 다음 결과를 얻었다. 이때 다음 물음에 답하시오.

	1	2	3	4	5	6	7	8	9	10
출하 측	52.33	51.98	51.72	52.04	51.90	51.92	51.96	51.90	52.14	52.02
수입 측	52.11	51.90	51.78	51.89	51.60	51.87	52.07	51.76	51.82	51.91

(1) 양측의 분석치에 차가 있는가를 α =0.05로 검정하시오.

(2) 차가 있다면 그 차를 신뢰수준 95%로 신뢰한계를 추정하시오.

해설

(1) 대응있는 2조의 모평균차 검정

출하측을 1, 수입측을 2라 할 때, σ_d^2이 미지이고 $n_1 = n_2 = n$ =10인 대응있는 2조의 모평균 차를 검정하는 경우이다.

① 가설 설정 : $H_0 : \Delta = 0$ ($\Delta = \mu_1 - \mu_2$, $\Delta_0 = 0$), $H_1 : \Delta \neq 0$ (양쪽검정)

② 유의수준 : α =0.05

③ 검정통계량의 값(t_0) 계산 : $t_0 = \dfrac{\bar{d} - \Delta_0}{s_d / \sqrt{n}} = \dfrac{0.12 - 0}{\sqrt{0.0195 / 10}} = 2.717$

여기서, s_d를 구하기 위해 분산 $s_d{}^2$을 계산하면,

데이터 조	1	2	3	4	5	6	7	8	9	10	계	$\bar{d}$
$d_i = x_{1i} - x_{2i}$	0.22	0.08	−0.06	0.15	0.30	0.05	−0.11	0.14	0.32	0.11	1.20	0.12

$$s_d{}^2 \approx V_d = \frac{S_d}{n-1} = \frac{1}{n-1}\left[\sum d_i{}^2 - \frac{(\sum d_i)^2}{n} \right] = \frac{1}{10-1}\left[0.3196 - \frac{(1.20)^2}{10} \right] = \frac{0.1755}{9} = 0.0195$$

④ 기각역 설정 : $|t_0| > t_{1-\alpha/2}(\nu) = t_{0.975}(9) = 2.262$ 이면 H_0 기각

⑤ 판정 : $|t_0| = 2.717 > t_{0.975}(9) = 2.262$ 이므로 유의수준 5%로 H_0를 기각한다.

즉, 양측의 분석치에 차가 있다고 할 수 있다.

(2) 대응있는 2조의 모평균차 추정

$$\left.\begin{array}{c} \hat{\Delta}_U \\ \hat{\Delta}_L \end{array}\right\} = \bar{d} \pm t_{1-\alpha/2}(\nu)\frac{s_d}{\sqrt{n}} = 0.12 \pm t_{0.975}(9)\sqrt{\frac{0.0195}{10}} = 0.12 \pm 2.262 \times 0.0442 = 0.12 \pm 0.10 = (0.02,\ 0.22)$$

10 플라스틱 경도의 상한 규격치가 52라고 규정했을 때, 52를 넘는 것이 0.4% 이하인 로트는 통과시키고, 3% 이상인 로트는 통과시키지 않도록 하는 계량규준형 1회 샘플링검사방식에서 다음 물음에 답하시오. (단, α =0.05, β =0.10, σ =2이다.)

(자료 : $K_{0.004}$ =2.652, $K_{0.03}$ =1.881, $K_{0.05}$ =1.645, $K_{0.10}$ =1.282)

(1) n (2) k (3) 판정방법

[해설]

☞ σ 기지의 계량규준형 1회 샘플링검사에서 로트의 부적합품률을 보증하는 방식에서 S_U 가 주어진 경우이다.

(1) $n \geq \left(\dfrac{K_\alpha + K_\beta}{K_{p_0} - K_{p_1}}\right)^2 = \left(\dfrac{K_{0.05} + K_{0.10}}{K_{0.04} - K_{0.03}}\right)^2 = \left(\dfrac{1.645 + 1.282}{2.652 - 1.881}\right)^2 = 14.4 \rightarrow n = 15$

(2) $k = \dfrac{K_{p_0} K_\beta + K_{p_1} K_\alpha}{K_\alpha + K_\beta} = \dfrac{K_{0.04} K_{0.10} + K_{0.03} K_{0.05}}{K_{0.05} + K_{0.10}} = \dfrac{2.652 \times 1.282 + 1.881 \times 1.645}{1.645 + 1.282} = 2.22$

(3) 판정

샘플링검사방식은 (n =15, $\overline{X}_U = S_U - 2.22\sigma$)이며, 로트에서 시료 15개를 샘플링하여 이를 측정해서 평균치 $\bar{x}$ 를 구한 후 $\bar{x} \leq \overline{X}_U = S_U - 2.22\sigma$ 이면 로트합격, $\bar{x} > \overline{X}_U = S_U - 2.22\sigma$ 이면 로트불합격으로 판정한다.

11 A사의 어떤 공정에서 생산되는 제품 로트 크기에 따라서 생산에 소요되는 시간을 측정하였더니 다음과 같은 시간이 측정되었다. 다음 물음에 답하시오. (단, α =0.05)

x_i	30	20	60	80	40	50	60	30	70	80
y_i	73	50	128	170	87	108	135	69	148	132

(1) 공분산 V_{xy} 를 구하시오.

(2) 상관관계가 존재하는지를 검정하시오.

(3) 모상관계수의 95% 구간추정을 행하시오.

[해설]

(1) 공분산 V_{xy} : $V_{xy} = \dfrac{S_{sy}}{n-1} = \dfrac{7,240}{9} = 804.44$

여기서, $S_{xy} = \sum xy - \dfrac{\sum x \sum y}{n} = 7,240$

$\sum x = 520, \sum y = 1,100, \sum x^2 = 31,200, \sum y^2 = 134,660, \sum xy = 64,440$

(2) 모상관계수의 상관관계 유무 검정 (ρ =0일 때)

① 가설 설정 : $H_0 : \rho$ =0, $H_1 : \rho \neq 0$ ② 유의수준 : α =0.05

③ 검정통계량의 값(t_0) 계산 : $t_0 = \dfrac{r\sqrt{n-2}}{\sqrt{1-r^2}} = \dfrac{0.96 \times \sqrt{10-2}}{\sqrt{1-0.96^2}} = 9.75$

여기서, $r = \dfrac{S_{(xy)}}{\sqrt{S_{(xx)} \cdot S_{(yy)}}} = \dfrac{\sum xy - \left(\sum x \sum y\right)/n}{\sqrt{\left(\sum x^2 - \dfrac{(\sum x)^2}{n}\right)\left(\sum y^2 - \dfrac{(\sum y)^2}{n}\right)}} = 0.96$

④ 기각역 설정 : $|t_0| > t_{1-\alpha/2}(n-2) = t_{0.975}(10-2) = t_{0.975}(8) = 2.306$ 이면 H_0 기각

⑤ 판정 : $|t_0| = 9.75 > t_{0.975}(8) = 2.306$ 이므로 유의수준 5%로 H_0 를 기각한다.

즉, 상관관계가 존재한다고 할 수 있다.

(3) 모상관계수에 대한 95% 신뢰구간 추정

① Z 값의 계산 : $Z = \dfrac{1}{2}\ln\left(\dfrac{1+r}{1-r}\right) = \dfrac{1}{2}\ln\left(\dfrac{1+0.96}{1-0.96}\right) = 1.9459$

② Z 의 95% 신뢰구간

$\left.\begin{array}{c} Z_U \\ Z_L \end{array}\right\} = Z \pm u_{1-\alpha/2}\dfrac{1}{\sqrt{n-3}} = 1.9459 \pm u_{0.975}\dfrac{1}{\sqrt{10-3}}$

$= 1.9459 \pm 1.960 \times 0.378 = 1.9459 \pm 0.7409 = (1.205,\ 2.6868)$

③ ρ 값의 95% 신뢰구간 추정 : $\hat{\rho}_L \leq \rho \leq \hat{\rho}_U \rightarrow 0.8352 \leq \rho \leq 0.9908$

여기서, $\hat{\rho}_U \approx r_U = \dfrac{e^{2Z_U}-1}{e^{2Z_U}+1} = \dfrac{e^{2\times2.6868}-1}{e^{2\times2.6868}+1} = \dfrac{214.64}{216.64} = 0.9908$

$\hat{\rho}_L \approx r_L = \dfrac{e^{2Z_L}-1}{e^{2Z_L}+1} = \dfrac{e^{2\times1.205}-1}{e^{2\times1.205}+1} = \dfrac{10.134}{12.134} = 0.8352$

◆ 실험계획법 ◆

⑫ 다음은 N사에서 품종 A, B, C 의 수확량을 비교하기 위하여 2개의 불록을 이용한 난괴법 배치를 나타낸 것이다. 각 품종을 표시한 문자 밑에 기록된 숫자는 수확량을 나타내고 있다. 분산분석을 실시하시오.

블록 1		
A	B	C
50	45	38

블록 2		
A	B	C
44	43	29

해설

☞ 난괴법에서의 분산분석

(1) 변동의 계산 : [주의] 품종이 A, B, C 이므로, 실험 인자의 기호에 유의함.

① 난괴법의 데이터 배열 : 품종을 모수인자 Q 로 블록을 변량인자 R 로 함.

블록＼품종	Q_1	Q_2	Q_3	$T_{.j}$
R_1	50	45	38	133
R_2	44	43	29	116
$T_{i.}$	94	88	67	249

② 변동의 계산

$$CT = \frac{T^2}{N} = \frac{T^2}{lm} = \frac{249^2}{3 \times 2} = 10,333.5$$

$$S_T = \sum_i \sum_j x_{ij}^2 - CT = (50^2 + 44^2 + \cdots + 29^2) - 10,333.5 = 261.5$$

$$S_Q = \sum_i \frac{T_{i.}^2}{m} - CT = \frac{T_{1.}^2 + T_{2.}^2 + T_{3.}^2 + T_{4.}^2}{2} - CT = \frac{94^2 + 88^2 + 67^2}{2} - 10,333.5 = 201.0$$

$$S_R = \sum_j \frac{T_{.j}^2}{l} - CT = \frac{T_{.1}^2 + T_{.2}^2}{3} - CT = \frac{133^2 + 116^2}{3} - 10,333.5 = 48.2$$

$$S_e = S_T - S_Q - S_R = 261.5 - 201.0 - 48.2 = 12.3$$

(2) 분산분석표의 작성 및 F 검정

요인	SS	DF	MS	F_0	$F_{0.95}$	$F_{0.99}$
Q	201.0	2	100.5	16.3	19.0	99.0
R	48.2	1	48.2	7.8	18.5	98.5
e	12.3	2	6.17			
T	261.5	5				

위의 분산분석 결과를 보면 품종 Q인자, 블록 R인자 모두 유의하지 않다.

13 2^4형 실험에서 2개의 블록으로 나누어 교락법 실험을 하려고 한다. 최고차 항의 교호작용 $A \times B \times C \times D$를 블록과 교락시켜서 실험을 하는 경우의 실험배치를 하시오.

(해설)

☞ 2^4형 실험에서 2개의 블럭으로 나누어 실험하려면 $ABCD$를 블록과 교락시켜

$$ABCD = \frac{1}{8}(a-1)(b-1)(c-1)(d-1)$$

$$= \frac{1}{8}[((1) + ab + ac + ad + bc + bd + cd + abcd)$$

$$- (a + b + c + d + abc + abd + acd + bcd)]$$

위의 식으로부터 블록 1, 2에 다음과 같이 배치시켜 실험하면 된다.

블럭 1 : $(1) + ab + ac + ad + bc + bd + cd + abcd$

블럭 2 : $a + b + c + d + abc + abd + acd + bcd$

14 P사에서는 나일론 실의 방사과정에서 일정시간 동안에 사절수가 어떤 인자에 크게 영향을 받는가를 알아보기 위하여 4인자 A(연신온도), B(사절수), C(원료의 종류), D(연신비)를 각각 다음과 같이 4수준으로 잡고 총 16회 실험을 4×4 그레코라틴방격법으로 행하였다. 다음 물음에 답하시오.

	A_1	A_2	A_3	A_4
B_1	$C_3 D_2 (15)$	$C_1 D_1 (4)$	$C_4 D_3 (8)$	$C_2 D_4 (19)$
B_2	$C_1 D_4 (5)$	$C_3 D_3 (19)$	$C_2 D_1 (9)$	$C_4 D_2 (16)$
B_3	$C_4 D_1 (15)$	$C_2 D_2 (16)$	$C_3 D_4 (19)$	$C_1 D_3 (17)$
B_4	$C_2 D_3 (19)$	$C_4 D_4 (26)$	$C_1 D_2 (14)$	$C_3 D_1 (34)$

(1) 분산분석표를 작성하시오. (2) 검정을 행하시오.
(3) 최적수준 조합에 대한 신뢰도 95% 구간추정을 실시하시오.

[해설]

(1) 분산분석표 작성

① 변동 계산을 위한 기초자료 작성

[표 1] 보조표

i, j, l, m	$T_{i\cdots}$	$T_{.j\cdot\cdot}$	$T_{..l\cdot}$	$T_{\cdots m}$
1	54	46	40	62
2	65	49	63	61
3	50	67	87	63
4	86	93	65	69
합계	$T=255$	$T=255$	$T=255$	$T=255$

② 변동 계산

$$CT = \frac{T^2}{k^2} = \frac{(255)^2}{16} = 4,064.1$$

$$S_T = \sum_i \sum_j \sum_l \sum_m x_{ijlm}^2 - CT = (15)^2 + (5)^2 + \cdots + (17)^2 + (34)^2 - 4,064.1 = 844.9$$

$$S_A = \sum_i \frac{T_{i\cdots}^2}{k} - CT = \frac{1}{4}[(54)^2 + (65)^2 + (50)^2 + (86)^2] - 4,064.1 = 195.2$$

$$S_B = \sum_j \frac{T_{.j\cdot\cdot}^2}{k} - CT = \frac{1}{4}[(46)^2 + (49)^2 + (67)^2 + (93)^2] - 4,064.1 = 349.7$$

$$S_C = \sum_l \frac{T_{..l\cdot}^2}{k} - CT = \frac{1}{4}[(40)^2 + (63)^2 + (87)^2 + (65)^2] - 4,064.1 = 276.7$$

$$S_D = \sum_m \frac{T_{\cdots m}^2}{k} - CT = \frac{1}{4}[(62)^2 + (61)^2 + (63)^2 + (69)^2] - 4,064.1 = 9.7$$

$$S_e = S_T - (S_A + S_B + S_C + S_D) = 844.9 - (195.2 + 349.7 + 276.7 + 9.7) = 13.6$$

③ 분산분석표 작성

[표 2] 그레코라틴방격법의 분산분석표(A, B, C, D 모두 모수)

요인	SS	DF	MS	F_0	$F_{0.95}$
A	195.2	3	65.1	14.4[*]	9.28
B	349.7	3	116.6	25.7[*]	9.28
C	276.7	3	92.2	20.4[*]	9.28
D	9.7	3	3.2	0.7	9.28
e	13.6	3	4.53		
T	844.9	15			

(2) F-검정 결과

검정방법은 예를 들어 인자 A의 경우 $F_0(A) > F_{0.95}(\nu_A,\ \nu_e) = F_{0.95}(3,\ 3) = 9.28$ 이면 유의

하다고 판정한다. 이하 동일한 방법을 따른다.

인자 A(연신온도), B(회전수), 원료의 종류(C)는 사절수에 유의한 영향을 주며, D(연신비)

는 별다른 영향을 주지 못하고 있다.

(3) 분산분석후의 추정

[표1]로부터 유의한 인자로서 A_3, B_1, C_1에서 각각 최소의 사절수를 주므로, 최적수준조합은

$A_3 B_1 C_1$이며, 최적수준조합에서 모평균의 점추정치는

$$\hat{\mu}(A_3 B_1 C_1) = \overbrace{\mu + a_3 + b_1 + c_1} = \overbrace{\mu + a_3} + \overbrace{\mu + b_1} + \overbrace{\mu + c_1} - 2\hat{\mu} = \bar{x}_{3\cdots} + \bar{x}_{\cdot 1 \cdot \cdot} + \bar{x}_{\cdot \cdot 1 \cdot} - 2\bar{\bar{x}}$$

최적수준조합 $A_3 B_1 C_1$에서의 모평균의 구간추정은

$$\hat{\mu}(A_3 B_1 C_1) = (\bar{x}_{3\cdots} + \bar{x}_{\cdot 1 \cdot \cdot} + \bar{x}_{\cdot \cdot 1 \cdot} - 2\bar{\bar{x}}) \pm t_{1-\alpha/2}(\nu_e)\sqrt{\frac{V_e}{n_e}}$$

$$= \left(\frac{50}{4} + \frac{46}{4} + \frac{40}{4} - 2 \times \frac{255}{16}\right) \pm 3.182 \times \sqrt{\frac{4.53}{1.6}} = (0,\ 7.5)$$

여기서, $n_e = \dfrac{k^2}{\nu_A + \nu_B + \nu_C + 1} = \dfrac{k^2}{(k-1)+(k-1)+(k-1)+1} = \dfrac{k^2}{3k-2} = \dfrac{14}{10} = 1.6$

사절수는 망소특성으로서 음수는 해당하지 않으므로 (-3.2, 7.5) 대신 (0, 7.5)로 하였다.

◈ 신뢰성관리 ◈

15 다음과 같이 구성된 시스템이 있다. 만약 어떤 시점에서 각 부품의 신뢰도가 모두 $R(t)$ =0.9, i =1, 2, $\cdots$, 8이라면 이 시스템의 시간 t 에서의 신뢰도는 얼마인가?

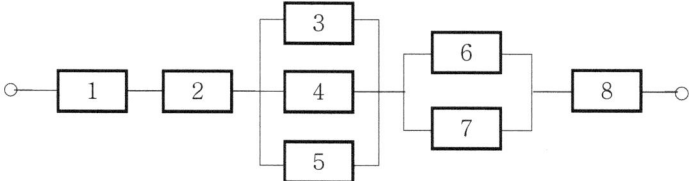

해설

☞ $R_S(t) = R_1(1) \times R_2(t) \times R_{S_1}(t) \times R_{S_2}(t) \times R_8(t) = 0.9 \times 0.9 \times 0.999 \times 0.99 = 0.721$

여기서, $R_3(t)$, $R_4(t)$, $R_5(t)$ 로 구성되는 병렬결합부분의 신뢰도 R_{S_1}

$$R_{S_1}(t) = 1 - \prod_{i=3}^{5}(1 - R_i) = 1 - (1 - 0.9)^3 = 0.999$$

$R_6(t)$, $R_7(t)$ 로 구성되는 병렬결합부분의 신뢰도 R_{S_2}

$$R_{S_2}(t) = 1 - \prod_{i=6}^{7}(1 - R_i) = 1 - (1 - 0.9)^2 = 0.99$$

16 절삭기 기계에서 어떤 부품의 고장시간의 분포가 m=1.5, η=1,200시간, γ=0인 와이블 분포를 따른다.

(1) t=500에서 신뢰도를 구하시오.　　(2) t=500에서 고장률을 구하시오.

(3) 이 부품의 신뢰도를 95% 이상으로 유지하는 사용시간을 구하시오.

해설

(1) 사용시간 t=500에서의 신뢰도

$$R(t = 500) = \exp\left\{-\left(\frac{t-\gamma}{\eta}\right)^m\right\} = \exp\left\{-\left(\frac{500-0}{1,200}\right)^{1.5}\right\} = 0.7642 \ (76.42\%)$$

(2) 사용시간 t=500에서의 고장률

$$\lambda(t = 500) = \frac{m}{\eta}\left(\frac{t-\gamma}{\eta}\right)^{m-1} = \frac{1.5}{1,200}\left(\frac{500-0}{1,200}\right)^{1.5-1} = 8.1 \times 10^{-4} \ (/시간)$$

(3) 신뢰도 0.95이상 유지하는 사용시간 t

$$R(t) = \exp\left\{-\left(\frac{t-\gamma}{\eta}\right)^m\right\} \geq 0.95 \ \rightarrow \ \ln 0.95 \leq -\left(\frac{t-0}{1,200}\right)^{1.5} \ \rightarrow \ 0.05129 \geq \left(\frac{t}{1,200}\right)^{1.5}$$

$$\rightarrow \ (0.05129)^{1/1.5} \geq \frac{t}{1,200} \rightarrow \ 0.1379 \geq \frac{t}{1,200} \ \rightarrow \ \therefore \ t \leq 165.5시간$$

절대로 포기하지 말라!
절대로!
- 윈스턴 처칠 -

제3장

품질경영기사 실기
CBT 모의고사3

국가기술자격시험	품질경영기사 실기 모의고사 3-1R	시험시간 : 3시간

◆ 품질경영실무 ◆

01 다음 내용은 ISO 9000 시리즈에서 정의하고 있다. 어떤 용어에 대한 설명인가?

(1) 활동 또는 프로세스를 수행하기 위하여 규정된 방식

(2) 동일한 기능으로 사용되는 대상에 대해 상이한 요구사항으로 부여되는 범주 또는 순위

(3) 요구사항의 불충족

[해설]

(1) 절차(procedure) (2) 등급(grade) (3) 부적합(nonconformity)

02 측정시스템의 5가지 변동 중 반복성과 재현성에 대하여 설명하시오.

[해설]

☞ 측정시스템에 관련되는 오차 또는 변동의 유형에는 ㉠ 편의(bias), ㉡ 반복성, ㉢ 재현성, ㉣ 안정성, ㉤ 선형성의 5가지가 있다.

① 반복성(repeatability) → 한 사람의 평가자가 하나의 측정계기를 여러 차례 사용해서 동일한 시료의 동일한 특성을 측정하여 얻은 측정값의 변동

② 재현성(reproducibility) → 서로 다른 평가자들이 동일한 측정계기를 사용해서 동일한 시료의 동일한 특성을 측정해서 얻은 측정값의 평균의 변동

◆ 통계적품질관리 ◆

03 $N=1,000$, $n=50$, $c=1$인 샘플링검사 방식을 적용할 경우 다음을 각각 계산하라.

(1) 로트의 부적합품률이 2%일 때 로트가 불합격할 확률은?

(2) 로트의 부적합품률이 7%일 때 로트가 합격할 확률은?

[해설]

☞ $\dfrac{n}{N} = \dfrac{50}{1,000} = 0.05 < 0.1$, $p=0.02 < 0.1$이므로, (초기하분포→포아송분포)로의 근사계산.

(1) $\alpha = 1 - L(p) = 1 - \sum_{x=0}^{c} \dfrac{e^{-1.0}(1.0)^x}{x!} = 1 - \left(\dfrac{e^{-1.0} \times 1.0^0}{0!} + \dfrac{e^{-1.0} \times 1.0^1}{1!} \right) = 1 - 2 \times 0.368 = 0.264$

여기서, $c=1$, $m=np=50 \times 0.02 = 1.0$

(2) $\beta = L(p) = \sum_{x=0}^{c} \dfrac{e^{-3.5}(3.5)^x}{x!} = \dfrac{e^{-3.5} \times 3.5^0}{0!} + \dfrac{e^{-3.5} \times 3.5^1}{1!} = 0.136$

여기서, $c=1$, $m=np=50 \times 0.07 = 3.5$

04 다음 표는 원료 A, B 두 공정에 각각 사용하여 생성된 약품의 함량을 활용하여 통계량을 계산한 결과이다. 물음에 답하시오. (단, α =0.05 및 부표를 이용할 것)

구분	A	B
표본의 크기 (n)	9	16
평균치 ($\overline{x}$)	25.0	20.0
제곱합 (S)	350	225

(1) 등분산성이 성립하는지 검정하시오.

(2) 평균치의 차이가 존재하는지 검정하시오.

[해설]

(1) 등분산의 검정

① 가설 설정 : H_0 : $\sigma_A{}^2 = \sigma_B{}^2$, H_1 : $\sigma_A{}^2 \neq \sigma_B{}^2$ (양쪽검정)　② 유의수준 : α =0.05

③ 검정통계량의 값(F_0) 계산 : $F_0 = \dfrac{V_A}{V_B} = \dfrac{43.75}{15.0} = 2.917$

여기서, $V_A = \dfrac{S_A}{\nu_A} = \dfrac{S_A}{n_A - 1} = \dfrac{350}{9-1} = 43.75$, $V_B = \dfrac{S_B}{\nu_B} = \dfrac{S_B}{n_B - 1} = \dfrac{225}{16-1} = 15.0$

④ 기각역 설정 : ($V_A > V_B$ 이므로) $F_0 > F_{1-\alpha/2}(\nu_A, \nu_B) = F_{0.975}(8, 15) = 3.20$ 또는

$$F_0 < F_{\alpha/2}(\nu_A, \nu_B) = F_{0.025}(8, 15) = \dfrac{1}{F_{0.975}(15, 8)} = \dfrac{1}{4.10} = 0.244$$ 이면 H_0 기각

⑤ 판정 : $F_{0.025}(8, 15) = 0.244 < F_0 = 2.917 < F_{0.975}(8, 15) = 3.20$ 이므로 유의수준 5%로

　　　　H_0를 기각할 수 없다. 즉, 두 개의 모분산에 차이가 있다고 할 수 없다.

(2) 모평균 차 검정

① 가설 설정 : H_0 : $\mu_A = \mu_B$, H_1 : $\mu_A \neq \mu_B$ (양쪽검정)　② 유의수준 : α =0.05

③ 검정통계량의 값(t_0) 계산 : $t_0 = \dfrac{\overline{x}_A - \overline{x}_B}{\sqrt{s^2\left(\dfrac{1}{n_A} + \dfrac{1}{n_B}\right)}} = \dfrac{25.0 - 20.0}{\sqrt{25.0\left(\dfrac{1}{9} + \dfrac{1}{16}\right)}} = 2.40$

여기서, $n_A = 9$, $n_B = 16$, $s^2 \approx V = \dfrac{S_A + S_B}{\nu_A + \nu_B} = \dfrac{350 + 225}{8 + 15} = 25.0$

④ 기각역 설정 : $|t_0| > t_{1-\alpha/2}(\nu_A + \nu_B) = t_{1-\alpha/2}(n_A + n_B - 2) = t_{0.975}(23) = 2.069$ 이면

　　　　H_0 기각

⑤ 판정 : $|t_0| = 2.40 > t_{0.975}(23) = 2.069$ 이므로 유의수준 5%로 H_0를 기각한다.

　　　　즉, 두 개의 모평균에 차이가 있다고 할 수 있다.

05 에나멜동선의 도장공정을 관리하기 위하여 핀홀의 수를 조사하였다. 시료의 길이가 종류에 따라 변하므로 시료 1,000m당 핀홀의 수를 사용하여 u 관리도를 작성하고자 다음과 같은 데이터 시료를 얻었다. 물음에 답하시오.

시료군 번호	1	2	3	4	5	6	7	8	9	10
시료의 크기(n) (1,000m당)	1.0	1.0	1.0	1.3	1.3	1.3	1.3	1.3	1.0	1.0
핀홀의 수	5	3	3	2	2	4	3	4	2	4

(1) 관리한계를 구하시오.

n	관리상한	관리하한
1.0		
1.3		

(2) (1)에서 구한 관리한계를 활용하여 관리도를 작성하고 판정하시오.

〔해설〕

☞ u 관리도의 작성 및 관리상태 판정

(1) $C_L = \bar{u} = \dfrac{\sum c}{\sum n} = \dfrac{32}{11.5} = 2.78$

$\quad n = 1.0$일 때 $U_{CL} = \bar{u} + 3\sqrt{\dfrac{\bar{u}}{n}} = 2.78 + 3\sqrt{\dfrac{2.78}{1.0}} = 7.79$

$\qquad\qquad\qquad L_{CL} = \bar{u} - 3\sqrt{\dfrac{\bar{u}}{n}} = 2.78 - 3\sqrt{\dfrac{2.78}{1.0}} = -$(음수로서 고려하지 않음)

$\quad n = 1.3$일 때 $U_{CL} = \bar{u} + 3\sqrt{\dfrac{\bar{u}}{n}} = 2.78 + 3\sqrt{\dfrac{2.78}{1.3}} = 7.18$

$\qquad\qquad\qquad L_{CL} = \bar{u} - 3\sqrt{\dfrac{\bar{u}}{n}} = 2.78 - 3\sqrt{\dfrac{2.78}{1.3}} = -$(음수로서 고려하지 않음)

(2) u 관리도의 작성

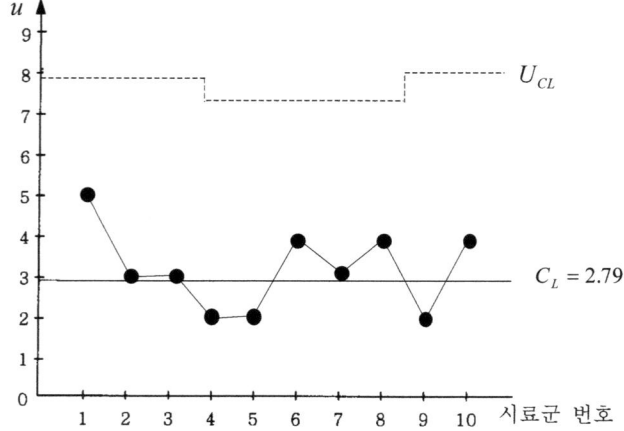

(3) 관리상태 판정 : 관리한계선을 벗어난 점이 없고, 점의 배열에 이상한 버릇(습관)이 없으므로, 공정이 관리상태에 있다고 볼 수 있다.

06 공정부적합품률이 $\overline{P}=0.03$이고 관리범위가 알려지지 않은 부적합품률 관리도로 관리되고 있다. 부적합품률이 0.07로 변했을 때 이를 1회의 샘플로서 탐지할 확률이 0.5이상이 되기 위해서는 샘플의 크기가 대략 얼마 이상이 되어야 하겠는가? (단, 정규분포근사치 사용할 경우)

[해설]

☞ 3σ의 P관리도에서 부적합품률 $\left(\dfrac{X}{n}\right)$이 U_{CL}을 벗어날 확률

(1) $U_{CL} = \overline{p} + 3\sqrt{\dfrac{\overline{p}(1-\overline{p})}{n}} = 0.03 + 3\sqrt{\dfrac{0.03(1-0.03)}{n}} = 0.03 + \dfrac{0.512}{\sqrt{n}}$

(2) p가 대폭 증가된 경우는 L_{CL}을 벗어날 확률은 거의 0으로 보고 계산이 가능하므로

$$검출력(1-\beta) = P_r\left(\dfrac{X}{n} > U_{CL}\right) = P_r(X > n \times U_{CL}) = P_r\left[X > n\left(0.03 + \dfrac{0.512}{\sqrt{n}}\right)\right]$$

$$= P_r\left(U > \dfrac{n(0.03 + 0.512/\sqrt{n}) - n \times 0.07}{\sqrt{n \times 0.07 \times 0.93}}\right) = P_r\left(U > \dfrac{0.512\sqrt{n} - 0.04n}{\sqrt{0.0651n}}\right)$$

$$= P_r\left[U \geq (2.007 - 0.1568\sqrt{n})\right] = 0.5$$

(3) 그런데 $P_r(U > 0) = 0.5$이므로 $2.007 - 0.1568\sqrt{n} = 0 \rightarrow \therefore n = 163.8 \rightarrow 164$

07 어떤 공정에서 생산되는 제품 로트 크기에 따라서 생산에 소요되는 시간을 측정하였더니 다음과 같은 시간이 소요되었다. 다음 물음에 답하시오.

x_i	30	20	60	80	40	50	60	30	70	80
y_i	73	50	128	170	87	108	135	69	148	132

(1) 회귀방정식을 구하시오.   (2) 회귀계수(β_1)를 검정하시오. (단, 유의수준 1%)

(3) 회귀계수(β_1)에 대한 95% 구간추정을 행하시오.

[해설]

(1) 최소자승법에 의한 회귀직선식 추정

$$\hat{y} = \hat{\beta}_0 + \hat{\beta}_1 x = 19.52 + 1.74x$$

여기서, $\hat{\beta}_1 = \dfrac{S_{(xy)}}{S_{(xx)}} = \dfrac{7,240}{4,160} = 1.74$, $\hat{\beta}_0 = \overline{y} - \hat{\beta}_1\overline{x} = 110 - 1.74 \times 52 = 19.52$

단, $S_{(xx)} = \sum x^2 - \dfrac{(\sum x)^2}{n} = 4,160$, $S_{(xy)} = \sum xy - \dfrac{\sum x \cdot \sum y}{n} = 7,240$

(2) 회귀의 유의성 검정

① 가설 설정 : $H_0 : \beta_1 = 0, \ H_1 : \beta_1 \neq 0$ ② 유의수준 : $\alpha = 0.01$로 함.

③ 분산분석표 작성에 의한 검정통계량의 값(F_0) 계산 :

$$S_R = \frac{S_{(xy)}^2}{S_{(xx)}} = \frac{7,240^2}{4,160} = 12,600.38, \ S_T = S_{(yy)} = \sum y^2 - \frac{(\sum y)^2}{n} = 13,660$$

$$S_e = S_{y/x} = S_T - S_R = 1,059.62$$

[표] 분산분석표

요인	SS	DF	MS	F_0	$F_{0.99}$
회귀에 의한 (R)	12,600.38	1	12,600.38	95.13**	11.8
회귀로부터의 (e)	1,059.62	8	132.45		
합 계 (T)	13,660	9			

④ 기각역 설정 : $F_0 > F_{1-\alpha}(1, n-2)$ 이면 H_0 기각

⑤ 판정 : $F_0 = 95.13 > F_{0.99}(1, 8) = 11.8$ 로서 H_0 기각이며, 회귀계수는 0이 아니다.

(3) 신뢰율 95%로 β_1에 대한 신뢰구간 추정

β_1의 추정은 주어진 식을 가정할 때 $E(\hat{\beta_1}) = \hat{\beta_1}$ 이므로,

$$\hat{\beta_1} = \hat{\beta_1} \pm t_{1-\alpha/2}(n-2)\sqrt{\frac{V_e}{S_{(xx)}}} = 1.74 \pm t_{0.975}(8)\sqrt{\frac{132.45}{4,160}} = 1.74 \pm 2.306 \times 0.178 = (1.32, \ 2.15)$$

여기서, $V_e(=V_{y \cdot x}) = \frac{S_e}{n-2} = \frac{1,059.62}{8} = 132.45$

08 어떤 제품의 장력의 하한규격이 17,000psi로 되어 있고, 납품되는 제품들의 장력에 관한 표준편차가 대략 80psi정도라고 알려져 있다고 한다. 지금 부적합품률이 1%인 로트는 95%정도 합격이고, 그것이 8%인 로트는 10%정도만 합격시키는 것으로 샘플링검사를 실시하려고 한다. 다음 물음에 답하시오.

(1) 시료의 크기 n을 구하시오. (2) 하한 합격판정치 $\overline{X_L}$를 구하시오.

해설

☞ S_L =17,000, σ =80이며, p_0 =1%, p_1 =8%, α =0.05, β =0.10이고,

$K_{p_0} = K_{0.01}$ =2.326, $K_{p_1} = K_{0.08}$ =1.405, $K_\alpha = K_{0.05}$ =1.645, $K_{0.10}$ =1.282이므로

(1) $n \geq \left(\frac{K_\alpha + K_\beta}{K_{p_0} - K_{p_1}}\right)^2 = \left(\frac{K_{0.05} + K_{0.10}}{K_{0.01} - K_{0.08}}\right)^2 = \left(\frac{1.645 + 1.282}{2.326 - 1.405}\right)^2 = 10.1 \ \rightarrow \ n = 11$

(2) $k = \frac{K_{p_0} K_\beta + K_{p_1} K_\alpha}{K_\alpha + K_\beta} = \frac{K_{0.01} K_{0.08} + K_{0.08} K_{0.05}}{K_{0.05} + K_{0.10}} = \frac{2.326 \times 1.282 + 1.405 \times 1.645}{1.645 + 1.282} = 1.80$

(3) $\overline{X_L} = S_L + k\sigma$ =17,000+ 1.80×80=17,144

09 어느 조립식 책장을 납품하는데 있어 10개씩의 나사를 패킹하여 첨부하여야 한다. 이때 나사의 수는 정확히 팩당 10개이어야 하지만 약간의 부적합품을 인정하기로 하되 나사의 개수 가 부족한 팩이 1%가 넘어서는 안 된다. 생산량은 5,000세트, 로트 크기는 1,250, 공급자와 소 비자는 상호 협의에 의해 1회 거래로 한정하고 한계품질 수준은 3.15%로 하기로 합의하였다. (단, 주어진 부표를 이용하시오.)
(1) 이를 만족시킬 수 있는 샘플링절차는 무엇인가?　(2) 샘플링 방식을 기술하고 설계하시오.
(3) 공정 부적합품률이 2%일 때 로트의 합격확률을 포아송분포로 구하시오.

[해설]

(1) 상호간에 1회 거래로 한정하였으므로 고립로트이며, KS Q ISO 2859-2 절차 A를 따르는 LQ방식의 샘플링검사이다.

(2) 로트의 크기 N =1,250, LQ=3.15%를 활용하여 KS Q ISO 2859-2 부표 A에서 수표를 찾 으면 n =125, A_c =1인 샘플링검사 방식이다. 즉, 125개를 검사하여 부적합품이 1개 이하이 면 로트합격으로 한다.

(3) 이항분포의 포아송분포로의 근사조건($nP = 0.1 \sim 10$, $P \leq 0.1$)에서 $m = nP = 125 \times 0.02 = 2.5$, $P = 0.01$로서 포아송분포로의 근사조건을 만족시키므로 포아송분포로 계산하면

$$L(p) = \sum_{x=0}^{A_C} \frac{e^{-m} \cdot m^x}{x!} = \sum_{x=0}^{1} \frac{e^{-2.5} \cdot 2.5^x}{x!} = e^{-2.5}\left(\frac{2.5^0}{0!} + \frac{2.5^1}{1!}\right) = 0.2873 \ (28.73\%)$$

10 계량축차 샘플링검사에서 한쪽규격이 주어진 경우 L =200kV, σ =2.0이고 PRQ=1.0%, CRQ=10.0%, α =0.05, β =0.10이라 할 때 다음 물음에 답하시오. (단, 주어진 표를 이용.)
(1) 합격판정선(A), 불합격판정선(R)을 구하시오.
(2) 다음 표를 채우시오.

누계샘플 사이즈	특성치 (x)	여유치 (y)	불합격판정선 (R)	누계여유치 (Y)	합격판정선 (A)
1	205.5	5.5	-1.924	5.5	7.918
2	203.5				
3	199.0				
4	202.2				
5	202.0				

[해설]

☞ KS Q ISO 8423의 <표 1>, 한쪽규격(S_L만 존재할 경우)

(1) ① 한쪽규격이 주어지고, n_0 을 모르므로 <표 1>에서 PRQ=1%, CRQ=10%에 대하여

n_t =13과 h_A =2.155, h_R =2.766, g =1.804를 얻는다.

② 판정선 : $A = g\sigma \cdot n_{cum} + h_A \cdot \sigma = 1.804 \times 2 \times n_{cum} + 2.155 \times 2 = 3.608 n_{cum} + 4.31$

$R = g\sigma \cdot n_{cum} - h_R \cdot \sigma = 1.804 \times 2 \times n_{cum} - 2.766 \times 2 = 3.608 n_{cum} - 5.532$

(2) ( )안을 채우고, 합부여부 판정

누계샘플 사이즈	측정값 x(mm)	여유치 y	불합격 판정치 R	누계 여유치 Y	합격판정치 A	합부판정 [참고용]
1	205.5	5.5	-1.924	5.5	7.918	(검사속행)
2	203.5	(3.5)	(1.684)	(9.0)	(11.526)	(검사속행)
3	199.0	(-1.0)	(5.292)	(8.0)	(15.134)	(검사속행)
4	202.2	(2.2)	(8.900)	(10.2)	(18.742)	(검사속행)
5	202.0	(2.0)	(12.508)	(12.2)	(22.350)	(로트불합격)

계산의 일례로서,

1) 여유치 Y : $y = x - S_L = x - 200$ (둘째 값=203.5-200=3.5)

2) 불합격판정치 R : $R = 3.608\,n_{cum} - 5.532$ (둘째 값=3.608×2-5.532=1.684)

3) 누계여유치 Y : $Y = \sum y$ (둘째 값=5.5+3.5=9.0)

4) 합격판정치 A : $A = 3.608\,n_{cum} + 4.31$ (둘째 값=3.608×2+4.31=11.526)

5) 합부판정 : n_{cum}=1, 2, 3, 4일 때에는 $R < Y < A$의 관계에 있으므로 검사속행으로

판정. n_{cum}=5일 때에는 $R > Y$의 관계이므로 로트불합격으로 판정.

[참고] 규격하한(L)만 주어진 경우에는 $Y \geq A$이면 로트합격, $Y \leq R$이면 로트불합격

◆ 실험계획법 ◆

11 어떤 실험에서 원료(A)를 3수준, 온도(B)를 2수준 압력(C)를 2수준으로 하여 강도를 조사한 결과가 다음과 같다.

		A_1	A_2	A_3
B_1	C_1	15	3	10
	C_2	14	1	8
B_2	C_1	12	16	10
	C_2	13	14	11

(1) 분산분석표를 채우시오.

요인	SS	DF	MS	F_0
A				
B				
C				
$A \times B$				
$B \times C$				
$A \times C$				
e				
T				

(2) 교호작용 검정값이 5이하이면 풀링할 경우 분산분석표를 다시 작성하시오.

(3) 각 요인을 판정하시오.

[해설]

☞ 모수인자의 3원배치(반복수 없음) 실험계획법

(1) 분산분석표 작성

① 변동의 계산

$$CT = \frac{T^2}{N} = \frac{T^2}{lmn} = \frac{127^2}{3 \times 2 \times 2} = 1,344.08$$

$$S_T = \sum_i \sum_j \sum_k x_{ijk}^2 - CT = (15^2 + 14^2 + \cdots + 10^2 + 11^2) - CT = 1,581 - 1,344.08 = 236.92$$

$$S_A = \sum_i \frac{T_{i\cdot\cdot}^2}{mn} - CT = \frac{54^2 + 34^2 + 39^2}{2 \times 2} - CT = 54.17$$

$$S_B = \sum_j \frac{T_{\cdot j\cdot}^2}{ln} - CT = \frac{51^2 + 76^2}{3 \times 2} - CT = 52.08$$

$$S_C = \sum_i \frac{T_{\cdot\cdot k}^2}{lm} - CT = \frac{66^2 + 61^2}{3 \times 2} - CT = 2.08$$

$$S_{A \times B} = S_{AB} - S_A - S_B = 229.42 - 54.17 - 52.08 = 123.17$$

단, $S_{AB} = \sum_i \sum_j \frac{T_{ij\cdot}^2}{n} - CT = \frac{29^2 + 4^2 + 18^2 + 25^2 + 30^2 + 21^2}{2} - CT = 229.42$

$$S_{A \times C} = S_{AC} - S_A - S_C = 58.42 - 54.17 - 2.08 = 2.17$$

단, $S_{AC} = \sum_i \sum_k \frac{T_{i\cdot k}^2}{m} - CT = \frac{27^2 + 19^2 + 20^2 + 27^2 + 15^2 + 19^2}{2} - CT = 58.42$

$$S_{B \times C} = S_{BC} - S_B - S_C = 56.25 - 52.08 - 2.08 = 2.09$$

단, $S_{BC} = \sum_j \sum_k \frac{T_{\cdot jk}^2}{l} - CT = \frac{28^2 + 23^2 + 38^2 + 38^2}{3} - CT = 56.25$

$$S_e = S_T - (S_A + S_B + S_C + S_{A \times B} + S_{A \times C} + S_{B \times C}) = 1.17$$

③ 분산분석표의 작성

요인	SS	DF	MS	F_0
A	54.17	2	27.08	46.43
B	52.08	1	52.08	89.29
C	2.08	1	2.08	3.57
$A \times B$	123.17	2	61.58	105.58
$A \times C$	2.17	2	1.09	1.86
$B \times C$	2.09	1	2.09	3.57
e	1.17	2	0.59	
T	236.92	11		

(2) 분산분석표의 작성 (풀링후)

교호작용 $A \times C$, $B \times C$ 의 F_0값이 5보다 작으므로 오차항에 풀링 후 분산분석표를 작성.

요인	SS	DF	MS	F_0
A	54.17	2	27.08	25.00*
B	52.08	1	52.08	48.08*
C	2.08	1	2.08	1.92
$A \times B$	123.17	2	61.58	56.85*
e'	5.42	5	1.08	
T	236.92	11		

(3) 판정 : 요인 A, B 와 교호작용 $A \times B$ 는 F_0 값이 5보다 크므로 유의하다고 판정됨.

12 어떤 실험을 실시하는데 A를 1차단위, B를 2차단위로 하고 블록반복 2회의 분할실험을 하여 다음과 같은 블록반복(R)과 의 2원표를 얻었다. 블록반복(R) 간의 제곱합 S_R을 구하시오. (단, m은 B의 수준수임.)

$m=4$	A_1	A_2	A_3	A_4	A_5
블록반복 Ⅰ	31	3	12	13	5
블록반복 Ⅱ	8	7	18	6	19

[해설]

☞ $S_R = \sum_{k=1}^{r} \frac{T_{..k}^2}{lm} - CT = \sum_{k=1}^{r} \frac{T_{..k}^2}{lm} - \frac{T^2}{lmr} = \frac{1}{5 \times 4}(T_{.1}^2 + T_{.2}^2) - \frac{(T_{.1} + T_{.2})^2}{5 \times 4 \times 2} = \frac{1}{20}[64^2 + 58^2] - \frac{122^2}{40} = 0.90$

13 교락법을 사용한 2^3요인 실험을 다음과 같이 2개의 블록으로 나누어 실험하려고 한다. 다음 물음에 답하시오.

블록 1
(1)=72
ab=68
ac=53
bc=75

블록 2
a=58
b=85
c=65
abc=63

(1) 블록에 교락된 요인을 구하시오. (2) 요인 A의 제곱합을 계산하시오.

[해설]

(1) 2^3형 실험에서 ab, ac 등의 기호는 여러 실험조합을 표시하지만 이것을 마치 두 수의 곱인 것 같이 인수분해를 하면((1)은 1로 생각한다) 다음과 같다.

$[(abc + a + b + c) - ((1) + ab + ac + bc)] = (a-1)(b-1)(c-1)$

따라서 교호작용 $A \times B \times C$ 가 블록과 교락되어 있다.

(2) 변동 계산 (단, 계수 : $\dfrac{1}{2^n r} = \dfrac{1}{2^3 \times 1} = \dfrac{1}{8}$ 가 됨)

$$S_A = \frac{1}{8}\left[(a-1)(b+1)(c+1)\right]^2 = \frac{1}{8}\left[(abc+ab+ac+a)-(bc+b+c+(1))\right]^2$$

$$= \frac{1}{8}\left[(63+68+53+58)-(75+85+65+72)\right]^2 = 378.13$$

◆ 신뢰성관리 ◆

14 다음 데이터는 설계를 변경한 후 만든 어떤 전자기기 장치 10대를 수명시험기에 걸어 고장수 r=7에서 정수중단시험한 결과이다. 이 데이터를 와이블확률용지에 타점하여 보니 형상파라미터(m)=1이 되었다고 할 때 다음 물음에 답하시오. (단, 확률분포값은 부표를 이용할 것)

[데이터] 3 9 12 18 27 31 43 (단위 : 시간)

(1) 이 장치의 MTBF를 추정하시오.

(2) 신뢰수준 95%에서의 MTBF의 신뢰구간을 구하시오.

해설

☞ 정수중단시험의 경우 평균수명 θ 의 양쪽신뢰구간 추정

(1) 평균수명의 점추정값

$$\hat{\theta} = \frac{T}{r} = \frac{\sum_{i=1}^{r} t_i + (n-r)t_r}{r} = \frac{(3+\cdots+43)+(10-7)\times 43}{7} = 38.86(\text{시간})$$

(2) 95% 신뢰구간 추정

① 신뢰하한값 : $\hat{\theta}_L = \dfrac{2r\hat{\theta}}{\chi^2_{1-\alpha/2}(2r)} = \dfrac{2 \times 7 \times 38.857}{\chi^2_{0.975}(14)} = 20.83(\text{시간})$

② 신뢰상한값 : $\hat{\theta}_U = \dfrac{2r\hat{\theta}}{\chi^2_{\alpha/2}(2r)} = \dfrac{2 \times 7 \times 38.857}{\chi^2_{0.025}(14)} = 96.63(\text{시간})$

15 고장확률밀도함수에서 형상모수(m)=1.5, 척도모수(η)=7,500시간인 와이블분포를 따르는 제품의 평균수명은 얼마인가? (단, $\Gamma(1.5)$=0.88623, $\Gamma(1.67)$=0.90330이다.)

해설

☞ $E(t) = \eta \cdot \Gamma\left(1+\dfrac{1}{m}\right) = 7,500 \times \Gamma(1.67) = 7,500 \times 0.9033 = 6,774.75(\text{시간})$

16 100V짜리 백열전구의 수명분포는 $\mu=100$, $\sigma=50$시간인 정규분포에 따른다고 할 때 다음 물음에 답하시오.

(1) 새로 교환한 전구를 50시간 사용하였을 때 신뢰도를 구하시오.

(2) 이미 100시간 사용한 전구를 앞으로 50시간이상 사용할 수 있을 확률을 구하시오.

[해설]

(1) $R(t=50) = P_r(t \geq 50) = P_r\left(\dfrac{t-\mu}{\sigma} \geq \dfrac{50-\mu}{\sigma}\right) = P_r\left(U \geq \dfrac{50-100}{50}\right) = P_r(U \geq -1) = 0.8413$

(2) $R\left[(t=150)/(t=100)\right] = \dfrac{P_r(t \geq 150)}{P_r(t \geq 100)} = \dfrac{P_r\left(U \geq \dfrac{150-100}{50}\right)}{P_r\left(U \geq \dfrac{100-100}{50}\right)} = \dfrac{P_r(U \geq 1)}{P_r(U \geq 0)} = \dfrac{0.1587}{0.5} = 0.3174$

| 국가기술자격시험 | 품질경영기사 실기 모의고사 3-2R | 시험시간 : 3시간 |

◆ 품질경영실무 ◆

12 다음은 ISO 9000시리즈에서 정의하고 있는 내용이다. 어떤 용어에 대한 설명인가?

(1) 활동 또는 프로세스를 수행하기 위하여 규정된 방식

(2) 최고경영자에 의해 공식적으로 표명된 품질 관련 조직의 전반적인 의도 및 방향으로서 품질에 관한 방침

(3) 의도된 결과를 만들어 내기 위해 입력을 사용하여 상호관련되거나 상호작용하는 활동 집합

(4) 방침 및 목표를 수립하고 그 목표를 달성하기 위한 프로세스를 수립하기 위한 상호관련되거나 상호작용하는 조직 요소의 집합

[해설]

(1) 절차(procedure)   (2) 품질방침(quality policy)   (3) 프로세스(process)
(4) 경영시스템(management system)

◆ 통계적품질관리 ◆

02 아래 도수표는 어떤 강판압연공장에서 철판의 두께를 50매 측정한 결과이다. 다음 물음에 답하시오. (단, 규격은 100±2.0이다.)

급번호	계급	중앙치(x_i)	도수(f_i)	u_i	f_iu_i	$f_iu_i^2$
1	98.45~98.95	98.7	1	-4	-4	16
2	98.95~99.45	99.2	2	-3	-6	18
3	99.45~99.95	99.7	5	-2	0	20
4	99.95~100.45	100.2	9	-1	-9	9
5	100.45~100.95	100.7	12	0	0	0
6	100.95~101.45	101.2	11	1	11	11
7	101.45~101.95	101.7	7	2	14	28
8	101.95~102.45	102.2	2	3	6	18
9	102.45~102.95	102.7	1	4	4	16
합계	-		50		6	136

(1) 상기의 도수표를 보고 히스토그램을 그리고 규격을 표시하시오.

(2) 평균과 표준편차를 구하시오.

(3) 규격을 벗어날 확률을 구하시오.

(4) 공정능력지수(C_p)를 구하고 판정하시오.

[해설]

(1) 히스토그램 작성, 규격한계 표시

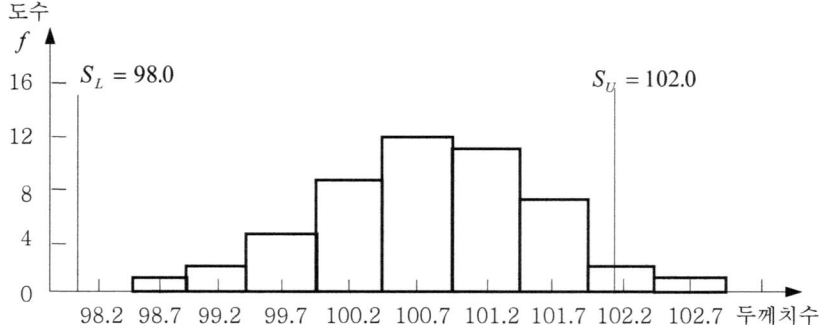

(2) 평균치와 표준편차 계산

$$\bar{x} = x_0 + \frac{\sum fu}{\sum f} \times h = 100.7 + \frac{6}{50} \times 0.5 = 100.76$$

$$s \approx \sqrt{V} = h \times \sqrt{\frac{1}{\sum f - 1}\left[\sum fu^2 - \frac{(\sum fu)^2}{\sum f}\right]} = 0.5 \times \sqrt{\frac{1}{50-1}\left[136 - \frac{(6)^2}{50}\right]} = 0.831$$

(3) 규격을 벗어난 제품 비율

$$P_r(x > S_U) + P_r(x < S_L) = P_r\left(\frac{x-\mu}{\sigma} > \frac{S_U - \mu}{\sigma}\right) + P_r\left(\frac{x-\mu}{\sigma} < \frac{S_L - \mu}{\sigma}\right)$$

$$= P_r\left(U > \frac{102.0 - 100.76}{0.831}\right) + P_r\left(U < \frac{98.0 - 100.76}{0.831}\right) = P_r(U > 1.49) + P_r(U < -3.33)$$

$$= 0.0681 + 0.0005 = 0.0685 \ (6.85\%)$$

(4) 공정능력지수(PCI) 계산 및 판정

$$C_p = \frac{S_U - S_L}{6\hat{\sigma}} = \frac{S_U - S_L}{6s} = \frac{102.0 - 98.0}{6 \times 0.831} = 0.802$$

$0.67 < C_p = 0.802 < 1.00$ 이므로 공정능력 3등급에 해당하고, 공정능력이 부족하다.

01 어느 특정지방의 교통사고율을 조사하였더니, 1년에 교통사고가 0.3건 발생하였다고 한다. 다음 물음에 답하시오.

(1) 사고가 1건도 발생하지 않을 확률을 구하시오.　(2) 적어도 1건 발생할 확률을 구하시오.

[해설]

☞ 포아송분포 적용, $m = 0.3$ 이므로

(1) $P_r(X = 0) = p(0) = \dfrac{e^{-0.3}(0.3)^0}{0!} = 0.7408$

(2) $P_r(X \geq 1) = 1 - P_r(X < 1) = 1 - \displaystyle\sum_{x_i < 1} p(x_i) = 1 - p(0) = 1 - \dfrac{e^{-0.3}(0.3)^0}{0!} = 0.2592$

07 부적합품률 관리도로써 공정을 관리할 경우 공정 부적합품률이 P=0.07에서 P'=0.02로 변했을 때 이를 1회의 샘플로써 탐지할 확률이 0.5이상이 되기 위해서는 샘플의 크기가 대략 얼마 이상이어야 하겠는가? (단, 정규분포 근사치를 사용할 경우)

해설

☞ 3σ의 p관리도에서 부적합품률$\left(\dfrac{X}{n}\right)$이 L_{CL}을 벗어날 확률

(1) $L_{CL} = \bar{p} - 3\sqrt{\dfrac{\overline{p}(1-\overline{p})}{n}} = 0.07 - 3\sqrt{\dfrac{0.07(1-0.07)}{n}} = 0.07 - \dfrac{0.765}{\sqrt{n}}$

(2) 부적합품률이 대폭 감소된 경우는 U_{CL}을 벗어날 확률은 거의 0으로 보고 계산 가능

$$검출력(1-\beta) = P_r\left(\frac{X}{n} < L_{CL}\right) = P_r(X < n \times L_{CL}) = P_r\left[X < n\left(0.07 - \frac{0.765}{\sqrt{n}}\right)\right]$$

$$= P_r\left(U < \frac{n(0.07 - 0.765/\sqrt{n}) - n \times 0.02}{\sqrt{n \times 0.02 \times (1-0.02)}}\right) = P_r\left(U < \frac{-0.765\sqrt{n} + 0.05n}{\sqrt{0.0196n}}\right)$$

$$= P_r\left[U < (0.357\sqrt{n} - 5.464)\right] \geq 0.5$$

(3) 그런데 $P_r(U \geq 0) = 0.5$이므로 $0.357\sqrt{n} - 5.464 = 0$ → ∴ $n=235$

08 $\bar{x} - R$관리도에서 주어지는 값으로 $\bar{x}$=130, σ=14.8, n=4, k=25일 때 $\bar{x}$관리도의 U_{CL}=152.2, L_{CL}=107.8로 되어 있다. 다음 물음에 답하시오.

(1) 규격이 113.5~144.5라면 규격을 벗어날 확률은?

(2) 관리도에서 평균이 U_{CL}쪽으로 14.8만큼 이동했을 때 검출력은?

해설

(1) S_U=144.5, S_L=113.5이고 x에 대하여 $N(130,\ 14.8^2)$이므로 규격을 벗어나는 제품의

비율(P)은 정규분포를 이용하여 계산하면 다음과 같다.

$$P = P_r(x > S_U) + P_r(x < S_L) = P_r\left(\frac{x-\mu}{\sigma} > \frac{S_U - \mu}{\sigma}\right) + P_r\left(\frac{x-\mu}{\sigma} < \frac{S_L - \mu}{\sigma}\right)$$

$$= P_r\left(U > \frac{S_U - \mu}{\sigma}\right) + P_r\left(U < \frac{S_L - \mu}{\sigma}\right) = P_r\left(U > \frac{144.5 - 130}{14.8}\right) + P_r\left(U < \frac{113.5 - 130}{14.8}\right)$$

$$= P_r(U > 0.98) + P_r(U < -1.11) = 0.1635 + 0.1335 = 0.297\ (29.7\%)$$

(2) 변동 전의 공정평균 μ=130, 변동 후의 공정평균 $\mu'=\mu+1\sigma=130+1\times14.8=144.8$이므로,

$\bar{x}$가 U_{CL}=152.2를 벗어나는 확률(P)은 검출력$(1-\beta)$이 되고, 다음과 같이 계산된다.

$$P = 1-\beta = P_r(\bar{x} > U_{CL}) = P_r\left(\frac{\bar{x} - \mu'}{\sigma/\sqrt{n}} > \frac{U_{CL} - \mu'}{\sigma/\sqrt{n}}\right) = P_r\left(U > \frac{U_{CL} - \mu'}{\sigma/\sqrt{n}}\right)$$

$$= P_r\left(U > \frac{152.2 - 144.8}{14.8/\sqrt{4}}\right) = P_r(U > 1.0) = 0.1587\ (15.87\%)$$

09 주사위를 120회 굴려서 아래와 같이 나왔다. 이 주사위가 올바르게 만들어 졌다고 판단
해도 되는지 검정하시오. (단, α =0.05)

주사위면	1	2	3	4	5	6	계
출현횟수	20	22	13	13	27	25	120

〔해설〕

☞ Pearson의 적합도 검정

① 가설 설정 : H_0 : $P_0 = P_1 = P_2 = \cdots = P_6$, H_1 : 숫자의 출현확률은 다르다.

② 유의수준 : α =0.05

③ 검정통계량의 값(χ_0^2) 계산 :

	1	2	3	4	5	6	합계
출현횟수(x_i)	20	22	13	13	27	25	120(n)
가정된 확률(P_{i0})	1/6	1/6	1/6	1/6	1/6	1/6	1.00
기대횟수(nP_{i0})	20	20	20	20	20	20	120
$(x_i - nP_{i0})^2 / nP_{i0}$	0	0.2	2.45	2.45	2.45	1.25	χ_0^2 =8.80

④ 기각역 설정 : $\chi_0^2 > \chi_{1-\alpha}^2(\nu) = \chi_{1-\alpha}^2(k-1) = \chi_{0.95}^2(6-1) = \chi_{0.95}^2(5) = 11.07$ 이면 H_0 기각

⑤ 판정 : $\chi_0^2 = 8.80 < \chi_{0.95}^2(5) = 11.07$ 이므로 유의수준 5%로 H_0 를 기각할 수 없다.

즉, 숫자의 출현확률이 같다고 볼 수 있다.

13 아래 도면은 R자동차 부품의 일부이다. 도면을 보고 조립품 공차가 얼마인지 계산하시오.

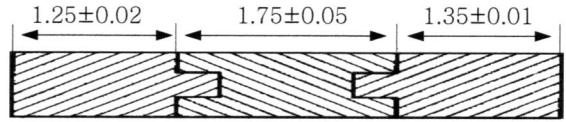

〔해설〕

☞ 조립공차 = $\pm\sqrt{\sum (\text{각 부품허용차})^2} = \pm\sqrt{(0.02)^2 + (0.05)^2 + (0.01)^2} = \pm\sqrt{0.003} = \pm0.0548$

14 다음 표는 검사자에 대한 기억력 x와 판단력 y를 검사하여 얻은 데이터이다. 다음 물음
에 답하시오.

기억력 x	11	10	14	18	10	5	12	7	15	16
판단력 y	6	4	6	9	3	2	8	3	9	7

(1) x에 대한 y의 상관계수를 구하시오. (2) x에 대한 y의 회귀방정식을 구하시오.

(3) 모상관계수에 대한 신뢰율 95% 신뢰구간을 추정하시오. (단, n이 작아 무리는 있으나 무시
할 것.)

〔해설〕

(1) 상관계수 r 계산 : $r = \dfrac{S_{(xy)}}{\sqrt{S_{(xx)}S_{(yy)}}} = \dfrac{83.4}{\sqrt{147.6 \times 60.1}} = 0.885$

여기서, $S_{(xx)} = \sum x^2 - \dfrac{(\sum x)^2}{n} = 1{,}540 - \dfrac{(118)^2}{10} = 147.6$

$S_{(yy)} = \sum y^2 - \dfrac{(\sum y)^2}{n} = 385 - \dfrac{(57)^2}{10} = 60.1$

$S_{(xy)} = \sum xy - \dfrac{(\sum x)(\sum y)}{n} = 756 - \dfrac{118 \times 57}{10} = 83.4$

(2) x에 대한 y의 추정회귀직선

회귀직선 추정식 $\hat{y} = \hat{\beta}_0 + \hat{\beta}_1 x = -0.967 + 0.565x$

여기서, $\hat{\beta}_1 = \dfrac{S_{(xy)}}{S_{(xx)}} = \dfrac{83.4}{147.6} = 0.565$, $\hat{\beta}_0 = \bar{y} - \hat{\beta}_1 \bar{x} = 5.7 - 0.565 \times 11.8 = -0.967$

단, $\bar{x} = \dfrac{\sum x}{n} = \dfrac{118}{10} = 11.8$, $\bar{y} = \dfrac{\sum y}{n} = \dfrac{57}{10} = 5.7$

(3) 모상관계수에 대한 95% 신뢰구간 추정

① Z값의 계산 : $Z = \dfrac{1}{2}\ln\left(\dfrac{1+r}{1-r}\right) = \dfrac{1}{2}\ln\left(\dfrac{1+0.885}{1-0.885}\right) = 1.398$

② Z의 95% 신뢰구간 : $\left.\begin{array}{c} Z_U \\ Z_L \end{array}\right\} = Z \pm u_{1-\alpha/2}\dfrac{1}{\sqrt{n-3}} = 1.398 \pm u_{0.975}\dfrac{1}{\sqrt{10-3}}$

$= 1.398 \pm 1.960 \times 0.378 = 1.398 \pm 0.741 = (0.657,\ 2.139)$

③ ρ값의 95% 신뢰구간 추정 : $\hat{\rho}_L \le \rho \le \hat{\rho}_U \rightarrow 0.576 \le \rho \le 0.973$

여기서, $\hat{\rho}_U \approx r_U = \dfrac{e^{2Z_U}-1}{e^{2Z_U}+1} = \dfrac{e^{2 \times 2.139}-1}{e^{2 \times 2.139}+1} = \dfrac{71.096}{73.096} = 0.973$

$\hat{\rho}_L \approx r_L = \dfrac{e^{2Z_L}-1}{e^{2Z_L}+1} = \dfrac{e^{2 \times 0.657}-1}{e^{2 \times 0.657}+1} = \dfrac{2.721}{4.721} = 0.576$

15 G 정제 로트의 성분에서 특성치는 정규분포를 따르고 표준편차 $\sigma = 1.0$mg인 것을 알고 있다. 이 로트의 검사에서 $m_0 = 10.0$mg, $\alpha = 0.05$, $m_1 = 8.0$mg, $\beta = 0.10$인 계량규준형 1회 샘플링검사를 행하기로 하였다. 다음 물음에 답하시오.

(1) 이 조건을 만족하는 하한합격판정치 $\bar{X}_L$를 구하시오.

(단, KS Q 0001표를 사용하면 $n = 3$, $G_0 = 0.950$이다.)

(2) 이 샘플링검사 방식에서 평균치 $m = 9.0$mg인 로트가 합격할 확률은 약 얼마인가?

(단, $K_{L(m)} = 0.05$일 때 $L(m) = 0.4801$, $K_{L(m)} = 0.09$일 때 $L(m) = 0.4641$이다.)

해설

(1) $\overline{X}_L = m_0 - G_0 \cdot \sigma = 10.0 - 0.950 \times 1.0 = 9.05\,(\text{mg})$

(2) $K_{L(m)} = \dfrac{\overline{X}_L - m}{\sigma / \sqrt{n}} = \dfrac{9.05 - 9.0}{1.0 / \sqrt{3}} = 0.09$ → $m = 9.0$ 로트의 합격확률 $L(m) = 0.4641$

16 A사는 어떤 부품의 수입검사시에 KS Q ISO 2859-1을 사용하고 있다. 다음은 검토후 AQL=1.0%, 검사수준 Ⅱ로 1회 샘플링검사를 보통검사를 시작으로 연속 15로트를 실시한 결과의 부분표이다. 다음 물음에 답하시오.
(1) 다음 표를 완성하시오.

로트 번호	N	샘플 문자	n	당초 A_c	합부판정 스코어 (검사전)	수정 적용 A_c	부적 합품 수 d	합부 판정	합부판정 스코어 (검사후)	전환 스코어	샘플링검사의 엄격도 (검사후)
7	250						0				
8	200						1				
9	400						0				
10	80						0				
11	100						1				

(2) 로트번호 12의 샘플링 검사의 엄격도는 어떻게 되겠는가?

[해설]

(1) KS Q ISO 2859-1 보통검사 1회 (주 샘플링표 보조표) 활용

로트 번호	N	샘플 문자	n	당초 A_c	합부판정 스코어 (검사전)	수정 적용 A_c	부적 합품 수 d	합부 판정	합부판정 스코어 (검사후)	전환 스코어	샘플링검사의 엄격도 (검사후)
7	250	G	32	1/2	5	0	0	합격	5	2	보통검사
8	200	G	32	1/2	10	1	1	합격	0	4	보통검사
9	400	H	50	1	7	1	0	합격	7	6	보통검사
10	80	E	13	0	7	0	0	합격	7	8	보통검사
11	100	F	20	1/3	10	1	1	합격	0	10	보통검사

[참고] ① (N, 검사수준) → 샘플문자 ② (샘플문자, AQL) → (n, A_c, R_e)

③ 합부판정스코어 (검사전) : 당초 A_c =1/2이면, 전회의 검사후 스코어+5=0+5=5

당초 $A_c \geq 1$이면 전회의 검사 후 스코어+7

당초 A_c =0이면, 전회의 검사 후의 스코어와 동일

당초 A_c =1/3이면, 전회의 검사후 스코어+3

④ 수정적용 A_c : 검사 전의 합부판정스코어≤8이면, 수정적용 A_c =(분수 A_c 가) 0

검사 전의 합부판정스코어≥9이면, 수정적용 A_c =(분수 A_c 가) 1

⑤ 합부판정 : $d \leq A_c$ 이면 로트합격, $d > A_c$ 이면 로트불합격(분수 A_c 의 경우임)

⑥ 합부판정스코어 (검사후) :

㉠ $d \geq 1$인 때→스코어를 0으로 되돌림. ㉡ d =0인 때→검사 전의 스코어와 동일

⑦ 전환스코어 : 당초 A_c 가 0, 1/2, 1/3, 1인 때 로트합격이면 전회 전환스코어+2. 불합격시는 전환 스코어를 0으로 돌림.

(2) 보통검사에서 수월한 검사로 넘어갈 조건에 만족되지 않으므로 로트번호 12는 보통검사를 실시함.

◆ 실험계획법 ◆

03 어떤 철강공장에서 각 인자를 4수준으로 하여 인자간의 교호작용을 무시할 수 있다고 가정한 후 라틴방격법에 의하여 실험하여, 다음과 같은 수율 데이터가 발생되었다. 다음 물음에 답하시오.

구분	A_1	A_2	A_3	A_4
B_1	$C_1(18)$	$C_2(24)$	$C_3(13)$	$C_4(20)$
B_2	$C_2(14)$	$C_3(20)$	$C_4(15)$	$C_1(22)$
B_3	$C_3(21)$	$C_4(29)$	$C_1(20)$	$C_2(26)$
B_4	$C_4(21)$	$C_1(24)$	$C_2(19)$	$C_3(20)$

(1) 분산분석표를 작성하고 분산분석을 실시하시오.
(2) 수율을 최대로 하는 점추정식과 점추정값을 구하시오.
(3) 수준조합의 최적조건에서 95% 신뢰구간을 구하시오.

[해설]

(1) 분산분석

① 변동의 계산

$$CT = T^2 / k^2 = 326^2 / 16 = 6,642.5$$

$$S_T = \sum_i \sum_j \sum_l x_{ijl}^2 - CT = (18^2 + 14^2 + \cdots + 20^2) - 6,642.5 = 267.75$$

$$S_A = \sum_i \frac{T_{i\cdot\cdot}^2}{k} - CT = \frac{T_{1\cdot\cdot}^2 + T_{2\cdot\cdot}^2 + T_{3\cdot\cdot}^2}{4} - CT = \frac{74^2 + 97^2 + 67^2 + 88^2}{4} - 267.75 = 137.25$$

$$S_B = \sum_j \frac{T_{\cdot j\cdot}^2}{k} - CT = \frac{T_{\cdot 1\cdot}^2 + T_{\cdot 2\cdot}^2 + T_{\cdot 3\cdot}^2}{3} - CT = \frac{75^2 + 71^2 + 96^2 + 84^2}{4} - 267.75 = 92.25$$

$$S_C = \sum_l \frac{T_{\cdot\cdot l}^2}{k} - CT = \frac{T_{\cdot\cdot 1}^2 + T_{\cdot\cdot 2}^2 + T_{\cdot\cdot 3}^2}{3} - CT = \frac{84^2 + 83^2 + 74^2 + 85^2}{4} - 267.75 = 19.25$$

$$S_e = S_T - (S_A + S_B + S_C) = 19.0$$

② 자유도 계산 : $v_T = k^2 - 1 = 15$, $v_A = v_B = v_C = k - 1 = 3$, $v_e = (k-1)(k-2) = 6$

③ 분산분석표의 작성

요인	SS	DF	MS	F_0	$F_{0.95}$	$F_{0.99}$
A	137.25	3	45.75	14.45**	4.76	9.78
B	92.25	3	30.75	9.71*	4.76	9.78
C	19.25	3	6.42	2.03	4.76	9.78
e	19.00	6	3.17			
T	267.75	15				

위의 검정 결과에서 요인 A는 고도로 유의적이고, 요인 B는 유의적이다.

(2) 최적수준조합에서의 구간추정

실험값은 수율로서 망대특성이다. 요인 A, B만 유의이므로 수율을 가장 높이는 수준조합은 각 인자의 최적수준은 A_2와 B_3가 결합된 $\mu(A_2B_3)$이다.

$$\hat{\mu}(A_2B_3) = (\bar{x}_{2\cdot\cdot} + \bar{x}_{\cdot3\cdot} - \bar{\bar{x}}) \pm t_{1-\alpha/2}(\nu_e)\sqrt{\frac{V_e}{n_e}} = \left(\frac{97}{4} + \frac{96}{4} - \frac{326}{16}\right) \pm t_{0.975}(6)\sqrt{\frac{V_e}{n_e}}$$

$$= 27.88 \pm 2.447 \times \sqrt{\frac{3.17}{16/7}} = (24.99,\ 30.76)$$

여기서, 유효반복수 $n_e = \dfrac{k^2}{\nu_A + \nu_B + 1} = \dfrac{k^2}{(k-1)+(k-1)+1} = \dfrac{k^2}{2k-1} = \dfrac{4^2}{2\times4-1} = \dfrac{16}{7}$

04 다음은 A(모수), B(모수) 두 인자에 대해 반복수 2인 2요인의 실험결과 데이터이다. 다음 물음에 답하시오.

인자 B ＼ 인자 A	A_1	A_2	A_3
B_1	11.8 12.5	12.4 12.2	13.1 13.9
B_2	13.2 12.8	12.7 12.5	13.3 13.0
B_3	13.3 13.5	13.5 14.0	13.2 14.1
B_4	14.2 13.9	14.0 13.9	14.5 14.8

(1) 분산분석표를 작성하시오.

(2) 위의 (1)에서 교호작용이 유의하면 그대로 두고, 유의하지 않으면 오차항에 풀링하여 분산분석표를 재작성하시오.

(3) 망대특성일 때, 최적수준을 신뢰율 95%로 구간추정하시오.

【해설】

(1) 분산분석표 작성

① 변동의 계산

$$CT = \frac{T^2}{N} = \frac{T^2}{lmr} = \frac{320.3^2}{3\times4\times2} = 4{,}274.67$$

$$S_T = \sum_i\sum_j\sum_k x_{ijk}^2 - CT = [11.8^2 + 12.5^2 + \cdots + (14.8)^2] - CT = 4{,}288.21 - 4{,}274.67 = 13.55$$

$$S_A = \sum_i \frac{T_{i\cdot\cdot}^2}{mr} - CT = \frac{105.2^2 + 105.2^2 + 109.9^2}{4\times2} - CT = 4{,}276.51 - 4{,}274.67 = 1.84$$

$$S_B = \sum_j \frac{T_{\cdot j \cdot}^2}{lr} - CT = 4,283.62 - 4,274.67 = 8.95$$

$$S_{A \times B} = S_{AB} - S_A - S_B = 12.16 - 1.84 - 8.95 = 1.38$$

$$\text{여기서, } S_{AB} = \sum_i \sum_j \frac{T_{ij\cdot}^2}{r} - CT = 4,286.84 - 4,274.67 = 12.16$$

$$S_e = S_T - S_{AB} = 13.54 - 12.16 = 1.38$$

② 자유도 계산

$$\nu_T = lmr - 1 = 23, \ \nu_A = 2, \ \nu_B = 3, \ \nu_{A \times B} = (l-1)(m-1) = 6, \ \nu_e = lm(r-1) = 12$$

③ 분산분석표 작성

요인	SS	DF	MS	E(MS)	F_0	$F_{0.95}$	$F_{0.99}$
A	1.84	2	0.92	$\sigma_e^2 + 8\sigma_A^2$	8.03^{**}	3.89	6.93
B	8.95	3	2.98	$\sigma_e^2 + 6\sigma_A^2$	26.03^{**}	3.49	5.95
$A \times B$	1.38	6	0.23	$\sigma_e^2 + 2\sigma_{A \times B}^2$	2.00	3.00	4.82
e	1.38	12	0.11	σ_e^2			
T	13.55	23					

검정결과 인자 A, B가 매우 유의적이다.

(2) 풀링후 분산분석표 작성

요인	SS	DF	MS	E(MS)	F_0	$F_{0.95}$	$F_{0.99}$
A	1.84	2	0.92	$\sigma_e^2 + 8\sigma_A^2$	6.02^{**}	3.49	5.85
B	8.95	3	2.98	$\sigma_e^2 + 6\sigma_A^2$	19.52^{**}	3.10	4.94
e'	2.75	18	0.15	σ_e^2			
T	13.55	23					

(3) 최적수준의 신뢰율 95% 구간추정

① 최적수준조합 : 실험값은 망대특성이고, 유의한 각 인자의 최적수준조합은 A_3와 B_4에서 결합된 $\mu(A_3 B_4)$이다.

② 점추정 : $\hat{\mu}(A_3 B_4) = \bar{x}_{3\cdot\cdot} + \bar{x}_{\cdot 4\cdot} - \bar{\bar{x}} = \dfrac{109.9}{8} + \dfrac{85.3}{6} - \dfrac{320.3}{24} = 14.61$

③ 구간추정 : $\hat{\mu}(A_3 B_4) = (\bar{x}_{3\cdot\cdot} + \bar{x}_{\cdot 4\cdot} - \bar{\bar{x}}) \pm t_{0.975}(18)\sqrt{\dfrac{0.15}{n_e}} = (14.20, \ 15.02)$

$$\text{여기서, } t_{0.975}(18) = 2.101 \quad n_e = \frac{lmr}{\nu_A + \nu_B + 1} = \frac{lmr}{l+m-1} = \frac{3 \times 4 \times 2}{3+4-1} = 4$$

06 어느 실험실에서 4명의 분석공(A_1, A_2, A_3, A_4)이 일하고 있는데 이들 간에는 동일한 시료의 분석결과에도 차이가 있는 것으로 생각된다. 이를 확인하기 위하여 일정한 표준시료를 만들어서, 동일 장치로 날짜를 랜덤으로 바꾸어 가면서 각 4회 반복하여 4명의 분석공에게 분석시켰다. 이들 분석공에게는 분석되는 시료가 동일한 표준시료라는 것을 모르게 하여 실시한 후 다음 분석치를 얻었다. 다음 물음에 답하시오.

	A_1	A_2	A_3	A_4
1	79.4	79.8	80.9	81.0
2	78.9	80.4	80.6	79.8
3	78.7	79.2	80.1	80.0
4	80.0	80.5	80.4	80.8

(1) 분산분석을 하시오. [단, $E(MS)$ 포함시킬 것]

(2) $\hat{\mu}(A_3)$에 대하여 신뢰구간 95%로 구간추정하시오.

[해설]

(1) 분산분석 및 결과 해석

① 변동의 계산

$$CT = \frac{T^2}{N} = \frac{T^2}{lr} = \frac{1,280.5^2}{4 \times 4} = 102,480.02$$

$$S_T = \sum_i \sum_j x_{ij}^2 - CT = (79.4^2 + 78.9^2 + \cdots + 80.8^2) - 102,480.02 = 7.35$$

$$S_A = \sum_i \frac{T_{i\cdot}^2}{r} - CT = \frac{317.0^2 + 319.9^2 + 322.0^2 + 321.6^2}{4} - 102,480.02 = 3.88$$

$$S_e = S_T - S_A = 7.35 - 3.88 = 3.47$$

② 분산분석표의 작성

요인	SS	DF	MS	E(MS)	F_0	$F_{0.95}$
A	3.88	3	1.29	$\sigma_e^2 + 4\sigma_A^2$	4.46*	3.49
e	3.47	12	0.29	σ_e^2		
T	7.35	15				

③ 결과 검토 : 위의 계산결과로 $F_0(A)$=4.46$>F_{0.95}$(3, 12)=3.49이 성립되므로, 반응온도 A는 유의수준 5%로 수준간에 차가 있다고 할 수 있다.

(2) 모평균의 신뢰율 95% 구간추정5

① 최적온도 선정

분석치를 망대특성으로 볼 때, 최대로 하는 최적온도의 수준은 A_3이다.

② 수준 A_3의 95% 신뢰구간

$$\hat{\mu}(A_3) = \bar{x}_{3\cdot} \pm t_{1-\alpha/2}(\nu_e)\sqrt{\frac{V_e}{r}} = 80.50 \pm t_{0.975}(12)\sqrt{\frac{0.29}{4}} = 80.50 \pm 2.179 \times 0.269 = (79.31,\ 81.09)$$

◈ 신뢰성관리 ◈

05 정상사용온도 25°C인 부품 10개를 가속온도 75°C에서 3개가 고장날 때까지 가속수명시험을 하였더니 각각 63, 112, 280시간에 1개씩 고장났다. 10°C법칙에 의거하여 다음의 물음에 답하시오.

(1) 정상조건하에서의 평균수명을 구하시오.

(2) 정상조건($t = 10,000$)하에서의 불신뢰도를 구하시오.

[해설]

(1) $\theta_n = 2^\alpha \times \theta_s = 2^5 \times 805 = 25,760$ (시간)

여기서, α =(가속온도-정상온도)/10=(75-25)/10=5

$$\hat{\theta}_s = \frac{\sum t_i + (n-r)t_r}{r} = \frac{(63+112+280)+(10-3)\times 280}{3} = 805$$

(2) $F(t) = 1 - R(t) = 1 - e^{-t/MTBF} = 1 - e^{-10,000/25,760} = 0.3217$

10 어떤 부품의 고장시간 분포가 형상모수 m=0.5, 척도모수 η =1,000, 위치모수 γ =0인 와이블분포를 따른다고 할 때 사용시간 t =1,000시간에서의 신뢰도를 구하시오.

[해설]

(1) $R(t = 1,000) = \exp\left(-\frac{(t-\gamma)^m}{\eta}\right) = \exp\left(-\frac{(1,000-0)^{0.5}}{1,000}\right) = 0.3679$

11 J사에서는 신제품 Tuner를 개발하였다. 평균수명을 파악하기 위하여 지수분포를 따르는 Tuner 8대로 회전수명시험을 실시한 결과 고장이 발생한 사이클수가 다음과 같다. 95%의 신뢰수준으로 평균수명에 대한 구간을 추정하시오.

| [데이터] | 8,712 | 21,915 | 39,400 | 54,613 | 79,000 | 110,200 | 151,208 | 204,312 |

[해설]

☞ 지수분포를 따르고, 전수고장(완전시료)인 경우

$$\hat{\theta}_L = \frac{2r\hat{\theta}}{\chi^2_{0.975}(2\times 8)} = \frac{2\times 669,360}{28.85} = 46,402.77 , \quad \hat{\theta}_U = \frac{2r\hat{\theta}}{\chi^2_{0.025}(2\times 8)} = \frac{2\times 669,360}{6.91} = 193,736.61$$

여기서, $r\hat{\theta} = T = \sum t_i = 669,360$

$\therefore \hat{\theta}_L \le \hat{\theta} \le \hat{\theta}_U \rightarrow 46,402.77 \le \hat{\theta} \le 193,736.61$

국가기술자격시험	품질경영기사 실기 모의고사 3-3R	시험시간 : 3시간

◆ 품질경영실무 ◆

14 품질경영시스템-기본사항과 용어(KS Q ISO 9000:2015)에서 나타낸 것이다. 다음의 설명에 대하여 용어를 적으시오.
(1) 요구사항을 명시한 문서 (2) 조직의 품질경영시스템에 대한 문서
(3) 특정 대상에 대해 적용시점과 책임을 정한 절차 및 연관된 자원에 관한 시방서
(4) 달성된 결과를 명시하거나 수행한 활동의 증거를 제공하는 문서
(5) 규정된 요구사항이 충족되었음을 객관적 증거 제시를 통해 확인하는 것

해설
☞ (1) 시방서 (2) 품질매뉴얼 (3) 품질계획서 (4) 기록 (5) 검증

15 측정시스템분석에서 반복성과 재현성에 대하여 설명하시오.

해설
☞ 측정시스템에 관련되는 오차 또는 변동의 유형에는 ① 편의(bias), ② 반복성, ③ 재현성,
④ 안정성, ⑤ 선형성의 5가지가 있다.
(1) 반복성(repeatability) → 한 사람의 평가자가 하나의 측정계기를 여러 차례 사용해서
동일한 시료의 동일한 특성을 측정하여 얻은 측정값의 변동이다.
(2) 재현성(reproducibility) → 서로 다른 평가자들이 동일한 측정계기를 사용해서 동일한 시료
의 동일한 특성을 측정해서 얻은 측정값의 평균의 변동이다.

◆ 통계적품질관리 ◆

01 재료 A와 재료 B로 만든 각 스프링의 강도를 측정하여 아래의 데이터를 얻었다고 할 때, 모평균 차가 있다고 할 수 있겠는가를 검정하시오. (단, 모분산은 모르나 $\sigma_A^2 = \sigma_B^2$가 성립하고, 유의수준은 5%로 한다.)

A	73.4	77.0	73.7	73.3	73.1	71.5	74.5	77.5	76.4	77.7
B	68.7	71.4	69.8	75.3	71.3	72.7	66.9	70.2		

해설
☞ 모평균 차 검정 : σ_A^2, σ_B^2은 미지이나, $\sigma_A^2 = \sigma_B^2$인 경우

① 가설 설정 : $H_0 : \mu_A = \mu_B$, $H_1 : \mu_A \neq \mu_B$ (양쪽검정) ② 유의수준 : $\alpha = 0.05$

③ 검정통계량의 값 계산 : $t_0 = \dfrac{\bar{x}_A - \bar{x}_B}{\sqrt{s^2\left(\dfrac{1}{n_A} + \dfrac{1}{n_B}\right)}} = \dfrac{74.810 - 70.788}{\sqrt{5.49\left(\dfrac{1}{10} + \dfrac{1}{8}\right)}} = 3.62$

여기서 $n_A = 10$, $n_B = 8$, $\bar{x}_A = \dfrac{\sum x_A}{n_A} = 74.81$, $\bar{x}_B = \dfrac{\sum x_B}{n_B} = 70.79$

$$s^2 \approx V = \frac{S_A + S_B}{\nu_A + \nu_B} = \frac{42.389 + 45.449}{9 + 7} = 5.49$$

단, $S_A = \sum x_A^2 - \dfrac{\left(\sum x_A\right)^2}{n_A} = 42.389$, $S_B = \sum x_B^2 - \dfrac{\left(\sum x_B\right)^2}{n_B} = 45.449$

④ 기각역 설정 : $|t_0| > t_{1-\alpha/2}(\nu_A + \nu_B) = t_{1-\alpha/2}(n_A + n_B - 2) = t_{0.975}(16) = 2.120$ 이면 H_0 기각

⑤ 판정 : $|t_0| = 3.62 > t_{0.975}(16) = 2.120$ 이므로 유의수준 5%로 H_0를 기각한다.

　　　　즉, 사료 A의 우유생산량이 사료 B의 우유생산량보다 크다고 말할 수 있다.

---

(04) 어떤 공정에서 원료의 상태에 따라서 제품의 품질특성치에 큰 영향을 미치고 있는데 그 원료는 A, B 두 회사로부터 납품되고 있다. 이 두 회사의 원료에 대해서 제품에 미치는 부적합품률(회사 A, B 의 부적합품률은 각각 P_A, P_B 라 가정한다.)에 차이가 있으면 좋은 쪽 회사의 원료를 더 많이 구입하거나 나쁜 쪽 회사에 대해서는 감가를 요구하고 싶다. 부적합품률의 차를 조사하기 위하여 회사 A, 회사 B 의 원료로 만들어진 제품 중에서 랜덤하게 각각 100개, 120개의 제품을 추출하여 부적합품 개수를 파악하였더니 12개, 3개였다.

(1) 가설 : $H_0 : P_A = P_B$, $H_1 : P_A \neq P_B$ 를 $\alpha = 0.05$에서 검정하시오.

(2) $(P_A - P_B)$에 대한 95% 신뢰구간을 구하시오.

[해설]

(1) 모부적합품률차$(P_A - P_B)$ 의 검정

　① 가설 설정 : $H_0 : P_A = P_B$, $H_1 : P_A \neq P_B$ (양쪽검정)　② 유의수준 : $\alpha = 0.05$

　③ 검정통계량의 값(U_0) 계산

$$U_0 = \frac{\hat{p}_A - \hat{p}_B}{\sqrt{\hat{p}(1-\hat{p})\left(\dfrac{1}{n_A} + \dfrac{1}{n_B}\right)}} = \frac{0.12 - 0.025}{\sqrt{(0.0682)(1-0.0682)\left(\dfrac{1}{100} + \dfrac{1}{120}\right)}} = 2.784$$

　　여기서, $\hat{p}_A = \dfrac{x_A}{n_A} = \dfrac{12}{100} = 0.12$, $\hat{p}_B = \dfrac{x_B}{n_B} = \dfrac{3}{120} = 0.025$, $\hat{p} = \dfrac{x_A + x_B}{n_A + n_B} = \dfrac{12 + 3}{100 + 120} = 0.0682$

　④ 기각역 설정 : $|U_0| > u_{1-\alpha/2}$ 이면 H_0 기각

　⑤ $|U_0| = 2.784 > u_{1-\alpha/2} = u_{0.975} = 1.960$ 이 되므로 H_0를 기각한다.

　　　즉, P_A과 P_B 사이에 차가 있다고 말할 수 있다.

(2) $(P_A - P_B)$ 의 95% 신뢰구간 추정

$$\widehat{P_A - P_B} = (\hat{p}_A - \hat{p}_B) \pm u_{1-\alpha/2}\sqrt{\frac{\hat{p}_A(1-\hat{p}_A)}{n_A} + \frac{\hat{p}_B(1-\hat{p}_B)}{n_B}}$$

$$= (0.12 - 0.025) \pm u_{0.975} \sqrt{\frac{0.12 \times 0.88}{100} + \frac{0.025 \times 0.975}{120}} = 0.095 \pm 0.070 = (0.025,\ 0.165)$$

09 같은 부품이 50개씩 들어 있는 100개의 상자가 있다. 이 로트에서 각 부품들의 평균무게 μ를 알고 있다. 상자간 무게의 산포를 σ_b=0.8kg이라 하고, 상자내 부품간 산포를 σ_w=0.5kg 이라고 하자. 이때 5상자를 랜덤하게 뽑고 그 가운데서 4개의 부품을 랜덤하게 샘플링하여 모두 20개의 부품이 샘플링되었다. 다음 물음에 답하시오.

(1) 각각의 부품 무게를 측정할 때 측정오차를 무시할 수 있다면(즉, σ_m=0) 분산은 얼마인가?

(2) 위의 (1)의 질문에서 만약 분석의 정밀도 σ_m=0.4kg이라면 신뢰도 95%에서 추정정밀도는 얼마인가?

[해설]

(1) 2단계 샘플링에서 측정오차(σ_m)를 무시하는 경우이고, M, $\overline{N}$를 무시해도 좋으므로 유한 수정계수를 무시하고 무한모집단으로 취급하여 $V(\overline{\overline{x}})$를 구한다.

$$V(\overline{\overline{x}}) = \frac{\sigma_b^{\,2}}{m} + \frac{\sigma_w^{\,2}}{m\overline{n}} = \frac{0.8^2}{5} + \frac{0.5^2}{5 \times 4} = 0.141 \,(\text{kg})$$

(2) 추정정밀도 $\beta_{\overline{x}} = \pm u_{1-\alpha/2} \sqrt{\dfrac{\sigma_b^{\,2}}{m} + \dfrac{\sigma_w^{\,2}}{m\overline{n}} + \dfrac{\sigma_m^{\,2}}{m\overline{n}}} = \pm 1.96 \times \sqrt{\dfrac{0.8^2}{5} + \dfrac{0.5^2}{5 \times 4} + \dfrac{0.4^2}{5 \times 4}} = \pm 0.7553 \,(\text{kg})$

13 $\overline{x} - R$ 관리도에서 자료로서 $\overline{\overline{x}}$=130, σ=15, n=4, k=25일 때 $\overline{x}$ 관리도의 U_{CL}=152.5, L_{CL}=107.5로 되어 있을 때 다음 사항에 답하시오.

(1) 규격이 100~160이라면 규격에 대한 부적합품률을 구하시오.

(2) 공정평균이 U_{CL} 쪽으로 1σ 만큼 이동했을 때 검출력은?

[해설]

(1) S_U=160, S_L=100이고, x에 대하여 $N(130,\ 15^2)$이므로 규격 밖으로 벗어나는 제품의 비율(P)은 정규분포를 이용하여 계산하면 다음과 같다.

$$P = P_r(x > S_U) + P_r(x < S_L) = P_r\!\left(\frac{x-\mu}{\sigma} > \frac{S_U - \mu}{\sigma}\right) + P_r\!\left(\frac{x-\mu}{\sigma} < \frac{S_L - \mu}{\sigma}\right)$$

$$= P_r\!\left(U > \frac{S_U - \mu}{\sigma}\right) + P_r\!\left(U < \frac{S_L - \mu}{\sigma}\right) = P_r\!\left(U > \frac{160 - 130}{15}\right) + P_r\!\left(U < \frac{100 - 130}{15}\right)$$

$$= P_r(U > 2.0) + P_r(U < -2.0) = 0.0228 + 0.0228 = 0.0456(4.56\%)$$

(2) 변동 전의 공정평균 μ=130, 변동 후의 공정평균 $\mu' = \mu + 1\sigma = 130 + 1 \times 15 = 145$ 이므로, $\overline{x}$가 U_{CL}=152.5을 벗어나는 확률(P)은 검출력($1-\beta$)이 되고, 다음과 같이 계산된다.

$$P = 1 - \beta = P_r(\overline{x} > U_{CL}) = P_r\left(\frac{\overline{x} - \mu'}{\sigma/\sqrt{n}} > \frac{U_{CL} - \mu'}{\sigma/\sqrt{n}}\right) = P_r\left(U > \frac{U_{CL} - \mu'}{\sigma/\sqrt{n}}\right)$$

$$= P_r\left(U > \frac{152.5 - 145}{15/\sqrt{4}}\right) = P_r(U > 1.0) = 0.1587 \,(15.87\%)$$

08 두 변수 x와 y에 대하여 12개의 데이터의 변동값을 조사하였더니 다음과 같았다. 물음에 답하시오. (단, 분포값은 부표를 이용할 것)

$$n = 12 \quad S_{(xx)} = 10 \quad S_{(yy)} = 30 \quad S_{(xy)} = 13$$

(1) 시료의 상관계수를 구하시오.

(2) 분산분석표를 작성하고, 귀무가설 : $\beta_1 = 0$, 대립가설 : $\beta_1 \neq 0$에 대한 검정을 행하시오.

   (단, 유의수준 5%)

[해설]

(1) 상관계수 : $r = \dfrac{S_{(xy)}}{\sqrt{S_{(xx)}S_{(yy)}}} = \dfrac{13}{\sqrt{10 \times 30}} = 0.7506$

(2) 회귀의 유의성 검정

   ① 가설 설정 : $H_0 : \beta_1 = 0$, $H_1 : \beta_1 \neq 0$ ② 유의수준 : $\alpha = 0.05$로 함

   ③ 분산분석표 작성에 의한 검정통계량의 값(F_0) 계산 : $F_0 = V_R / V_e = 16.90 / 1.31 = 12.90$

   다음 [표 2]와 같은 분산분석표를 이용하여 검정통계량의 값을 구한다.

$$S_R = \frac{S_{(xy)}^2}{S_{(xx)}} = \frac{13^2}{10} = 16.90, \quad S_e = S_{(yy)} - S_R = 30 - 16.90 = 13.10$$

[표] 분산분석표

요인	SS	DF	MS	F_0	$F_{0.95}$
회귀에 의한 (R)	16.90	1	16.90	12.90[*]	4.96
회귀로부터의 (e)	13.10	10	1.31		
합 계 (T)	30	11			

   ④ 기각역 설정 : $F_0 > F_{1-\alpha}(1, n-2)$이면 H_0 기각

   ⑤ 판정 : $F_0 = 12.90 > F_{0.95}(1, 10) = 4.96$이므로 H_0가 기각되어, 회귀계수는 0이 아니며, 회귀에 의한 분산은 회귀로부터의 분산에 비해 유의수준 5%로 유의하다.

05 금속판의 표면경도 상한규격치가 로크웰경도 68이하로 규정되었을 때 로크웰경도 68을 넘는 것이 0.5%이하인 로트는 통과시키고 그것이 4%이상인 로트는 통과시키지 않도록 하는 계량규준형 1회 샘플링검사 방식이다. 물음에 답하시오. (단, $\alpha=0.05$, $\beta=0.10$, $\sigma=3$이다.)

(1) n (2) $\overline{X}_U$

[해설]

☞ σ 기지의 계량규준형 1회 샘플링검사에서 로트의 부적합품률을 보증하는 방식에서 S_U 가 주어진 경우이다.

(1) $n \geq \left(\dfrac{K_\alpha + K_\beta}{K_{p_0} - K_{p_1}} \right)^2 = \left(\dfrac{K_{0.05} + K_{0.10}}{K_{0.005} - K_{0.04}} \right)^2 = \left(\dfrac{1.645 + 1.282}{2.576 - 1.751} \right)^2 = 12.6 \;\rightarrow\; n = 13$

여기서, $K_{0.005} = 2.576$, $K_{0.004} = 1.751$, $K_\alpha = K_{0.05} = 1.645$, $K_\beta = K_{0.10} = 1.282$

(2) $\overline{X}_U = S_U - k\sigma = S_U - 2.11\sigma = 68 - 2.11 \times 3 = 61.67$

여기서, $k = \dfrac{K_{p_0} K_\beta + K_{p_1} K_\alpha}{K_\alpha + K_\beta} = \dfrac{K_{0.005} K_{0.10} + K_{0.04} K_{0.05}}{K_{0.05} + K_{0.10}} = \dfrac{2.576 \times 1.282 + 1.751 \times 1.645}{1.645 + 1.282} = 2.11$

(11) A사는 어떤 부품의 수입검사에서 계수값 샘플링검사인 KS Q ISO 2859-1의 보조표인 분수 샘플링검사를 적용하고 있다. 적용조건은 AQL=1.0%, 통상검사수준 Ⅱ에서 엄격도는 보통검사, 샘플링 형식은 1회로 시작하였다. 다음 물음에 답하시오.

(1) 다음 표의 ( )안을 로트별로 완성하시오.

로트 번호	N	샘플 문자	n	당초 A_c	합부판정 스코어 (검사전)	수정 적용 A_c	부적 합품 수 d	합부 판정	합부판정 스코어 (검사후)	전환 스코어
1	200	G	32	1/2	5	0	1	불합격	0	0
2	250	G	32	1/2	5	0	0	합격	5	2
3	600	(①)	(③)	(⑤)	(⑦)	(⑨)	1	(⑪)	(⑬)	(⑮)
4	80	(②)	(④)	(⑥)	(⑧)	(⑩)	0	(⑫)	(⑭)	(⑯)
5	120	F	20	1/3	3	0	0	합격	3	9

(2) 로트번호 5의 검사 결과 다음 로트에 적용되는 로트번호 6의 엄격도를 결정하시오.

[해설]

(1) KS Q ISO 2859-1 분수 A_c 합부 판정 및 전환스코어 계산

로트 번호	N	샘플 문자	n	당초 A_c	합부판정 스코어 (검사전)	수정 적용 A_c	부적 합품 수 d	합부 판정	합부판정 스코어 (검사후)	전환 스코어
1	200	G	32	1/2	5	0	1	불합격	0	0
2	250	G	32	1/2	5	0	0	합격	5	2
3	600	(J)	(80)	(2)	(12)	(2)	1	(합격)	(0)	(5)
4	80	(E)	(13)	(0)	(0)	(0)	0	(합격)	(0)	(7)
5	120	F	20	1/3	3	0	0	합격	3	9

[참고] ㉠ (N, 검사수준) → 샘플문자   ㉡ (샘플문자, AQL) → (n, A_c, R_e)

㉢ 합부판정스코어 (검사전) : 당초 $A_c = 0$ 이면, 전회의 검사후 스코어와 동일

당초 $A_c \geq 1$ 이면, 전회의 검사후 스코어 + 7

ㄹ 수정적용 A_c : 검사 전의 합부판정스코어≤8이면, 수정적용 A_c =(분수 A_c 가) 0

검사 전의 합부판정스코어≥9이면, 수정적용 A_c =(분수 A_c 가) 1

ㅁ 합부판정 : $d \le A_c$ 이면 로트합격, $d > A_c$ 이면 로트불합격(분수 A_c 일 때임)

ㅂ 합부판정스코어 (검사후) : d =0이면 검사전의 스코어와 동일.

$d \ge 1$ 인 때, 스코어를 0으로 되돌림.

ㅅ 전환스코어 : 당초 A_c 가 0, 1, 1/2, 1/3인 때 로트가 합격되면 전회 전환스코어+ 2

당초 A_c 가 2이상인 때 로트가 합격되면 전회 전환스코어+ 3

[힌트] 합부판정스코어 계산법, 전환스코어의 계산 및 갱신 규칙, 엄격도 전환 규칙

(2) 로트번호 6은 보통검사를 실시한다.

10 계수값 축차 샘플링검사(KS Q ISO 8422)에서 PRQ=1%, CRQ=8%, α =5%, β =10%를 만족하는 KS Q ISO 8422의 부적합품률 검사를 위한 계수값 축차 샘플링검사 방식을 설계하려 한다. 물음에 답하시오. (단, 부록의 표 값을 사용할 것)

(1) 중지값(n_t)을 구하시오.   (2) 중지값에 따른 합격판정선과 불합격판정선을 구하시오.

해설

(1) [부표]에서 h_A =1.046, h_R =1.343, g =0.0341이 얻어지며

$$n_t = \frac{2h_A \cdot h_R}{g(1-g)} = \frac{2 \times 1.046 \times 1.343}{0.0341(1-0.0341)} = 85.3 \ (소수점이하 \ 올림) \rightarrow n_t = 86$$

(2) 합부판정선

합격판정선 $A_t = gn_t = 0.0341 \times 86 = 2.9326$ (소수점이하 버림) → A_t =2

불합격판정선 $R_t = A_t + 1 = 3$

◆ **실험계획법** ◆

06 다음은 모수요인 A, 변량요인 B로 반복있는 2요인실험의 분산분석표이다. 변량요인의 분산 σ_B^2 을 추정하시오.

요인	SS	DF	MS
A	327	3	109
B	181	2	90.5
$A \times B$	35	6	5.8
e	305	12	25.4
T	848	23	

☞ $E(V_B) = \sigma_e^2 + lr\sigma_B^2 \rightarrow \hat{\sigma}_B^2 = \frac{V_B - V_e}{lr} = \frac{90.5 - 25.4}{4 \times 2} = 8.1375$

여기서, $v_A = l-1 = 3 \rightarrow l = 4$, $v_B = m-1 = 2 \rightarrow m = 3$, $v_e = lm(n-1) = 12 \rightarrow r = 2$

03 나일론 실의 방사과정에서 일정시간 동안에 사절수가 어떤 인자에 크게 영향을 받는가를 대략적으로 알아보기 위하여 4인자 A(연신온도), B (회전수), C(원료의 종류), D(연신비)를 각각 다음과 같이 4수준으로 잡고 총 16회 실험을 4×4 그레코라틴방격법으로 행하였다. 다음 물음에 답하시오. (단, S_T=844.93750, CT=4,064.0625)

	A_1	A_2	A_3	A_4
B_1	$C_2 D_3 (15)$	$C_1 D_1 (4)$	$C_3 D_4 (8)$	$C_4 D_2 (19)$
B_2	$C_4 D_1 (5)$	$C_3 D_3 (19)$	$C_1 D_2 (9)$	$C_2 D_4 (16)$
B_3	$C_1 D_4 (15)$	$C_2 D_2 (16)$	$C_4 D_3 (19)$	$C_3 D_1 (17)$
B_4	$C_3 D_2 (19)$	$C_4 D_4 (26)$	$C_2 D_1 (14)$	$C_1 D_3 (34)$

(1) 분산분석표를 작성하시오.

(2) 검정을 행하시오. (단, 유의수준 5%)

(3) 최적수준조합에 대한 신뢰도 95% 구간추정을 실시하시오.

해설

(1) 분산분석표 작성

① 변동 계산

$$CT = \frac{T^2}{k^2} = \frac{(255)^2}{16} = 4,064.1$$

$$S_T = \sum_i \sum_j \sum_l \sum_m x_{ijlm}^2 - CT = (15)^2 + (5)^2 + \cdots + (17)^2 + (34)^2 - 4,064.1 = 844.9$$

$$S_A = \sum_i \frac{T_{i\cdots}^2}{k} - CT = \frac{1}{4}[(54)^2 + (65)^2 + (50)^2 + (86)^2] - 4,064.1 = 195.2$$

$$S_B = \sum_j \frac{T_{\cdot j\cdot\cdot}^2}{k} - CT = \frac{1}{4}[(46)^2 + (49)^2 + (67)^2 + (93)^2] - 4,064.1 = 349.7$$

$$S_C = \sum_l \frac{T_{\cdot\cdot l\cdot}^2}{k} - CT = \frac{1}{4}[(62)^2 + (61)^2 + (63)^2 + (69)^2] - 4,064.1 = 9.7$$

$$S_D = \sum_m \frac{T_{\cdot\cdot\cdot m}^2}{k} - CT = \frac{1}{4}[(40)^2 + (63)^2 + (87)^2 + (65)^2] - 4,064.1 = 276.7$$

$$S_e = S_T - (S_A + S_B + S_C + S_D) = 844.9 - (195.2 + 349.7 + 9.7 + 276.7) = 13.6$$

② 자유도 계산 : $\nu_A = \nu_B = \nu_C = k - 1 = 3$, $\nu_e = (k-1)(k-3) = 3$

③ 분산분석표 작성 (A, B, C, D 모두 모수)

요인	SS	DF	MS	F_0	$F_{0.95}$
A	195.2	3	65.1	14.4*	9.28
B	349.7	3	116.6	25.7*	9.28
C	9.7	3	3.2	0.7	9.28
D	276.7	3	92.2	20.4*	9.28
e	13.6	3	4.53		
T	844.9	15			

(2) 분산분석표 F-검정

 * 인자 A(연신온도), B(회전수), D(연신비)는 사절수에 유의한 영향을 주며, 원료종류(C)는 별다른 영향을 주지 못하고 있다.

(3) 분산분석후의 추정

 * 먼저 점추정치는 C가 유의하지 않으므로

$$\hat{\mu}(A_i B_j D_m) = \overbrace{\mu + a_i + b_j + d_m} = \overbrace{\mu + a_i} + \overbrace{\mu + b_j} + \overbrace{\mu + d_m} - 2\hat{\mu} = \bar{x}_{i..} + \bar{x}_{.j..} + \bar{x}_{...m} - 2\bar{\bar{x}}$$

 * 사절수는 망소특성이므로 A_3, B_1, D_1에서 각각 최소의 사절수를 주며, 최적수준조합은 $A_3 B_1 D_1$이 되며, 최적수준조합에서의 모평균의 추정치는 다음과 같다.

$$\hat{\mu}(A_3 B_1 D_1) = \bar{x}_{3..} + \bar{x}_{.1..} + \bar{x}_{...1} - 2\bar{\bar{x}} = 12.5 + 11.5 + 10.0 - 2(15.94) = 2.12$$

 * 최적수준조합 조건에서 모평균 95% 신뢰구간 추정은

$$\hat{\mu}(A_3 B_1 D_1) = 2.12 \pm t_{1-\alpha/2}(v_e)\sqrt{\frac{V_e}{n_e}}$$

$$= 2.12 \pm t_{0.975}(3)\sqrt{\frac{4.53}{1.6}} = 2.12 \pm (3.182)(1.683) = 2.12 \pm 5.36 = (0, 7.48)$$

여기서, 유효반복수 n_e는 다구치방법에 의거 다음과 같이 하여 구함.

$$v_e = \frac{k^2}{v_A + v_B + v_D + 1} = \frac{k^2}{3(k-1)+1} = \frac{k^2}{3k-2} = \frac{4^2}{3 \times 4 - 2} = 1.6$$

하한추정치로는 음수(-)가 되나 사절수가 없다는 의미의 0을 하한치로 함.

07 $L_8(2^7)$의 직교배열표를 이용하여 아래 표와 같이 인자를 배치하고 실험데이터를 얻었을 때 아래 물음에 답하시오.

배치			A		B			실험데이터
No. \ 열번	1	2	3	4	5	6	7	x_i
1	1	1	1	1	1	1	1	$x_1 = 9$
2	1	1	1	2	2	2	2	$x_2 = 12$
3	1	2	2	1	1	2	2	$x_3 = 8$
4	1	2	2	2	2	1	1	$x_4 = 15$
5	2	1	2	1	2	1	2	$x_5 = 16$
6	2	1	2	2	1	2	1	$x_6 = 20$
7	2	2	1	1	2	2	1	$x_7 = 13$
8	2	2	1	2	1	1	2	$x_8 = 13$
기본표시	a	b	ab	c	ac	bc	abc	$\sum x = 106$

(1) 만약 A, B의 교호작용이 존재한다면, 요인 C가 배치될 수 없는 열은?

(2) 요인 A의 주효과를 구하시오. (3) 교호작용 $A \times B$의 제곱합을 구하시오.

〔해설〕

(1) 교호작용 $A \times B$는 성분의 곱의 열에 나타난다.

즉, $A \times B \rightarrow (ab)(ac) = a^2 bc = bc$ (6열) (여기서, $a^2 = b^2 = c^2 = 1$)

요인 C가 배치될 수 없는 열은 3, 5, 6열이 됨.

(2) $A = \dfrac{1}{N/2}$[(2수준 데이터의 합)−(1수준 데이터의 합)]

$= \dfrac{1}{4}[(8+15+16+20)−(9+12+13+13)] = 3.0$

(3) $S_{A \times B} = \dfrac{1}{N}$[(2수준 데이터의 합)−(1수준 데이터의 합)]^2

$= \dfrac{1}{8}[(12+8+20+13)−(9+15+16+13)]^2 = 0$ (단, N=총실험횟수=8)

◆ **신뢰성관리** ◆

12 어떤 제품의 형상모수 m=1.2, 척도모수 η=2,200시간, 위치모수 γ=0인 와이블분포를 따를 때 사용시간 t=500에서 다음 물음에 답하시오.
(1) 신뢰도 $R(t)$를 구하시오. (2) 고장률 $\lambda(t)$를 구하시오.
(3) 만약 이 부품의 신뢰도를 90% 이상으로 유지하는 사용시간 t_0를 구하시오.

[해설]

(1) $R(t=500) = \exp\left\{-\left(\dfrac{t-\gamma}{\eta}\right)^m\right\} = \exp\left\{-\left(\dfrac{500-0}{2,200}\right)^{1.2}\right\} = 0.8445$ (84.45%)

(2) $\lambda(t=500) = \dfrac{m}{\eta}\left(\dfrac{t-\gamma}{\eta}\right)^{m-1} = \dfrac{1.2}{2,200}\left(\dfrac{500-0}{2,200}\right)^{1.2-1} = 4.1 \times 10^{-4}$ (/시간)

(3) $R(t) = \exp\left\{-\left(\dfrac{t-\gamma}{\eta}\right)^m\right\} = 0.90 \rightarrow$ 양변에 자연로그 ln 을 취하면 $\ln 0.90 = -\left(\dfrac{t-0}{2,200}\right)^{1.2}$

이 되므로, 이를 정리하면 t=337시간이다

02 어떤 기계의 평균수명을 분석하고자 10개를 샘플링하여 500시간 동안 실험한 결과 고장이 전혀 발생되지 않았다고 할 때, 물음에 답하시오.
(1) 신뢰수준 90%로 추정했을 때 평균수명은 최소한 얼마 이상이라 할 수 있겠는가?
(2) 사용시간 500시간에서 신뢰도를 구하시오.

[해설]

(1) 신뢰수준 90%에서의 평균수명 추정은 $\hat{\theta}_L = \dfrac{T}{2.3} = \dfrac{5,000}{2.3} = 2,173.91$ (시간)

여기서, n=10, t_c=500시간이므로 총시험시간 $T = n \cdot t_c = 10 \times 500 = 5,000$ 시간

(2) $R(t=500) = e^{-t/MTBF} = e^{-500/2,173.91} = 0.7945$

16 다음 제시된 그림과 같이 결합된 시스템에서, 각 부품의 고장률은 시간당 $\lambda_A = 2.0 \times 10^{-4}$, $\lambda_B = 3.0 \times 10^{-4}$, $\lambda_C = 5.0 \times 10^{-4}$, $\lambda_D = 7.0 \times 10^{-4}$이고, 지수분포를 따른다고 가정할 때, 500시간 사용하였을 경우 시스템의 전체신뢰도를 계산하시오.

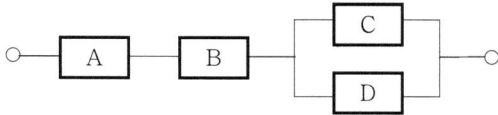

[해설]

☞ 시스템의 전체 신뢰도 : $R_S = R_A \times R_B \times R_p = 0.905 \times 0.861 \times 0.9348 = 0.7284$

여기서, A, B, C, D의 개별 신뢰도의 계산

$$R_A = e^{-\lambda_A \times t} = e^{-(2.0 \times 10^{-3}) \times 500} = 0.905 , \quad R_B = e^{-\lambda_B \times t} = e^{-(3.0 \times 10^{-3}) \times 500} = 0.861$$

$$R_C = e^{-\lambda_C \times t} = e^{-(5.0 \times 10^{-3}) \times 500} = 0.779 , \quad R_D = e^{-\lambda_D \times t} = e^{-(7.0 \times 10^{-3}) \times 500} = 0.705$$

병렬결합 부분의 신뢰도 R_p

$$R_p = 1 - (1 - R_C)(1 - R_D) = 1 - (1 - 0.779)(1 - 0.705) = 0.9348$$

행동의 가치는 그 행동을
끝까지 이루는 데 있다!
- 칭기스 칸 -

제4장

품질경영기사 실기
CBT 모의고사4

1
장

2
장

3
장

4
장

5
장

6
장

1
장

2
장

3
장

4
장

5
장

6
장

부
록

국가기술자격시험	품질경영기사 실기 모의고사 4-1R	시험시간 : 3시간

◆ 품질경영실무 ◆

01 품질관리기법에는 7가지 도구가 있다. 이를 나열하시오.
(1) QC의 기본 7가지 수법　　(2) 신QC7가지 수법

[해설]

(1) QC의 기본 7가지 수법 : ① 히스토그램, ② 파레토그림, ③ 특성요인도, ④ 체크시트, ⑤ 각
　　　종 그래프, ⑥ 산점도, ⑦ 층별
(2) 신QC7가지 수법 : ① 연관도법, ② 친화도법, ③ 계통도법, ④ 매트릭스도법, ⑤ 매트릭스데
　　　이터해석법, ⑥ PDPC법, ⑦ 애로다이어그램

◆ 통계적품질관리 ◆

02 출하측(A)과 수입측(B)에서 어떤 금속의 함유량을 분석하게 되었다. 분석법에 차가 있
는가를 검토하기 위하여 표준시료를 8개 추출하여 각각 2분하여 출하측과 수입측을 동시에 분
석하여 다음 결과(단위 : %)를 얻었다. 물음에 답하시오.

표준시료	1	2	3	4	5	6	7	8
출하측(A)	3.20	3.09	3.22	3.25	3.25	3.18	3.25	3.24
수입측(B)	3.22	3.16	3.20	3.32	3.28	3.25	3.24	3.27

(1) 수입측의 분석치가 출하측의 분석치보다 크다고 할 수 있는지를 α=0.05로 검정하시오.
(2) 차가 있다면 그 차를 신뢰수준 95%로 구간추정하시오.

[해설]

(1) 대응있는 2조의 모평균차 검정

　　출하측을 A, 수입측을 B라 할 때 σ_d^2이 미지이고 $n_A = n_B = n = 8$인 대응있는 2조의 모평
　　균차를 검정하는 경우이다.

　　① 가설 설정 : $H_0 : \Delta \leq 0 (\Delta = \mu_B - \mu_A, \ \Delta_0 = 0)$, $H_1 : \Delta > 0$ (한쪽검정)

　　② 유의수준 : α =0.05

　　③ 검정통계량의 값(t_0) 계산 : $t_0 = \dfrac{\overline{d} - \Delta_0}{s_d / \sqrt{n}} = \dfrac{0.0325 - 0}{\sqrt{0.00128 / 8}} = 2.57$

　　　여기서, s_d를 구하기 위해 분산 $s_d{}^2$을 계산하면,

데이터 조	1	2	3	4	5	6	7	8	계	$\overline{d}$
$d_i = x_{Bi} - x_{Ai}$	0.02	0.07	-0.02	0.07	0.03	0.07	-0.01	0.03	0.26	0.0325

$$s_d{}^2 \approx V_d = \frac{S_d}{n-1} = \frac{1}{n-1}\left[\sum d_i{}^2 - \frac{(\sum d_i)^2}{n}\right] = \frac{1}{8-1}\left(0.0174 - \frac{0.26^2}{8}\right) = 0.00128$$

④ 기각역 설정 : $t_0 > t_{1-\alpha}(\nu) = t_{0.95}(7) = 1.895$ 이면 H_0 기각

⑤ 판정 : $t_0 = 2.57 > t_{0.95}(7) = 1.895$ 이므로 유의수준 5%로 H_0를 기각한다.

즉, 수입측의 분석치가 출하측의 분석치보다 크다고 할 수 있다.

(2) 대응있는 2조의 모평균차 추정

$$\hat{\Delta}_L = \bar{d} - t_{1-\alpha}(\nu)\frac{s_d}{\sqrt{n}} = 0.0325 - t_{0.95}(7)\sqrt{\frac{0.00128}{8}} = 0.0325 - 1.895 \times 0.01265 = 0.0853$$

(03) 다음 $x - R_m$관리도의 데이터를 보고 물음에 답하시오.

일별	측정치	R_m	일별	측정치	R_m	일별	측정치	R_m
1	25.0	–	6	30.8	1.4	11	27.0	1.1
2	25.3	0.3	7	30.0	0.8	12	26.1	0.9
3	33.8	8.5	8	23.6	6.4	13	29.1	3.0
4	36.4	2.6	9	32.3	8.7	14	40.1	11.0
5	32.2	4.2	10	28.1	4.2	15	40.6	0.5
						계	$\sum x = 460.4$	$\sum R_m = 53.6$

(1) $x - R_m$관리도의 U_{CL}과 L_{CL}을 구하시오.

(2) $x - R_m$관리도를 작성하시오.

(3) 관리도를 이용하여 관리상태(안정상태)를 판정하시오.

[해설]

(1) $x - R_m$관리도의 U_{CL}과 L_{CL}

① 합리적인 군 구분이 안 되는 경우의 x관리도의 관리한계선

$$U_{CL} = \bar{x} + 2.66\overline{R}_m = 30.69 + 2.66 \times 3.83 = 40.88$$

$$L_{CL} = \bar{x} - 2.66\overline{R}_m = 30.69 - 2.66 \times 3.83 = 20.51$$

여기서, $\bar{x} = \frac{\sum x}{k} = \frac{460.4}{15} = 30.69$, $\overline{R}_m = \frac{\sum R_m}{k-1} = \frac{53.6}{15-1} = 3.83$

② R_m관리도의 관리한계선

$$U_{CL} = 3.27\overline{R}_m = 3.27 \times 3.83 = 12.51, \quad L_{CL} = D_3\overline{R} = - \ (n \leq 6의 \ 경우, \ 고려하지 \ 않음)$$

(2) 관리도의 작성

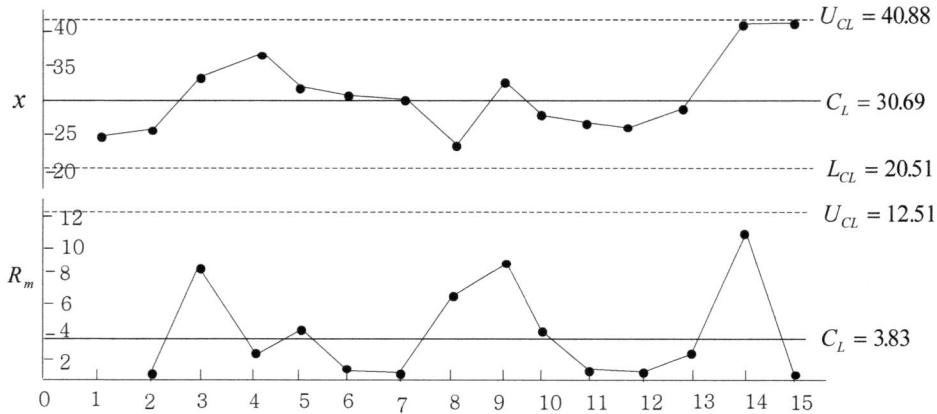

(3) 판정 : 연속 3점 중 2점(#14, 15)이 2σ와 3σ 사이에 나타나므로 "(규칙 5) 연속하는 3점 중 2점이 영역 A 또는 그것을 넘는 영역에 있다."에 해당하여 이 공정은 관리상태에 있다고 볼 수 없다.

---

04 p 관리도에서 공정의 부적합품률이 $p=3\%$인 것을 알고 있다면 군의 크기, 즉 시료는 얼마 정도로 뽑는 것이 적당한가?

[해설]

☞ p 관리도에서는 시료 n개 중에 부적합품수 r가 대략 1∼5개 포함하는 약 20∼25개의 군 k 에서 시료 채취로 조사함. → $np=1\sim5$개 → $n=1/p\sim5/p=1/0.03\sim5/0.03=(34\sim167)$개

---

05 한 상자에 100개씩 들어 있는 기계부품이 50상자가 있다. 이 상자간의 산포가 $\sigma_b=0.5$, 상자내의 산포가 $\sigma_w=0.8$일 때, 우선 5상자를 랜덤하게 샘플링한 후 뽑힌 상자마다 10개씩 랜덤샘플링을 한다면 이 로트의 모평균의 추정정밀도 $V(\bar{\bar{x}})$ 는 얼마가 되겠는가?

(단, $M/m \geq 10$, $\bar{N}/\bar{n} \geq 10$의 조건을 고려해서 M, $\bar{N}$는 무시해도 좋다.)

[해설]

☞ 2단계 샘플링에서 측정오차(σ_M)를 무시하는 경우이고, M, $\bar{N}$를 무시하여도 좋으므로 유한수정계수를 무시하고 무한모집단으로 취급하여 $V(\bar{\bar{x}})$ 를 구한다.

$$V(\bar{\bar{x}}) = \frac{\sigma_b^2}{m} + \frac{\sigma_w^2}{m\bar{n}} = \frac{0.5^2}{5} + \frac{0.8^2}{5 \times 10} = 0.063$$

06 검사단위의 품질표시방법 중 시료의 품질표시방법 5가지를 나열하시오.

해설

☞ 시료의 품질표시 방법 : ① 시료 내의 부적합품수, ② 시료 내의 검사단위당 평균부적합수,
③ 시료의 평균치, ④ 시료의 표준편차, ⑤ 시료의 범위

07 금속판 두께의 하한규격치가 2.3mm라고 규정했을 때 두께가 2.3mm미만인 것이 1%이하의 로트는 통과시키고 그것이 9%이상되는 로트는 통과시키지 않게 하는 n과 k를 구하는데, σ를 알 수 없어 KS Q 0001의 샘플링검사표(σ기지)를 찾았더니 α=5%, β=10%에서 n=10, k=1.81이었다면, σ미지인 경우 n의 값을 구하시오.

해설

☞ $n' = \left(1 + \dfrac{k^2}{2}\right) \times n = \left(1 + \dfrac{1.81^2}{2}\right) \times 10 = 26.4 \rightarrow 27(\text{개})$

08 어떤 부품의 인장강도는 50±2kgf/mm^{2}으로 정해져 있다. 이 규격의 1%이하인 로트는 통과시키고 6%이상인 로트는 통과시키지 않게 했을 때 α=0.05, β=0.10을 만족하는 계량규준형 1회 샘플링검사 방식을 설계하려고 한다. 물음에 답하시오. (단, σ=0.8kgf/mm^{2}이다.)

(1) 시료의 크기 n, 합격판정계수 k를 구하시오. (2) 합격판정선을 구하시오.

해설

(1) 샘플의 크기 n 및 합격판정계수 k

$$n \geq \left(\frac{K_\alpha + K_\beta}{K_{p_0} - K_{p_1}}\right)^2 = \left(\frac{K_{0.05} + K_{0.1}}{K_{0.01} - K_{0.06}}\right)^2 = \left(\frac{1.645 + 1.282}{2.326 - 1.555}\right)^2 = 14.41 \rightarrow 15\text{개}$$

$$k = \frac{K_{p_0} K_\beta + K_{p_1} K_\alpha}{K_\alpha + K_\beta} = \frac{K_{0.01} K_{0.1} + K_{0.06} K_{0.05}}{K_{0.05} + K_{0.1}} = \frac{2.326 \times 1.282 + 1.555 \times 1.645}{1.645 + 1.282} = 1.89$$

(2) 위 조건을 만족하는 $\overline{X}_U$와 $\overline{X}_L$

$$\overline{X}_L = S_L + k\sigma = 48 + 1.89 \times 0.8 = 49.514 \,(\text{kgf/mm}^2)$$

$$\overline{X}_U = S_U - k\sigma = 52 - 1.89 \times 0.8 = 50.486 \,(\text{kgf/mm}^2)$$

09 S사는 어떤 부품의 수입검사에서 KS Q ISO 2859-1을 사용하고 있다. 다음 표는 검토 후 AQL=1.0%, 검사수준 Ⅲ으로 하여 1회 샘플링검사를 까다로운 검사를 시작으로 연속 15로트 실시한 결과의 부분표이다. 물음에 답하시오.

(1) 다음 표를 완성시키시오.

로트 번호	N	샘플 문자	n	당초 A_c	합부판정 스코어 (검사전)	수정 적용 A_c	부적 합품 수 d	합부 판정	합부판정 스코어 (검사후)	전환 스코어	샘플링 검사의 엄격도
7	250						0				
8	200						1				
9	400						0				
10	80						0				
11	100						1				

(2) 로트번호 12의 샘플링검사의 엄격도는 어떻게 되겠는가?

[해설]

(1) KS Q ISO 2859-1 보통검사 1회 (주 샘플링표 보조표) 활용

로트 번호	N	샘플 문자	n	당초 A_c	합부판정 스코어 (검사전)	수정 적용 A_c	부적 합품 수 d	합부 판정	합부판정 스코어 (검사후)	전환 스코어	샘플링검사의 엄격도 (검사후)
7	250	H	50	1/2	5	0	0	합격	5	–	까다로운 검사
8	200	H	50	1/2	10	1	1	합격	0	–	까다로운 검사
9	400	J	80	1	7	1	0	합격	7	–	까다로운 검사
10	80	F	20	0	7	0	0	합격	7	–	까다로운 검사
11	100	G	32	1/3	10	1	1	합격	0	–	보통검사 전환

[참고] ① (N, 검사수준) → 샘플문자   ② (샘플문자, AQL) → (n, A_c, R_e)

③ 합부판정스코어(검사전) : 당초 A_c=1/2이면, 전회의 검사후 스코어+5=0+5=5

당초 $A_c \geq 1$이면 전회의 검사 후 스코어+7

당초 A_c=0이면, 전회의 검사 후의 스코어와 동일

당초 A_c=1/3이면, 전회의 검사후 스코어+3

④ 수정적용 A_c : 검사 전의 합부판정스코어≤8이면, 수정적용 A_c=(분수 A_c가) 0

검사 전의 합부판정스코어≥9이면, 수정적용 A_c=(분수 A_c가) 1

⑤ 합부판정 : $d \leq A_c$ 이면 로트합격, $d > A_c$ 이면 로트불합격(분수 A_c인 경우)

⑥ 합부판정스코어 (검사후) :

㉠ $d \geq 1$인 때→스코어를 0으로 되돌림. ㉡ $d=0$인 때→검사 전의 스코어와 동일

⑦ 전환스코어 : 당초 A_c가 0, 1/2, 1/3, 1인 때 로트합격이면 전회 전환스코어+2.

불합격시는 전환 스코어를 0으로 돌림.

(2) 까다로운 검사에서 연속 5로트가 합격하였으므로 로트번호 12부터는 보통검사를 실시한다.

⑩ 어떤 공정에서 생산되는 제품 로트 크기에 따라서 생산에 소요되는 시간을 측정하였더니 다음과 같은 시간이 소요되었다. 물음에 답하시오. (단, α=0.05)

x_i	30	20	60	80	40	50	60	30	70	80
y_i	73	50	128	170	87	108	135	69	148	132

(1) 상관관계가 존재하는지를 검정하시오. (2) 회귀방정식을 추정하시오.

(3) 모상관계수의 95% 구간추정을 행하시오.

[해설]

(1) 모상관계수의 상관관계 유무 검정 (ρ=0일 때)

① 가설 설정 : H_0 : ρ=0, H_1 : $\rho \neq 0$ ② 유의수준 : α=0.05

③ 검정통계량의 값(t_0) 계산 : $t_0 = \dfrac{r\sqrt{n-2}}{\sqrt{1-r^2}} = \dfrac{0.96 \times \sqrt{10-2}}{\sqrt{1-(0.96)^2}} = 9.754$

여기서, $r = \dfrac{S_{(xy)}}{\sqrt{S_{(xx)} \cdot S_{(yy)}}} = \dfrac{\sum xy - \left(\sum x \sum y\right)/n}{\sqrt{\left(\sum x^2 - \dfrac{(\sum x)^2}{n}\right)\left(\sum y^2 - \dfrac{(\sum y)^2}{n}\right)}} = 0.960$

④ 기각역 설정 : $|t_0| > t_{1-\alpha/2}(n-2) = t_{0.975}(10-2) = t_{0.975}(8) = 2.306$ 이면 H_0 기각

⑤ 판정 : $|t_0| = 9.754 > t_{0.975}(8) = 2.306$ 이므로 유의수준 5%로 H_0 를 기각한다.

즉, 상관관계가 존재한다고 할 수 있다.

(2) x 에 대한 y의 추정회귀직선

$\hat{y} = \hat{\beta}_0 + \hat{\beta}_1 x = 19.50 + 1.7404x$

여기서, $\hat{\beta}_1 = \dfrac{S_{(xy)}}{S_{(xx)}} = \dfrac{606.514}{455.144} = 1.7404$, $\hat{\beta}_0 = \bar{y} - \hat{\beta}_1 \bar{x} = 110 - 1.7404 \times 52 = 19.50$

단, $\bar{x} = \dfrac{\sum x}{n} = \dfrac{682.4}{10} = 52$, $\bar{y} = \dfrac{\sum y}{n} = \dfrac{1,100}{10} = 110$

(3) 모상관계수에 대한 95% 신뢰구간 추정

① Z값의 계산 : $Z = \dfrac{1}{2}\ln\left(\dfrac{1+r}{1-r}\right) = \dfrac{1}{2}\ln\left(\dfrac{1+0.960}{1-0.960}\right) = 1.9459$

② Z의 95% 신뢰구간

$\left.\begin{array}{c}Z_U \\ Z_L\end{array}\right\} = Z \pm u_{1-\alpha/2}\dfrac{1}{\sqrt{n-3}} = 1.9459 \pm u_{0.975}\dfrac{1}{\sqrt{10-3}}$

$= 1.9459 \pm 1.960 \times 0.378 = 1.9459 \pm 0.7409 = (1.2050,\ 2.6868)$

③ ρ값의 95% 신뢰구간 추정 : $\hat{\rho}_L \leq \rho \leq \hat{\rho}_U \rightarrow 0.8352 \leq \rho \leq 0.9908$

여기서, $\hat{\rho}_U \approx r_U = \dfrac{e^{2Z_U}-1}{e^{2Z_U}+1} = \dfrac{e^{2 \times 2.6868}-1}{e^{2 \times 2.6868}+1} = \dfrac{214.6378}{216.6378} = 0.9908$

$\hat{\rho}_L \approx r_L = \dfrac{e^{2Z_L}-1}{e^{2Z_L}+1} = \dfrac{e^{2 \times 1.2050}-1}{e^{2 \times 1.2050}+1} = \dfrac{10.1340}{12.1340} = 0.8352$

11 두 변수 x와 y에 대하여 데이터의 제곱합을 조사하였더니 다음과 같았다고 할 때 회귀에 의한 제곱합($S_{y/x}$)을 구하시오.

$$n = 12 \quad S_{(xx)} = 10 \quad S_{(yy)} = 30 \quad S_{(xy)} = 13$$

[해설]

☞ $S_e (= S_{y \cdot x}) = S_T - S_R = 30 - 16.9 = 13.1$ (여기서, $S_T = S_{(yy)} = 30$, $S_R = \dfrac{\{S_{(xy)}\}^2}{S_{(xx)}} = \dfrac{13^2}{10} = 16.9$)

◆ **실험계획법** ◆

12 어떤 제품의 중합반응에서 약품의 흡수속도(g/hr)가 제조시간에 영향을 미치고 있음을 알고 있다. 흡수속도에 큰 요인이라고 생각되어 지고 있는 촉매량($A_0 = 0.3\%$, $A_1 = 0.5\%$)과 반응온도($B_0 = 150\,^{\circ}\text{C}$, $B_1 = 170\,^{\circ}\text{C}$)를 각각 2수준으로 2회 반복하여 2^2 요인실험을 행한 결과 다음과 같다. 물음에 답하시오.

	A_0	A_1
B_0	88	100
	92	105
B_1	99	108
	95	113

(1) 주효과 A, B, 교호작용 $A \times B$를 구하시오.

(2) 각 요인의 제곱합 S_A, S_B, $S_{A \times B}$를 구하시오.

[해설]

(1) 주효과와 교호작용 효과의 계산

$$A = \frac{1}{2^{n-1}r}[T_{1 \cdot \cdot} - T_{0 \cdot \cdot}] = \frac{1}{4}[426 - 374] = 13.0$$

$$B = \frac{1}{2^{n-1}r}[T_{\cdot 1 \cdot} - T_{\cdot 0 \cdot}] = \frac{1}{4}[415 - 385] = 7.5$$

$$A \times B = \frac{1}{2^{n-1}r}[T_{11 \cdot} + T_{00 \cdot} - T_{10 \cdot} - T_{01 \cdot}] = \frac{1}{4}[221 + 180 - 205 - 194] = 0.5$$

(2) 각 요인의 제곱합(변동)의 계산

$$S_A = \frac{1}{2^n r}[T_{1 \cdot \cdot} - T_{0 \cdot \cdot}]^2 = \frac{1}{8}[426 - 374]^2 = 338$$

$$S_B = \frac{1}{2^n r}[T_{\cdot 1 \cdot} - T_{\cdot 0 \cdot}]^2 = \frac{1}{8}[415 - 385]^2 = 112.5$$

$$S_{A \times B} = \frac{1}{2^n r}[T_{11 \cdot} + T_{00 \cdot} - T_{10 \cdot} - T_{01 \cdot}]^2 = \frac{1}{8}[221 + 180 - 205 - 194]^2 = 0.5$$

⑬ $L_8(2^7)$의 직교배열표를 이용하여 다음 표와 같이 요인을 배치하고 실험데이터를 얻었을 때 분산분석표를 작성하시오.

배치	$B \times D$	B	D	C	$B \times C$	A		실험데이터
No. \ 열번	1	2	3	4	5	6	7	x_i
1	1	1	1	1	1	1	1	20
2	1	1	1	2	2	2	2	24
3	1	2	2	1	1	2	2	17
4	1	2	2	2	2	1	1	27
5	2	1	2	1	2	1	2	26
6	2	1	2	2	1	2	1	15
7	2	2	1	1	2	2	1	36
8	2	2	1	2	1	1	2	32
기본표시	a	b	ab	c	ac	bc	abc	

해설

☞ $L_8(2^7)$형의 직교배열표 실험계획법에 의한 변동계산 및 분산분석

(1) 변동의 계산 : 변동 $= \dfrac{1}{8}$[(2수준 데이터 합)−(1수준 데이터 합)]^2

$$S_A = \frac{1}{8}[(24+17+15+36)-(20+27+26+32)]^2 = 21.125$$

$$S_B = \frac{1}{8}[(17+27+36+32)-(20+24+26+15)]^2 = 91.125$$

$$S_C = \frac{1}{8}[(24+27+15+32)-(20+17+26+36)]^2 = 0.125$$

$$S_D = \frac{1}{8}[(17+27+26+15)-(20+24+36+32)]^2 = 91.125$$

$$S_{B \times C} = \frac{1}{8}[(24+27+26+36)-(20+17+15+32)]^2 = 105.125$$

$$S_{B \times D} = \frac{1}{8}[(26+15+36+32)-(24+20+27+17)]^2 = 55.125$$

$$S_e = S_{(7)} = \frac{1}{8}[(24+17+26+32)-(24+27+15+36)]^2 = 0.125$$

$$S_T = \sum_i {x_i}^2 - CT = \sum_i {x_i}^2 - \frac{T^2}{N} = (20^2 + 24^2 + \cdots + 32^2) - \frac{197^2}{8} = 363.875$$

(2) 분산분석표

요인	SS	DF	MS	F_0	$F_{0.90}$
A	21.125	1	21.125	169.0	39.9
B	91.125	1	91.125	729.0	39.9
C	0.125	1	0.125	1.0	39.9
D	91.125	1	91.125	729.0	39.9
$B \times C$	105.125	1	105.125	841.0	39.9
$B \times D$	55.125	1	55.125	441.0	39.9
e	0.125	1	0.125		
T	363.875	7			

14 다음은 $L_8(2^7)$형 직교배열표이다. 물음에 답하시오.

실험 번호	열번호 1	2	3	4	5	6	7	실험조건	실험 데이터
1	0	0	0	0	0	0	0	$A_0B_0C_0D_0 = (1)$	9
2	0	0	0	1	1	1	1	$A_0B_0C_1D_1 = cd$	12
3	0	1	1	0	0	1	1	$A_0B_1C_0D_1 = bd$	8
4	0	1	1	1	1	0	0	$A_0B_1C_1D_0 = bc$	15
5	1	0	1	0	1	0	1	$A_1B_1C_0D_0 = ab$	16
6	1	0	1	1	0	1	0	$A_1B_1C_1D_1 = abcd$	20
7	1	1	0	0	1	1	0	$A_1B_0C_0D_1 = ad$	13
8	1	1	0	1	0	0	1	$A_1B_0C_1D_0 = ac$	13
기본표시	a	b	ab	c	ac	bc	abc		$T = 106$
배치	A		B						

(1) 상기의 직교배열표에 교호작용($A \times B$)이 배치되는 열은?

(2) 교호작용의 효과를 계산하시오.

[해설]

(1) 교호작용이 배치되는 열은 기본표시의 곱의 열에 나타남. $A \times B = a \times ab = a^2b = b(2열)$

(2) 교호작용의 효과 $= \dfrac{1}{N/2}$ [(1수준 데이터 합)-(0수준 데이터 합)] (여기서, N =총실험횟수)

$$A \times B = \frac{1}{4}[(8+15+13+13)-(9+12+16+20)] = -2.0$$

◆ 신뢰성관리 ◆

15 욕조곡선에서 다음의 원인은 고장률이 어떤 경우에 해당되는가를 DFR, CFR, IFR로 답하시오.

(1) 안전계수가 낮았을 때	(2) 불충분한 품질관리
(3) 부적절한 조치 및 가동	(4) 탐지하지 못한 고장
(5) 수축 또는 균열·오버홀	(6) 예상치 못한 스트레스

[해설]

(1) CFR (2) DFR (3) CFR (4) CFR (5) IFR (6) CFR

16 어떤 제품의 형상모수 $m=0.7$, 척도모수 $\eta=8,667$시간, 위치모수 $\gamma=0$인 와이블분포를 따를 때 사용시간 $t=10,000$시간에서 다음 물음에 답하시오.

(1) 신뢰도를 구하시오. (2) 평균고장률을 구하시오.

[해설]

(1) 사용시간 $t=10,00$에서의 신뢰도

$$R(t=10,000)=\exp\left\{-\left(\frac{t-\gamma}{\eta}\right)^m\right\}=\exp\left\{-\left(\frac{10,000-0}{8,667}\right)^{0.7}\right\}=0.3311(33.11\%)$$

(2) 사용시간 $t=10,000$에서의 평균고장률

$$AFR(t_1=0,\ t_2=10,000)=\frac{\left(\frac{t_2}{\eta}\right)^m-\left(\frac{t_1}{\eta}\right)^m}{t_2-t_1}=\frac{\left(\frac{10,000}{8,667}\right)^{0.7}-\left(\frac{0}{8,667}\right)^{0.7}}{10,000}=1.1\times10^{-4}(/\text{시간})$$

국가기술자격시험	품질경영기사 실기 모의고사 4-2R	시험시간 : 3시간

◆ 품질경영실무 ◆

01 사내표준화의 효과 증대를 위한 사내표준화의 요건을 5가지 나열하시오.

[해설]

☞ 사내표준이 갖추어야 될 조건

① 사내표준은 실행가능한 것일 것,

② 사내표준의 내용은 구체적이고 객관적으로 규정될 것

③ 사내표준은 이해관계자들의 합의에 의해서 결정될 것

④ 사내표준은 준수될 것,

⑤ 사내표준은 다른 표준과 서로 모순이 없을 것

⑥ 필요한 때에 사내표준은 개정될 것

02 다음의 내용은 ISO 9000 시리즈에서 정의하고 있는 어떤 용어에 대한 설명인가?

(1) 고객의 기대가 어느 정도까지 충족되었는지에 대한 고객의 인식

(2) 조직과 고객 간에 어떠한 행위/거래/처리도 없이 생산될 수 있는 조직의 출력

(3) 특정 대상에 대해 적용시점과 책임을 정한 절차 및 연관된 자원에 관한 시방서

(4) 최고경영자에 의해 공식적으로 표명된 품질관련 조직의 전반적인 의도 및 방향으로서 품질에 관한 방침

[해설]

(1) 고객만족 (2) 제품 (3) 품질계획서 (4) 품질방침

◆ 통계적품질관리 ◆

03 관리도의 A와 B 각 층의 산포에 차가 있는가를 검정해 본 결과 유의하지 않는 것으로 나타났다면, 두 집단의 중심치, 즉 평균치간에 차가 있는지 검정을 행하시오.

A : n_A=5	k_A=20	$\overline{R}_A$=6.4	$\overline{\overline{x}}_A$=72.56
B : n_B=5	k_B=25	$\overline{R}_B$=6.04	$\overline{\overline{x}}_B$=76.89

[해설]

☞ 관리도법을 이용한 $\overline{\overline{x}}_A$, $\overline{\overline{x}}_B$의 평균치 차의 검정

① 가설 설정 : $H_0 : \mu_A = \mu_B$, $H_1 : \mu_A \neq \mu_B$ (양쪽검정)

② 검정통계량의 값 계산 : $\left| \overline{\overline{x}}_A - \overline{\overline{x}}_B \right| = |72.56 - 76.89| = 4.33$

③ 기각역 설정 : $\left|\overline{\overline{x}}_A - \overline{\overline{x}}_B\right| \geq A_2 \overline{R} \sqrt{\dfrac{1}{k_A} + \dfrac{1}{k_B}}$ 이면 H_0 기각

④ 판정 : $\left|\overline{\overline{x}}_A - \overline{\overline{x}}_B\right| = 4.33 > A_2 \overline{R} \sqrt{\dfrac{1}{k_A} + \dfrac{1}{k_B}} = 1.07$ 이므로 H_0 를 기각한다.

즉, $\overline{\overline{x}}_A$, $\overline{\overline{x}}_B$ 의 평균치에 차이가 있다고 할 수 있다.

상기 식에서, $n=5$ 일 때 $A_2 = 0.577$, $\overline{R} = \dfrac{k_A \overline{R}_A + k_B \overline{R}_B}{k_A + k_B} = \dfrac{20 \times 6.4 + 25 \times 6.04}{20 + 25} = 6.2$

$$A_2 \overline{R} \sqrt{\dfrac{1}{k_A} + \dfrac{1}{k_B}} = 0.577 \times 6.2 \times \sqrt{\dfrac{1}{20} + \dfrac{1}{25}} = 1.07$$

04 A 제품과 B 제품의 재료로부터 시료를 각각 10개씩 랜덤샘플링하여 무게를 측정한 결과 아래와 같은 데이터를 얻었다. 다음 물음에 답하시오. (단, σ_A=2kg, σ_B=3kg)

A	27	23	20	19	25	20	21	26	22	16
B	15	17	17	14	23	12	16	23	16	15

(1) A 의 평균치 강도가 B 의 평균치 강도보다 3kg이상 큰가를 검정하시오. (단, 위험률 5%)
(2) 두 평균치 차에 대한 95% 신뢰구간을 구하시오.

(해설)

☞ A 제품의 무게 μ_A , 표준편차 σ_A , B 제품의 무게 μ_B , 표준편차 σ_B 일 때

(1) 모평균차 검정

① 가설설정 : $H_0 : \mu_A - \mu_B < 3\,(\delta_0)$, $H_1 : \mu_A - \mu_B \geq 3$(한쪽검정) ② 유의수준 : $\alpha = 0.05$

③ 검정통계량(U_0)의 값 계산 : $U_0 = \dfrac{(\overline{x}_A - \overline{x}_B) - \delta_0}{\sqrt{\dfrac{\sigma_A^2}{n_A} + \dfrac{\sigma_B^2}{n_B}}} = \dfrac{(21.9 - 16.8) - 3}{\sqrt{\dfrac{2^2}{10} + \dfrac{3^2}{10}}} = 1.842$

여기서, $\overline{x}_A = \dfrac{\sum x_{Ai}}{n_A} = 21.9$, $\overline{x}_B = \dfrac{\sum x_{Bi}}{n_B} = 16.8$

④ 기각역 : $U_0 > u_{1-\alpha}$ 이면 H_0 기각

⑤ 판정 : $U_0 = 1.842 > u_{1-\alpha} = u_{0.95} = 1.645$ 이므로, H_0를 기각한다.

즉, A 의 평균치 강도가 B 의 평균치 강도보다 3kg이상 크다고 볼 수 있다.

(2) $H_1 : \mu_A - \mu_B \geq 3$ 채택이므로 $\mu_A - \mu_B$ 의 $100(1-\alpha)$% 신뢰하한 추정

$$\widehat{(\mu_A - \mu_B)}_L = (\overline{x}_A - \overline{x}_B) - u_{1-\alpha} \sqrt{\dfrac{\sigma_A^2}{n_A} + \dfrac{\sigma_B^2}{n_B}} = (21.9 - 16.8) - 1.645 \sqrt{\dfrac{2^2}{10} + \dfrac{3^2}{10}} = 3.2 \,(\text{kg})$$

05 다음은 매시간마다 실시되는 최종제품에 대한 샘플링검사의 결과를 정리하여 얻은 데이터이다. 다음 물음에 답하시오.

시간	1	2	3	4	5	6	7	8	9	10	11
검사개수	40	40	40	40	30	30	30	50	50	50	50
부적합품수	5	3	4	4	6	2	3	5	4	3	6

(1) 데이터에 적절한 관리도의 관리한계선을 구하시오.

(2) 관리도를 작성하시오.

(3) 관리상태 여부를 판정하시오.

[해설]

(1) p 관리도의 작성

① U_{CL} 및 L_{CL}의 계산 : $C_L = \bar{p} = \dfrac{\sum np}{\sum n} = \dfrac{45}{450} = 0.1$ 이므로

㉠ $n = 30$인 경우

$$U_{CL} = \bar{p} + 3\sqrt{\frac{\bar{p}(1-\bar{p})}{n}} = 0.1 + 3\sqrt{\frac{0.1(1-0.1)}{30}} = 0.2643$$

$$L_{CL} = \bar{p} - 3\sqrt{\frac{\bar{p}(1-\bar{p})}{n}} = 0.1 - 3\sqrt{\frac{0.1(1-0.1)}{30}} = -\,(\text{음수로서, 고려하지 않음})$$

㉡ $n = 40$인 경우

$$U_{CL} = \bar{p} + 3\sqrt{\frac{\bar{p}(1-\bar{p})}{n}} = 0.1 + 3\sqrt{\frac{0.1(1-0.1)}{40}} = 0.2423$$

$$L_{CL} = \bar{p} - 3\sqrt{\frac{\bar{p}(1-\bar{p})}{n}} = 0.1 - 3\sqrt{\frac{0.1(1-0.1)}{40}} = -\,(\text{음수로서, 고려하지 않음})$$

㉢ $n = 50$인 경우

$$U_{CL} = \bar{p} + 3\sqrt{\frac{\bar{p}(1-\bar{p})}{n}} = 0.1 + 3\sqrt{\frac{0.1(1-0.1)}{50}} = 0.2273$$

$$L_{CL} = \bar{p} - 3\sqrt{\frac{\bar{p}(1-\bar{p})}{n}} = 0.1 - 3\sqrt{\frac{0.1(1-0.1)}{50}} = -\,(\text{음수로서, 고려하지 않음})$$

② 각 군마다의 시료부적합품률(%)의 계산

시간	1	2	3	4	5	6	7	8	9	10	11
p (%)	0.13	0.08	0.1	0.1	0.2	0.07	0.1	0.1	0.08	0.06	0.12

(2) ① p 관리도의 작성

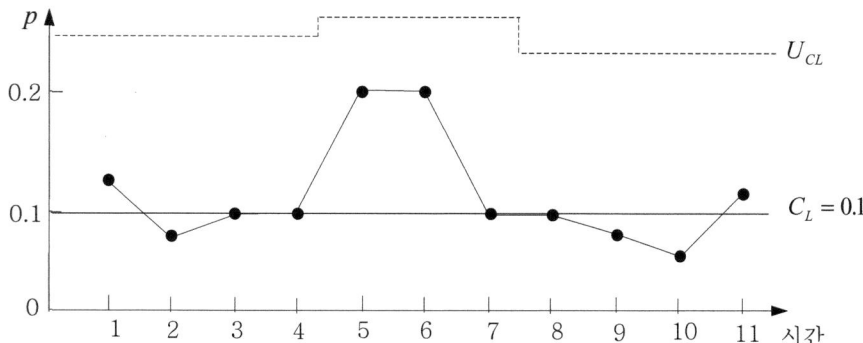

② 관리상태 판정 : 관리한계선 이탈점이 없고, 이상점이 없으므로 관리상태라 볼 수 있다.

06 시료의 크기 n =4인 $\bar{x}$ 관리도에서 관리상한선 U_{CL} =45, 관리하한선 L_{CL} =15라고 할 때, 갑자기 공정평균이 40으로 변하였다면 검출력을 구하시오. (단, $\sigma_{\bar{x}}$ =5이다.)

[해설]

☞ $1 - \beta = P_r (\bar{x} > U_{CL}) + P_r (\bar{x} < L_{CL}) = P_r \left(\dfrac{\bar{x} - \mu'}{\sigma / \sqrt{n}} > \dfrac{U_{CL} - \mu'}{\sigma / \sqrt{n}} \right) + P_r \left(\dfrac{\bar{x} - \mu'}{\sigma / \sqrt{n}} < \dfrac{L_{CL} - \mu'}{\sigma / \sqrt{n}} \right)$

$= P_r \left(U > \dfrac{U_{CL} - \mu'}{\sigma / \sqrt{n}} \right) + P_r \left(U < \dfrac{L_{CL} - \mu'}{\sigma / \sqrt{n}} \right) = P_r \left(U > \dfrac{45 - 40}{5} \right) + P_r \left(U < \dfrac{15 - 40}{5} \right)$

$= P_r (U > 1) + P_r (U < -5) = 0.1587 + 0 = 0.1587\ (15.87\%)$

07 P사에서 생산제품의 순도를 조사하려고 20kg들이 100상자 중 우선 5상자를 랜덤샘플링하고 각각의 상자에서 6인크리멘트씩 랜덤샘플링하였다. 약품의 순도는 종래의 실험에서 상자간 산포 σ_b =0.25%, 상자내 산포 σ_w =0.35%임을 알고 있을 때 샘플링의 추정정밀도(α =0.05)를 구하시오. (단, 1인크리멘트는 15g이다.)

[해설]

☞ 추정정밀도 $\beta_{\bar{x}} = \pm u_{1-\alpha/2} \sqrt{\dfrac{\sigma_b^2}{m} + \dfrac{\sigma_w^2}{m\bar{n}}} = \pm 1.96 \times \sqrt{\dfrac{0.25^2}{5} + \dfrac{0.35^2}{5 \times 6}} = \pm 0.2524\ (\%)$

08 검사의 목적 4가지를 쓰시오.

[해설]

☞ ① 좋은 로트와 나쁜 로트의 구별, ② 적합품과 부적합품의 구별,
　 ③ 제품의 결점 정도를 평가, ④ 다음 공정에 부적합품 이월 방지

09 철재의 인장강도 값은 클수록 좋다. 이때 평균치가 460N/m^2 이상인 로트는 통과시키고, 430N/m^2 이하인 로트는 통과시키지 않게 하는 시료의 크기 n과 하한합격판정치 $\overline{X}_L$를 구하려 한다. α=0.05, β=0.10로 하는 계량규준형 1회 샘플링검사에서 시료의 크기 n과 합격판정기준을 구하시오. (단, $\sigma=40\text{N/m}^2$, $K_{0.05}$=1.645, $K_{0.10}$=1.282이다.)

〔해설〕

☞ α=0.05, β=0.10을 만족시키는 샘플링검사방식(n, $\overline{X}_L$)

① $n \geq \left(\dfrac{K_\alpha + K_\beta}{m_0 - m_1}\right)^2 \cdot \sigma^2 = \left(\dfrac{K_{0.05} + K_{0.10}}{m_0 - m_1}\right)^2 \cdot \sigma^2 = \left(\dfrac{1.645 + 1.282}{460 - 430}\right)^2 \times 40^2 = 15.2 \ \rightarrow \ 16개$

② $\overline{X}_L = m_0 - G_0\sigma = m_0 - K_\alpha \dfrac{\sigma}{\sqrt{n}} = 460 - 1.645 \times \dfrac{40}{\sqrt{16}} = 443.55 \,(\text{N/m}^2)$

10 계량축차 샘플링검사에서 한쪽규격인 하한규격이 L=200kV, σ=2.0이고, PRQ=1.0%, CRQ=10.0%. α=0.05, β=0.10이라 할 때 다음 물음에 답하시오. (단, 주어진 부표를 이용)
(1) 합격판정선(A), 불합격판정선(R)을 구하시오.
(2) 다음 표를 채우시오.

누계샘플 사이즈	특성치(x)	여유치(y)	불합격판정선(R)	누계여유치(Y)	합격판정선(A)
1	205.5	5.5	-1.924	5.5	7.918
2	203.5	( )	( )	( )	( )
3	199.0	( )	( )	( )	( )
4	202.2	( )	( )	( )	( )
5	202.0	( )	( )	( )	( )

(3) 로트번호 5에서 로트의 합격 여부를 판정하시오.

〔해설〕

☞ KS Q ISO 8423에서 한쪽규격 S_L만 존재할 경우이고, <표 1>에서 PRQ=1%, CRQ=10%에 대하여 n_t=13과 h_A=2.155, h_R=2.766, g=1.804를 얻는다.

(1) $A = g\sigma \cdot n_{cum} + h_A \cdot \sigma = 1.804 \times 2 \times n_{cum} + 2.155 \times 2 = 3.608n_{cum} + 4.31$

$R = g\sigma \cdot n_{cum} - h_R \cdot \sigma = 1.804 \times 2 \times n_{cum} - 2.766 \times 2 = 3.608n_{cum} - 5.532$

(2) ( )안을 채우고, 합부여부 판정

누계샘플 사이즈	측정값 x(mm)	여유치 y	불합격 판정치 R	누계 여유치 Y	합격판정치 A	합부판정 [참조용]
1	205.5	5.5	-1.924	5.5	7.918	(검사속행)
2	203.5	(3.5)	(1.684)	(9.0)	(11.526)	(검사속행)
3	199.0	(−1.0)	(5.292)	(8.0)	(15.134)	(검사속행)
4	202.2	(2.2)	(8.900)	(10.2)	(18.742)	(검사속행)
5	202.0	(2.0)	(12.508)	(12.2)	(22.350)	(로트불합격)

계산의 일례로서,

1) 여유치 y : $y = x - S_L = x - 200 = 203.5 - 200 = 3.5$

2) 불합격판정치 R : $R = 3.608\,n_{cum} - 5.532$ ($n_{cum} = 2$: $3.608 \times 2 - 5.532 = 1.684$)

3) 누계여유치 Y : $Y = \sum y$ ($n_{cum} = 2$: $5.5 + 3.5 = 9.0$)

4) 합격판정치 A : $A = 3.608\,n_{cum} + 4.31$ ($n_{cum} = 2$: $3.608 \times 2 + 4.31 = 11.526$)

5) 합부판정 : $n_{cum} = 1, 2, 3, 4$일 때에는 $R < Y < A$의 관계에 있으므로 검사속행으로,

　　　　　$n_{cum} = 5$일 때에는 $R > Y$의 관계에 있으므로 로트불합격으로 판정한다.

(3) 로트번호 5에서 로트의 합격 여부를 판정 : 규격하한(L)만 주어진 경우 $Y \geq A$이면 로트 합격, $Y \leq R$이면 로트불합격이 됨. $Y = 12.2 < R = 12.508$이므로 로트 불합격이 됨.

◆　실험계획법　◆

(11) $L_8(2^7)$의 직교배열표를 이용하여 아래 표와 같이 요인을 배치하고 실험데이터를 얻었을 때, 물음에 답하시오. (단, 데이터의 특성은 망대특성으로 한다).

실험번호	열번호							실험데이터
	1	2	3	4	5	6	7	
1	0	0	0	0	0	0	0	8
2	0	0	0	1	1	1	1	13
3	0	1	1	0	0	1	1	7
4	0	1	1	1	1	0	0	14
5	1	0	1	0	1	0	1	17
6	1	0	1	1	0	1	0	21
7	1	1	0	0	1	1	0	10
8	1	1	0	1	0	0	1	10
기본표시	a	b	ab	c	ac	bc	abc	
배치	A	B	$A \times B$	C	e	e	e	

(1) 다음의 분산분석표를 완성하고 검정을 행하시오.

요인	SS	DF	MS	F_0	$F_{0.90}$
A					5.54
B					5.54
C					5.54
$A \times B$					5.54
e					
T					

(2) 아래 빈칸을 채우고 최적수준을 구하시오.

	A_0	A_1
B_0		
B_1		

	C_0	C_1

(3) 최적조건의 조합평균을 구간 추정하시오. (단, 신뢰율 90%)

[해설]

(1) 분산분석표 완성 및 검정

① 변동의 계산

$$S_A = \frac{1}{N}\left[(1\text{수준 데이터 합})-(0\text{수준 데이터 합})\right]^2 \quad (\text{여기서, } N=\text{총실험횟수})$$

$$= \frac{1}{8}\left[(17+21+10+10)-(8+13+7+14)\right]^2 = 32.0$$

$$S_B = \frac{1}{8}\left[(7+14+10+10)-(8+13+17+21\right]^2 = 40.5$$

$$S_C = \frac{1}{8}\left[(13+14+21+10)-(8+7+17+10)\right]^2 = 32.0$$

$$S_{A \times B} = \frac{1}{8}\left[(7+14+17+21)-(8+13+10+10)\right]^2 = 40.5$$

$$S_e = S_{(5)} + S_{(6)} + S_{(7)}$$

$$S_T = \sum_i x_i^2 - CT = \sum_i x_i^2 - \frac{T^2}{N} = (8^2 + 13^2 + \cdots + 10^2) - \frac{100^2}{8} = 158.0$$

② 분산분석표 작성 및 검정

요인	SS	DF	MS	F_0	$F_{0.90}$
A	32.0	1	32.0	7.38*	5.54
B	40.5	1	40.5	9.35*	5.54
C	32.0	1	32.0	7.38*	5.54
$A \times B$	40.5	1	40.5	9.35*	5.54
e	13.0	3	4.33		
T	158.0	7			

(2) 최적수준

* $A, B, C, A \times B$가 유의하며, 최적수준조합은 $A \times B$가 유의하므로 AB 2원표 및 C 1원표를 작성하고 최적수준조합을 구한다.

[표 6] AB 2원표

	A_0	A_1
B_0	8+13=21	17+21=38
B_1	7+14=21	10+10=20

[표 7] C 1원표

	C_0	C_1
계	8+7+17+10 =42	13+14+21+10 =58

* 망대특성이므로 특성치를 최대로 하는 최적수준조합은 $A_1 B_0 C_1$이다.

(3) 최적조건에서의 조합평균 구간 추정

* 유의한 요인들로부터 점추정치는

$$\hat{\mu}(A_1 B_0 C_1) = \overline{\mu+a_1+b_0+(ab)_{10}+c_1} = \overline{\mu+a_1+b_0+(ab)_{10}} + \overline{\mu+c_1} - \hat{\mu} = \frac{38}{2} + \frac{58}{4} - \frac{100}{8} = 21.0$$

* 최적수준조합에서 모평균의 90% 신뢰구간은

$$\hat{\mu}(A_1 B_0 C_1) \pm t_{1-\alpha/2}(\nu_E)\sqrt{\frac{V_E}{n_e}} = 21.0 \pm t_{0.95}(3)\sqrt{\frac{4.33}{8/5}} = 21.0 \pm 2.353 \times 1.645 = (17.13, 24.87)$$

$$\text{여기서, } n_e = \frac{N}{\nu_A + \nu_B + \nu_{A \times B} + \nu_C + 1} = \frac{8}{5}$$

(12) H사는 특정 부품을 열처리하여 온도에 따른 인장강도 변화를 조사하기 위해 A_1=550°C, A_2=555°C, A_3=560°C, A_4=565°C의 4조건에서 각각 5개씩의 시험편에 대하여 측정한 결과가 다음과 같을 때, 다음 물음에 답하시오.

$T_{1.}$=180	$T_{2.}$=170	$T_{3.}$=140	$T_{4.}$=120	$\bar{x}$=557.5	$\bar{\bar{y}}$=30.5

(1) 다음의 분산분석표를 완성시키시오.
   (단, 계산은 주어진 직교다항식 계수표를 이용, 결과치는 소수점 둘째 자리까지 나타낼 것)

요인	SS	DF	MS	F_0	$F_{0.95}$	$F_{0.99}$
A	455.00	3	151.67	22.88	3.10	4.94
1차	( )	( )	( )	( )	( )	( )
2차	( )	( )	( )	( )	( )	( )
3차	( )	( )	( )	( )	( )	( )
e	( )	( )	( )			
T	561.00	19				

(2) 곡선회귀방정식을 추정하시오.

[해설]

(1) 직교다항식 계수표를 활용한 분산분석이다.

① 변동의 계산

$$S_{(1)} = \frac{(\sum w_i^{(1)} \cdot T_{i.})^2}{(\lambda^2 S)_1 \cdot r} = \frac{[(-3) \times 180 + (-1) \times 170 + 1 \times 140 + 3 \times 120]^2}{20 \times 5} = 441$$

$$S_{(2)} = \frac{(\sum w_i^{(2)} \cdot T_{i.})^2}{(\lambda^2 S)_2 \cdot r} = \frac{[1 \times 180 + (-1) \times 170 + (-1) \times 140 + 1 \times 120]^2}{4 \times 5} = 5$$

$$S_{(3)} = \frac{(\sum w_i^{(3)} \cdot T_{i.})^2}{(\lambda^2 S)_3 \cdot r} = \frac{[(-1) \times 180 + 3 \times 170 + (-3) \times 140 + 1 \times 120]^2}{20 \times 5} = 9$$

② 분산분석표의 작성

요인		SS	DF	MS	F_0	$F_{0.95}$	$F_{0.99}$
A		455	$l-1=3$	151.67	22.88**	3.10	4.94
	1차	$S_{(1)}=441$	1	$V_{(1)}=441$	66.52**	4.35	8.10
	2차	$S_{(2)}=5$	1	$V_{(2)}=5$	0.75<1	4.35	8.10
	3차	$S_{(3)}=9$	1	$V_{(3)}=9$	1.36	4.35	8.10
e		106	$l(r-1)=16$	6.63			
T		561	$lr-1=19$				

위의 분산분석 결과에서 요인 A의 1차만이 매우 유의적이고, 2차 및 3차는 유의하지 않다. 따라서 인장강도와 온도의 관계가 1차 직선회귀로서 매우 유의하게 설명되고 있다.

(2) 직교다항식 계수표를 활용한 2차 회귀식 추정

$$\hat{y} = \hat{\beta}_0 + \hat{\beta}_1(x - \bar{x}) = 30.5 + (-0.84)(x - 557.5) = 498.8 - 0.84x$$

여기서, $\hat{\beta}_1 = \dfrac{\sum w_i^{(1)} \cdot T_{i\cdot}}{(\lambda S)_1 \cdot r \cdot c^1} = \dfrac{(-3) \times 180 + (-1) \times 170 + 1 \times 140 + 3 \times 120}{10 \times 5 \times 5^1} = -0.84$

단, $l=4$, $r=5$, $c=5$이므로, 계수표에서 계수를 얻음.

$$\hat{\beta}_0 = \bar{\bar{y}} = \frac{T}{lr} = \frac{T_{1\cdot} + T_{2\cdot} + T_{3\cdot} + T_{4\cdot}}{4 \times 5} = \frac{180 + 170 + 140 + 120}{20} = \frac{610}{20} = 30.5$$

◆ 신뢰성관리 ◆

13 어떤 제품의 확률분포가 와이블분포를 따르고 있다고 할 때, $t=300$시간에서 신뢰도가 0.739, $t=500$시간에서 신뢰도가 0.639일 때 구간평균고장률을 구하시오.
(단, 소수점 처리는 유효숫자 둘째 자리까지 나타내시오.)

[해설]

☞ 와이블분포를 이용한 구간평균고장률 계산

$$AFR(t_1 = 300, \; t_2 = 500) = \frac{\ln R(t_1) - \ln R(t_2)}{t_2 - t_1} = \frac{\ln 0.739 - \ln 0.639}{200} = 7.3 \times 10^{-4} (/\text{시간})$$

14 어떤 제품의 형상모수 $m=1.2$, 척도모수 $\eta=2,200$시간, 위치모수 $\gamma=0$인 와이블분포를 따를 때 다음 물음에 답하시오.

(1) 사용시간 $t=500$에서 신뢰도 $R(t)$를 구하시오.

(2) 사용시간 $t=500$에서 고장률 $\lambda(t)$를 구하시오.

(3) 만약 이 부품의 신뢰도를 90%이상으로 유지한다고 할 때 필요한 사용시간 t_0를 구하시오.

[해설]

(1) 사용시간 $t = 500$에서의 신뢰도

$$R(t = 500) = \exp\left\{ -\left(\frac{t - \gamma}{\eta} \right)^m \right\} = \exp\left\{ -\left(\frac{500 - 0}{2,200} \right)^{1.2} \right\} = 0.8445 \quad (84.45\%)$$

(2) 사용시간 $t = 500$에서의 고장률

$$\lambda(t = 500) = \frac{m}{\eta} \left(\frac{t - \gamma}{\eta} \right)^{m-1} = \frac{1.2}{2,200} \left(\frac{500 - 0}{2,200} \right)^{1.2-1} = 4.1 \times 10^{-4} \, (/\text{시간})$$

(3) 신뢰도 0.90인 사용시간 t_0

$$R(t) = \exp\left\{ -\left(\frac{t - \gamma}{\eta} \right)^m \right\} = 0.90 \rightarrow \text{이 식에서 양변에 자연로그 } \ln \text{ 을 취하면}$$

$$\ln 0.90 = -\left(\frac{t_0 - 0}{2,200} \right)^{1.2} \text{이 되므로, 이를 정리하면 } t_0 = 337.38\text{시간}$$

(15) 신뢰도가 0.9인 미사일 4개가 설치된 미사일발사 시스템이 있다. 4개의 미사일 중 3개만 작동되면 이 시스템은 임무가 가능하다. 이 시스템의 신뢰도는 얼마인가?

[해설]

☞ n 중 k 시스템의 신뢰도 $R_S = \displaystyle\sum_{i=k}^{n} {}_n C_i R^i (1 - R)^{n-i}$ 이고, $n = 4$, $k = 3$, $R = 0.9$이므로

$$R_S = \sum_{i=3}^{4} {}_4 C_i (0.9)^i (1 - 0.9)^{4-i} = {}_4 C_3 (0.9)^3 (1 - 0.9)^1 + {}_4 C_4 (0.9)^4 (1 - 0.9)^0 = 0.9477$$

(16) 다음 데이터는 독립변수 x에 따른 종속변수 y의 결과물이다. 상관관계의 유무를 검정하고자 한다. 다음 물음에 답하시오. (단, 주어진 부표를 이용하고, 유의수준은 0.05로 한다.)

x	1.3	1.5	2.0	2.8	3.0	3.4	3.5	4.2	4.3	4.9	5.2	5.5
y	40	30	35	42	39	50	45	59	69	66	59	70

(1) t 분포를 이용하여 검정을 행하시오.

(2) r 분포를 이용하여 검정을 행하시오.

[해설]

(1) 상관계수의 유의성 검정 : t 표 사용의 경우

　　① 가설 설정 : $H_0 : \rho = 0$, $H_1 : \rho \neq 0$

　　② 유의수준 : $\alpha = 0.05$

　　③ 검정통계량의 값(t_0) 계산 : $t_0 = \dfrac{r\sqrt{n-2}}{\sqrt{1 - r^2}} = \dfrac{0.9082 \times \sqrt{12 - 2}}{\sqrt{1 - 0.9082^2}} = 6.861$

$$\text{여기서, } \quad r = \frac{S_{(xy)}}{\sqrt{S_{(xx)}S_{(yy)}}} = \frac{\sum xy - \sum x \sum y}{\sqrt{\left(\sum x^2 - \frac{(\sum x)^2}{n}\right)\left(\sum y^2 - \frac{(\sum y)^2}{n}\right)}} = 0.9082$$

④ 기각역 : $|t_0| > t_{1-\alpha/2}(n-2)$ 이면 H_0 기각

⑤ 판정 : $|t_0| = 6.861 > t_{0.975}(10) = 2.228$ 이므로 H_0 기각. 즉, 모상관계수는 0이 아니다.

(2) 상관계수의 유의성 검정 : r 표 사용의 경우

  ① 가설 설정 : $H_0 : \rho = 0$, $H_1 : \rho \neq 0$ ② 유의수준 : $\alpha = 0.05$

  ③ 검정통계량의 값 계산 : $r_0 = \dfrac{S_{(xy)}}{\sqrt{S_{(xx)}S_{(yy)}}} = 0.9081$

  ④ 기각역 : $|r_0| > r_{1-\alpha/2}(n-2)$ 이면 H_0 기각

  ⑤ 판정 : $|r_0| = 0.9081 > r_{0.975}(10) = 0.576$ 이므로 H_0 기각. 즉, 모상관계수는 0이 아니다.

국가기술자격시험	품질경영기사 실기 모의고사 4-3R	시험시간 : 3시간

◈ 품질경영실무 ◈

01 측정시스템의 5가지 변동 중 반복성(Repeatability)에 대하여 간단하게 설명하시오.

[해설]

☞ 반복성(repeatability) → 한 사람의 평가자가 하나의 측정계기를 여러 차례 사용해서 동일한 시료의 동일한 특성을 측정하여 얻은 측정값의 변동이다.

◈ 통계적품질관리 ◈

02 길이, 질량, 강도, 압력 등과 같은 계량치의 데이터가 어떤 분포를 하고 있는지를 알아보기 위하여 작성한 그래프를 히스토그램(Histogram)이라 한다. 히스토그램의 활용목적을 3가지 적으시오.

[해설]

☞ ① 데이터의 분포 형태를 파악, ② 평균치를 구함, ③ 표준편차를 구함, ④ 규격과 대조 등

03 강판을 만드는 공장에서 두께의 규격한계는 2.43~2.48mm이고, x 관리도를 작성한 결과 $U_{CL} = 2.479$, $L_{CL} = 2.431$일 때 공정능력지수를 구하시오.

[해설]

☞ $C_p = \dfrac{S_U - S_L}{6\hat{\sigma}} = \dfrac{2.48 - 2.43}{6 \times 0.008} = 1.04$

여기서, $\left.\begin{array}{c} U_{CL} \\ L_{CL} \end{array}\right\} = \bar{x} \pm 3\sigma \rightarrow \sigma = \dfrac{U_{CL} - L_{CL}}{6} = \dfrac{2.479 - 2.431}{6} = 0.008$

04 재료 A와 재료 B로 만든 각 스프링의 강도를 측정하여 아래의 데이터를 얻었을 때, A와 B의 모평균 차가 있다고 할 수 있겠는가를 검정을 행하시오. (단, 모분산은 같다.)

A	73.4	77.0	73.7	73.3	73.1	71.5	74.5	77.5	76.4	77.7
B	68.7	71.4	69.8	75.3	71.3	72.7	66.9	70.2	74.4	70.1

[해설]

☞ σ_A^2, σ_B^2은 미지이나, $\sigma_A^2 = \sigma_B^2$인 경우의 모평균차 검정

① 가설 설정 : $H_0 : \mu_A = \mu_B$, $H_1 : \mu_A \neq \mu_B$ (양쪽검정)

② 유의수준 : $\alpha = 0.05$

③ 검정통계량의 값 : $t_0 = \dfrac{\bar{x}_A - \bar{x}_B}{\sqrt{s^2\left(\dfrac{1}{n_A} + \dfrac{1}{n_B}\right)}} = \dfrac{74.81 - 71.08}{\sqrt{5.58 \times \left(\dfrac{1}{10} + \dfrac{1}{10}\right)}} = \dfrac{3.73}{1.0564} = 3.53$

여기서, $n_A = n_B = 10$, $s^2 \approx V = \dfrac{S_A + S_B}{\nu_A + \nu_B} = \dfrac{42.389 + 58.116}{9 + 9} = 5.58$

단, $S_A = \sum x_A{}^2 - \dfrac{(\sum x_A)^2}{n_A} = 42.389$, $S_B = \sum x_B{}^2 - \dfrac{(\sum x_B)^2}{n_B} = 58.116$

④ 기각역 설정 : $|t_0| > t_{1-\alpha/2}(\nu_A + \nu_B) = t_{1-\alpha/2}(n_A + n_B - 2) = t_{0.975}(18) = 2.101$ 이면 H_0 기각

⑤ 판정 : $|t_0| = 3.53 > t_{0.975}(18) = 2.101$ 이므로 유의수준 5%로 H_0를 기각한다.

즉, A공정과 B공정의 모평균사이에 차가 있다고 할 수 있다.

---

05 A공장에서는 사양이 약간씩 다른 세 종류의 전기밥솥을 같은 공정에서 생산하고 있다. '15년도에 이 공정의 전기밥솥에 대한 월평균 치명부적합수의 발생건수는 12건으로 기록되어 있다. '16년도의 연초에 공정을 개량하였더니 최근 6개월간의 치명부적합수의 발생건수는 44건으로 나타났다. 다음 각 물음에 답하시오.

(1) '15년도와 비교해서 '16년의 월평균 치명부적합수의 발생건수가 줄었다고 할 수 있겠는가? (단, 정규분포근사법을 이용하여 검정하되 위험률은 1%를 적용하시오.)

(2) A공장의 월평균 치명부적합수의 신뢰한계를 신뢰율 99%로 구하시오.

[해설]

(1) 단위당 모부적합수의 검정

① 가설 설정 : $H_0 : m \geq 12\,(m_0)$, $H_1 : m < 12$ (한쪽검정)　② 유의수준 : $\alpha = 0.01$

③ 검정통계량의 값(U_0) 계산 : $U_0 = \dfrac{u - m_0}{\sqrt{\dfrac{m_0}{n}}} = \dfrac{7.333 - 12}{\sqrt{\dfrac{12}{6}}} = \dfrac{7.333 - 12}{\sqrt{\dfrac{12}{6}}} = -3.30$

여기서, $\hat{U} = u = x/n = 44/6 = 7.333$

④ 기각역 설정 : $U_0 < -u_{1-\alpha} = -u_{1-0.01} = -u_{0.99} = -2.326$ 이면 H_0 기각

⑤ 판정 : $U_0 = -3.30 < -u_{0.99} = -2.326$ 이므로 유의수준 1%로 H_0를 기각한다.

즉, 월평균 치명부적합수의 발생건수가 줄었다고 할 수 있다.

(2) 신뢰율 99%로 단위당 모부적합수의 추정

대립가설 $H_1 : m < 12$ 가 채택이므로 신뢰구간 추정은 신뢰상한값을 추정하도록 한다.

$\hat{U}_U = u + u_{1-\alpha}\sqrt{\dfrac{u}{n}} = 7.333 + u_{0.99}\sqrt{\dfrac{7.333}{6}} = 9.905$ (건/월)

06 전자레인지의 최종검사에서 20대를 랜덤하게 추출하여 부적합수를 조사하여 관리도를 작성하려고 한다. 물음에 답하시오.

시료군 번호	1	2	3	4	5	6	7	8	9	10
부적합수	1	4	3	7	5	6	5	3	2	3
시료군 번호	11	12	13	14	15	16	17	18	19	20
부적합수	5	8	6	6	7	6	2	1	1	2

(1) C_L, U_{CL}, L_{CL} 을 구하시오. (2) 관리도를 작성하고, 관리상태의 여부를 판정하시오.

[해설]

(1) 부적합수 c 관리도에서 $k = 20$, $\sum c = 83$ 이므로

$$C_L = \bar{c} = \frac{\sum c}{k} = \frac{83}{20} = 4.15$$

$$U_{CL} = \bar{c} + 3\sqrt{\bar{c}} = 4.15 + 3\sqrt{4.15} = 10.26, \quad L_{CL} = \bar{c} - 3\sqrt{\bar{c}} = 4.15 - 3\sqrt{4.15} = -(\text{고려하지 않음})$$

위의 계산 결과에 따라 c 관리도를 그리면 다음과 같다.

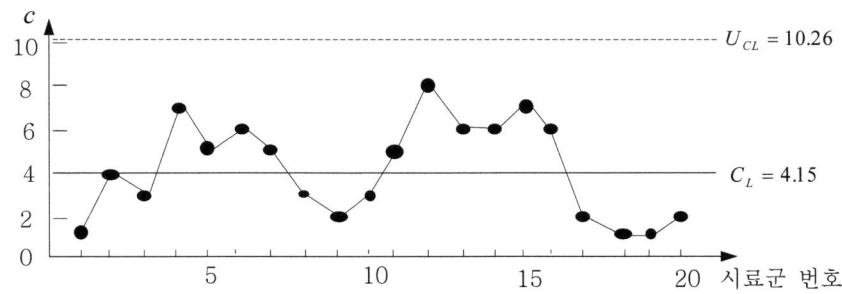

(2) 관리상태 판정 : 관리한계선을 벗어난 점이 없고, 점의 배열에 이상한 버릇(습관)도 없으므로 공정이 관리상태에 있다고 판단할 수 있다.

07 어떤 자동차 부품을 가공하는 공정에서 $n = 4$인 $\bar{x} - R$ 관리도를 그려본 결과, 완전관리상태이다. $\bar{x}$ 관리도의 $U_{CL} = 12.7$, $L_{CL} = 6.7$일 때 개개치 관리도 데이터의 산포(σ_H^2)를 구하시오.

[해설]

☞ $\sigma_H^2 = \sigma_b^2 + \sigma_w^2 = 0 + 2 = 2$

여기서, 완전한 관리상태이면 $\sigma_b^2 = 0$, $U_{CL} - L_{CL} = 6\dfrac{\sigma}{\sqrt{n}} = 6$에서 $\sigma = \sigma_w = \sqrt{4} = 2$

08 S성분의 특성치는 정규분포를 따르고, 표준편차 σ=0.0005mg인 것을 알고 있다. 이 로트의 검사에서 m_0=0.0045mg, α=0.05, m_1=0.0055mg, β=0.10인 계량규준형 1회 샘플링검사를 행하기로 하였다. 다음 물음에 답하시오.

(1) 부표값을 이용하여 시료의 크기 n, 상한합격판정치 $\overline{X}_U$를 구하시오.

(2) 다음 표를 완성하고, 이 값을 토대로 OC곡선을 작성하시오.

m	$K_{L(m)} = \dfrac{\sqrt{n}(m - \overline{X}_U)}{\sigma}$	$L(m)$	m	$K_{L(m)} = \dfrac{\sqrt{n}(m - \overline{X}_U)}{\sigma}$	$L(m)$
0.0040			0.0055		
0.0045			0.0060		
0.0050					

【해설】

(1) $\overline{X}_U = m_0 + G_0\sigma = 0.0045 + 0.95 \times 0.0005 = 0.0050$

여기서, 부표에 의거 $\dfrac{|m_1 - m_0|}{\sigma} = \dfrac{|0.0055 - 0.0045|}{0.0005} = 2.0 \;\rightarrow\; n = 3, \; G_0 = 0.95$

(2) OC곡선의 완성

m	$K_{L(m)} = \dfrac{\sqrt{n}(m - \overline{X}_U)}{\sigma}$	$L(m)$
$0.0045(m_0)$	(0.0045−0.0050)/(0.0005/$\sqrt{3}$)=−1.732	0.9582
$0.0050(\overline{X}_U)$	(0.0050−0.0050)/(0.0005/$\sqrt{3}$)=0	0.50
$0.0055(m_1)$	(0.0055−0.0050)/(0.0005/$\sqrt{3}$)=1.732	0.0418

위의 계산결과를 사용하여 OC곡선을 완성하면 다음과 같다.

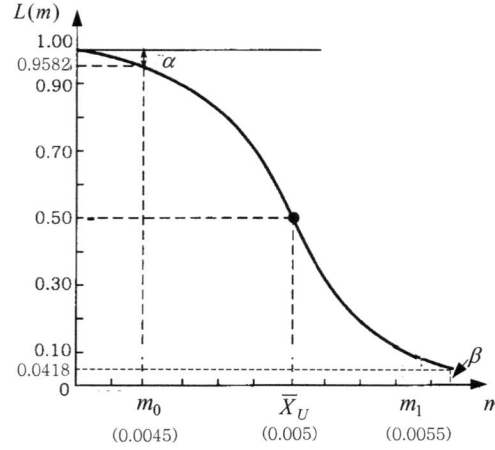

09 금속판의 표면경도 상한규격치가 로크웰경도 50이하로 규정되었을 때, 로크웰경도 68을 넘는 것이 0.5% 이하인 로트는 통과시키고, 그것이 4% 이상인 로트는 통과시키지 않도록 하는 계량규준형 1회 샘플링검사 방식을 설계하기 위하여 부표를 찾았더니, n=13, k=2.11이 나왔다면 다음 물음에 답하시오. (단, α=0.05, β=0.10, σ=3이다.)

(1) 상한합격판정치 $\overline{X}_U$ 를 구하시오.

(2) 로트로부터 n=13의 평균치가 44일 때 그 로트의 합부판정을 행하시오.

〔해설〕

☞ σ 기지의 계량규준형 1회 샘플링검사에서 S_U 가 주어진 경우로서, 로트의 부적합품률을 보증하는 경우이다. 따라서 검사방식은 (n, $\overline{X}_U$)로 결정된다.

　여기서 S_U=50, σ=3이므로 $\overline{X}_U = S_U - k\sigma$=50-2.11×3=43.67, 그리고 n=13의 평균치 $\overline{x}$ 는 44이다. 따라서 $\overline{x}$ (=44)> $\overline{X}_U$ (=43.67)이 되므로, 로트불합격으로 판정한다.

10 D사는 어떤 부품의 수입검사시에 KS Q 1SO 2859-1을 사용하고 있다. 다음은 검토후 AQL=1.5%, 검사수준 Ⅱ, 1회 샘플링검사로 로트번호 1은 수월한 검사를 실시한 결과이다. 물음에 답하시오.

(1) 다음 빈칸을 채우시오.

로트번호	N	샘플문자	n	A_c	R_e	부적합품수	합부판정	전환점수	엄격도 적용
1	500	H	20	1	2	2	불합격	-	보통검사로 전환
2	200					2			
3	250					1			
4	200					0			
5	250					1			
6	250					2			

(2) 로트번호 7의 엄격도를 적으시오.

〔해설〕

(1) 빈칸 채우기

로트번호	N	샘플문자	n	A_c	R_e	부적합품수	합부판정	전환점수	엄격도 적용
1	500	H	20	1	2	2	불합격	-	보통검사로 전환
2	200	G	32	1	2	2	불합격	0	보통검사 실시
3	250	G	32	1	2	1	합격	2	보통검사 실시
4	200	G	32	1	2	0	합격	4	보통검사 실시
5	250	G	32	1	2	1	합격	6	보통검사 실시
6	250	G	32	1	2	2	불합격	0	보통검사 중단

[참고] ① (N, 검사수준) → 샘플문자　② (샘플문자, AQL) → (n, A_c, R_e)

③ 합부판정 : $d \le A_c$ 이면 로트합격, $d \ge R_e$ 이면 로트불합격

④ 전환스코어(전환점수) :

　　ⓐ 당초의 A_c (A_c =0, 1/3, 1/2, 1)일 때 로트가 합격되면 전환점수에 2를 더하고, 불합격시는 전환 스코어를 0으로 돌림.

　　ⓑ 당초의 $A_c \ge 2$일 때, 로트합격시는 전환점수에 3을 더하고, 불합격시 0으로 돌림.

(2) 연속 5로트 중 2로트(2, 6번)가 불합격되었으므로 로트번호 7번부터 까다로운 검사를 한다.

◈ 실험계획법 ◈

⑪ 2요인실험에서 $S_{A \times B}$ 를 구하기 위해 A 의 수준별로 B 의 대비를 계산했더니 $L(A_1)$ =15, $L(A_2)$ =10, $L(A_3)$ =5였다. $S_{A \times B}$ 는 얼마인가? (단, $\lambda^2 S$ =20, λS =10, m =3이다.)

[해설]

☞ $S_{A \times B} = S_{A_L \times B}$ 는 B 의 수준이 바뀜에 따라 A 의 1차효과가 어떻게 달라지는가를 나타내는

변동. $S_{A_L \times B} = \dfrac{(L_1)^2 + (L_2)^2 + (L_3)^2}{\lambda^2 S_{(1)}} - \dfrac{(L_1 + L_2 + L_3)^2}{\lambda^2 S_{(1)} \cdot m} = \dfrac{15^2 + 10^2 + 5^2}{20} - \dfrac{30^2}{20 \times 3} = 2.5$

(단, 여기서 m =3은 반복수의 의미로 쓰인 것임.)

⑫ 섬유제조의 방사과정에서 일정시간 동안에 사절수가 어떤 인자에 크게 영향을 받는가를 대략적으로 알아보기 위하여 4인자 A (연신온도), B (회전수), C (연신비)를 각각 다음과 같이 4수준으로 잡고 총 16회 실험을 4×4 라틴방격법으로 행하였다. 다음의 물음에 답하시오.

	A_1	A_2	A_3	A_4
B_1	C_3 (15)	C_1 (4)	C_4 (8)	C_2 (19)
B_2	C_1 (5)	C_3 (19)	C_2 (9)	C_4 (16)
B_3	C_4 (15)	C_2 (16)	C_3 (19)	C_1 (17)
B_4	C_2 (19)	C_4 (26)	C_1 (14)	C_3 (34)

(1) 분산분석표를 작성하시오. (단, $E(MS)$ 포함시킬 것)

(2) 최적수준에 따른 평균치를 구간추정할 때, 유효반복수를 구하시오.

[해설]

(1) 분산분석표 작성

　① 변동의 계산

$$CT = \frac{T^2}{N} = \frac{T^2}{k^2} = \frac{255^2}{4^2} = 4{,}064.06$$

$$S_T = \sum_i \sum_j \sum_l x_{ijl}^2 - CT = (15^2 + 5^2 + \cdots + 34^2) - CT = 847.94$$

$$S_A = \sum_i \frac{T_{i\cdot\cdot}^2}{k} - CT = \frac{54^2 + 65^2 + 50^2 + 86^2}{4} - CT = 195.19$$

$$S_B = \sum_j \frac{T_{\cdot j\cdot}^2}{k} - CT = \frac{46^2 + 49^2 + 67^2 + 93^2}{4} - CT = 349.69$$

$$S_C = \sum_l \frac{T_{\cdot\cdot l}^2}{k} - CT = \frac{40^2 + 63^2 + 87^2 + 65^2}{4} - CT = 276.69$$

$$S_e = S_T - (S_A + S_B + S_C) = 26.37$$

② 자유도의 계산

$$\nu_T = k^2 - 1 = 4^2 - 1 = 15, \quad \nu_A = \nu_B = \nu_C = k - 1 = 4 - 1 = 3, \quad \nu_e = (k-1)(k-2) = (4-1)(4-2) = 6$$

③ 분산분석표의 작성

요인	SS	DF	MS	F_0	E(MS)	$F_{0.95}$
A	195.19	3	65.06	14.79^*	$\sigma_E^2 + 4\sigma_A^2$	9.28
B	349.69	3	116.56	26.49^*	$\sigma_E^2 + 4\sigma_B^2$	9.28
C	276.69	3	92.23	20.96^*	$\sigma_E^2 + 4\sigma_C^2$	9.28
e	26.37	6	4.40		σ_e^2	
T	847.94	15				

위의 분산분석 결과에서 A, B, C 인자가 위험률 5%로 유의적이다.

(2) 인자 A, B, C가 유의한 경우의 유효반복수 n_e 계산

$$n_e = \frac{\text{총실험횟수}}{\text{유의한 요인의 자유도 합} + 1} = \frac{k^2}{\nu_A + \nu_B + \nu_C + 1} = \frac{k^2}{3(k-1)+1} = \frac{4^2}{3(4-1)+1} = \frac{8}{5}$$

---

13 제당공장에서는 탄산포충공정의 탈색률과 여과공정의 여과성이 원가의 절감과 품질개선에 반영된다. 이에 탈색률과 관련된 인자와 그 수준은 다음과 같이 결정하고 실험을 실시하였다. 여기서, 인자 A와 인자 B간의 교호작용이 있으리라고 기술적으로 판단되어 이를 구하고 싶어 $L_{16}(2^{15})$ 직교배열표에 배치하여 분산분석표까지 작성하였다.

[실험조건]	* 인자 A : 제2탑의 pH값(4수준)	* 인자 B : 제2탑의 온도(2수준)
	* 인자 C : 제3탑의 pH값(2수준)	* 인자 D : 제3탑의 온도(2수준)
	* 인자 F : 수조온도(2수준)	* 인자 G : 포충시간(2수준)

[표 1] $L_{16}(2^{15})$ 직교배열표

실험 번호	실험 순서	열번호															탈색률 (%)
		1	2	3	4	5	6	7	8	9	10	11	12	13	14	15	
1	5	0	0	0	0	0	0	0	0	0	0	0	0	0	0	0	61.3
2	16	0	0	0	0	0	0	0	1	1	1	1	1	1	1	1	60.3
3	6	0	0	0	1	1	1	1	0	0	0	0	1	1	1	1	60.4
4	14	0	0	0	1	1	1	1	1	1	1	1	0	0	0	0	60.8
5	3	0	1	1	0	0	1	1	0	0	1	1	0	0	1	1	59.3
6	8	0	1	1	0	0	1	1	1	1	0	0	1	1	0	0	55.4
7	4	0	1	1	1	1	0	0	0	0	1	1	1	1	0	0	56.6
8	11	0	1	1	1	1	0	0	1	1	0	0	0	0	1	1	59.3
9	15	1	0	1	0	1	0	1	0	1	0	1	0	1	0	1	58.0
10	12	1	0	1	0	1	0	1	1	0	1	0	1	0	1	0	57.4
11	1	1	0	1	1	0	1	0	0	1	0	1	1	0	1	0	52.7
12	10	1	0	1	1	0	1	0	1	0	1	0	0	1	0	1	59.4
13	7	1	1	0	0	1	1	0	0	1	1	0	0	1	1	0	57.2
14	2	1	1	0	0	1	1	0	1	0	0	1	1	0	0	1	55.8
15	13	1	1	0	1	0	0	1	0	1	1	0	1	0	0	1	56.0
16	9	1	1	0	1	0	0	1	1	0	0	1	0	1	1	0	60.5
기본표시		a	b	a b	c	a c	b c	a b c	d	a d	b d	a b d	c d	a c d	b c d	a b c d	T=930.4
배치		B	A	A $\times$ B	A	A $\times$ B	A	A $\times$ B	C	D	e	e	F	e	e	G	

[표 2] 분산분석표

요인	SS	DF	MS	F_0	$F_{0.90}$
A	10.975	3	3.658	3.89	4.19
B	16.810	1	16.810	17.87*	4.54
C	3.423	1	3.423	3.64	4.54
D	7.563	1	7.563	8.04*	4.54
F	2.723	1	2.723	27.11*	4.54
G	25.503	1	25.503	2.89	4.54
$A \times B$	14.315	3	4.772	5.07*	4.19
e	3.763	4	0.941		
T	85.073	15			

(1) $A \times B$의 2원표와 D, F의 1원표를 작성하시오.

(2) 탈색률을 가장 좋게 하는 최적수준조합을 구하고, 점추정값을 구하시오.

(3) 최적수준조합을 신뢰율 90%로 구간추정을 행하시오.

[해설]

☞ 2수준과 4수준 인자의 실험을 위해 2수준계 직교표를 이용한 신뢰구간 추정 문제이다.

(1) 탈색률을 가장 크게 하는 인자의 최적수준조합

① 분산분석표 해석 : 인자 B, D, F 와 교호작용 $A \times B$ 가 유의하다.

② A, B 인자의 최적수준조합의 선택

	A_0	A_1	A_2	A_3	계
B_0	121.6	121.2	114.7	115.9	473.4
B_1	115.4	112.1	113.0	116.5	457.0
계	237.0	233.3	227.7	232.4	930.4

AB 2원표에서 볼 때 탈색률을 최대로 하는 조합은 $A_0 B_0$ 이다.

③ 인자 D 및 F 의 최적수준

D_0	D_1
470.7	459.7

F_0	F_1
475.8	454.6

D 의 1원표에서 탈색률을 최대로 하는 최적수준은 D_0 이다.

F 의 1원표에서 탈색률을 최대로 하는 최적수준은 F_0 이다.

④ 최적수준조합은 $A_0 B_0 D_0 F_0$

(2) 최적 수준조합인 $\mu(A_0 B_0 D_0 F_0)$ 에서 모평균의 90% 신뢰구간 추정

① 점추정치

분산분석 결과 B, D, F, $A \times B$ 만이 유의하므로

$$\hat{\mu}(A_0 B_0 D_0 F_0) = \overline{\mu + b_0 + (ab)_{00} + d_0 + f_0} = \overline{\mu + a_0 + b_0 + (ab)_{00}} + \overline{\mu + d_0} + \overline{\mu + f_0} - \overline{\mu + a_0} - \hat{\mu}$$

$$= \frac{121.6}{2} + \frac{470.7}{8} + \frac{475.8}{8} - \frac{237.0}{4} - \frac{930.4}{16} = 61.713$$

② 90% 신뢰구간 추정

$$\hat{\mu}(A_0 B_0 D_0 F_0) = 61.713 \pm t_{1-\alpha/2}(\nu_e)\sqrt{\frac{V_e}{n_e}} = 61.713 \pm t_{0.95}(4)\sqrt{\frac{V_e}{n_e}} = 61.713 \pm 2.132 \times \sqrt{\frac{0.941}{16/7}}$$

$$= 61.713 \pm 1.368 = (60.345,\ 63.080)$$

여기서, $n_e = \dfrac{총실험횟수}{유의한 요인의 자유도 합+1} = \dfrac{N}{\nu_B + \nu_{A \times B} + \nu_D + \nu_F + 1} = \dfrac{16}{1+3+1+1+1} = \dfrac{16}{7}$

◆ 신뢰성관리 ◆

(14) 어떤 제품의 수명은 지수분포를 따르며, 평균수명이 500시간이고, 이미 500시간을 사용하였다. 앞으로 100시간을 더 사용할 때 고장없이 작업을 수행할 신뢰도를 구하시오.

[해설]

☞ $R(600/500) = \dfrac{P_r(T \geq 600)}{P_r(T \geq 500)} = \dfrac{R(t=600)}{R(t=500)} = \dfrac{e^{-600/500}}{e^{-500/500}} = 0.8187$ (여기서, $R(t) = e^{-t/MTBF}$)

15 형상모수 $m=4$, 척도모수 $\eta=1,000$, 위치모수 $\gamma=1,000$인 와이블분포에서 다음의 물음에 답하시오.

(1) 사용시간 1,500시간일 때의 신뢰도를 구하시오.

(2) 사용시간 1,500시간일 때의 고장률을 구하시오.

[해설]

(1) $R(t=1,500) = \exp\left(-\dfrac{(t-\gamma)^m}{\eta}\right) = \exp\left(-\dfrac{(1,500-1,000)^4}{1,000}\right) = 0.9394$

(2) $\lambda(t=1,500) = \dfrac{m}{\eta}\left(\dfrac{t-\gamma}{\eta}\right)^{m-1} = \dfrac{4}{1,000}\left(\dfrac{1,500-1,000}{1,000}\right)^{4-1} = 5.0 \times 10^{-4}\,(/\text{시간})$

16 어떤 제품의 로트에서 $n=12$개 샘플을 취하여 120시간까지 관측한 결과 13, 45, 76, 94, 104시간에서 고장이 발생하였다면, 이 제품의 평균수명 MTTF를 추정하시오.
(단, 제품의 수명기간은 지수분포를 따른다고 알려져 있다.)

[해설]

☞ 수명시간 t 가 지수분포를 따르는 때 정시중단시험에서(고장나도 교체를 안 하는 경우)

$$\widehat{MTTF} = \hat{\theta} = \frac{T}{r} = \frac{\sum t_i + (n-r)t_c}{r} = \frac{(13+45+76+94+104)+(12-5)\times120}{5} = 234.4(\text{시간})$$

제5장

품질경영기사 실기 CBT 모의고사5

1
장

2
장

3
장

4
장

5
장

6
장

1
장

2
장

3
장

4
장

5
장

6
장

부
록

| 국가기술자격시험 | 품질경영기사 실기 모의고사 5-1R | 시험시간 : 3시간 |

◆ 통계적품질관리 ◆

01 어떤 화학약품의 제조에 상표가 다른 2종류의 원료를 사용하고 있다. 각 원료에서 그 주성분 A의 함량은 다음과 같다. (단위 : %)

| 상표 1 | 80.4 | 78.2 | 80.1 | 77.1 | 79.6 | 80.4 | 81.6 | 79.9 | 84.4 | 80.9 | 83.1 |
| 상표 2 | 79.5 | 80.7 | 79.0 | 77.5 | 75.6 | 76.5 | 79.6 | 79.4 | 78.3 | 80.3 | |

상표 1의 주성분 A의 평균 함량을 μ_1, 상표 2의 평균 함량을 μ_2라고 할 때, 함량의 차이가 μ_1이 μ_2에 비해 0.4%를 초과한다고 할 수 있는지를 유의수준 5%로 검정하고, 유의하면 신뢰한계를 계산하시오.

해설

☞ 두 개의 모평균차 검정은 등분산 여부를 먼저 파악후 검정 실시

(1) 등분산의 검정 (모분산비의 검정)

① 가설 설정 : $H_0 : \sigma_1^2 = \sigma_2^2$, $H_1 : \sigma_1^2 \neq \sigma_2^2$ (양쪽검정)

② 유의수준 : $\alpha = 0.05$로 함.

③ 검정통계량의 값(F_0) 계산 : $F_0 = \dfrac{V_1}{V_2} = \dfrac{4.15}{2.73} = 1.52$ ($V_1 > V_2$의 관계임)

$$여기서,\ V_1 = \frac{S_1}{\nu_1} = \frac{S_1}{n_1 - 1} = \frac{1}{n_1 - 1}\left[\sum x_1^2 - \frac{(\sum x_1)^2}{n_1}\right] = 4.15$$

$$V_2 = \frac{S_2}{\nu_2} = \frac{S_2}{n_2 - 1} = \frac{1}{n_2 - 1}\left[\sum x_2^2 - \frac{(\sum x_2)^2}{n_2}\right] = 2.73$$

④ 기각역 설정 : ($V_1 > V_2$이므로) $F_0 > F_{1-\alpha/2}(\nu_1,\ \nu_2) = F_{0.975}(10,\ 9) = 3.96$ 또는

$$F_0 < F_{\alpha/2}(\nu_1,\ \nu_2) = F_{0.025}(10,\ 9) = \frac{1}{F_{0.975}(9,\ 10)} = \frac{1}{3.78} = 0.265 \ 이면 \ H_0 \ 기각$$

⑤ 판정 : $F_{0.025}(10,\ 9) = 0.265 < F_0 = 1.52 < F_{0.975}(10,\ 9) = 3.96$이므로 유의수준 5%로 H_0를 기각할 수 없다. 즉, 상표 1과 상표 2 사이의 모분산에 차이가 있다고 할 수 없다.

(2) 두 개 모평균차의 검정 (σ_1^2, σ_2^2 미지이고, $\sigma_1^2 = \sigma_2^2 = \sigma^2$인 경우의 검정)

① 가설 설정 : $H_0 : \mu_1 - \mu_2 \leq 0.4\%$, $H_1 : \mu_1 - \mu_2 > 0.4\%$ (한쪽검정)

② 유의수준 : $\alpha = 0.05$로 함.

③ 검정통계량의 값(t_0) 계산 : $t_0 = \dfrac{(\bar{x}_1 - \bar{x}_2) - \delta_0}{\sqrt{s^2\left(\dfrac{1}{n_1} + \dfrac{1}{n_2}\right)}} = \dfrac{(80.52 - 78.64) - 0.4}{\sqrt{3.481\left(\dfrac{1}{11} + \dfrac{1}{10}\right)}} = 1.813$

여기서, $s^2 = V = \dfrac{S_1 + S_2}{\nu_1 + \nu_2} = \dfrac{\nu_1 V_1 + \nu_2 V_2}{n_1 + n_2 - 2} = \dfrac{10 \times 4.15 + 9 \times 2.73}{11 + 10 - 2} = 3.481$

④ 기각역 설정 : $t_0 > t_{1-\alpha}(\nu)$이면 H_0 기각

⑤ 판정 : $t_0 = 1.813 > t_{1-\alpha}(\nu) = t_{1-0.05}(n_1 + n_2 - 2) = t_{0.95}(19) = 1.729$ 이므로 유의수준 5%로 H_0를 기각한다.

(3) 모평균 차의 신뢰한계 추정

검정 결과 $H_1 : \mu_1 - \mu_B > 0.4\%$ 가 채택되었으므로 신뢰하한값을 추정하도록 한다.

$$\widetilde{(\mu_1 - \mu_2)}_L = (\bar{x}_1 - \bar{x}_2) - t_{1-\alpha}(\nu)\sqrt{s^2\left(\dfrac{1}{n_1} + \dfrac{1}{n_2}\right)} = (\bar{x}_1 - \bar{x}_2) - t_{0.95}(19) \cdot \sqrt{s^2\left(\dfrac{1}{n_1} + \dfrac{1}{n_2}\right)}$$

$$= (80.518 - 78.64) - 1.729 \times \sqrt{3.481\left(\dfrac{1}{11} + \dfrac{1}{10}\right)} = 0.4687(\%)$$

02 $U_{CL} = 130$, $L_{CL} = 70$인 x 관리도가 있다. 만약 산포는 정상적 상태이고 공정의 평균이 120으로 변화되었다면 이 관리도의 검출력은 얼마인가?

[해설]

☞ x 관리도에서 공정의 평균이 $\mu' = 120$으로 변한 경우의 검출력$(1 - \beta)$

$$1 - \beta = P_r(x > U_{CL}) + P_r(x < L_{CL}) = P_r\left(\dfrac{x - \mu'}{\sigma} > \dfrac{U_{CL} - \mu'}{\sigma}\right) + P_r\left(\dfrac{x - \mu'}{\sigma} < \dfrac{L_{CL} - \mu'}{\sigma}\right)$$

$$= P_r\left(U > \dfrac{U_{CL} - \mu'}{\sigma}\right) + P_r\left(U < \dfrac{L_{CL} - \mu'}{\sigma}\right) = P_r\left(U > \dfrac{130 - 120}{10}\right) + P_r\left(U < \dfrac{70 - 120}{10}\right)$$

$$= P_r(U > 1) + P_r(U < -5) = 0.1587 + 0 = 0.1587 \ (15.87\%)$$

여기서, $U_{CL} - L_{CL} = 6\sigma \rightarrow 130 - 70 = 6\sigma \rightarrow \sigma = 10$

[참고] 객관식 문제에서는 빠른 계산이 중요하므로 이 경우 L_{CL}을 벗어나는 확률은 생략하고 계산하면 좋음. 단, 주관식 문제에서는 생략하지 않도록 한다.

[참고] KS Q ISO 7870-2(관리도-제2부: 슈하트 관리도)(2019-12-16 최종개정확인)에서 CL→C_L, UCL→U_{CL}, LCL→L_{CL}, Me→$\tilde{x}$, 이동범위 $R → R_m$으로 표기가 변경됨.

03 $N(100, \sigma^2 = ?)$인 모집단에서 시료 15개를 랜덤으로 샘플링하여 시료평균 $\bar{x}$를 계산할 때, $\bar{x}$의 값이 $100 \pm k$ 값 밖으로 나갈 확률을 10%라고 하면 k값은 얼마인가?
(단, 시료분산은 16이다.)

[해설]

☞ $k = t_{1-\alpha/2}(\nu)\dfrac{s}{\sqrt{n}} = t_{1-\alpha/2}(\nu)\dfrac{\sqrt{V}}{\sqrt{n}} = 1.761 \times \dfrac{\sqrt{16}}{\sqrt{15}} = 1.819$

여기서, $\alpha = 0.1$, $t_{1-\alpha/2}(\nu) = t_{1-0.1/2}(14) = t_{0.95}(14) = 1.761$

04 $U_{CL} = 18.7$, $L_{CL} = 13.7$, $n = 4$인 $\bar{x}$ 관리도가 있다. 만약 공정의 분포가 $N(15, 2^2)$이라면, 3σ 관리도에서 $\bar{x}$가 관리한계선 밖으로 나갈 확률은 얼마인가?

[해설]

☞ 공정변동이 없는 상태이므로 $\bar{x}$가 관리한계를 벗어날 확률은 제1종 과오(α)가 된다.

$$\alpha = P_r(\bar{x} > U_{CL}) + P_r(\bar{x} < L_{CL}) = P_r\left(\dfrac{\bar{x} - \mu}{\sigma/\sqrt{n}} > \dfrac{U_{CL} - \mu}{\sigma/\sqrt{n}}\right) + P_r\left(\dfrac{\bar{x} - \mu}{\sigma/\sqrt{n}} < \dfrac{L_{CL} - \mu}{\sigma/\sqrt{n}}\right)$$

$$= P_r\left(U > \dfrac{U_{CL} - \mu}{\sigma/\sqrt{n}}\right) + P_r\left(U < \dfrac{L_{CL} - \mu}{\sigma/\sqrt{n}}\right) = P_r\left(U > \dfrac{18.7 - 15}{2/\sqrt{4}}\right) + P_r\left(U < \dfrac{13.7 - 15}{2/\sqrt{4}}\right)$$

$$= P_r(U > 3.7) + P_r(U < -1.3) = 0.0001 + 0.0968 = 0.0969 \ (9.69\%)$$

05 어떤 금속판의 두께는 두꺼울수록 좋다. 로트의 평균치가 40mm이상이면 합격으로 하고, 35mm이하이면 불합격으로 하는 샘플링검사 방식을 설계하시오.
(단, 로트의 표준편차 $\sigma = 3$mm, $\alpha = 0.05$, $\beta = 0.10$으로 한다.)

$\dfrac{\|m_1 - m_0\|}{\sigma}$	n	G_0
2.069 이상	2	1.163
1.690~2.068	3	0.950
1.463~1.689	4	0.822
1.309~1.462	5	0.736
1.195~1.308	6	0.672
1.106~1.194	7	0.622
1.035~1.105	8	0.582
0.975~1.034	9	0.548
0.925~0.974	10	0.520
0.882~0.924	11	0.469
0.845~0.881	12	0.475
0.812~0.844	13	0.456

해설

☞ σ 기지의 계량규준형 1회 샘플링검사, 로트의 평균치 보증, 특성치가 높을수록 좋은 경우이다. 검사방식은 $(n, \overline{X}_L)$로 결정된다.

(1) 하한합격판정치($\overline{X}_L$) 계산

$m_0 = 40$, $m_1 = 35$, $\sigma = 3$이고, 주어진 m_0, m_1을 근거로 하여 n과 G_0를 구하는 표에서

$\dfrac{|m_1 - m_0|}{\sigma} = \dfrac{|35-40|}{3} = 1.667$ 이므로 $n = 4$, $G_0 = 0.822$이다.

$\therefore \overline{X}_L = m_0 - G_0 \cdot \sigma = 40 - 0.822 \times 3 = 37.534$mm

(2) 샘플링검사 방식 : $n = 4$, $\overline{X}_L = 37.534$ mm

(3) 판정 : $\overline{x} \geq \overline{X}_L$이면 로트를 합격시키고, $\overline{x} < \overline{X}_L$이면 로트를 불합격시킨다.

06 어떤 로트에서 5개의 제품을 랜덤하게 샘플링하여 각 4회씩 측정하였을 때 이 데이터의 정밀도 $\sigma_{\overline{x}}^2$은 얼마인지 구하시오. (단, $\sigma_s^2 = 0.15$, $\sigma_m^2 = 0.2$이다.)

해설

☞ 시료를 $n = 5$개 취하여 각각 $k = 4$회씩 측정한 때 그 시료평균의 분산(샘플링 추정정밀도)은

$$V(\overline{x}) = \sigma_{\overline{x}}^2 = \frac{1}{n}\left(\sigma_S^2 + \frac{\sigma_m^2}{k}\right) = \frac{1}{5}\left(0.15 + \frac{0.2}{4}\right) = 0.04$$

07 $N(100, 5^2)$인 정규분포를 따르는 모집단에서 시료 n개를 취할 때, 시료평균 $\overline{x}$의 분포가 $N(100, 1^2)$을 따르고 있다. 이때 시료의 크기는 얼마여야 하는가?

해설

☞ $\sigma_x = 5$, $\sigma_{\overline{x}} = 1$이고, $\sigma_{\overline{x}}^2 = (\sigma_x / \sqrt{n})^2 \rightarrow n = (\sigma_x^2 / \sigma_{\overline{x}}^2) = 5^2 / 1^2 = 25$

08 확률변수 X의 확률분포가 아래와 같다. Y의 함수식이 $Y = 2X + 8$로 정의되는 경우 Y의 기대가와 분산은?

X	1	2	3	4	5
$P_r(X)$	0.1	0.2	0.4	0.2	0.1

해설 2008(기사3회차)

☞ $E(Y) = 2E(X) + 8 = 2\sum_{x=1}^{5} X \cdot P_r(X) + 8 = 2(1 \times 0.1 + 2 \times 0.2 + \cdots + 5 \times 0.1) + 8 = 2 \times 3 + 8 = 14$

$V(Y) = 2^2 V(X) = 2^2 \sum_{x=1}^{5} [X - E(X)]^2 P_r(X) = 2^2 [(1-3)^2 \times 0.1 + (2-3)^2 \times 0.2 + \cdots + (5-3)^2 \times 0.1] = 4.8$

◆ 실험계획법 ◆

(09) 실험계획의 원리 중 5가지만 서술하시오.

[해설]

☞ 실험계획에 사용되는 기본 원리
  ① 랜덤화의 원리 : 선정된 인자 외에 기타 원인들의 영향이 실험결과에 편기되게 영향을 미치는 것을 없애기 위한 방안.
  ② 반복의 원리 : 실험을 각 수준의 조합에서 1회 행하는 것보다는 가능하면 반복하여 2회 이상 행하여 실험결과의 정도(精度)를 높이기 위한 방안.
  ③ 블록화의 원리 : 실험전체를 시간적 혹은 공간적으로 분할하여 블록을 만들어 주어 각 블럭 내의 실험환경을 균일하게 하여 정도(精度)가 좋은 결과를 얻기 위한 방안.
  예로서, 난괴법.
  ④ 교락의 원리 : 구할 필요가 없는 2인자 교호작용이나 고차의 교호작용을 블록과 교락시키는 방법으로서, 검출할 필요가 없는 요인이 블록의 효과와 교락하게 됨으로써 실험의 효율을 높이기 위한 방안.
  ⑤ 직교화의 원리 : 요인간에 직교성을 갖도록 실험계획하여 데이터를 구함으로써 같은 실험 횟수라도 검출력이 더 좋게 검정하며, 정도가 더 높은 추정을 할 수 있도록 하는 방안.

(10) 어떤 반응공정의 수율을 향상시킬 목적으로 반응시간(A), 반응온도(B), 성분(C)의 3가지 인자를 취하여 요인실험을 하였다. 3인자 수준은 각각 2수준으로 인자의 수준조합은 8가지가 되는데 하루에 8회의 실험을 할 수 없으므로, 교호작용 $A \times B \times C$를 날과 교락시켜 2일에 걸쳐 4회씩 단독교락의 실험을 행하기로 하였다. 그러나 8회의 실험이 충분치 않다고 생각하여 $A \times B \times C$를 다시 날과 교락시켜 추가로 8회의 실험을 실시하여 아래의 데이터를 얻었다. A요인의 효과와 변동을 구하시오.

> [실험조건] 반응시간(A) : $A_0 = 2$, $A_1 = 3$(시간)
> 반응온도(B) : $B_0 = 750$, $B_1 = 760$(°C)
> 성분의 양(C) : $C_0 = 14.0$, $C_1 = 15.0$(g)

[반복 1] (단위 : %)		[반복 2] (단위 : %)	
블록 1	블록 2	블록 3	블록 4
a =83.3	ab =86.7	a =84.2	ac =84.8
abc =86.3	(1)=83.1	b =83.8	(1)=82.7
b =86.8	ac =84.0	abc =86.5	ab =88.0
c =84.1	bc =86.5	c =84.2	bc =85.5
$I = ABC$		$I = ABC$	

해설

☞ 정의대비 $I = ABC$ 이므로 블록간 변동 $S_{block} = S_{A \times B \times C}$ 이다.

(1) A 인자의 효과

블록에 교락시키고 싶은 A 인자의 효과에만 '－'를 붙여서 표현하므로

$$A = \frac{1}{8}(a-1)(b+1)(c+1) = \frac{1}{8}[(a+ab+ac+abc) - ((1)+b+c+bc)]$$

$$= \frac{1}{8}[\{(83.3+84.2)+(86.7+88.0)+(84.0+84.8)+(86.3+86.5)\}$$

$$- \{(83.1+82.7)+(86.8+83.8)+(84.1+84.2)+(86.5+85.5)\}] = 7.1$$

여기서, 계수의 값 $\dfrac{1}{2^{n-1} \cdot r} = \dfrac{1}{2^{3-1} \cdot 2} = \dfrac{1}{8}$

(2) A 인자 변동 $S_A = 2^{n-2} r (A$ 인자 효과$)^2 = 2^{3-2} \times 2 \times (A$ 인자 효과$)^2 = 2 \times 2 \times 7.1^2 = 201.64$

⑪ 2^4 형 실험에서 2개의 블록으로 나누어 교락법의 실험을 하려고 한다. 최고차항의 교호작용 $A \times B \times C \times D$를 블록과 교락시켜 실험을 하는 경우 실험배치를 하시오.

해설

☞ 2^4 형 실험에서 2개의 블록으로 나누어 실험하려면 $ABCD$를 블록과 교락시켜

$$ABCD = \frac{1}{8}(a-1)(b-1)(c-1)(d-1)$$

$$= \frac{1}{8}[((1)+ab+ac+ad+bc+bd+cd+abcd) - (a+b+c+d+abc+abd+acd+bcd)]$$

위의 식으로부터 블록 1, 2에 다음과 같이 배치시켜 실험하면 된다.

　　블록 1 : $(1)+ab+ac+ad+bc+bd+cd+abcd$

　　블록 2 : $a+b+c+d+abc+abd+acd+bcd$

최고차의 교호작용 $ABCD$를 블록에 교락시킨 2^4 요인실험의 블록배치는 다음과 같다.

블록 1	블록 2
(1)	a
ab	b
ac	c
ad	d
bc	abc
bd	abd
cd	bcd
$abcd$	acd

12 어떤 부품에 대하여 3개의 공정을 A_1, A_2, A_3로 설정하고 각 공정에서 랜덤하게 3개씩 추출하여 그 치수를 측정한 결과가 다음과 같다. 아래의 물음에 답하시오.

(단, $X_{ij} = (x_{ij} - 15) \times 10$ 이고, $\alpha = 0.05$로 검정하시오.)

반복 \ 로트	A_1	A_2	A_3
1	4	-1	5
2	2	-2	4
3	0	-9	0

(1) 공정간 부품치수의 차이가 있다고 할 수 있는지 유의수준 10%로 분산분석표를 작성하시오.

(2) 공정 A_1의 모평균에 대한 점추정치를 구하시오.

[해설]

☞ 1원배치법 (반복수 일정)

(1) 분산분석표 작성

① 변동 계산 : 수치변환된 데이터로부터 변동 계산을 한 후 원래의 값으로 환원시킨다.

$$CT' = \frac{T'^2}{N} = \frac{T'^2}{lr} = \frac{3^2}{3 \times 3} = 1$$

$$S'_A = \sum_i \frac{T_{i\cdot}^2}{r} - CT' = \frac{1}{3}[6^2 + (-12)^2 + 9^2] - 1 = 86$$

$$S'_T = \sum_i \sum_j X_{ij}^2 - CT' = [4^2 + (-1)^2 + \cdots + 0^2] - 1 = 146$$

환원시키면, $S_A = S'_A \times \frac{1}{h^2} = 86 \times \frac{1}{10^2} = 0.86$, $S_T = S'_T \times \frac{1}{h^2} = 146 \times \frac{1}{10^2} = 1.46$

$$S_e = S_T - S_A = 1.46 - 0.86 = 0.6$$

② 자유도 계산

$$\nu_T = lr - 1 = 3 \times 3 - 1 = 8, \ \nu_A = l - 1 = 3 - 1 = 2, \ \nu_e = l(r-1) = 3 \times (3-1) = 6$$

③ 분산분석표 작성

요인	SS	DF	MS	F_0	$F_{0.90}$	$E(V)$
A	0.86	2	0.43	4.3^*	3.46	$\sigma_e^2 + 3\sigma_A^2$
e	0.60	6	0.10			σ_e^2
T	1.46	8				

요인 A 는 $F_0(A) = 4.3 > F_{0.90}(2,\ 6) = 3.46$ 이므로 위험률 10%로 유의적이다.

(2) 공정 A_1 의 모평균에 대한 점추정치

$$\hat{\mu}(A_1) = x_0 + \overline{X}_{1\cdot} = x_0 + \frac{T_{1\cdot}'}{r_1} \times \frac{1}{h} = 15 + \frac{6}{3} \times \frac{1}{10} = 15.2$$

[참고] 원데이터 x_{ij} 를 $X_{ij} = (x_{ij} - x_0) \times h$ 로 수치변환한 경우 원데이터로의 환원방법

$$\overline{x}_{i\cdot} = x_0 + \frac{T_{i\cdot}'}{r_i} \times \frac{1}{h} = x_0 + \overline{X}_{i\cdot} \times \frac{1}{h}$$

13 $L_8(2^7)$ 형에 다음과 같이 A, B, C 의 3인자와 $A \times B$ 의 교호작용을 배치하여 랜덤한 순서로 실험하여 표와 같은 수명 데이터를 얻었다. (단, 수명은 클수록 좋으며, 소수점 3자리로 수치맺음을 하시오.)

(1) 위험률(α) 10%로 분산분석을 실시하시오.

(2) 최적조건에서 신뢰율 90%로 조합평균의 신뢰구간을 추정하시오.

[표] $L_8(2^7)$ 형 직교배열표

	1	2	3	4	5	6	7	데이터
1	0	0	0	0	0	0	0	35
2	0	0	0	1	1	1	1	48
3	0	1	1	0	0	1	1	21
4	0	1	1	1	1	0	0	38
5	1	0	1	0	1	0	1	50
6	1	0	1	1	0	1	0	43
7	1	1	0	0	1	1	0	31
8	1	1	0	1	0	0	1	22
배치		A	$A \times B$	C	B			

[해설]

☞ $L_8(2^7)$ 형 직교배열표 활용 분산분석 및 신뢰구간 추정

(1) 분산분석

① 변동의 계산

$$S_A = \frac{1}{N}[(1수준\ 데이터\ 합)-(0수준\ 데이터\ 합)]^2$$

$$= \frac{1}{8}[(21+38+31+22)-(35+48+50+43)]^2 = 512$$

$$S_B = \frac{1}{8}[(48+38+50+31)-(35+21+43+22)]^2 = 264.5$$

$$S_C = \frac{1}{8}[(48+38+43+22)-(35+21+50+31)]^2 = 24.5$$

$$S_{A\times B} = \frac{1}{8}[(21+38+50+43)-(35+48+31+22)]^2 = 32$$

$$S_T = \sum_i {x_i}^2 - CT = \sum_i {x_i}^2 - \frac{T^2}{N} = (35^2+48^2+\cdots+22^2) - \frac{288^2}{8} = 840.0$$

$$S_e = S_T - (S_A + S_B + S_C + S_{A\times B}) = 7.0$$

② 분산분석표

요인	SS	DF	MS	F_0	$F_{0.90}$
A	512	1	512	219.46*	5.54
B	264.5	1	264.5	13.72*	5.54
$A \times B$	32	1	32	113.37*	5.54
C	24.5	1	24.5	10.50*	5.54
e	7	3	2.333		
T	840	7			

③ 분산분석 결과 : 인자 A, B, C 및 교호작용 $A \times B$가 유의하다.

(2) 최적수준조합에서의 신뢰구간 추정

① 교호작용 $A \times B$가 유의하므로 AB 2원표에서 인자 A, B의 최적수준조합을 선택한다.

	A_0	A_1	
B_0	35+43=78	21+22=43	☞ $A_0 B_1$이 최적수준조합
B_1	48+50=**98**	38+31=69	

② 인자 C가 유의하므로 인자 C의 1원표에서 최적수준을 선택한다.

C_0	C_1	
35+21+50+31=137	48+38+43+22=**151**	☞ C_1이 최적수준

③ 수명을 가장 길게 하는 최적조건 : $A_0 B_1 C_1$

④ 최적수준조합인 $\mu(A_0 B_1 C_1)$에서 모평균의 90% 신뢰구간 추정

㉮ 점추정치 : $\hat{\mu}(A_0 B_1 C_1) = \overline{\mu + a_0 + b_1 + (ab)_{01} + c_1} = \overline{\mu + a_0 + b_1 + (ab)_{01}} + \overline{\mu + c_1} - \hat{\mu}$

$$= \frac{98}{2} + \frac{151}{4} - \frac{288}{8} = 49 + 37.75 - 36 = 50.75$$

㉯ 90% 신뢰구간 추정 : $\hat{\mu}(A_0 B_1 C_1) = \hat{\mu}(A_0 B_1 C_1) \pm t_{1-\alpha/2}(\nu_e)\sqrt{\dfrac{V_e}{n_e}}$

$$= 50.75 \pm t_{0.95}(3)\sqrt{\frac{2.333}{8/5}} = 50.75 \pm 2.353 \times \sqrt{\frac{2.333}{8/5}} = (47.909,\ 53.591)$$

여기서, 유효반복수 $n_e = \dfrac{\text{총실험횟수}}{\text{유의한 요인의 자유도 합} + 1} = \dfrac{8}{4+1} = \dfrac{8}{5}$

◆ 신뢰성관리 ◆

14 어떤 제품의 수명은 지수분포를 따르며, 평균수명이 10,000시간이고, 이미 5,000시간을 사용하였다. 앞으로 1,000시간을 더 사용할 때 고장없이 작업을 수행할 신뢰도는 얼마인가?

[해설]

☞ $R(t=6,000) = e^{-\lambda t} = e^{-t/MTBF} = e^{-6,000/10,000} = 0.549$

[참고] 정규분포인 경우는 조건부 확률에 의거 신뢰도가 계산될 수 있다.

15 Y회사에서는 지하철 전동차에 소요되는 크고 작은 스프링을 제조하여 납품을 하는데 납품회사는 승객들의 안전을 생각하여 스프링의 수명을 현재보다 연장시키기를 원하고 있다.

따라서 Y회사의 제품개발실에서는 소재와 공정을 개선하여 현재 사용되는 스프링보다 성능이 우수한 신제품을 개발하여 시작품을 만든 후에 그 중에서 8개의 스프링에 대하여 수명시험을 한 결과 고장이 발생한 사이클수는 다음과 같다. 95% 신뢰수준에서 평균수명에 대한 신뢰구간을 추정하시오. (단, 고장발생은 지수분포에 따른다고 한다.)

[고장이 발생한 사이클수]
8,712, 21,915, 39,400, 54,613, 79,000, 110,200, 151,208, 204,312

[해설]

☞ 정수중단방식, 도중에 교체가 없는 경우로서, 양쪽구간 추정 문제

$$T = \sum t_i + (n-r)t_r = \sum t_i + (8-8)t_r = \sum t_i = 8,712 + 21,915 + \cdots + 204,312 = 669,360$$

$$\frac{2T}{\chi^2_{1-\alpha/2}(2r)} \le \hat{\theta} \le \frac{2T}{\chi^2_{\alpha/2}(2r)} \quad \rightarrow \quad \frac{2T}{\chi^2_{0.975}(16)} \le \hat{\theta} \le \frac{2T}{\chi^2_{0.025}(16)}$$

$$\rightarrow \quad \frac{2 \times 669,360}{28.85} \le \hat{\theta} \le \frac{2 \times 669,360}{6.91} \quad \rightarrow \quad \therefore \quad 46,402.77 \le \hat{\theta} \le 193,736.61$$

[참조] 문제의 경우는 정수중단방식 중 전수고장의 경우가 됨.

16 고장률이 $\lambda = 1.05361 \times 10^{-7}$ (/시간)인 1,000개의 부품으로 구성된 기기를 사용할 때 신뢰도가 0.9가 되는 사용시간을 구하시오. (단, 부품은 지수분포에 따른다.)

[해설]

☞ 문제에서 구성된 기기는 직렬결합으로 볼 수 있으며,

$R(t) = 0.9$ 이고, $R(t) = e^{-\lambda_S \cdot t} = e^{-n \cdot \lambda \cdot t} = e^{-1,000 \times 1.0536 \times 10^{-7} \times t} = 0.9 \quad \rightarrow \quad t = 1,000$ (시간)

국가기술자격시험	품질경영기사 실기 모의고사 5-2R	시험시간 : 3시간

◆ 통계적품질관리 ◆

01 샘플링 검사(KS Q ISO 2859-1)의 엄격도전환 절차 중 보통검사에서 까다로운 검사, 보통검사에서 수월한 검사, 수월한 검사에서 보통검사, 까다로운 검사에서 보통검사, 검사 중지가 되는 전제조건을 제시하시오.

[해설]

☞ AQL 지표형 샘플링검사의 엄격도전환 규칙

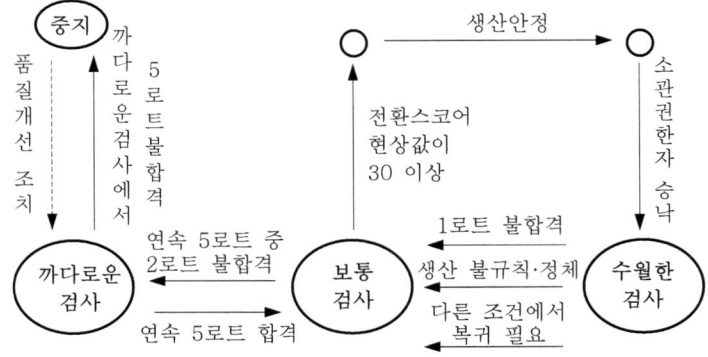

02 어떤 금속판 두께의 기본치수가 5mm인데, 두께의 평균치가 기본치수로부터 ±0.15mm 이내에 있는 로트는 통과시키고, 그것이 ±0.40mm인 로트는 통과시키지 않도록 하는 검사방식을 설계하시오. (단, 로트의 표준편차 σ =0.2mm이고, α =0.05, β =0.10이다.)

$\dfrac{\|m_1 - m_0\|}{\sigma}$	n	G_0
1.309~1.462	5	0.736
1.195~1.308	6	0.672
1.106~1.194	7	0.622

[해설]

☞ σ 기지의 계량규준형 샘플링검사에서 로트의 평균치를 보증하는 경우로서, 상한 및 하한 합격판정치를 동시에 구하는 경우이다.

(1) m_0', m_1' 은 상한에 대한 값으로 하고, m_0'', m_1'' 는 하한에 대한 값으로 할 때,

$m_0' = 5.15$, $m_1' = 5.4$ 이고, $m_0'' = 4.85$, $m_1'' = 4.6$ 이 되어, $\dfrac{|m_1' - m_0'|}{\sigma} = \dfrac{|5.4 - 5.15|}{0.2} = 1.25$

이므로, 주어진 표에서 $n = 6$, $G_0 = 0.672$를 얻게 된다.

(2) 상한 및 하한 합격판정치를 구할 수 있는 조건 $\dfrac{m_0' - m_0''}{\sigma / \sqrt{n}} = \dfrac{5.15 - 4.85}{0.2 / \sqrt{6}} = 3.67 > 1.7$ 을

만족하므로 구하는 샘플링검사방식은(n, $\overline{X}_U$ 및 $\overline{X}_L$)로 결정된다.

$\overline{X}_U = m_0' + G_0\sigma = 5.15 + 0.672 \times 0.2 = 5.28$

$\overline{X}_L = m_0'' - G_0\sigma = 4.85 - 0.672 \times 0.2 = 4.72$

따라서 샘플링검사방식은($n = 6$, $\overline{X}_U = 5.28$ 및 $\overline{X}_L = 4.72$)이고, $n = 6$의 시료를 샘플링하여 그 평균치 $\overline{x}$를 구했을 때 다음과 같이 판정한다.

$4.72 \leq \overline{x} \leq 5.28$이면 로트합격, $\overline{x} < 4.72$ 또는 $\overline{x} > 5.28$이면 로트불합격

[참고] 특성치가 너무 높거나 너무 낮아도 좋지 않은 경우

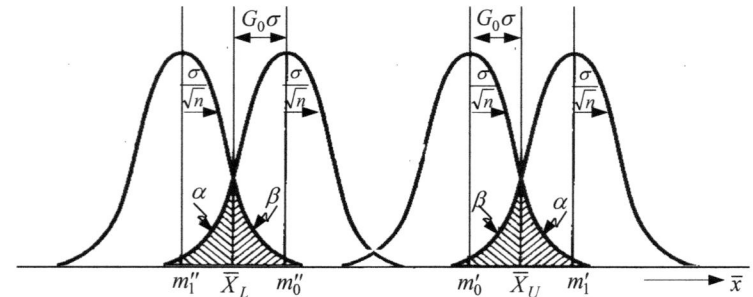

03) 어떤 제품이 평균 450시간, 표준편차 50시간의 정규분포를 따른다고 한다. 이 제품 200개를 새로 사용하기 시작했다면, 제품의 수명이 500~600시간 사이의 개수는 얼마나 되겠는가?

[해설]

☞ 이 경우는 제품의 고장개수나 혹은 신뢰성을 구하는 문제가 아니며, 정규분포상의 확률에 기반한 해당 구간에 있는 제품의 개수를 구하는 문제임.

$$P_r(500 \leq t \leq 600) = P_r\left(\frac{500 - \mu}{\sigma} \leq \frac{t - \mu}{\sigma} \leq \frac{600 - \mu}{\sigma}\right) = P_r\left(\frac{500 - 450}{50} \leq U \leq \frac{600 - 450}{50}\right)$$

$$= P_r(1 \leq U \leq 3) = 0.1574$$

∴ 해당 구간의 제품 개수=0.1574×200=31.48 → 31개

[참고] $\mu \pm 1\sigma$ 내 포함 확률 → 0.6827(68.27%), $\mu \pm 3\sigma$ 내 포함 확률 → 0.9973(99.73%)

04 샘플링검사에서 AQL, m_0, m_1, α가 무엇을 뜻하는지 쓰시오.

[해설]

☞ 샘플링검사 관련 용어

① AQL : 합격품질수준, ② m_0 : 되도록 합격시키고 싶은 좋은 로트의 평균치의 한계

③ m_1 : 되도록 불합격시키고 싶은 나쁜 로트의 평균치의 한계

④ α : 생산자위험(평균치 m_0 또는 부적합품률 p_0와 같은 좋은 품질의 로트가 불합격될 확률)

05 한 항공사에서 조종사를 모집하는데, 한 코스를 완주하여 합격하기 위한 커트라인이 200분이라고 한다. 지원자들의 평균완주시간은 225분이며, 평균편차가 25분이라고 할 때 지원자들 중 몇 %가 합격하겠는가? 또, 합격자를 5%로 하기 위한 완주시간은 몇 분인가?

[해설]

(1) $P_r(t_i \leq 200) = P_r\left(\dfrac{t_i - \mu}{\sigma} \leq \dfrac{200-225}{25}\right) = P_r(U \leq -1) = 0.1587\,(15.87\%)$

(2) 합격자를 5%로 하기 위한 완주시간

정규분포의 하한 쪽 5%가 되는 분위점 값이므로

$$P_r(U \leq -1.645) = P_r\left(U \leq \dfrac{x-225}{25}\right) = 0.05(5\%) \rightarrow -1.645 = \dfrac{x-225}{25}$$

$$\rightarrow x = 183.875, \text{ 즉 } 183.875\text{분 이내라야 한다.}$$

06 다음 자료를 보고 적용되는 관리도의 관리한계선을 구하고 관리도를 작성하시오.

(단위 $n=1,000$m)

k	시료크기(n)	부적합수	k	시료크기(n)	부적합수
1	1.0	2	6	1.3	5
2	1.0	5	7	1.3	2
3	1.0	3	8	1.2	4
4	1.0	2	9	1.2	2
5	1.3	1	10	1.2	6

[해설]

(1) 시료군마다 n의 크기가 다르므로 단위당 부적합수 관리도인 u관리도를 사용한다.

(2) 관리한계선 계산 : $C_L = \bar{u} = \dfrac{\sum c}{\sum n} = \dfrac{32}{11.5} = 2.78$

① $n=1.0$일 때 : $U_{CL} = \overline{u} + 3\sqrt{\dfrac{\overline{u}}{n}} = 2.78 + 3\sqrt{\dfrac{2.78}{1.0}} = 2.78 + 5.00 = 7.78$

$\quad\quad\quad\quad\quad\quad L_{CL} = \overline{u} - 3\sqrt{\dfrac{\overline{u}}{n}} = 2.78 - 3\sqrt{\dfrac{2.78}{1.0}} = 2.78 - 5.00 = -\,(\text{고려하지 않음})$

② $n=1.3$일 때 : $U_{CL} = \overline{u} + 3\sqrt{\dfrac{\overline{u}}{n}} = 2.78 + 3\sqrt{\dfrac{2.78}{1.3}} = 2.78 + 4.39 = 7.17$

$\quad\quad\quad\quad\quad\quad L_{CL} = \overline{u} - 3\sqrt{\dfrac{\overline{u}}{n}} = 2.78 - 3\sqrt{\dfrac{2.78}{1.3}} = 2.78 - 4.39 = -\,(\text{고려하지 않음})$

③ $n=1.2$일 때 : $U_{CL} = \overline{u} + 3\sqrt{\dfrac{\overline{u}}{n}} = 2.78 + 3\sqrt{\dfrac{2.78}{1.2}} = 2.78 + 4.57 = 7.35$

$\quad\quad\quad\quad\quad\quad L_{CL} = \overline{u} - 3\sqrt{\dfrac{\overline{u}}{n}} = 2.78 - 3\sqrt{\dfrac{2.78}{1.2}} = 2.78 - 4.57 = -\,(\text{고려하지 않음})$

(3) 관리도의 작성

① 단위당 부적합수 u 계산

군번호	1	2	3	4	5	6	7	8	9	10
$u_i = \dfrac{c_i}{n_i}$	2	5	3	2	0.77	3.85	1.54	3.33	1.67	5.00

② u의 타점 및 한계선 표시

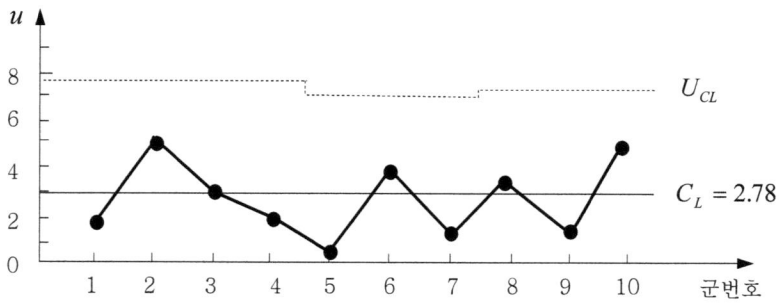

③ 관리상태 판정 : 관리한계선을 벗어나는 점이 없고, 점의 배열에 어떤 이상한 버릇도 없으므로 공정은 관리상태라고 판정할 수 있다.

07 x 관리도를 이용해 공정을 관리하고 있다. $U_{CL}=130$, $L_{CL}=70$, $\sigma=10$일 때 공정평균 μ 가 120으로 변했을 때의 검출력을 구하시오.

[해설]

☞ x 관리도에서 공정의 평균이 $\mu'=120$ 으로 변한 경우의 검출력$(1-\beta)$

$$1-\beta = P_r(x < L_{CL}) + P_r(x > U_{CL}) = P_r\left(\frac{x-\mu'}{\sigma} < \frac{L_{CL}-\mu'}{\sigma}\right) + P_r\left(\frac{x-\mu'}{\sigma} > \frac{U_{CL}-\mu'}{\sigma}\right)$$

$$= P_r\left(U < \frac{L_{CL}-\mu'}{\sigma}\right) + P_r\left(U > \frac{U_{CL}-\mu'}{\sigma}\right) = P_r\left(U < \frac{70-120}{10}\right) + P_r\left(U > \frac{130-120}{10}\right)$$

$$= P_r(U < -5) + P_r(U > 1) = 0 + 0.1587 = 0.1587 \ (15.87\%)$$

08 정규분포를 따르는 두 개의 모집단이 있다. $H_0 : \mu_1 = \mu_2$ 를 검정하기 위해 $n_1=10$, $n_2=$ 9개의 시료를 취해 $\bar{x}_1=17.2$, $\bar{x}_2=14.7$을 구했다. 두 모집단의 분산이 $\sigma_1^2=1.8$, $\sigma_2^2=8.7$로 알고 있을 때 두 모집단의 모평균차를 유의수준 $\alpha=0.05$로 검정하시오. 또, 신뢰율 95%에서 모평균 차의 신뢰구간을 추정하시오.

[해설]

☞ 두 개의 모평균차에 대한 검정 및 추정 (σ_1^2, σ_2^2 기지이고, $\sigma_1^2 \neq \sigma_2^2$)

(1) 두 개의 모평균차에 대한 검정

　① 가설 설정 : $H_0 : \mu_1 = \mu_2$, $H_1 : \mu_1 \neq \mu_2$ (양쪽검정)

　② 유의수준 : $\alpha = 0.05$

　③ 검정통계량 값 계산 : $U_0 = \dfrac{\bar{x}_1 - \bar{x}_2}{\sqrt{\dfrac{\sigma_1^{\ 2}}{n_1} + \dfrac{\sigma_2^{\ 2}}{n_2}}} = \dfrac{17.2-14.7}{\sqrt{\dfrac{1.8}{10} + \dfrac{8.7}{9}}} = 2.335$

　④ 기각역 설정 : $|U_0| > u_{1-\alpha/2} = u_{0.975} = 1.960$ 이면 H_0 기각

　⑤ 판정 : $|U_0| = 2.335 > u_{0.975} = 1.960$ 이므로 유의수준 5%로 H_0 를 기각한다.

　　　　　즉, A사와 B사의 모평균에 차이가 있다고 할 수 있다.

(2) 신뢰율 95%에서 모평균차의 신뢰구간 추정 (양쪽 구간)

$$\widehat{\mu_1 - \mu_2} = (\bar{x}_1 - \bar{x}_2) \pm u_{1-\alpha/2} \sqrt{\frac{\sigma_1^2}{n_1} + \frac{\sigma_2^2}{n_2}} = (\bar{x}_1 - \bar{x}_2) \pm u_{0.975} \sqrt{\frac{\sigma_1^2}{n_1} + \frac{\sigma_2^2}{n_2}}$$

$$= (17.2-14.7) \pm 1.96\sqrt{\frac{1.8}{10} + \frac{8.7}{9}} = 2.5 \pm 2.099 = (0.401, \ 4.599)$$

09 작업방법을 개선한 후 로트로부터 10개의 시료를 랜덤하게 샘플링하여 측정한 결과 다음과 같은 데이터를 얻었다. 이때 물음에 답하시오.

| [데이터]   10, 16, 18, 11, 18, 12, 14, 15, 14, 12 |

(1) 모평균이 개선 전의 평균(10kg)보다 커졌다고 할 수 있는가?

(2) 신뢰율 95%로 모평균의 신뢰한계값을 구하여라.

[해설] 1개 모평균의 검정 및 추정 (σ^2 미지)

(1) 1개 모평균의 검정

    ① 가설 설정 : $H_0 : \mu \leq 10(\mu_0)$, $H_1 : \mu > 10$ (한쪽검정)   ② 유의수준 : $\alpha = 0.05$

    ③ 검정통계량의 값(t_0) 계산 : $t_0 = \dfrac{\bar{x} - \mu_0}{s / \sqrt{n}} = \dfrac{14 - 10}{2.789 / \sqrt{10}} = 4.535$

$$\text{여기서, } \bar{x} = \frac{\sum x}{n} = 14, \ n = 10$$

$$s = \sqrt{V} = \sqrt{\frac{S}{n-1}} = \sqrt{\frac{\sum x^2 - (\sum x)^2 / n}{n-1}} = 2.789$$

    ④ 기각역 설정 : $t_0 > t_{1-\alpha}(\nu) = t_{0.95}(9) = 1.833$ 이면 H_0 기각

    ⑤ 판정 : $t_0 = 4.535 > t_{0.95}(9) = 1.833$ 이므로 유의수준 5%로 H_0를 기각한다.

            즉, 모평균이 개선 전의 평균(10kg)보다 커졌다고 할 수 있다.

(2) 1개 모평균의 신뢰구간 추정

    검정결과 $H_1 : \mu > 10$ (한쪽검정)이 채택된 경우이므로 신뢰하한을 추정한다.

$$\hat{\mu}_L = \bar{x} - t_{1-\alpha}(\nu) \frac{s}{\sqrt{n}} = 14 - t_{0.95}(9) \times \frac{2.789}{\sqrt{10}} = 14 - 1.617 = 12.383 \, (\text{kg})$$

◈ **실험계획법** ◈

10 다음 데이터를 이용하여 S_{AB}를 구하시오.

	A_1	A_2
B_1	111	211
	112	212
B_2	121	221
	122	222

[해설]

☞ $S_{AB} = \dfrac{\sum_i \sum_j T_{ij\cdot}^2}{r} - CT = \dfrac{\sum_i \sum_j T_{ij\cdot}^2}{r} - \dfrac{T^2}{N} = \dfrac{223^2 + 423^2 + 443^2}{2} - \dfrac{1{,}332^2}{8} = 20{,}200$

(11) 사절수가 최소가 되기 위한 조건을 알아보기 위하여 4인자 A, B, C, D를 각각 4수준으로 잡고 총 16회의 실험을 4×4 그레코라틴방격법으로 실험을 행하였다. 다음 물음에 답하라.

> A(연산온도) : $A_1 = 250\,^{0}\mathrm{C}$, $A_2 = 260\,^{0}\mathrm{C}$, $A_3 = 270\,^{0}\mathrm{C}$, $A_4 = 280\,^{0}\mathrm{C}$
> B(회전수) : $B_1 = 10{,}000\mathrm{RPM}$, $B_2 = 10{,}500\mathrm{RPM}$, $B_3 = 11{,}000\mathrm{RPM}$, $B_4 = 11{,}500\mathrm{RPM}$
> C(원료의 종류) : C_1, C_2, C_3, C_4
> D(연신비) : $D_1 = 2.5$, $D_2 = 2.8$, $D_3 = 3.1$, $D_4 = 3.4$

	A_1	A_2	A_3	A_4
B_1	$C_2 D_3 = 15$	$C_1 D_1 = 4$	$C_3 D_4 = 8$	$C_4 D_2 = 19$
B_2	$C_4 D_1 = 5$	$C_3 D_3 = 19$	$C_1 D_2 = 9$	$C_2 D_4 = 16$
B_3	$C_1 D_4 = 15$	$C_2 D_2 = 16$	$C_4 D_3 = 19$	$C_3 D_1 = 17$
B_4	$C_3 D_2 = 19$	$C_4 D_4 = 26$	$C_2 D_1 = 14$	$C_1 D_3 = 34$

(1) 요인분산의 기대가를 포함한 분산분석표를 작성하시오.
(2) 사절수가 최소가 되는 최적조건을 결정하시오.
(3) 사절수가 최소가 되는 최적조건에서 점추정치 및 95% 신뢰구간을 추정하시오.

〔해설〕

☞ 4×4 그레코라틴방격법
(1) 분산분석표 작성
　　① 각 수준에서의 데이터의 합과 평균을 구하면 [표 1]과 같다.

[표 1] 보조표

i, j, l, m	$T_{i\cdots}$	$T_{\cdot j\cdot\cdot}$	$T_{\cdot\cdot l\cdot}$	$T_{\cdots m}$
1	54	46	62	40
2	65	49	61	63
3	50	67	63	87
4	86	93	69	65
합계	$T = 255$	$T = 255$	$T = 255$	$T = 255$

　　② 변동 계산

$$CT = \frac{T^2}{k^2} = \frac{(255)^2}{16} = 4{,}064.1$$

$$S_T = \sum_i \sum_j \sum_l \sum_m x_{ijlm}{}^2 - CT = (15)^2 + (5)^2 + \cdots + (17)^2 + (34)^2 - 4{,}064.1 = 844.9$$

$$S_A = \sum_i \frac{T_{i\cdots}{}^2}{k} - CT = \frac{1}{4}[(54)^2 + (65)^2 + (50)^2 + (86)^2] - 4{,}064.1 = 195.2$$

$$S_B = \sum_j \frac{T_{\cdot j\cdots}{}^2}{k} - CT = \frac{1}{4}[(46)^2 + (49)^2 + (67)^2 + (93)^2] - 4{,}064.1 = 349.7$$

$$S_C = \sum_l \frac{T_{\cdot\cdot l\cdot}{}^2}{k} - CT = \frac{1}{4}[(62)^2 + (61)^2 + (63)^2 + (69)^2] - 4{,}064.1 = 9.7$$

$$S_D = \sum_m \frac{T_{\cdots m}{}^2}{k} - CT = \frac{1}{4}[(40)^2 + (63)^2 + (87)^2 + (65)^2] - 4{,}064.1 = 276.7$$

$$S_e = S_T - (S_A + S_B + S_C + S_D) = 844.9 - (195.2 + 349.7 + 9.7 + 276.7) = 13.6$$

③ 분산분석표 작성 및 F-검정

이들 결과를 종합하여 분산분석표를 만들면 [표 2]와 같다.

따라서 인자 A(연신온도), B(회전수), D(연신비)는 사절수에 유의한 영향을 주며, 원료의 종류(C)는 별다른 영향을 주지 못하고 있다.

[표 2] 그레코라틴방격법의 분산분석표(A, B, C, D 모두 모수)

요인	SS	DF	MS	F_0	$F_{0.95}$	$E(V)$
A	195.2	3	65.1	14.4^*	9.28	$\sigma_e^2 + 4\sigma_A^2$
B	349.7	3	116.6	25.7^*	9.28	$\sigma_e^2 + 4\sigma_B^2$
C	9.7	3	3.2	0.7	9.28	$\sigma_e^2 + 4\sigma_C^2$
D	276.7	3	92.2	20.4^*	9.28	$\sigma_e^2 + 4\sigma_D^2$
e	13.6	3	4.53			σ_e^2
T	844.9	15				

(2) 사절수가 최소가 되는 최적조건

사절수를 최소로 하는 공정조건을 찾기 위하여 인자 C는 유의하지 않으므로 고려하지 않고 $A_i B_j D_m$의 조건에서 모평균을 추정한다.

먼저 점추정치를 구해 보면

$$\hat{\mu}(A_i B_j D_m) = \overline{\mu + a_i + b_j + d_m} = \overline{\mu + a_i} + \overline{\mu + b_j} + \overline{\mu + d_m} - 2\hat{\mu} = \bar{x}_{i\cdots} + \bar{x}_{\cdot j\cdots} + \bar{x}_{\cdots m} - 2\bar{\bar{x}}$$

이므로 $\bar{x}_{i\cdots}$, $\bar{x}_{\cdot j\cdots}$, $\bar{x}_{\cdots m}$을 각각 최소로 하는 i, j, m이 원하는 수준이 된다.

[표 1] 보조표로부터 A_3, B_1, D_1에서 각각 최소의 사절수를 준다.

(3) 분산분석후의 추정

① $A_3 B_1 D_1$에서 사절수의 모평균의 점추정치

$$\hat{\mu}(A_3 B_1 D_1) = \bar{x}_{3\cdots} + \bar{x}_{\cdot 1\cdot} + \bar{x}_{\cdots 1} - 2\bar{\bar{x}} = 12.5 + 11.5 + 10.0 - 2(15.94) = 2.12$$

② $A_3 B_1 D_1$조건에서 모평균 95% 신뢰구간 추정

$$\hat{\mu}(A_3 B_1 D_1) = 2.12 \pm t_{1-\alpha/2}(\nu_e)\sqrt{\frac{V_e}{n_e}} = 2.12 \pm t_{0.975}(3)\sqrt{\frac{4.53}{1.6}}$$

$$= 2.12 \pm (3.182)(1.683) = 2.12 \pm 5.36 = (0, 7.48)$$

여기서, 유효반복수 n_e는 다구치공식에 의해 계산하면

$$n_e = \frac{총실험횟수}{유의한 요인의 자유도 합 + 1} = \frac{k^2}{\nu_A + \nu_B + \nu_D + 1} = \frac{k^2}{(k-1)+(k-1)+(k-1)+1}$$

$$= \frac{k^2}{3k-2} = \frac{4^2}{3 \times 4 - 2} = \frac{16}{10} = 1.6$$

12 2^3형 실험에서 2개의 블록으로 나누어 단독교락의 실험을 하려고 한다. 최고차항의 교호작용 $A \times B \times C$를 블록과 교락시켜 실험하는 경우 실험배치를 하시오.

[해설]

☞ 2^3형 실험에서 교호작용 ABC를 블록과 교락시키려면 다음과 같이 실험배치를 한다.

$$ABC = \frac{1}{4}(a-1)(b-1)(c-1) = \frac{1}{4}[(a+b+c+abc) - ((1)+ab+ac+bc)]$$

블록 1 → (1), ab, ac, bc 블록 2 → a, b, c, abc

[참조] (1)을 포함한 블록은 주블록이다.

◆ **신뢰성관리** ◆

13 샘플수 $n=5$인 실험에서 다음과 같이 고장이 발생하였다. $t=25$에서 메디안 랭크법을 이용해서 $F(t)$, $R(t)$, $f(t)$, $\lambda(t)$를 구하시오.

[데이터]   25, 100, 40, 75, 15 (단위 : 시간)

[해설]

☞ 수명데이터를 크기 순으로 나열하면 15, 25, 40, 75, 100이고 이 중에서 $t=25$는 순위

2번째이다($i = 2$). $n = 5$ 이므로,

$$F(t = 25) = \frac{i - 0.3}{n + 0.4} = \frac{2 - 0.3}{5 + 0.4} = 0.31481$$

$$R(t = 25) = 1 - F(t = 25) = \frac{n - i + 0.7}{n + 0.4} = 0.68519$$

$$f(t = 25) = \frac{1}{(n + 0.4)(t_{i+1} - t_i)} = \frac{1}{(5 + 0.4)(40 - 25)} = 0.01235$$

$$\lambda(t = 25) = \frac{f(t)}{R(t)} = \frac{1}{(n - i + 0.7)(t_{i+1} - t_i)} = \frac{1}{(5 - 2 + 0.7)(40 - 25)} = 0.01802 \,(/\text{시간})$$

(14) 다음 데이터는 설계를 변경한 후 어떤 전자기기 장치 10대를 수명시험하여 고장수 $r = 7$ 에서 중단한 시험의 결과이다. 이 데이터를 와이블확률지에 타점해 보니 형상모수 $m = 1$이 되었다. 다음 물음에 답하시오.

[데이터]   3, 9, 12, 18, 27, 31, 43 (시간)

(1) 이 장치의 *MTBF*를 추정하시오.   (2) 고장률을 추정하시오.

(3) 이 장치의 시간 $t = 10$에서의 신뢰도를 구하시오.

[해설]

☞ 정수중단시험에서 교체하지 않는 경우이다. $m = 1$이므로 지수분포를 따르는 경우이다.

(1) $MTBF = \dfrac{T}{r} = \dfrac{\sum t_i + (n - r)t_r}{r} = 38.86 \,(\text{시간})$

(2) $\lambda = \dfrac{1}{MTBF} = \dfrac{1}{38.86} = 0.026 \,(/\text{시간})$ (3) $R(t = 10) = e^{-\lambda t} = e^{-0.026 \times 10} = 0.771$

(15) 어떤 재료의 강도(단위 : kg)는 $N(50,\ 2^2)$이고, 하중의 크기는 $N(45,\ 3^2)$인 정규분포를 따를 때, 이 재료의 파괴될 확률을 구하시오.

[해설]

☞ 재료의 강도를 S, 하중(스트레스)를 Q라 할 때, $D = S - Q$의 분포는 $N(\mu_S - \mu_Q,\ \sigma_S^2 + \sigma_Q^2)$을 따르므로 파괴될 확률은 $P_r(D(= S - Q) < 0)$이 된다.

$$P_r(D < 0) = P_r\left(U < \frac{0 - (\mu_S - \mu_Q)}{\sqrt{\sigma_S^2 + \sigma_Q^2}}\right) = P_r\left(U < \frac{0 - (50 - 45)}{\sqrt{2^2 + 3^2}}\right)$$

$$= P_r(U < -1.3868) = P_r(U > 1.3868) = 0.0838 \,(8.38\%)$$

국가기술자격시험	품질경영기사 실기 모의고사 5-3R	시험시간 : 3시간

◈ 품질경영실무 ◈

01 5M1E에 대해 쓰시오.

[해설]

☞ 5M1E : 제품품질에 영향을 미치는 요인

5M : Man(작업자) Machine(설비), Material(자재), Method(작업방법), Measurement(측정)

1E : Environment(작업환경)

02 측정시스템의 변동의 종류 중 반복성(repeatability)에 대해 설명하시오.

[해설]

☞ 반복성(repeatability) → 한 사람의 평가자가 하나의 측정계기를 여러 차례 사용해서 동일한 시료의 동일한 특성을 측정하여 얻은 측정값의 변동이다.

[참고] 반복성은 재현성과 함께 계측기 평가방법인 GRR에 사용된다.

◈ 통계적품질관리 ◈

03 다음 데이터에 대하여 물음에 답하시오.

[데이터]	5.2 4.9 4.7 5.5 6.2 6.3 4.8 5.3

(1) 평균값 (2) 중앙값 (3) 표준편차 (4) 범위 (5) 변동계수

[해설]

(1) 평균값 $\bar{x} = \dfrac{\sum x_i}{n} = \dfrac{42.9}{8} = 5.36$

(2) 중앙값 $Me = \dfrac{x_4 + x_5}{2} = \dfrac{5.2 + 5.3}{2} = 5.25$

(3) 표준편차 $s \approx \sqrt{V} = \sqrt{\dfrac{S}{v}} = \sqrt{\dfrac{S}{n-1}} = \sqrt{\dfrac{2.599}{8-1}} = \sqrt{0.371} = 0.609$

여기서, 편차제곱합 $S = \sum x_i^2 - \dfrac{(\sum x_i)^2}{n} = 232.65 - \dfrac{42.9^2}{8} = 2.599$

(4) 범위 $R = x_{max} - x_{min} = 6.3 - 4.7 = 1.6$

(5) 변동계수 $CV = \dfrac{s}{\bar{x}} \times 100(\%) = \dfrac{0.609}{5.36} \times 100(\%) = 11.36(\%)$

04 8매의 철판에 대해 가운데 부분과 가장자리 부분의 두께를 각각 측정하여 다음 데이터를 얻었다. 철판 두께의 가운데가 가장자리보다 두껍다고 할 수 있는가를 $\alpha = 0.05$로 검정하시오.

	1	2	3	4	5	6	7	8
x_A(가운데)	3.22	3.16	3.20	3.32	3.28	3.25	3.24	3.27
x_B(가장자리)	3.20	3.09	3.22	3.25	3.25	3.18	3.25	3.24

[해설]

☞ σ_d가 미지이고 $n_A = n_B = n = 8$인 대응있는 2조의 모평균 차의 검정

① 가설 설정 : $H_0 : \Delta \leq 0$ $(\Delta = \mu_A - \mu_B,\ \Delta_0 = 0)$, $H_1 : \Delta > 0$ (한쪽검정)

② 유의수준 : $\alpha = 0.05$

③ 검정통계량의 값(t_0) 계산 : $t_0 = \dfrac{\bar{d} - \Delta_0}{s_d / \sqrt{n}} = \dfrac{0.033 - 0}{0.036 / \sqrt{8}} = 2.57$

$$\text{여기서, } s_d \approx \sqrt{V_d} = \sqrt{\dfrac{S_d}{n-1}} = \sqrt{\dfrac{\sum d_i^2 - (\sum d_i)^2 / n}{n-1}} = 0.036$$

데이터 조	1	2	3	4	5	6	7	8	계	평균($\bar{d}$)
차($d_i = x_{Ai} - x_{Bi}$)	0.02	0.07	-0.02	0.07	0.03	0.07	-0.01	0.03	0.26	0.033

④ 기각역 설정 : $t_0 > t_{1-\alpha}(\nu) = t_{0.95}(7) = 1.895$이면 H_0 기각

⑤ 판정 : $t_0 = 2.57 > t_{0.95}(7) = 1.895$이므로 유의수준 5%로 H_0를 기각한다.

　　　즉, 철판의 가운데 두께가 가장자리보다 두껍다고 할 수 있다.

05 값이 고가이면서 정밀도가 좋은 기계 A와 값이 싼 기계 B가 있다. 실제로 A의 정밀도가 좋은가를 조사하기 위하여 각각의 기계에서 16개씩의 제품을 가공한 결과 불편분산은 각각 $s_A^2 = 0.0036 \text{mm}^2$, $s_B^2 = 0.0146 \text{mm}^2$이었다. 확실히 A기계의 정밀도가 좋다고 할 수 있는가를 검정하시오(단, 유의수준은 5%).

[해설]

☞ 모분산비의 검정 (모분산의 유의차 검정)

① 가설 설정 : H_0 : $\sigma_A^2 \geq \sigma_B^2$, H_1 : $\sigma_A^2 < \sigma_B^2$ (한쪽검정)

② 유의수준 : $\alpha = 0.05$

③ 검정통계량의 값(F_0) 계산 : $F_0 = \dfrac{V_B}{V_A} = \dfrac{s_B^2}{s_A^2} = \dfrac{0.0146}{0.0036} = 4.057$ (단, $V_B > V_A$임)

④ 기각역 설정 : ($V_B > V_A$ 관계) $F_0 > F_{1-\alpha}(\nu_B,\ \nu_A) = F_{0.95}(15,\ 15) = 2.40$이면 H_0 기각

⑤ 판정 : $F_0 = 4.057 > F_{0.95}(\nu_B,\ \nu_A) = F_{0.95}(15,\ 15) = 2.40$ 이므로 유의수준 5%로 H_0를 기각한다. 즉, A의 정밀도가 B보다 좋다고 볼 수 있다.

---

06 어떤 강재의 인장강도는 75±5kgf/mm² 으로 정해져 있다. 이 규격의 1% 이하인 로트는 통과시키고 6% 이하인 로트는 통과시키지 않게 했을 때 α =0.05, β=0.10을 만족하는 계량규준형 1회 샘플링검사 방식을 설계하시오.
(단, σ =0.8kgf/mm² 이며, n, k 는 부표 값을 이용하시오.)

[해설]

☞ 상한규격치 S_U 및 하한규격치 S_L을 동시에 주는 경우로서, 로트의 부적합품률을 보증하는 경우이며, 상한규격치 S_U에 대한 샘플링검사 방식은 (n, $\overline{X}_U$), 하한규격치 S_L에 대한 샘플링검사 방식은 (n, $\overline{X}_L$)로 되며, 표 값에서 $n = 14$, $k = 1.88$이 되므로

(1) 합격판정치
　　① 상한 합격판정치로는 $\overline{X}_U = S_U - k\sigma = 80 - 1.88 \times 0.8 = 78.50$kgf/mm²
　　② 하한 합격판정치로는 $\overline{X}_L = S_L + k\sigma = 70 + 1.88 \times 0.8 = 71.50$kgf/mm²

(2) 로트의 판정
　　① 상한규격치 S_U의 경우 → $\bar{x} \leq \overline{X}_U$이면 로트합격, $\bar{x} > \overline{X}_U$이면 로트불합격
　　② 하한규격치 S_L의 경우 → $\bar{x} \geq \overline{X}_L$이면 로트합격, $\bar{x} < \overline{X}_L$이면 로트불합격

---

07 어떤 공정의 특성을 x 관리도로 관리하려고 하였더니, 3σ 관리도법에 따른 관리한계선이 C_L =100.0, U_{CL} =130.0, L_{CL} =70.0이 되었다. 공정평균이 95가 되었을 때 검출력은 얼마가 되겠는가?

[해설]

☞ x 관리도에서 공정의 평균이 $\mu' = 95$로 변한 경우의 검출력($1 - \beta$)

$$1 - \beta = P_r(x > U_{CL}) + P_r(x < L_{CL}) = P_r\left(\frac{x - \mu'}{\sigma} > \frac{U_{CL} - \mu'}{\sigma}\right) + P_r\left(\frac{x - \mu'}{\sigma} < \frac{L_{CL} - \mu'}{\sigma}\right)$$

$$= P_r\left(U > \frac{U_{CL} - \mu'}{\sigma}\right) + P_r\left(U < \frac{L_{CL} - \mu'}{\sigma}\right) = P_r\left(U > \frac{130.0 - 95}{10}\right) + P_r\left(U < \frac{70.0 - 95}{10}\right)$$

$$= P_r(U > 3.5) + P_r(U < -2.5) = 0 + 0.0062 \ (0.62\%)$$

여기서, $U_{CL} - L_{CL} = 6\sigma_x \rightarrow 130 - 70 = 6\sigma_x \rightarrow \sigma_x = \sigma = 10$

08 에나멜 동선의 도장공정을 관리하기 위하여 핀홀의 수를 조사하였다. 시료의 길이가 종류에 따라 변하므로 시료 1,000m당의 핀홀의 수를 사용하여 u관리도를 작성하고자 다음과 같은 데이터 시료를 얻었다. u관리도를 그리고 판정하시오.

시료군의 번호	1	2	3	4	5	6	7	8	9	10
시료의 크기 n (1,000m)	1.0	1.0	1.0	1.0	1.0	1.3	1.3	1.3	1.3	1.3
결점수	5	5	3	3	5	2	5	3	2	1

해설

☞ u관리도 작성 및 판정

① u관리도용 기초자료 작성

$$\sum n = 11.5, \quad \sum c = 34 \text{이므로} \quad \bar{u} = \frac{\sum c}{\sum n} = \frac{34}{11.5} = 2.96, \quad 3\sqrt{\bar{u}} = 3\sqrt{2.96} = 5.16$$

② u관리도의 자료표

시료군 번호	시료의 크기 n	부적합수 c	단위당 부적합수 u	$\frac{1}{\sqrt{n}}$	U_{CL} $\bar{u} + 3\sqrt{\bar{u}} \times \frac{1}{\sqrt{n}}$	L_{CL} $\bar{u} - 3\sqrt{\bar{u}} \times \frac{1}{\sqrt{n}}$
1	1.0	5	5.0	1.000	8.12	−
2	1.0	5	5.0	1.000	8.12	−
3	1.0	3	3.0	1.000	8.12	−
4	1.0	3	3.0	1.000	8.12	−
5	1.0	5	5.0	1.000	8.12	−
6	1.3	2	1.54	1.140	7.49	−
7	1.3	5	3.85	1.140	7.49	−
8	1.3	3	2.31	1.140	7.49	−
9	1.3	2	1.54	1.140	7.49	−
10	1.3	1	0.77	1.140	7.49	−

③ u 관리도의 작성

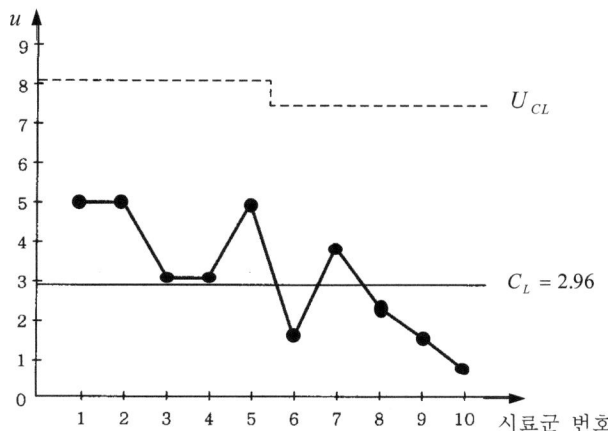

④ 관리상태 판정 : 관리한계선을 벗어난 점이 없고, 점의 배열에 아무런 이상 버릇(습관)이 없으므로, 공정이 관리상태에 있다고 볼 수 있다.

09 같은 부품이 50개씩 들어있는 100개의 상자가 있다. 이 로트에서 각 부품들의 평균무게 μ를 알고 있다. 상자간 무게의 산포를 σ_b=0.8kg이라 하고, 상자내 부품간 산포를 σ_w=0.5kg 이라고 하자. 이때 5상자를 랜덤하게 뽑고 그 가운데서 4개의 부품을 랜덤하게 샘플링하여 모두 20개의 부품이 샘플링 되었다. 다음 물음에 답하시오.

(1) 각각의 부품 무게를 측정할 때 측정오차를 무시할 수 있다면(즉, σ_m=0) 분산은 얼마인가?

(2) 위의 (1)을 근거로 하여, 신뢰율 95%로 모평균에 대한 추정정밀도를 구하시오.

(3) 위의 (1)의 질문에서 만약 분석의 정밀도 σ_m=0.4kg이라면 $\bar{\bar{x}}$ 의 분산은 얼마인가?

해설

☞ 2단계샘플링으로서, $M = 100$, $m = 5$, $\bar{n} = 4$ 이며

(1) $V(\bar{\bar{x}}) = \dfrac{\sigma_b^2}{m} + \dfrac{\sigma_w^2}{m\bar{n}} = \dfrac{0.8^2}{5} + \dfrac{0.5^2}{5 \times 4} = 0.14 \,(\text{kg})$

(2) $\beta_{\bar{x}} = \pm u_{1-\alpha/2}\dfrac{\sigma}{\sqrt{n}} = \pm u_{1-\alpha/2}\sigma_{\bar{x}} = \pm u_{1-\alpha/2}\sqrt{\dfrac{\sigma_b^2}{m} + \dfrac{\sigma_w^2}{m\bar{n}}} = \pm 1.96 \times \sqrt{\dfrac{0.8^2}{5} + \dfrac{0.5^2}{5 \times 4}} = \pm 0.73 \,(\text{kg})$

여기서, $\sqrt{V(\bar{\bar{x}})} = \sigma_{\bar{x}} = \dfrac{\sigma}{\sqrt{n}}$ 의 관계임.

(3) $V(\bar{\bar{x}}) = \dfrac{\sigma_b^2}{m} + \dfrac{\sigma_w^2}{m\bar{n}} + \dfrac{\sigma_m^2}{m\bar{n}} = \dfrac{0.8^2}{5} + \dfrac{0.5^2}{5 \times 4} + \dfrac{0.4^2}{5 \times 4} = 0.15 \,(\text{kg})$

10 샘플링검사를 실시할 경우의 조건을 4가지 이상 기술하시오.

[해설]

☞ 샘플링검사를 적용하는 경우의 5가지 전제조건

① 제품이 로트로서 처리될 수 있을 것.

② 합격로트 중에서 어느 정도의 부적합품의 섞임을 허용할 수 있을 때

③ 시료의 샘플링이 랜덤하게 될 것

④ 품질기준이 명확할 것

⑤ 계량샘플링검사의 경우 로트의 검사단위의 특성치 분포를 대략 알고 있을 것

◆ **실험계획법** ◆

11 다음은 인자 A(모수), 인자 B(모수)의 두 인자에 대해 반복수 2인 2원배치 실험의 결과로 얻어진 데이터이다. 물음에 답하시오.

인자 B ＼ 인자 A	A_1	A_2	A_3
B_1	11.8 12.5	12.4 12.2	13.1 13.9
B_2	13.2 12.8	12.7 12.5	13.3 13.0
B_3	13.3 13.5	13.5 14.0	13.2 14.1
B_4	14.2 13.9	14.0 13.9	14.5 14.8

(1) S_{AB}를 구하시오.

(2) 분산분석표 작성 및 검정을 행하시오.

[해설]

☞ 반복있는 2원배치 (모수모형)

(1) S_{AB} 계산

$$S_{AB} = \sum_i \sum_j \frac{T_{ij.}^{\,2}}{r} - CT = \frac{24.3^2 + 24.6^2 + \cdots + 29.3^2}{2} - CT = 4{,}286.84 - 4{,}274.67 = 12.16$$

여기서, $CT = \dfrac{T^2}{N} = \dfrac{T^2}{lmr} = \dfrac{320.3^2}{3 \times 4 \times 2} = 4{,}274.67$

(2) 분산분석표 작성 및 F-검정

① 변동 계산

$$CT = \frac{T^2}{lmr} = \frac{320.3^2}{24} = 4,274.67$$

$$S_T = \sum_i \sum_j \sum_k x_{ijk}^2 - CT = (11.8^2 + 12.5^2 + \cdots + 14.8^2) - 4,274.67 = 13.54$$

$$S_A = \sum_i \frac{T_{i\cdot\cdot}^2}{mr} - CT = \frac{105.2^2 + 105.2^2 + 109.9^2}{4 \times 2} - 4,274.67 = 1.84$$

$$S_B = \sum_j \frac{T_{\cdot j\cdot}^2}{lr} - CT = \frac{75.9^2 + 77.5^2 + 81.6^2 + 85.3^2}{3 \times 2} - 4,274.67 = 8.95$$

$$S_{A \times B} = S_{AB} - S_A - S_B = 12.16 - 1.84 - 8.95 = 1.37$$

여기서, $S_{AB} = \sum_i \sum_j \frac{T_{ij\cdot}^2}{r} - CT = 4,286.84 - 4,274.67 = 12.16$

$$S_e = S_T - (S_A + S_B + S_{A \times B}) = S_T - S_{AB} = 13.54 - 12.16 = 1.38$$

② 자유도 계산

$$\nu_A = l-1 = 2, \quad \nu_B = m-1 = 3, \quad \nu_{A \times B} = \nu_A \times \nu_B = 6, \quad \nu_e = lm(r-1) = 12, \quad \nu_T = lmr-1 = 23$$

③ 분산분석표 작성 및 F-검정

요인	SS	DF	MS	F_0	$F_{0.95}$	$F_{0.99}$	$E(MS)$
A	1.84	2	0.92	7.67**	3.89	6.93	$\sigma_e^2 + 8\sigma_A^2$
B	8.95	3	2.98	24.83**	3.49	5.95	$\sigma_e^2 + 6\sigma_B^2$
$A \times B$	1.37	6	0.23	1.92	3.00	4.82	$\sigma_e^2 + 2\sigma_{A \times B}^2$
e	1.38	12	0.12				σ_e^2
T	13.54	23					

분산분석표에서 인자 A와 B는 유의수준 1%로 유의, 즉 고도로 유의하다.

⑫ 인자 A, B, C는 각각 변량인자로서 A는 일간인자, B는 일별로 두 대의 트럭을 랜덤하게 선택한 것이며, C는 트럭 내에서 랜덤하게 두 삽을 취한 것으로, 각 삽에서 두 번에 걸쳐 소금의 염도를 측정한 것으로, 이 실험은 A_1에서 8회를 랜덤하게 하여 데이터를 얻고, A_2에서 8회를 랜덤하게, A_3와 A_4에서도 같은 방법으로 하여 얻은 데이터이다. 다음 물음에 답하시오.

		A_1	A_2	A_3	A_4
B_1	C_1	1.30	1.89	1.35	1.30
		1.33	1.82	1.39	1.38
	C_2	1.53	2.14	1.59	1.44
		1.55	2.12	1.53	1.45
B_2	C_1	1.04	1.56	1.10	1.03
		1.05	1.54	1.06	0.94
	C_2	1.22	1.76	1.29	1.12
		1.20	1.84	1.34	1.15

(1) 다음과 같이 분산분석표를 작성하였다. 공란을 완성시키시오.

요인	SS	DF	MS	F_0	$E(MS)$
A	1.895				
$B(A)$	0.7458				
$C(AB)$	0.3409				
e	0.0193				
T	3.0010				

(2) 유의하게 판정된 요인들의 분산성분을 추정하시오.

[해설]

☞ 지분실험법의 분산분석 및 추정

(1) 분산분석표 작성

① 변동의 계산 : 조건의 표에서 제시됨.

② 자유도 계산

$$\nu_A = l - 1 = 4 - 1 = 3, \quad \nu_{B(A)} = l(m-1) = 4 \times (2-1) = 4$$

$$\nu_{C(AB)} = lm(n-1) = 4 \times 2 \times (2-1) = 8, \quad \nu_e = lmn(r-1) = 4 \times 2 \times 2 \times (2-1) = 16$$

③ 분산분석표의 작성 및 F-검정

변동계산의 결과를 정리하면 다음의 분산분석표와 같은 결과를 얻는다.

요인	SS	DF	MS	F_0	$F_{0.95}$	$F_{0.99}$
A	1.895	3	0.6317	3.39	$F_{0.95}(3, 4) = 6.59$	$F_{0.99}(3, 4) = 16.7$
$B(A)$	0.7458	4	0.1864	4.37*	$F_{0.95}(4, 8) = 3.84$	$F_{0.99}(4, 8) = 7.01$
$C(AB)$	0.3409	8	0.0426	35.3**	$F_{0.95}(8, 16) = 2.59$	$F_{0.99}(8, 16) = 3.89$
e	0.0193	16	0.0012			
T	3.0010	31				

분산분석표에서 $E(MS)$를 $F_{0.99}$의 우측 란에 추가 기재하면

$$E(MS)_A = \sigma_e^2 + 2\sigma_{C(AB)}^2 + 4\sigma_{B(A)}^2 + 8\sigma_A^2, \quad E(MS)_{B(A)} = \sigma_e^2 + 2\sigma_{C(AB)}^2 + 4\sigma_{B(A)}^2$$

$$E(MS)_{C(AB)} = \sigma_e^2 + 2\sigma_{C(AB)}^2, \quad E(MS)_e = \sigma_e^2$$

④ 분산분석 결과의 해석

요인 $C(AB)$가 대단히 유의하게 나타났으므로 트럭내에서도 염도가 균일하지 못하고 심한 차이가 있다는 결론이며, 요인 $B(A)$도 유의하므로 트럭간에도 차이가 있다.

단, 요인 A는 유의하지 않으므로 일간에는 유의한 차이가 없다.

(2) 분산분석 후 분산성분의 추정

$$\hat{\sigma}_{B(A)}^2 = \frac{V_{B(A)} - V_{C(AB)}}{nr} = \frac{MS_{B(A)} - MS_{C(AB)}}{nr} = \frac{0.1864 - 0.0426}{4} = 0.0360$$

$$\hat{\sigma}_{C(AB)}^2 = \frac{V_{C(AB)} - V_e}{r} = \frac{MS_{C(AB)} - MS_e}{r} = \frac{0.0426 - 0.0012}{2} = 0.0207$$

(13) 인자 A와 오차 e의 기여율을 각각 구하시오.

	SS	DF
A	173.16	3
e	2.4	12
T	175.56	15

[해설]

(1) A요인의 기여율 : $\rho_A = \dfrac{S_A'}{S_T} \times 100 = \dfrac{172.56}{175.56} \times 100 = 98.29$ (%)

여기서, A의 순변동 $S_A' = S_A - \nu_A V_e = 173.16 - 3 \times \dfrac{2.4}{12} = 172.56$

(2) 오차의 기여율 : $\rho_e = \dfrac{S_e'}{S_T} \times 100 = \dfrac{3}{175.56} \times 100 = 1.71$ (%)

여기서, 오차의 순변동 $S_e' = S_e + \nu_A V_e = \nu_e V_e + \nu_A V_e = \nu_T V_e = 15 \times 0.2 = 3$

14 어떤 반응 공정의 수율을 올릴 목적으로 반응시간(A), 반응온도(B), 성분의 양(C)의 3 가지 인자를 택해 라틴방격법 실험을 하여 수치변환 $X_{ijk} = (x_{ijk} - 85.0) \times 10$에 의한 아래의 데이터를 얻었다. 분산분석표를 작성하시오.

	A_1	A_2	A_3
B_1	$C_1 = -75$	$C_2 = -7$	$C_3 = 14$
B_2	$C_3 = 10$	$C_1 = 69$	$C_2 = 32$
B_3	$C_2 = 51$	$C_3 = 98$	$C_1 = 43$

【해설】

☞ 3×3 라틴방격 실험계획법의 분산분석표 작성

(1) 변동의 계산

$$CT' = \frac{T'^2}{N} = \frac{T'^2}{k^2} = \frac{235^2}{3^2} = 6,136.11$$

$$S_T = S_T' \times \frac{1}{h^2} = \left(\sum_i \sum_j \sum_l X_{ijl}^2 - CT' \right) \times \frac{1}{h^2} = (25,809 - 6,136.11) \times \frac{1}{10^2} = 196.73$$

$$S_A = S_A' \times \frac{1}{h^2} = \left(\sum_i \frac{T_{i\cdot\cdot}'^2}{k} - CT' \right) \times \frac{1}{h^2} = \left(\frac{(-14)^2 + (160)^2 + (89)^2}{3} - CT' \right) \times \frac{1}{10^2}$$

$$= (11,239 - 6,136.11) \times \frac{1}{10^2} = 51.03$$

$$S_B = S_B' \times \frac{1}{h^2} = \left(\sum_j \frac{T_{\cdot j\cdot}'^2}{k} - CT' \right) \times \frac{1}{h^2} = \left(\frac{(-68)^2 + (111)^2 + (192)^2}{3} - 6,136.11 \right) \times \frac{1}{10^2}$$

$$= (17,936.33 - 6,136.11) \times \frac{1}{10^2} = 118.0$$

$$S_C = S_C' \times \frac{1}{h^2} = \left(\sum_l \frac{T_{\cdot\cdot l}'^2}{k} - CT' \right) \times \frac{1}{h^2} = \left(\frac{(37)^2 + (76)^2 + (122)^2}{3} - 6,136.11 \right) \times \frac{1}{10^2}$$

$$= (7,343 - 6,136.11) \times \frac{1}{10^2} = 12.07$$

$$S_e = S_T - (S_A + S_B + S_C) = 15.63$$

(2) 자유도의 계산

$$\nu_T = k^2 - 1 = 3^2 - 1 = 8, \quad \nu_A = \nu_B = \nu_C = k - 1 = 3 - 1 = 2$$

$$\nu_e = (k-1)(k-2) = (3-1)(3-2) = 2$$

(3) 분산분석표의 작성 및 F-검정

요인	SS	DF	MS	F_0	$E(MS)$	$F_{0.95}$	$F_{0.99}$
A	51.03	2	25.52	3.26	$\sigma_e^2 + 3\sigma_A^2$	19.0	99.0
B	118.0	2	59.0	7.54	$\sigma_e^2 + 3\sigma_B^2$	19.0	99.0
C	12.07	2	6.04	0.77	$\sigma_e^2 + 3\sigma_C^2$	19.0	99.0
e	15.63	2	7.82		σ_e^2		
T	19,672.89	8					

위의 분산분석 결과에서 모든 인자가 유의적이지 않다.

◈　신뢰성관리　◈

(15) 어떤 건물의 강도는 평균이 400, 분산이 50^2이고 하중은 평균이 300, 분산이 100^2인데 이 건물이 무너지지 않을 확률은?

[해설]

☞ 강도를 S, 부하(스트레스)를 Q라 하면, 여유 $D = S - Q$는 정규분포 $N(\mu_S - \mu_Q,\ \sigma_S^2 + \sigma_Q^2)$을 따르므로 강도가 부하보다 커서 건물이 무너지지 않을 확률인 신뢰도는

$$R(t) = P_r(D > 0) = P_r\left(\frac{D - \mu_d}{\sigma_d} > \frac{0 - \mu_d}{\sigma_d}\right) = P_r\left(U > \frac{0 - (\mu_S - \mu_Q)}{\sqrt{\sigma_S^2 + \sigma_Q^2}}\right)$$

$$= P_r\left(U > \frac{0 - (400 - 300)}{\sqrt{50^2 + 100^2}}\right) = P_r(U > -0.894) = P_r(U < 0.894) = 0.8133\ (81.33\%)$$

$\alpha = 0.8133$ $\qquad$ $u_\alpha = 0.894$ 일 때 $\alpha = 0.8133$

행동의 가치는 그 행동을
끝까지 이루는 데 있다!
- 칭기스 칸 -

제6장

품질경영기사 실기
CBT 모의고사6

국가기술자격시험	품질경영기사 실기 모의고사 6-1R	시험시간 : 3시간

◆ 품질경영실무 ◆

07 서비스분야 KS표시인증 심사기준 중 사업장 심사기준 5가지를 적으시오.

[해설]

☞ 사업장 심사기준 : ① 서비스 품질경영, ② 서비스 운영체계, ③ 서비스 운영, ④ 서비스 인적자원 관리, ⑤ 시설·장비, 안전 및 환경 관리

14 다음의 내용은 품질경영시스템-기본사항과 용어(KS Q ISO 9000:2015)에서 나타낸 것이다. 해당 용어를 적으시오.

(1) 의도된 결과를 만들어 내기 위해 입력을 사용하여 상호관련되거나 상호작용하는 활동 집합
(2) 품질요구사항이 충족될 것이라는 신뢰를 제공하는데 중점을 둔 품질경영의 일부
(3) 품질요구사항을 충족하는데 중점을 둔 품질경영의 일부

[해설]

☞ (1) 프로세스   (2) 품질보증   (3) 품질관리

◆ 통계적품질관리 ◆

11 A, B, C, D의 각 제품 생산량은 30%, 30%, 20%, 20%이다. 이때 부적합품률이 10%, 5%, 3%, 1% 발생한다고 한다면, 랜덤하게 1회 샘플링했을 때 부적합품이 A기계에서 생산되었을 확률을 구하시오.

[해설]

☞ F를 무작위 추출된 제품이 부적합품일 사상이라 할 때, 조건부확률을 활용한 계산

$$P_r(A|F) = \frac{P_r(F \cap A)}{P_r(F \cap A) + P_r(F \cap B) + P_r(F \cap C) + P_r(F \cap D)}$$

$$= \frac{0.3 \times 0.1}{(0.3 \times 0.1) + (0.3 \times 0.05) + (0.2 \times 0.03) + (0.2 \times 0.01)} = 0.566$$

03 작업자 A, B가 같은 부품의 길이를 측정한 결과 다음과 같은 데이터가 얻어졌다. 물음에 답하시오.

데이터 조	1	2	3	4	5	6
A	84	85	82	83	81	77
B	79	78	70	75	80	80

(1) 작업자 A의 측정치가 작업자 B에 비해 크다고 할 수 있는지 유의수준 5%로 검정하시오.

(2) 신뢰율 95%로 구간추정을 행하시오.

[해설]

(1) σ_d가 미지이고 $n_A = n_B = 6$인 대응있는 2조의 모평균 차 검정

① 가설 설정 : $H_0 : \Delta \leq 0 (\Delta = \mu_A - \mu_B$, $\Delta_0 = 0)$, $H_1 : \Delta > 0$ (한쪽검정)

② 유의수준 : $\alpha = 0.05$

③ 검정통계량의 값(t_0) 계산 : $t_0 = \dfrac{\bar{d} - \Delta_0}{s_d / \sqrt{n}} = \dfrac{5.0 - 0}{5.3 / \sqrt{6}} = 2.31$

여기서, s_d를 구하기 위해 분산 s_d^2을 계산하면,

데이터 조	1	2	3	4	5	6	계	평균($\bar{d}$)
차이($d_i = x_{Ai} - x_{Bi}$)	5	7	12	8	1	-3	30	5.0

$$s_d^2 \approx V_d = \frac{S_d}{n-1} = \frac{1}{n-1}\left[\sum d_i^2 - \frac{(\sum d_i)^2}{n}\right] = \frac{1}{6-1}\left[30^2 - \frac{(5.0)^2}{6}\right] = 28.09$$

④ 기각역 설정 : $t_0 > t_{1-\alpha}(\nu) = t_{0.95}(5) = 2.015$이면 H_0 기각

⑤ 판정 : $t_0 > t_{0.95}(5) = 2.015$이므로 유의수준 5%로 H_0를 기각한다.

즉, 작업자 A의 측정치가 작업자 B에 비해 크다고 할 수 있다.

(2) 대응있는 2조의 모평균차 추정

$$\hat{\Delta}_L = \bar{d} - t_{1-\alpha}(\nu)\frac{s_d}{\sqrt{n}} = 5.0 - t_{0.95}(5) \times \frac{5.3}{\sqrt{6}} = 0.62 \ (\because \ H_1 : \Delta > 0 \ \text{채택} \rightarrow \text{신뢰하한 추정})$$

06 다음의 표는 독립변수 x와 종속변수 y에 대한 결과치 데이터이다. 물음에 답하시오.

$$\sum x_i = 10,643, \ \sum y_i = 464.97, \ \sum x_i^2 = 5,663,809$$

$$\sum x_i y_i = 247,443.95, \ \sum y_i^2 = 10,811.7931, \ n = 20$$

(1) 상관계수를 구하시오.

(2) 상관계수의 유무 검정을 실시하시오. (단, 유의수준 $\alpha = 0.05$)

(3) 상관계수를 95%의 신뢰한계로 구간추정을 실시하시오.

[해설]

(1) 상관계수(r_{xy}) 계산

$$r_{xy} = \frac{S_{(xy)}}{\sqrt{S_{(xx)} \cdot S_{(yy)}}} = \frac{\sum xy - (\sum x \sum y)/n}{\sqrt{\left(\sum x^2 - \dfrac{(\sum x)^2}{n}\right)\left(\sum y^2 - \dfrac{(\sum y)^2}{n}\right)}} = \frac{10.16}{\sqrt{136.55 \times 1.94}} = 0.62$$

(2) 모상관계수의 상관관계 유무 검정

① 가설 설정 : H_0 : ρ=0, H_1 : $\rho \neq 0$ ② 유의수준 : α=0.05

③ 검정통계량의 값(t_0) 계산 : $t_0 = \dfrac{r\sqrt{n-2}}{\sqrt{1-r^2}} = \dfrac{0.62 \times \sqrt{20-2}}{\sqrt{1-0.62^2}} = 3.4$

④ 기각역 설정 : $|t_0| > t_{1-\alpha/2}(n-2) = t_{0.975}(20-2) = t_{0.975}(18) = 2.101$ 이면 H_0 기각

⑤ 판정 : $|t_0| = 3.4 > t_{0.975}(18) = 2.101$ 이므로 유의수준 5%로 H_0를 기각한다.

즉, 상관관계가 존재한다고 할 수 있다.

(3) 모상관계수의 95% 신뢰구간 추정

① Z값의 계산 : $Z = \dfrac{1}{2}\ln\left(\dfrac{1+r}{1-r}\right) = \dfrac{1}{2}\ln\left(\dfrac{1+0.62}{1-0.62}\right) = 0.725$

② Z의 95% 신뢰구간 : $\left.\begin{matrix} Z_U \\ Z_L \end{matrix}\right\} = Z \pm u_{1-\alpha/2}\dfrac{1}{\sqrt{n-3}} = 0.725 \pm u_{0.975}\dfrac{1}{\sqrt{20-3}}$

$= 0.725 \pm 1.960 \times 0.243 = 0.725 \pm 0.476 = (0.249,\ 1.201)$

③ ρ값의 95% 신뢰구간 추정 : $\hat{\rho}_L \leq \rho \leq \hat{\rho}_U \rightarrow 0.245 \leq \rho \leq 0.834$

여기서, $\hat{\rho}_U \approx r_U = \dfrac{e^{2Z_U}-1}{e^{2Z_U}+1} = \dfrac{e^{2 \times 1.201}-1}{e^{2 \times 1.201}+1} = \dfrac{10.05}{12.05} = 0.834$

$\hat{\rho}_L \approx r_L = \dfrac{e^{2Z_L}-1}{e^{2Z_L}+1} = \dfrac{e^{2 \times 0.249}-1}{e^{2 \times 0.249}+1} = \dfrac{0.65}{2.65} = 0.245$

04 20kg들이 화학약품이 100상자가 입하되었다. 약품의 순도를 조사하려고 우선 5상자를 랜덤샘플링하여 각각의 상자에서 6인크리멘트씩 랜덤샘플링하였다. (단, 1인크리멘트는 15g이다.)

(1) 약품의 순도가 종래의 실험에서 상자간 산포 σ_b=0.20%, 상자내 산포 σ_w=0.35%임을 알고 있을 때 샘플링의 추정정밀도를 구하시오.

(2) 각각의 상자에서 취한 인크리멘트는 혼합·축분하고 반복 2회 측정하였다. 이 경우 순도에 대한 모평균의 추정정밀도(α=0.05)를 구하시오.

(단, 축분정밀도 σ_R=0.10%, 측정정밀도 σ_M=0.15%임을 알고 있다.)

〔해설〕

(1) 집합체에서 2단계 샘플링하는 경우로서, M=100, m=5, $\bar{n}$=6이므로

$\sigma_S^2 = \dfrac{\sigma_b^2}{m} + \dfrac{\sigma_w^2}{m\bar{n}} = \dfrac{(0.20)^2}{5} + \dfrac{(0.35)^2}{5 \times 6} = 0.012\,(\%)$

(2) $V(\bar{x}) = \sigma_S^2 + \sigma_R^2 + \dfrac{\sigma_M^2}{k} = 0.012 + (0.10)^2 + \dfrac{(0.15)^2}{2} = 0.033\,(\%)$ (단, k = 2)

09 계량규준형 1회 샘플링검사에서 로트의 평균치보증의 경우 특성치가 낮은 편이 바람직하다고 할 때, 다음 물음에 답하시오. (단, α=0.05, β=0.10, $\overline{X}_U$=500g, σ=10g, n=4)

$L(m)$	로트가 합격할 확률	m_0	합격시키고 싶은 로트의 평균치
m_1	불합격시키고 싶은 로트의 평균치	α	생산자 위험 (=0.05)
β	소비자 위험 (=0.10)	$\overline{X}_U$	합격판정치 (여기서는 500)

(1) α, β를 만족하는 m_0, m_1을 구하시오.

(2) 다음 표를 메우고, α, β, m_0, m_1, $\overline{X}_U$를 포함한 OC곡선을 완성하시오.

평균	$K_{L(m)}$	$L(m)$
m_0		
$\overline{X}_U$		
m_1		

[해설]

☞ σ 기지 계량규준형 1회 샘플링검사, 특성치가 낮을수록 좋은, 로트 평균치 보증의 경우

(1) m_0, m_1의 계산

$$m_0 = \overline{X}_U - K_\alpha \cdot \frac{\sigma}{\sqrt{n}} = 500 - 1.645 \times \frac{10}{\sqrt{4}} = 491.775$$

$$m_1 = \overline{X}_U + K_\beta \cdot \frac{\sigma}{\sqrt{n}} = 500 + 1.282 \times \frac{10}{\sqrt{4}} = 506.410$$

여기서, $K_\alpha = u_{1-\alpha} = u_{0.95} = 1.645$, $K_\beta = u_{1-\beta} = u_{0.90} = 1.282$

(2) OC곡선의 완성

m	$K_{L(m)} = (m - \overline{X}_U)/(\sigma/\sqrt{n})$	$L(m)$
491.775(m_0)	(491.775−500)/(10/$\sqrt{4}$)=−1.645	0.95
500($\overline{X}_U$)	(500−500)/(10/$\sqrt{4}$)=0	0.50
506.410(m_1)	(506.410−500)/(10/$\sqrt{4}$)=1.282	0.10

위의 계산결과를 사용하여 OC곡선을 완성하면 다음과 같다.

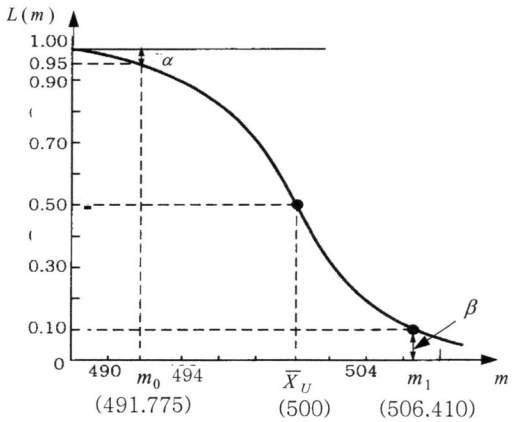

(10) 다음은 분수 합격판정에 대한 내용이다. 빈칸을 채우시오.

로트 번호	N	샘플 문자	n	당초 A_c	합부판정 스코어 (검사전)	수정 적용 A_c	부적 합품 수 d	합부 판정	합부판정 스코어 (검사후)	전환 스코어	샘플링검사의 엄격도 (검사후)
1	180	G	32	1/2	5	0	0	합격	5	2	보통검사
2	200	G	32	1/2	(①)	(②)	1	합격	(③)	(④)	보통검사
3	250	G	32	1/2	5	0	1	불합격	0	0	보통검사
4	450	H	50	1	(⑤)	1	1	합격	0	2	보통검사
5	300	H	50	1	7	1	1	합격	0	4	보통검사
6	80	E	13	0	0	0	1	불합격	0	0	(⑥)

〔해설〕

☞ KS Q ISO 2859-1 분수 A_c 합부 판정 및 전환스코어 계산

① 합부판정스코어 (검사전) : 당초 A_c=1/2이면, 전회의 검사후 스코어+ 5=5+ 5=10

② 수정적용 A_c : 검사 전의 합부판정스코어≥9이면, 수정적용 A_c=(분수 A_c 가) 1

③ 합부판정스코어 (검사후) : d ≥1인 때, 스코어를 0으로 되돌림.

④ 전환스코어 : 당초 A_c가 1/2인 때 로트가 합격되면 전회 전환스코어+ 2. 2+ 2=4

⑤ 합부판정스코어 (검사전) : 당초 A_c≥1이면, 전회의 검사후 스코어+ 7=0+ 7=7

⑥ 샘플링검사 엄격도(검사후) : 연속 5로트 중 2로트 불합격, (보통검사→까다로운 검사)

[참고] 이 문제는 분수 A_c의 경우, 샘플링검사 방식이 일정하지 않는 경우임.

[힌트] 합부판정스코어 계산법, 전환스코어의 계산 및 갱신 규칙, 엄격도 전환 규칙

◆ 실험계획법 ◆

01 4종류의 플라스틱 제품이 있다. A_1 : 자기회사제품, A_2 : 국내 C사제품, A_3 : 국내 D사 제품, A_4 : 외국제품에 대해 각각 10개, 6개, 6개, 2개씩 표본을 취하여 강도(kgf/cm^2)를 측정한 결과 다음과 같았다. 다음 물음에 답하시오. (단, L_1=외국제품과 한국제품의 차, L_2=자사제품과 국내 타사제품과의 차, L_3=국내 타사제품과의 차)

A의 수준	데이터										$T_i.$
A_1	20	18	19	17	17	22	18	13	16	15	$T_1.=175$
A_2	25	23	28	26	19	26					$T_2.=147$
A_3	24	25	18	22	27	24					$T_3.=140$
A_4	14	12									$T_4.=26$
											$T=488$

(1) 선형식 L_1, L_2, L_3를 각각 구하시오.

(2) 선형식 L_1과 선형식 L_3간의 직교가 됨을 증명하여라.   (3) 분산분석을 실시하라.

[해설]

(1) 선형식 L_1, L_2, L_3

$$L_1 = \frac{T_4.}{2} - \frac{T_1. + T_2. + T_3.}{22} = \frac{26}{2} - \frac{175 + 147 + 140}{22} = -8.0$$

$$L_2 = \frac{T_1.}{10} - \frac{T_2. + T_3.}{12} = \frac{175}{10} - \frac{147 + 140}{12} = -6.4$$

$$L_3 = \frac{T_2.}{6} - \frac{T_3.}{6} = \frac{147}{6} - \frac{140}{6} = 1.2$$

(2) 서로 직교의 조건은 $\sum c_i c_i' = 0$ 이며, 선형식 L_1과 선형식 L_3에서

$$\sum c_i c_i' = \left(-\frac{1}{22}\right) \times 0 + \left(-\frac{1}{22}\right) \times \frac{1}{6} + \left(-\frac{1}{22}\right) \times \left(-\frac{1}{6}\right) + \left(\frac{1}{2}\right) \times 0 = 0 \quad \rightarrow \quad 서로 직교$$

(3) 분산분석

   (가) 선형식의 변동

$$S_{L_1} = \frac{L_1^2}{\sum_{i=1}^{4} r_i c_i^2} = \frac{(-8.0)^2}{(10)\left(-\frac{1}{22}\right)^2 + (6)\left(-\frac{1}{22}\right)^2 + (6)\left(-\frac{1}{22}\right)^2 + (2)\left(\frac{1}{2}\right)^2} = 117$$

   여기서, 선형식 L_1에 대해서는 $c_1 = c_2 = c_3 = -1/22$이고 $c_4 = 1/2$

$$S_{L_2} = \frac{(-6.4)^2}{(10)\left(\frac{1}{10}\right)^2 + (6)\left(-\frac{1}{12}\right)^2 + (6)\left(-\frac{1}{12}\right)^2} = 225$$

$$S_{L_3} = \frac{(-1.2)^2}{(6)\left(\frac{1}{6}\right)^2 + (6)\left(-\frac{1}{6}\right)^2} = 4$$

(나) 1원배치법의 분산분석표를 구하기 위하여 변동 S_T, S_A, S_E를 구함.

$$S_T = \sum_{i=1}^{4}\sum_{j=1}^{r_i} x_{ij}^2 - \frac{T^2}{N} = (20)^2 + (18)^2 + \cdots + (12)^2 - \frac{(488)^2}{24} = 503$$

$$S_A = \sum_{i=1}^{4} \frac{T_{i\cdot}^2}{r_i} - \frac{T^2}{N} = \frac{(175)^2}{10} + \frac{(147)^2}{6} + \frac{(140)^2}{6} + \frac{(26)^2}{2} - \frac{(488)^2}{24} = 346$$

$$S_e = S_T - S_A = 157$$

(다) 이를 종합하여 분산분석표를 작성하면 [표 1]과 같음.

[표 1] 대비의 변동을 포함한 분산분석표

요인	SS	DF	MS	F_0	$F_{0.95}$	$F_{0.99}$
A	346	3	115.3	14.7**	3.10	4.94
L_1	117	1	117	14.9**	4.35	8.10
L_2	225	1	225	28.7**	4.35	8.10
L_3	4	1	4	0.5	4.35	8.10
e	157	20	7.85			
T	503	23				

검정결과 인자 A, 선형식 L_1, L_2가 고도로 유의하고, L_3는 유의하지 않다.

02 다음 물음에 답하라.

(1) A가 6수준, B가 4수준인 반복없는 2원배치 실험에서 유효반복수(n_e)는?

(2) A가 4수준, B가 2수준인 반복 3회의 2원배치 실험을 실시했다. 교호작용을 무시하지 않을 때 유효반복수(n_e)는?

(3) A가 5수준, B가 3수준인 반복 2회의 2원배치 실험을 실시했다. 교호작용이 무시될 때 유효반복수(n_e)는?

[해설]

(1) $n_e = \dfrac{\text{총실험횟수}}{\text{유의한 요인의 자유도 합}+1} = \dfrac{lm}{\nu_A + \nu_B + 1} = \dfrac{lm}{(l-1)+(m-1)+1} = \dfrac{lm}{l+m-1} = \dfrac{6 \times 4}{6+4-1} = 2.7$

(2) $n_e = r$ (이 경우는 점추정식이 x의 선형조합으로 되지 않기 때문)

(3) $n_e = \dfrac{lmr}{\nu_A + \nu_B + 1} = \dfrac{lmr}{(l-1)+(m-1)+1} = \dfrac{lmr}{l+m-1} = \dfrac{5 \times 3 \times 2}{5+3-1} = 4.3$

08 요인 A와 B를 각각 1차단위, 2차단위로 하여 반복 2회의 단일분할법으로 실험하였을 때, 1차오차의 자유도 ν_{e_1}, 2차오차의 자유도 ν_{e_2}를 각각 구하시오.

(단, 인자 A는 5수준, 인자 B는 4수준이다.)

[해설]

☞ 블럭반복이 있는 단일분할법에서 1차단위가 1원배치인 경우이다.

$$\nu_{e_1} = \nu_{A \times R} = \nu_A \times \nu_R = (l-1)(r-1) = (5-1)(2-1) = 4$$

$$\nu_{e_2} = \nu_{B \times R} + \nu_{A \times B \times R} = l(m-1)(r-1) = 5(4-1)(2-1) = 15$$

◆ **신뢰성관리** ◆

05 어떤 제품의 수명이 평균 7.0시간, 표준편차가 1.2시간인 대수정규분포를 따른다고 할 때, 1,200시간 동안 고장나지 않을 확률을 구하시오. (단, 정규분포표를 이용할 것)

[해설]

☞ 대수정규분포를 이용한 신뢰도 계산 문제로서, $Y = \ln T \sim N(7, 1.2^2)$ 이므로

$$R(t) = P_r(Y \geq \ln t) = P_r\left(\frac{Y - \mu}{\sigma} \geq \frac{\ln 1,200 - 7}{1.2}\right) = P_r(U \geq 0.08) = 1 - P_r(U < 0.08) = 1 - 0.5319 = 0.4681$$

[참고] 고장수명 T가 대수정규분포를 따르면, $\ln T$는 정규분포를 따른다.

12 각 부품의 고장률이 $\lambda_A = 0.001$/시간, $\lambda_B = 0.002$/시간, $\lambda_C = 0.003$/시간인 3개 부품이 병렬로 결합된 시스템의 평균수명(MTBF)을 구하시오. (단, 각 고장률은 상호독립적이다.)

[해설]

☞ 3개 부품의 병렬결합시 시스템의 평균수명

$$MTBF_S = \frac{1}{\lambda_A} + \frac{1}{\lambda_B} + \frac{1}{\lambda_C} - \frac{1}{\lambda_A + \lambda_B} - \frac{1}{\lambda_A + \lambda_C} - \frac{1}{\lambda_B + \lambda_C} + \frac{1}{\lambda_A + \lambda_B + \lambda_C}$$

$$= \frac{1}{0.001} + \frac{1}{0.002} + \frac{1}{0.003} - \frac{1}{0.001 + 0.002} - \frac{1}{0.001 + 0.003} - \frac{1}{0.002 + 0.003} + \frac{1}{0.001 + 0.002 + 0.003} = 1,216.7 \, (h)$$

13 3σ법의 $\bar{x} - R$관리도를 사용하여 공정을 관리하고 있는 제조공정에서 제조방법의 변화로 인하여 모평균 μ가 0.5σ만큼 U_{CL}쪽으로 증가되었다면 기존의 $\bar{x}$관리도에서 검출력$(1-\beta)$을 구하시오. (단, 부분군 크기는 4이다.)

[해설]

☞ 공정평균은 변화후 $\mu' = \mu + 0.5\sigma$이고, $\bar{x}$가 관리한계를 벗어날 확률인 검출력$(1-\beta)$ 계산

$$1 - \beta = P_r(\overline{x} > U_{CL}) + P_r(\overline{x} < L_{CL}) = P_r\left(\overline{x} > \mu + 3\frac{\sigma}{\sqrt{n}}\right) + P_r\left(\overline{x} < \mu - 3\frac{\sigma}{\sqrt{n}}\right)$$

$$= P_r\left(\frac{\overline{x} - \mu'}{\sigma/\sqrt{n}} > \frac{(\mu + 3\sigma/\sqrt{n}) - (\mu + 0.5\sigma)}{\sigma/\sqrt{4}}\right) + P_r\left(\frac{\overline{x} - \mu'}{\sigma/\sqrt{n}} < \frac{(\mu - 3\sigma/\sqrt{n}) - (\mu + 0.5\sigma)}{\sigma/\sqrt{4}}\right)$$

$$= P_r(U > 2.0) + P_r(U < -4.0) = 0.0228 + 0 = 0.0228(2.28\%)$$

(16) 계수형 샘플링검사에서 OC곡선은 로트의 (①)과 (②)간의 관계를 보여주는 그래프이다. 이 곡선에서 로트 크기 N과 합격판정개수 c가 일정하고 샘플크기가 (③)할 때 OC곡선은 기울기가 급해지게 된다.

[해설]

☞ ① 부적합품률(p) ② 지정 부적합품률에서 합격할 확률($L(p)$) ③ 증가

(17) $n = 4$인 $\overline{x}$ 관리도의 3σ 관리한계값이 $U_{CL} = 12$, $L_{CL} = 6$이라고 할 때 $\sigma_{\overline{x}}$를 구하시오.

[해설]

☞ $\overline{x}$ 관리도에서 $U_{CL} - L_{CL} = 6\sigma_{\overline{x}} = 6\frac{\sigma_w}{\sqrt{n}}$ 이므로 $12 - 6 = 6 \times \sigma_{\overline{x}} \rightarrow \sigma_{\overline{x}} = 1$

국가기술자격시험	품질경영기사 실기 모의고사 6-2R	시험시간 : 3시간

◆ 품질경영실무 ◆

01 KS Q ISO 9000:2015에 규정된 ISO 품질경영의 7원칙을 적으시오.

[해설]

☞ 품질경영 7대 원칙(KS Q ISO 9000:2015) : ① 고객중시, ② 리더십, ③ 인원의 적극참여, ④ 프로세스 접근법, ⑤ 개선, ⑥ 증거기반 의사결정, ⑦ 관계관리/관계경영

02 측정시스템분석(MSA)의 오차변동 유형 5가지를 기술하시오.

[해설]

☞ 측정시스템에 관련되는 오차 또는 변동의 유형에는 ① 편의(bias, 편기, 치우침), ② 반복성, ③ 재현성, ④ 안정성, ⑤ 선형성의 5가지가 있음.

◆ 통계적품질관리 ◆

03 8매의 철판에 대해 중앙부분과 가장자리부분의 두께를 각각 측정하여 다음의 데이터를 얻었다. 물음에 답하시오. (단, 분포표 값은 부표를 이용할 것)

	1	2	3	4	5	6	7	8
x_A(중앙부분)	3.22	3.16	3.20	3.32	3.28	3.25	3.24	3.27
x_B(가장자리)	3.20	3.09	3.22	3.25	3.25	3.18	3.25	3.24

(1) 철판의 중앙이 가장자리보다 두껍다고 할 수 있는지를 유의수준 5%로 검정을 행하시오.

(2) 유의한 경우, $(\mu_A - \mu_B)$에 대하여 신뢰율 95%로 신뢰한계를 구하시오.

[해설]

(1) 가설검정

① 가설 설정 : $H_0 : \Delta \leq 0 \, (\Delta = \mu_A - \mu_B)$, $H_1 : \Delta > 0$ ② 유의수준 : $\alpha = 0.05$

③ 검정통계량의 값(t_0) 계산 : $t_0 = \dfrac{\bar{d}}{s_d / \sqrt{n}} = \dfrac{0.0325}{\sqrt{0.00128/8}} \approx 2.569$

No.	1	2	3	4	5	6	7	8	계	평균($\bar{d}$)
차이($d_i = x_{Ai} - x_{Bi}$)	0.02	0.07	-0.02	0.07	0.03	0.07	-0.01	0.03	0.26	0.0325

여기서, $s_d{}^2 \approx V_d = \dfrac{S_d}{n-1} = \dfrac{1}{n-1}\left[\sum d_i{}^2 - \dfrac{\left(\sum d_i\right)^2}{n}\right] = \dfrac{1}{8-1}\left[0.0174 - \dfrac{(0.26)^2}{8}\right] = 0.00128$

④ 기각역 : $t_0 > t_{1-\alpha}(\nu)$ $(\because \sigma_d$ 미지)이면 H_0 기각

⑤ 판정 : $t_0 = 2.569 > t_{0.95}(7) = 1.895$ 이므로, H_0를 유의수준 5%로 기각한다.

즉, 철판의 가운데 두께가 가장자리 두께보다 두껍다고 할 수 있다.

(2) $\mu_A - \mu_B$에 대해 95% 신뢰한계 추정

검정결과 $H_1 : \Delta > 0$이 채택된 경우로서, 신뢰구간 중 신뢰하한치 추정의 경우임.

$$\hat{\Delta}_L = \bar{d} - t_{1-\alpha}(\nu) \cdot \frac{s_d}{\sqrt{n}} = 0.0325 - t_{0.95}(7)\sqrt{\frac{0.00128}{8}}$$

$$= 0.0325 - 1.895 \times 0.0126 = 0.0325 - 0.0239 = 8.6 \times 10^{-3}$$

04 어떤 공정의 특성을 x관리도와 $\bar{x} - R$관리도($n=5$)를 병용하여 양자의 검출력을 비교하고 있다. 각 3σ관리도법에 따른 관리한계선이 아래와 같다고 할 때 공정의 평균이 120으로 변하였다면 물음에 답하시오. (단, R관리도는 관리상태이고, $\sigma = 10.0$)

> * x관리도 : $C_L = 100$, $U_{CL} = 130.0$, $L_{CL} = 70.0$
>
> * $\bar{x}$관리도 : $C_L = 100$, $U_{CL} = 113.4$, $L_{CL} = 86.6$
>
> * R관리도 : $C_L = 23.3$, $U_{CL} = 49.3$, $L_{CL} = -$(고려 않음)

(1) x관리도의 검출력을 구하시오.　　(2) $\bar{x}$관리도의 검출력을 구하시오.

(3) 두 관리도의 검출결과로 볼 때 어느 관리도의 검출력이 좋은지를 설명하시오.

【해설】

(1) x관리도에서 관리한계 밖으로 나갈 확률(검출력, $1 - \beta$)

$U_{CL} - L_{CL} = 6\sigma$ → $130.0 - 70.0 = 6\sigma$ → $\sigma = 10.0$이므로

$$1 - \beta = P_r(x > U_{CL}) + P_r(x < L_{CL}) = P_r\left(\frac{x - \mu'}{\sigma} > \frac{U_{CL} - \mu'}{\sigma}\right) + P_r\left(\frac{x - \mu'}{\sigma} < \frac{L_{CL} - \mu'}{\sigma}\right)$$

$$= P_r\left(U > \frac{U_{CL} - \mu'}{\sigma}\right) + P_r\left(U < \frac{L_{CL} - \mu'}{\sigma}\right) = P_r\left(U > \frac{130.0 - 120}{10}\right) + P_r\left(U < \frac{70.0 - 120}{10}\right)$$

$$= P_r(U > 1.00) + P_r(U < -5.00) = 0.1587 + 0 = 0.1587 \ (15.87\%)$$

(2) $\bar{x}$관리도에서 관리한계 밖으로 나갈 확률(검출력, $1 - \beta$)

$U_{CL} - L_{CL} = 6 \times \dfrac{\sigma}{\sqrt{n}}$의 관계식으로부터 $113.4 - 86.6 = 6 \times \dfrac{\sigma}{\sqrt{5}}$ → $\sigma = 9.99$이므로

$$1 - \beta = P_r(\bar{x} > U_{CL}) + P_r(\bar{x} < L_{CL}) = P_r\left(\frac{\bar{x} - \mu'}{\sigma/\sqrt{n}} > \frac{U_{CL} - \mu'}{\sigma/\sqrt{n}}\right) + P_r\left(\frac{\bar{x} - \mu'}{\sigma/\sqrt{n}} < \frac{L_{CL} - \mu'}{\sigma/\sqrt{n}}\right)$$

$$= P_r\left(U > \frac{U_{CL} - \mu'}{\sigma/\sqrt{n}}\right) + P_r\left(U < \frac{L_{CL} - \mu'}{\sigma/\sqrt{n}}\right) = P_r\left(U > \frac{113.4 - 120}{9.99/\sqrt{5}}\right) + P_r\left(U < \frac{86.6 - 120}{9.99/\sqrt{5}}\right)$$

$$= P_r(U > -1.48) + P_r(U < -7.48) = 0.9306 + 0 = 0.9306 \ (93.06\%)$$

(3) 상기 (1), (2)의 결과와 같이 x 관리도와 $\bar{x}$ 관리도의 검출력을 비교해 볼 때 $\bar{x}$ 관리도의 검출력이 더 높음.

05 에나멜동선의 도장공정을 관리하기 위하여 핀홀의 수를 조사하였다. 물음에 답하시오.

시료군 번호	1	2	3	4	5	6	7	8	9	10
시료 크기 n (1,000m당)	1.0	1.0	1.0	1.0	1.0	1.3	1.3	1.3	1.3	1.3
핀홀의 수	5	5	3	3	5	2	5	3	2	1

(1) 부분군의 크기 각각에 대한 관리한계를 구하시오. (2) 관리도를 그리고 판정하시오.

[해설]

☞ $\sum n = 11.5$, $\sum c = 34$ 이므로 $\bar{u} = \dfrac{\sum c}{\sum n} = \dfrac{34}{11.5} = 2.96$, $3\sqrt{\bar{u}} = 3\sqrt{2.96} = 5.16$

① u 관리도의 자료표

시료군 번호	시료의 크기 n	부적합수 c	단위당 부적합수 u	$\dfrac{1}{\sqrt{n}}$	U_{CL} $\bar{u} + 3\sqrt{\bar{u}} \times \dfrac{1}{\sqrt{n}}$	L_{CL} $\bar{u} - 3\sqrt{\bar{u}} \times \dfrac{1}{\sqrt{n}}$
1	1.0	5	5.0	1	8.12	–
2	1.0	5	5.0	1	8.12	–
3	1.0	3	3.0	1	8.12	–
4	1.0	3	3.0	1	8.12	–
5	1.0	5	5.0	1	8.12	–
6	1.3	2	1.54	1.140	7.49	–
7	1.3	5	3.85	1.140	7.49	–
8	1.3	3	2.31	1.140	7.49	–
9	1.3	2	1.54	1.140	7.49	–
10	1.3	1	0.77	1.140	7.49	–

② u 관리도의 작성

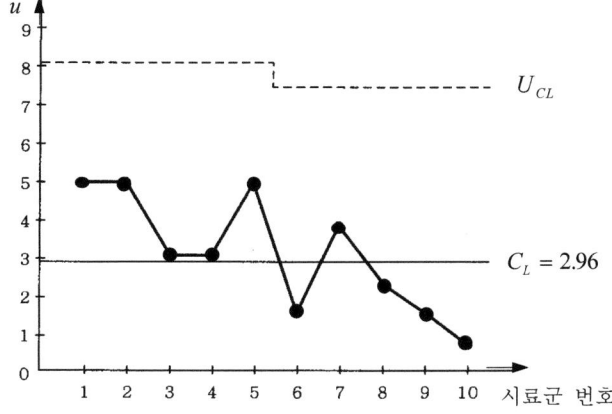

③ 관리상태 판정 : 관리한계선을 벗어난 점이 없고, 점의 배열에 이상한 버릇(습관)이 없으므로, 공정이 관리상태에 있다고 볼 수 있다.

06 검사단위의 품질표시방법 중 로트의 품질표시방법에 대한 종류를 4가지 적으시오.

[해설]

☞ 로트의 품질표시 방법 : ① 로트의 부적합품률(%), ② 로트 내의 검사단위당 평균부적합수, ③ 로트의 평균치, ④ 로트의 표준편차

07 어떤 부품의 수입검사에 KS Q ISO 2859-1의 계수값 샘플링검사 방식을 적용하고 있다. AQL=1.5%, 검사수준 Ⅱ로 하는 1회 샘플링방식을 채택하고 있다. 처음 검사는 보통검사로 시작하였으며, 5개 로트에 대한 검사를 실시하였다. KS Q ISO 2859-1의 주 샘플링검사표(부표)를 사용하여 답안지 표의 공란을 채우시오.

로트번호	N	샘플문자	n	A_c	부적합품수	합부판정	전환점수
1	300				3		
2	500				0		
3	200				1		
4	800				3		
5	200				1		

[해설]

☞ 공란 채우기

로트번호	N	샘플문자	n	A_c	부적합품수	합부판정	전환점수
1	300	H	50	2	3	불합격	0
2	500	H	50	2	0	합격	3
3	200	G	32	1	1	합격	5
4	800	J	80	3	3	합격	0
5	200	G	32	1	1	합격	2

[참고] ① (N, 검사수준) → 시료문자 ② (시료문자, AQL) → (n, A_c, R_e)

③ 합부판정 : $d \leq A_c$이면 로트합격, $d \geq R_e$이면 로트불합격

④ 전환스코어(전환점수) :

ⓐ 당초의 A_c(A_c=0, 1/3, 1/2, 1)일 때 로트가 합격되면 전환점수에 2를 더하고, 불합격시는 전환점수를 0으로 돌림.

ⓑ 당초의 $A_c \geq 2$일 때, 로트합격시는 전환점수에 3을 더하고, 불합격시 0으로 돌림.

◈ 실험계획법 ◈

08 두 변수 x와 y에 대하여 12개의 데이터의 변동값을 조사하였더니 다음과 같았다. 물음에 답하시오. (단, 분포값은 부표를 이용할 것)

$$n=12, \quad S_{(xx)}=10, \quad S_{(yy)}=30, \quad S_{(xy)}=13$$

(1) 단순회귀분석에 대한 분산분석표 및 검정을 행하시오. (단, 유의수준 5%)

(2) 회귀계수(β_1)의 신뢰구간을 95% 신뢰율로 추정을 행하시오.

[해설]

(1) 분산분석표 작성에 의한 회귀의 유의성 검정

$$S_R = \frac{S_{(xy)}^2}{S_{(xx)}} = \frac{13^2}{10} = 16.90, \quad S_e = S_{(yy)} - S_R = 30 - 16.90 = 13.10$$

[표] 분산분석표

요인	SS	DF	MS	F_0	$F_{0.95}$
회귀에 의한 (R)	16.90	1	16.90	12.90*	4.96
회귀로부터의 (e)	13.10	10	1.31		
합계 (T)	30	11			

검정결과 회귀에 의한(R) 인자는 유의수준 5%에서 유의하다. x와 y의 사이에 직선적인 관계를 생각할 수 있다.

(2) 신뢰율 95%로 β_1에 대한 신뢰구간 추정

$$\hat{\beta_1} = \hat{\beta_1} \pm t_{1-\alpha/2}(n-2)\sqrt{\frac{V_e}{S_{(xx)}}} = 1.3 \pm t_{0.975}(10)\sqrt{\frac{1.31}{10}} = 1.3 \pm 2.228 \times \sqrt{\frac{1.31}{10}} = (0.4936,\ 2.1064)$$

여기서, $\hat{\beta_1} = \frac{S_{(xy)}}{S_{(xx)}} = \frac{13}{10} = 1.3$

09 어떤 제품의 실험에서 반응압력 A를 1.0, 1.5, 2.0, 2.5기압의 4수준, 실험실 B를 3수준으로 한 난괴법으로 데이터를 구한 결과 다음 표와 같았다. 물음에 답하시오.
(단, 결과 특성치는 망대특성이며, $S_T=6.22$이다.)

인자 A \ 인자 B	A_1	A_2	A_3	A_4	T
B_1	97.6	98.6	99.0	98.0	393.2
B_2	97.3	98.2	98.0	97.7	391.2
B_3	96.7	96.9	97.9	96.5	388.0
계	291.6	293.7	294.9	292.2	1,172.4

(1) 데이터의 구조식을 적으시오.

(2) 다음의 분산분석표를 완성하고, 검정까지 행하시오.

요인	SS	DF	MS	F_0	$F_{0.95}$
A					
B					
e					
T					

해설

(1) 난괴법의 데이터 구조식 : $x_{ij} = \mu + a_i + b_j + e_{ij}$

여기서, $e_{ij} \sim N(0, \sigma_e^2)$이고 서로 독립. $b_j \sim N(0, \sigma_B^2)$이고 서로 독립

$$Cov(e_{ij}, b_j) = 0, \quad i = 1, 2, \cdots, l, \quad j = 1, 2, \cdots, m, \quad \sum_{i=1}^{l} a_i = 0, \quad \sum_{j=1}^{m} b_j \neq 0$$

(2) 난괴법에서의 분산분석

① 변동의 계산

$$CT = \frac{T^2}{N} = \frac{T^2}{lm} = \frac{1,172.4^2}{4 \times 3} = 115,543.48$$

$$S_T = \sum_i \sum_j x_{ij}^2 - CT = (97.6^2 + 97.3^2 + \cdots + 96.5^2) - 115,543.48 = 6.22$$

$$S_A = \sum_i \frac{T_{i\cdot}^2}{m} - CT = \frac{T_{1\cdot}^2 + T_{2\cdot}^2 + T_{3\cdot}^2 + T_{4\cdot}^2}{3} - CT = \frac{291.6^2 + \cdots + 292.2^2}{3} - 155,543.48 = 2.22$$

$$S_B = \sum_j \frac{T_{\cdot j}^2}{l} - CT = \frac{T_{\cdot 1}^2 + T_{\cdot 2}^2 + T_{\cdot 3}^2}{4} - CT = \frac{393.2^2 + \cdots + 388.0^2}{4} - 115,543.48 = 3.44$$

$$S_e = S_T - S_A - S_B = 6.22 - 2.22 - 3.44 = 0.56$$

② 분산분석표의 작성 및 F검정

요인	SS	DF	MS	F_0	$F_{0.95}$
A	2.22	3	0.74	7.96^*	4.76
B	3.44	2	1.72	18.49^*	5.14
e	0.56	6	0.093		
T	6.22	11			

위의 분산분석 결과를 보면 인자 A, B는 유의수준 5%에서 유의하다.

⑩ 인자 A, B, C는 각각 변량인자로서 A는 4수준, B는 2수준, C는 2수준, 반복 2회인 지분실험법을 실시한 결과치이다. 다음 물음에 답하시오.

$$S_A = 3.79, \quad S_{B(A)} = 1.4916, \quad S_{C(AB)} = 0.75, \quad S_e = 0.04$$

(1) 각 요인별 자유도를 구하시오. (2) σ_A^2, $\sigma_{B(A)}^2$을 추정하시오.

[해설]

(1) $\nu_A = l - 1 = 4 - 1 = 3$, $\nu_{B(A)} = l(m-1) = 4(2-1) = 4$

$\nu_{C(AB)} = lm(n-1) = 4 \times 2(2-1) = 8$, $\nu_e = lmn(r-1) = 4 \times 2 \times 2(2-1) = 16$

$\nu_T = lmnr - 1 = 4 \times 2 \times 2 \times 2 - 1 = 31$

(2) $\hat{\sigma}_A^2 = \dfrac{V_A - V_{B(A)}}{mnr} = \dfrac{1.26 - 0.37}{2 \times 2 \times 2} = 0.11$

여기서, $V_A = S_A / \nu_A = 3.79 / 3 = 1.26$, $V_{B(A)} = S_{B(A)} / \nu_{B(A)} = 1.49 / 4 = 0.37$

$\hat{\sigma}_{B(A)}^2 = \dfrac{V_{B(A)} - V_{C(AB)}}{nr} = \dfrac{0.37 - 0.094}{2 \times 2} = 0.069$

여기서, $V_{C(AB)} = S_{C(AB)} / \nu_{C(AB)} = 0.75 / 8 = 0.094$

11 어떤 제품의 절연전압이 300kV로 규정되어 있다. PRQ=5%, CRQ=10%일 때 계수축차 샘플링검사에서 n_t, A_t를 구하시오. (단, 주어진 부표를 이용)

[해설]

☞ 계수축차 샘플링검사표에서 PRQ=5%, CRQ=10%에 해당하는 칸에서 파라미터 h_A=3.013, h_R=3.868, g=0.0724가 얻어지므로

$$n_t = \frac{2 h_A h_R}{g(1-g)} = \frac{2 \times 3.013 \times 3.868}{0.0724 \times (1 - 0.0724)} = 347.07 \rightarrow 348 \text{ (소수점이하 올림)}$$

$$A_t = g n_t = 0.0724 \times 348 = 25.20 \rightarrow 26 \text{ (소수점이하 올림)}$$

[참조] 절연전압은 망대특성으로 봄. 소수점이하 처리는 검사속행영역이 커지도록 처리함.

12 어떤 제품의 품질특성 평균치가 4%이상의 로트는 합격으로, 3%이하의 로트는 불합격으로 하려고 할 때, 다음 물음에 답하시오. (단, σ=1%, α=0.05, β=0.10)

(1) 계량규준형 1회 샘플링검사를 실시하려고 할 때 샘플크기 n과 하한합격판정치 $\overline{X}_L$를 구하시오.

(2) n개의 시료를 뽑아 평균치 $\bar{x}$를 계산하였더니 3.45%가 나왔다면 샘플링한 로트의 처리는 어떻게 해야 하는가?

[해설]

(1) σ 기지인 계량규준형 1회 샘플링검사에서 특성치가 높을수록 좋은, 로트의 평균치를 보증하는 경우이며, 이 경우의 검사방식은 (n, $\overline{X}_L$)로 결정됨.

여기서 m_0=4, m_1=3, σ=1이고 K_α=1.645, K_β=1.282이므로

$$n \geq \left(\frac{K_\alpha + K_\beta}{m_0 - m_1}\right)^2 \cdot \sigma^2 = \left(\frac{1.645 + 1.282}{4 - 3}\right)^2 \times 1^2 = 8.57 \;\rightarrow\; 9$$

$$\overline{X}_L = \frac{m_0 \cdot K_\beta + m_1 \cdot K_\alpha}{K_\alpha + K_\beta} = \frac{4 \times 1.282 + 3 \times 1.645}{1.645 + 1.282} = 3.452$$

따라서 검사방식은 ($n = 9$, $\overline{X}_L = 3.45$)이고, 로트에서 $n = 9$의 시료를 샘플링하여 그 평균치 $\overline{x}$ 를 구했을 때, $\overline{x} \geq \overline{X}_L$이면 로트합격, $\overline{x} < \overline{X}_L$이면 로트불합격으로 판정함.

(2) $\overline{x} = 45.20$일 때 $\overline{x}(=3.45) < \overline{X}_L(=3.452)$이므로 로트불합격으로 판정함.

(13) 샘플링검사를 실시할 경우의 조건을 5가지를 기술하시오.

[해설]

☞ 샘플링검사를 적용하는 경우의 조건은 다음과 같은 크게 5가지의 경우이다.
  ① 제품이 로트로서 처리될 수 있을 것.
  ② 합격로트 중에서 어느 정도의 부적합품의 섞임을 허용할 수 있을 때
  ③ 시료의 샘플링이 랜덤하게 될 것. ④ 품질기준이 명확할 것.
  ⑤ 계량 샘플링검사의 경우 로트의 검사단위의 특성치 분포를 대략 알고 있을 것.

(14) 두 변수 x, y 에 대하여 151개의 데이터에서 표본상관계수 r 을 구하였더니 0.61이었다. 이때 모상관계수 ρ 의 95% 신뢰구간을 구하시오. (단, 모집단은 2변량 정규분포라 가정한다.)

[해설]

☞ 모상관계수 ρ 에 대한 95% 신뢰구간 추정

① 상관계수 r 의 z' 로의 변환 : $z' = \dfrac{1}{2}\ln\left(\dfrac{1+r}{1-r}\right) = \dfrac{1}{2}\ln\left(\dfrac{1+0.61}{1-0.61}\right) = 0.709$

② z' 의 95% 신뢰구간 추정

$$\left.\begin{array}{c} z'_U \\ z'_L \end{array}\right\} = z' \pm u_{1-\alpha/2}\,\frac{1}{\sqrt{n-3}} = 0.709 \pm u_{0.975}\frac{1}{\sqrt{151-3}} = 0.709 \pm 1.960 \times \frac{1}{\sqrt{148}} = (0.548,\; 0.870)$$

③ z' 값으로부터 ρ 의 신뢰율 95% 신뢰구간 추정

$z'_U \rightarrow \rho_U$ 변환 : $\hat{\rho}_U \approx r_U\,[= \tanh(z'_U)] = 0.701$

$z'_L \rightarrow \rho_L$ 변환 : $\hat{\rho}_L \approx r_L\,[= \tanh(z'_L)] = 0.499$

∴ $\hat{\rho}_L(= r_L) = 0.499 \leq \hat{\rho} \leq \hat{\rho}_U(= r_U) = 0.701$

[참조] $z' = \tanh^{-1}(r)$ 이므로 $r = \tanh(z')$. 따라서 $\hat{\rho} \approx r = \tanh(z')$ 의 관계임.

기호 z' 대신에 Z 기호를 사용하기도 하나, 그 의미는 동일한 것임.

[참조] $\tanh(z'_L) = \tanh(-2.573) = -\tanh(2.573) = -0.99$ 에서 $\tanh(2.573)$의 계산은 공학용 계산기로 (2.573 → hyp키 → tan키)순으로 키를 눌러 계산.

◈ 신뢰성관리 ◈

15 샘플 100개를 뽑아 수명시험을 하여 50시간 간격으로 고장개수를 조사하였더니 다음과 같은 데이터를 얻었다. 100시간에서의 $f(t)$와 $\lambda(t)$를 각각 구하시오.

시간 간격	0~50	50~100	100~150	150~200	200~250	250~300	300~350
고장 개수	–	5	10	20	25	35	5

해설

☞ 구간 데이터에 의한 신뢰성 척도계산 문제로서, $t=100$은 $50<t<100$ 구간이 적용됨

$$f(t) = \frac{n(t)-n(t+\Delta t)}{N \cdot \Delta t} = \frac{100-95}{100 \times 50} = 0.001, \quad \lambda(t) = \frac{n(t)-n(t+\Delta t)}{n(t) \cdot \Delta t} = \frac{100-95}{100 \times 50} = 0.001$$

[주의] 이 경우 $n(t)$값은 $50<t<100$일 때 $t=50$일 때의 $n(t)=100$을 대입하도록 함.

16 형상모수 $m=0.8$, 척도모수 $\eta=600$, 위치모수 $\gamma=0$인 와이블분포에서 사용시간 $t=100$인 경우 다음의 물음에 답하시오.

(1) 평균수명의 기대값 $E(t)$를 구하시오. (2) 고장확률밀도함수 $f(t)$를 구하시오.

해설

☞ 와이블분포에서 $m=0.8$, $\eta=600$, $\gamma=0$인 경우이며

(1) 평균수명을 추정

$$E(t) = t_0 = MTBF_0 = \frac{1}{\lambda(t)} = \frac{1}{0.0019} = 526.32 \text{ (시간)}$$

여기서, $\lambda(t) = \frac{m}{\eta}\left(\frac{t-\gamma}{\eta}\right)^{m-1} = \frac{0.8}{600}\left(\frac{100-0}{600}\right)^{0.8-1} = 0.0019 \text{ (/시간)}$

(2) 고장확률밀도함수 계산

$$f(t=100) = \frac{m}{\eta}\left(\frac{t-\gamma}{\eta}\right)^{m-1} \cdot \exp\left[-\left(\frac{t-\gamma}{\eta}\right)^m\right] = \frac{0.8}{600}\left(\frac{100-0}{600}\right)^{0.8-1} \cdot \exp\left[-\left(\frac{100-0}{600}\right)^{0.8}\right] = 0.0015 \text{(/시간)}$$

국가기술자격시험	품질경영기사 실기 모의고사 6-3R	시험시간 : 3시간

◆ 품질경영실무 ◆

01 5S(행)의 명칭과 이에 대하여 간략하게 설명하시오.

[해설]

☞ 5S(행) :

① 정리(Seiri) : 필요한 것과 불필요한 것을 구분하고, 불필요한 것을 없애는 것.

② 정돈(Seiton) : 필요한 것을 필요한 때에 끄집어 내어 쓸 수 있는 상태로 놓아두는 것.

③ 청소(Seiso) : 더러움, 먼지, 찌꺼기 등이 없는 상태로 만드는 것.

④ 청결(Seiketsu) : 정리, 정돈, 청소의 상태를 유지하는 것.

⑤ 습관화(Sitsuke) : 정해진 일을 올바르게 지키는 것이 습관이 되도록 생활화하는 것.

02 품질경영시스템-기본사항과 용어(KS Q ISO 9000:2015)에서 나타낸 것이다. 다음 설명에 대한 용어를 적으시오.

(1) 요구사항을 명시한 문서 (2) 조직의 품질경영시스템에 대한 문서

(3) 특정 대상에 대해 적용시점과 책임을 정한 절차 및 연관된 자원에 관한 시방서

[해설]

(1) 시방서 (2) 품질매뉴얼 (3) 품질계획서

◆ 통계적품질관리 ◆

03 어떤 로트의 중간제품의 부적합품이 3%, 중간제품의 양품만을 사용해서 가공했을 때, 제품의 부적합품률이 9%라고 하면 이 원료로부터 양품이 얻어질 확률은?

[해설]

☞ 중간제품의 적합품률 $P_r(A) = 0.97$, 최종제품의 적합품률 $P_r(B) = 0.91$이므로

$$P_r(A \cap B) = P_r(A) \times P_r(B) = 0.97 \times 0.91 = 0.8827 \, (88.27\%)$$

04 부선으로 광석이 입하되었다. 부선은 5척이고 각각 약 500, 800, 1,500, 1,800, 900톤씩 싣고 있다. 각 부선으로부터 하선할 때 100톤 간격으로 1인크리멘트씩 떠서 이것을 대상 시료로 혼합할 경우, 샘플링의 정밀도는 얼마나 될까? (단, 이 광석은 이제까지의 실험으로부터 100톤 내의 인크리멘트 간의 분포 σ_w=0.8%, σ_b=0.6%인 것을 알고 있다.)

[해설]

☞ $\dfrac{n_i}{N_i}$ =일정으로서 비례할당하고 있으며, 층별비례샘플링의 경우임.

$$n = \frac{500 + 800 + 1{,}500 + 1{,}800 + 900}{100} = 55 \text{이므로} \quad V(\bar{\bar{x}}) = \frac{\sigma_w^2}{m\bar{n}} = \frac{\sigma_w^2}{n} = \frac{(0.8)^2}{55} = 0.01164(\%)$$

(05) K사에서 자동차 샤프트를 열처리하는 공정이 있다. 기술개발실의 요원은 이 열처리 공정에서 온도와 촉매의 모상관관계를 알아보기 위해 시료 100개를 임의 추출하여 표본상관계수를 구했더니 r_{xy} =0.857이었다. 이 열처리 공정의 모상관계수 ρ =0.747이었다면 다음 물음에 답하시오.

(1) 모상관계수가 달라졌는가를 유의수준 5%에서 검정하시오.

(2) 모상관계수를 신뢰율 95%로 구간추정하시오.

[해설]

(1) 상관계수의 상관관계 유무 검정 ($\rho = \rho_0$, 즉 $\rho \neq 0$ 일 때)

① 가설 설정 : H_0 : ρ =0.747(ρ_0), H_1 : $\rho \neq 0.747$ ② 유의수준 : α =0.05

③ 검정통계량의 값(U_0) 계산 :

$$U_0 = \sqrt{n-3}\left[\frac{1}{2}\ln\left(\frac{1+r}{1-r}\right) - \frac{1}{2}\ln\left(\frac{1+\rho_0}{1-\rho_0}\right)\right] = \sqrt{100-3}\left[\frac{1}{2}\ln\left(\frac{1+0.857}{1-0.857}\right) - \frac{1}{2}\ln\left(\frac{1+0.747}{1-0.747}\right)\right] = 3.11$$

④ 기각역 설정 : $|U_0| > u_{1-\alpha/2} = u_{0.975} = 1.960$ 이면 H_0 기각

⑤ 판정 : $|U_0| = 3.11 > u_{0.975} = 1.960$ 이므로 유의수준 5%로 H_0 를 기각한다.

　　　　즉, 종전의 모상관계수 0.747이 달라졌다고 할 수 있다.

(2) 모상관계수에 대한 95% 신뢰구간 추정

① Z 값의 계산 : $Z = \dfrac{1}{2}\ln\left(\dfrac{1+r}{1-r}\right) = \dfrac{1}{2}\ln\left(\dfrac{1+0.857}{1-0.857}\right) = 1.282$

② Z 의 95% 신뢰구간

$$\left.\begin{array}{c}Z_U \\ Z_L\end{array}\right\} = Z \pm u_{1-\alpha/2}\frac{1}{\sqrt{n-3}} = 1.282 \pm u_{0.975}\frac{1}{\sqrt{100-3}}$$

$$= 1.282 \pm 1.960 \times 0.102 = 1.282 \pm 0.200 = (1.082,\ 1.482)$$

③ ρ 값의 95% 신뢰구간 추정 : $\hat{\rho}_L \leq \rho \leq \hat{\rho}_U$ → $0.794 \leq \rho \leq 0.902$

여기서, $\hat{\rho}_U \approx r_U = \dfrac{e^{2Z_U}-1}{e^{2Z_U}+1} = \dfrac{e^{2\times1.482}-1}{e^{2\times1.482}+1} = \dfrac{18.375}{20.375} = 0.902$

　　　　$\hat{\rho}_L \approx r_L = \dfrac{e^{2Z_L}-1}{e^{2Z_L}+1} = \dfrac{e^{2\times1.082}-1}{e^{2\times1.082}+1} = \dfrac{7.706}{9.706} = 0.794$

06 표에 나타난 데이터는 어느 직물공장에서 직물에 나타난 흠의 수를 조사한 결과이다. 다음 물음에 답하시오.

로트번호		1	2	3	4	5	6	7	8	9	10	11	12	13	14	15	합계
㉠ 시료 수(n)		10	10	15	15	20	20	20	20	20	10	10	10	15	15	15	225
흠의 수	얼룩(개소)	12	16	12	15	21	15	13	32	23	16	17	6	13	22	16	249
	구멍(개소)	5	3	5	6	4	6	6	8	8	6	4	1	4	6	6	78
	실뜀(개소)	6	1	6	7	2	7	10	9	9	7	2	1	10	11	8	96
	색상(개소)	10	1	8	10	2	9	8	12	11	11	2	2	9	12	12	119
	기타	2	-	2	4	-	3	-	2	1	1	-	-	-	1	1	17
㉡ 합계		35	21	33	42	29	40	37	63	52	41	25	10	36	52	43	559
㉡÷㉠		3.50	2.10	2.20	2.80	1.45	2.00	1.85	3.15	2.60	4.10	2.50	1.00	2.40	3.47	2.87	-

(1) 위 데이터로 관리도를 작성하고자 한다.

　① 무슨 관리도를 사용하여야 하겠는가?

　② C_L 의 값은? 그리고 n 이 10, 15, 20인 경우 U_{CL} 및 L_{CL} 의 값은 얼마인가?

　③ 관리한계를 벗어난 점이 있으면 그 로트번호를 적으시오.

(2) 데이터에서 종류(유형)별로 분류해 놓은 흠의 통계를 가지고 파레토도를 작성하시오.

[해설]

(1) ① n 이 일정하지 않으므로 단위당 부적합수 u 관리도

　② ㉮ $C_L = \bar{u} = \dfrac{\sum c}{\sum n} = \dfrac{559}{225} = 2.484$

　　㉯ $n = 10$의 경우 : $U_{CL} = \bar{u} + 3\sqrt{\dfrac{\bar{u}}{n}} = 2.484 + 3\sqrt{\dfrac{2.484}{10}} = 3.979$

　　　　　　　　　　　$L_{CL} = \bar{u} - 3\sqrt{\dfrac{\bar{u}}{n}} = 2.484 - 3\sqrt{\dfrac{2.484}{10}} = 0.989$

　　㉰ $n = 15$의 경우 : $U_{CL} = \bar{u} + 3\sqrt{\dfrac{\bar{u}}{n}} = 2.484 + 3\sqrt{\dfrac{2.484}{15}} = 3.705$

　　　　　　　　　　　$L_{CL} = \bar{u} - 3\sqrt{\dfrac{\bar{u}}{n}} = 2.484 - 3\sqrt{\dfrac{2.484}{15}} = 1.263$

　　㉱ $n = 20$의 경우 : $U_{CL} = \bar{u} + 3\sqrt{\dfrac{\bar{u}}{n}} = 2.484 + 3\sqrt{\dfrac{2.484}{20}} = 3.541$

　　　　　　　　　　　$L_{CL} = \bar{u} - 3\sqrt{\dfrac{\bar{u}}{n}} = 2.484 - 3\sqrt{\dfrac{2.484}{20}} = 1.427$

　③ 로트 No. 10(4.10)은 $n = 10$인 경우의 U_{CL}(3.979)을 벗어난다.

(2) ① 분류항목별 데이터 집계표

순서	항목	개수	누적수	점유율(%)	누적점유율(%)
1	얼룩	249	249	44.54	44.54
2	색상불량	119	368	21.29	65.83
3	실이 튐	96	464	17.17	83.01
4	구멍발생	78	542	13.95	96.96
5	기타	17	559	3.04	100

② 파레토그림

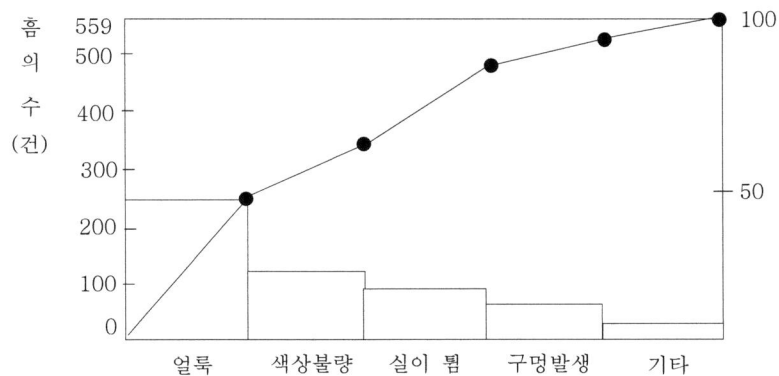

$\boxed{07}$ 어떤 공정의 특성을 관리하기 위하여, 합리적 군구분이 되는 $x - R_m$ 관리도로 작성하였더니 $C_L = 100.0$, $U_{CL} = 120.0$, $L_{CL} = 80.0$이었다. 공정의 변화에 의해 공정평균이 90이 되었을 때 검출력은 얼마나 되는가? (단, R_m 관리도는 관리상태이고, $n = 5$, $\sigma = 10.0$)

[해설]

☞ 공정평균이 10 감소의 경우에 점이 관리한계선을 이탈하는 확률(검출력, $1 - \beta$)

$$검출력(1-\beta) = P_r(x > U_{CL}) + P_r(x < L_{CL}) = P_r\left(\frac{x - \mu'}{\sigma} > \frac{U_{CL} - \mu'}{\sigma}\right) + P_r\left(\frac{x - \mu'}{\sigma} < \frac{L_{CL} - \mu'}{\sigma}\right)$$

$$= P_r\left(U > \frac{120 - 90}{10}\right) + P_r\left(U < \frac{80 - 90}{10}\right) = P_r(U > 3) + P_r(U < -1) = 0.00135 + 0.1587 = 0.16005$$

$\boxed{08}$ 어느 제품의 재료 저항치가 30Ω이하로 규정된 경우, 즉 계량규준형 1회 샘플링검사에서 $n = 5$, $k = 2.34$의 값을 얻어 데이터를 취했더니 아래와 같다. 상한합격판정치($\overline{X}_U$)와 로트의 합부판정을 실시하시오. (단, 표준편차 $\sigma = 2Ω$)

[데이터]	28.5	30.0	32.4	30.9	28.7

해설

☞ σ 기지의 계량규준형 1회 샘플링검사에서 S_U 가 주어진 경우로서, 로트의 부적합품률을 보증하는 경우이다. 따라서 검사방식은 $(n, \overline{X}_U)$ 로 결정된다.

여기서 S_U =45, σ =2이므로 $\overline{X}_U = S_U - k\sigma$ =30-2.34×2=25.32, 그리고 n =5의 평균치 $\overline{x}$

는 $\overline{x} = \dfrac{\sum x}{n} = \dfrac{150.5}{5} = 30.10$ 이다.

따라서 $\overline{x}$ (=30.10)> $\overline{X}_U$ (=25.32)이 되므로, 로트불합격으로 판정한다.

09 G사는 어떤 부품의 수입검사에 있어 KS Q ISO 2859-1을 사용하고 있다. 검토 후 AQL=1.0%, 검사수준 III으로 1회 샘플링검사를 까다로운 검사를 시작으로 연속 15로트를 실시한 결과에 대한 부분표이다. 다음 물음에 답하시오. (단, 부표 11-B 주어짐)

(1) 다음 표를 완성하시오.

로트번호	N	샘플문자	n	당초 A_c	합부판정스코어 (검사전)	수정적용 A_c	부적합품수 d	합부판정	합부판정스코어 (검사후)	전환스코어	샘플링검사의 엄격도 (검사후)
7	250				5		0				
8	200						1				
9	400						0				
10	80						0				
11	100						1				

(2) 로트번호 12의 샘플링검사의 엄격도는 어떻게 되겠는가?

해설

(1) KS Q ISO 2859-1 부표 11-B 까다로운 검사 1회 (주 샘플링표 보조표) 활용

로트번호	N	샘플문자	n	당초 A_c	합부판정스코어 (검사전)	수정적용 A_c	부적합품수 d	합부판정	합부판정스코어 (검사후)	전환스코어	샘플링검사의 엄격도 (검사후)
7	250	H	50	1/2	5	0	0	합격	5	-	까다로운 검사
8	200	H	50	1/2	10	1	1	합격	0	-	까다로운 검사
9	400	J	80	1	7	1	0	합격	7	-	까다로운 검사
10	80	F	20	0	7	0	0	합격	7	-	까다로운 검사
11	100	G	32	1/3	10	1	1	합격	0	-	보통검사 전환

[참고] ① (N , 검사수준) → 시료문자 ② (시료문자, AQL) → (n , A_c , R_e)

③ 합부판정스코어 (검사전) : 당초 A_c =1/2이면, 전회의 검사후 스코어+ 5=0+ 5=5

당초 A_c =0이면, 전회의 검사 후의 스코어와 동일

당초 A_c ≥1이면 전회의 검사 후 스코어+ 7

④ 수정적용 A_c : 검사 전의 합부판정스코어≤8이면, 수정적용 A_c =(분수 A_c 가) 0

검사 전의 합부판정스코어≥9이면, 수정적용 A_c =(분수 A_c 가) 1

⑤ 합부판정 : $d \leq A_c$이면 로트합격, $d > A_c$이면 로트불합격

⑥ 합부판정스코어 (검사후) :

　　㉠ $d \geq 1$인 때→스코어를 0으로 되돌림. ㉡ $d = 0$인 때→검사 전의 스코어와 동일

⑦ 전환스코어 : 당초 A_c가 0, 1/2, 1/3, 1인 때 로트합격이면 전회 전환스코어+2.

　　　　　　　불합격시는 전환 스코어를 0으로 돌림.

(2) (까다로운 검사에서 연속 5로트 합격)이므로 로트번호 12번부터는 보통검사로 전환된다.

[참고] 이 문제는 분수 A_c의 경우 샘플링검사 방식이 일정하지 않는 경우이다.

10 계수값 축차 샘플링검사(KS Q ISO 8422)에서 p_A=1%, p_R=8%, α=5%, β=10%을 만족하는 KS Q ISO 8422의 부적합품률 검사를 위한 계수값 축차 샘플링검사 방식을 설계하려 한다. 20번째와 25번째에서 부적합품이 나타났고, 누계샘플사이즈 중지값 n_t=86이다. 물음에 답하시오. (단, 부록의 표값을 사용할 것)

(1) 중지값 n_t=86에서 합격판정선과 불합격판정선을 구하시오.

(2) $n_{cum} < n_t$인 경우 합격판정선과 불합격판정선을 구하시오.

(3) n_{cum}=60에서 검사결과를 판정하시오.

[해설]

(1) p_A=PRQ, p_R=CRQ의 의미로 쓰였고, $n_{cum} = n_t$=86인 경우 [부표]에서 h_A=1.046,

h_R=1.343, g=0.0341이 얻어짐.

$A_t = g \cdot n_t = 0.0341 \times 86 = 2.9326 \rightarrow 2$ (소수점이하 버림)

$R_t = A_t + 1 = 3$

(2) $n_{cum} < n_t$=86인 경우 [부표]에서 h_A=1.046, h_R=1.343, g=0.0341이 얻어짐.

$A = g \cdot n_{cum} - h_A = 0.0341 n_{cum} - 1.046$ (소수점이하 버림)

$R = g \cdot n_{cum} + h_R = 0.0341 n_{cum} + 1.343$ (소수점이하 올림)

(3) (n_{cum}=60)<(n_t=86)인 경우

$A = g \cdot n_{cum} - h_A = 0.0341 n_{cum} - 1.046 = 0.0341 \times 60 - 1.046 = 1.0 \rightarrow 1$ (소수점이하 버림)

$R = g \cdot n_{cum} + h_R = 0.0341 n_{cum} + 1.343 = 0.0341 \times 60 + 1.343 = 3.389 \rightarrow 4$ (소수점이하 올림)

∴ 누계카운트 D=2이므로, (A=1) $< D <$ (R=4)가 되므로 검사를 속행함.

◆ 실험계획법 ◆

11 4종류의 플라스틱 제품이 있다. A_1 : 자기회사 제품, A_2 : 국내 C사 제품, A_3 : 국내 D사 제품, A_4 : 외국 제품에 대하여 각각 10개, 5개, 5개, 3개씩 표본을 취하여 강도(kgf/cm²) 를 측정한 결과 다음과 같았다. 물음에 답하시오. (단, L_1=외국 제품과 한국 제품의 차, L_2=자사 제품과 국내 타사 제품의 차, L_3=국내 타사 제품의 차)

A의 수준	데이터										$T_{i.}$
A_1	25	23	24	22	22	23	18	21	20	23	$T_{1.}=221$
A_2	30	28	33	31	31						$T_{2.}=153$
A_3	29	30	23	27	32						$T_{3.}=141$
A_4	19	17	20								$T_{4.}=56$
											$T=571$

(1) 각 선형식 L_1, L_2, L_3를 구하시오. (2) 각 선형식의 제곱합 S_{L_1}, S_{L_2}, S_{L_3}를 구하시오.
(3) 분산분석표를 작성한 후 판정을 행하시오.

해설

(1) 선형식 L_1, L_2, L_3

$$L_1 = \frac{T_{4.}}{3} - \frac{T_{1.}+T_{2.}+T_{3.}}{20} = \frac{56}{3} - \frac{221+153+141}{20} = -7.08$$

$$L_2 = \frac{T_{1.}}{10} - \frac{T_{2.}+T_{3.}}{10} = \frac{221}{10} - \frac{153+141}{10} = -7.3, \quad L_3 = \frac{T_{2.}}{5} - \frac{T_{3.}}{5} = \frac{153}{5} - \frac{141}{5} = 2.4$$

(3) 분산분석
 (가) 선형식 들의 변동

$$S_{L_1} = \frac{L_1^2}{\sum_{i=1}^{4} r_i c_i^2} = \frac{(-7.08)^2}{(3)\left(-\frac{1}{3}\right)^2 + (20)\left(-\frac{1}{20}\right)^2} = 130.89$$

$$S_{L_2} = \frac{L_2^2}{\sum_{i=1}^{4} r_i c_i^2} = \frac{(-7.3)^2}{(10)\left(\frac{1}{10}\right)^2 + (10)\left(-\frac{1}{10}\right)^2} = 266.45, \quad S_{L_3} = \frac{L_3^2}{\sum_{i=1}^{4} r_i c_i^2} = \frac{(2.4)^2}{(5)\left(\frac{1}{5}\right)^2 + (5)\left(-\frac{1}{5}\right)^2} = 14.4$$

 (나) 1원배치법의 분산분석표를 구하기 위하여 변동 S_T, S_A, S_E를 구함.

$$S_T = \sum_{i=1}^{4}\sum_{j=1}^{r_i} x_{ij}^2 - \frac{T^2}{N} = (25^2 + 23^2 + \cdots + 20^2) - \frac{571^2}{23} = 513.3$$

$$S_A = \sum_{i=1}^{4} \frac{T_{i.}^2}{r_i} - \frac{T^2}{N} = \left(\frac{221^2}{10} + \frac{153^2}{5} + \frac{141^2}{5} + \frac{56^2}{3}\right) - \frac{571^2}{23} = 411.74$$

$$S_e = S_T - S_A = 513.3 - 411.74 = 101.56$$

(다) 이를 종합하여 분산분석표를 작성하면 [표]와 같음.

[표] 대비의 변동을 포함한 분산분석표

요인	SS	DF	MS	F_0	$F_{0.95}$	$F_{0.99}$
A	411.74	3	137.25	25.68**	3.10	4.94
L_1	130.89	1	130.89	24.49**	4.35	8.10
L_2	266.45	1	266.45	49.85**	4.35	8.10
L_3	14.40	1	14.40	2.69	4.35	8.10
e	101.56	19	5.35			
T	513.30	22	1			

검정결과 인자 A, 선형식 L_1, L_2 가 고도로 유의하고, L_3 는 유의하지 않다.

⑫ 다음은 2^3 형 요인배치법의 Yate's 알고리즘이다. $A \times B$ 의 제곱합 $S_{A \times B}$ 를 구하시오.

처리조합			데이터	(1)	(2)	(3)	
A	B	C					
0	0	0	(1)=7	17	39	72	수정항
0	0	1	c=10	22	33	2	C
0	1	0	b=9	17	7	4	B
0	1	1	bc=13	16	-5	10	$B \times C$
1	0	0	a=12	3	5	-6	A
1	0	1	ac=5	4	-1	-12	$A \times C$
1	1	0	ab=7	-7	1	-6	$A \times B$
1	1	1	abc=9	2	9	8	e

[해설]

☞ $S_{A \times B} = \dfrac{1}{8}\left[(a-1)(b-1)(c+1)\right]^2 = \dfrac{1}{8}\left[abc+ab-ac-a-bc-b+c+(1)\right]^2$

$$= \frac{1}{8}(9+7-5-12-13-9+10+7)^2 = 4.5$$

⑬ 어떤 제품의 중합반응에서 약품의 흡수속도가 제조시간에 영향을 미치고 있음을 알고 있다. 그것에 대한 큰 요인이라고 생각되는 촉매량과 반응온도를 취급하여 아래의 실험조건으로 2회 반복하여 4×3×2=24회의 실험을 랜덤하게 행한 결과 다음의 데이터를 얻었다. $D_4\overline{R}$ 에 의한 등분산의 가정을 검토하여 이 실험의 관리상태 여부에 답하시오.

[실험조건]

촉매량(%)	반응온도(°C)
A_1=0.3	B_1=80

	A_2 =0.4	B_2 =90
	A_3 =0.5	B_3 =100
	A_4 =0.6	

[데이터] 흡수속도(g/hr)

	A_1	A_2	A_3	A_4
B_1	94	95	99	91
	87	101	107	98
B_2	99	115	112	109
	108	108	117	103
B_3	116	121	125	116
	111	127	131	122

해설

☞ 반복있는 2원배치법에서의 등분산 검토 및 실험의 관리상태 여부 검토

[표] 범위 R표

B \ A	A_1	A_2	A_3	A_4	계
B_1	7	6	8	7	28
B_2	9	7	5	6	27
B_3	5	6	6	6	23
계	21	19	19	19	78

① $\overline{R} = \dfrac{78}{4 \times 3} = 6.5$이고, $r = 2$일 때 $D_4 = 3.267$이므로 $D_4\overline{R} = 3.267 \times 6.5 = 21.236$

② 판정 : 모든 R의 값이 $D_4\overline{R}$ 보다 작으므로 실험 전체가 관리상태에 있다고 판단된다.

◆ 신뢰성관리 ◆

(14) 100V용 백열전구의 수명분포는 $N(200, 50^2)$인 정규분포에 따른다고 한다면, 300시간 사용할 때 신뢰도를 구하시오.

해설

(1) $R(t = 300) = P_r(t \geq 300) = P_r\left(\dfrac{t - \mu}{\sigma} \geq \dfrac{300 - \mu}{\sigma}\right) = P_r\left(U \geq \dfrac{300 - 200}{50}\right) = P_r(U \geq 2) = 0.0228$

(15) 어떤 제품의 형상모수 m =0.7, 척도모수 η =8,667시간, 위치모수 γ =0인 와이블분포를 따를 때 사용시간 t =10,000에서 다음 물음에 답하시오.
(1) 신뢰도를 구하시오. (2) 고장률을 구하시오. (3) 구간평균고장률을 구하시오.

해설

(1) 사용시간 t =10,000에서의 신뢰도

$$R(t = 10,000) = \exp\left\{-\left(\frac{t-\gamma}{\eta}\right)^m\right\} = \exp\left\{-\left(\frac{10,000-0}{8,667}\right)^{0.7}\right\} = 0.3311 \ (33.11\%)$$

(2) 사용시간 $t = 10,000$에서의 고장률

$$\lambda(t = 500) = \frac{m}{\eta}\left(\frac{t-\gamma}{\eta}\right)^{m-1} = \frac{0.7}{8,667}\left(\frac{1,000-0}{8,667}\right)^{0.7-1} = 8.0 \times 10^{-5} \, (/\text{시간})$$

(3) 와이블분포를 이용한 구간평균고장률 계산

$$AFR(t_1 = 0, \ t_2 = 10,000) = \frac{\left(\frac{t_2}{\eta}\right)^m - \left(\frac{t_1}{\eta}\right)^m}{t_2 - t_1} = \frac{\left(\frac{10,000}{8,667}\right)^{0.7} - \left(\frac{0}{8,667}\right)^{0.7}}{10,000} = 1.1 \times 10^{-4} \, (/\text{시간})$$

---

(16) 정시중단시험 방식에서 제품 A는 총동작시간 2.3×10^5시간으로 무고장이며, 제품 B는 총작동시간 2.5×10^5시간에서 한 개의 고장이 발생하였다. 신뢰수준 90%로 MTBF의 하한값을 구하시오.

[해설]

☞ 정시중단시험의 경우 한쪽신뢰구간 추정

① 제품 A의 평균수명 하한값($r = 0$인 경우)

$$\hat{\theta}_L = MTBF_L = \frac{T}{2.3} = \frac{2.3 \times 10^5}{2.3} = 100,000 \, (\text{시간})$$

② 제품 B의 평균수명 하한값

$$\hat{\theta}_L = MTBF_L = \frac{2T}{\chi^2_{1-\alpha}[2(r+1)]} = \frac{2 \times 2.5 \times 10^5}{\chi^2_{0.90}(4)} = \frac{2 \times 2.5 \times 10^5}{7.78} = 64,267.35 \, (\text{시간})$$

현명한 사람이라면 찾아낸 기회보다
더 많은 기회를 만들 것이다.
- 프랜시스 베이컨 -

제2편

품질경영산업기사 실기
CBT 대비

성공하는 미래는 꿈의 아름다움을
믿는 도전자의 성과이다!
- 엘리너 루즈벨트 -

제1장

품질경영산업기사 실기
CBT 모의고사1

국가기술자격시험	품질경영산업기사 실기 모의고사 1-1R	시험시간 : 2시간 30분

◆ 품질경영실무 ◆

01 3정5S에 대해 기술하시오.

[해설]

☞ 3정(定)은 눈으로 보는 관리(Visual Management)를 위한 수단이며, 이는 JIT생산을 위해 토요타자동차에서 시작된 것으로서, 지정된 위치에, 지정된 품목이, 지정된 양만큼 있도록 하는 현장관리 수단이다.

　① 정위치 : 정해진 곳에서 가져 올 수 있도록
　② 정품 : 정해진 품목을 쓸 수 있도록
　③ 정량 : 정해진 양을 얻을 수 있도록

☞ 5S(5행) 활동의 5가지 요소

　① 정리(Seiri) : 필요한 것과 불필요한 것을 구분하고, 불필요한 것을 없애는 것.
　② 정돈(Seiton) : 필요한 것을 필요한 때에 끄집어 내어 쓸 수 있는 상태로 놓아 두는 것.
　③ 청소(Seiso) : 더러움, 먼지, 찌꺼기 등이 없는 상태로 만드는 것.
　④ 청결(Seiketsu) : 정리, 정돈, 청소의 상태를 유지하는 것.
　⑤ 습관화(Shitsuke) : 정해진 일을 올바르게 지키는 것이 습관이 되도록 생활화하는 것.

02 다음은 ISO 9000에서의 용어에 대한 정의이다. (　)를 채우시오.

(1) (　) : 규정된 요구사항에 적합하지 않는 제품을 사용하거나 불출하는 것에 대한 허가

(2) (　) : 발견된 부적합 또는 기타 바람직하지 않은 상황의 원인을 제거하기 위한 조치

[해설]

☞ (1) 특채(concession)　　(2) 시정조치(corrective action)

[참조]

　① 시정(correction) → 발견된 부적합을 제거하기 위한 행위. 시정과 시정조치는 구별된다. 그리고 재작업, 재등급은 시정의 보기이다.

　② 예방조치(preventive action) → 잠재적인 부적합 또는 기타 바람직하지 않은 잠재적 상황의 원인을 제거하기 위한 조치. 예방조치는 발생을 방지하기 위하여 취해지는 반면, 시정조치는 재발을 방지하기 위해 취해진다.

03 6시그마 추진에 있어 프로젝트의 성질에 따라 DMADOV 절차와 DMAIC 절차가 있다. 이 2가지 중 DMAIC 절차에 대해 간단히 적으시오.

- D	- M	- A	- I	- C

[해설]

☞ DMAIC는 6시그마 프로젝트를 해결하는 절차로, 기존의 PDCA 사이클에서 진보된 프로세스 개선절차라고 볼 수 있다.

단계	정의	Step	추진내용	추진 Tool
Define	정의	Step 1 Step 2 Step 3	프로젝트 선정배경 기술 프로젝트 정의 프로젝트 승인	QFD, CTQ Drill Down SIPOC(공급자-입력-프로세스 -출력-고객)
Measure	측정	Step 4 Step 5 Step 6	Y's의 확인 현수준 확인(파악) 잠재원인변수(X's) 발굴	MSA(gage R&R) 공정능력분석(Cp, Cpk) Process Map, C&E Matrix
Analyze	분석	Step 7 Step 8 Step 9	데이터 수집 데이터 분석 Vital Few X's 선정	각종 Graphic Toos 상관분석, 가설검증 회귀분석
Improve	개선	Step 10 Step 11 Step 12	개선안(전략) 수립 Vital Few X's 선정 최적화 결과 검증	DOE(실험계획법) Robust Design(다구찌기법) EVOP
Control	관리	Step 13 Step 14 Step 15	관리계획 수립 관리계획 실행 문서화/공유	FMEA SPC Error Proofing

[참조] DMADOV는 DFSS(Design for Six Sigma)를 위한 절차이다.

D(Define, 정의)→M(Measure, 측정)→A(Analyze, 분석)→D(Design, 설계)
→O(Optimize, 최적화)→V(Verify, 검증)

◈ 통계적품질관리 ◈

04 1부터 5까지의 숫자 카드가 들어 있는 주머니 3개가 있다. 각 주머니에서 하나씩 꺼내 뽑은 숫자를 더했을 때 합이 5이상일 확률을 구하시오.

[해설]

☞ 3개의 주머니에서 하나씩 꺼내 뽑은 숫자를 각각 x_1, x_2, x_3라 하고, 그 합을 확률변수 X라 할 때, 각 주머니에서 뽑는 숫자들의 조합의 수(경우의 수)는 ${}_5C_1 \times {}_5C_1 \times {}_5C_1 = \left\{{}_5C_1\right\}^3 = 125$ 이다.

각 주머니에서 하나씩 꺼내 뽑은 3개 숫자의 합이 4이하인 경우의 사상을 A라고 하면

$A = \left\{(1,\ 1,\ 1),\ (1,\ 1,\ 2),\ (1,\ 2,\ 1),\ (2,\ 1,\ 1)\right\}$ 로서 4가지이다.

$$P_r(X \geq 5) = 1 - P_r(X \leq 4) = 1 - \frac{4}{\left\{{}_5C_1\right\}^3} = 1 - \frac{4}{125} = 0.968$$

05 다음에서 확률을 각각 계산하시오.

(1) 부적합품률이 4%인 크기 50의 로트에서 $n=5$의 랜덤 샘플을 뽑았을 때 부적합품이 1개 들어 있을 확률을 초기하분포를 이용하여 구하시오.

(2) 부적합품률이 5%인 무한모집단에서 $n=5$의 랜덤 샘플을 뽑았을 때 부적합품이 2개 이하일 확률을 이항분포를 이용하여 구하시오.

(3) 단위길이당 평균부적합수가 5인 무한모집단에서 단위길이를 추출해 내었을 때 부적합수가 3개 이상일 확률은 얼마인가?

[해설]

(1) 초기하분포에 의한 확률

$P=0.04$, $N=50$, $n=5$이고, $P_r(X=x)=p(x)=\dfrac{_{NP}C_x \cdot _{N-NP}C_{n-x}}{_NC_n}$ 에서,

$P_r(X=1)=p(1)=\dfrac{_{50\times0.04}C_1 \times _{50-50\times0.04}C_{5-1}}{_{50}C_5}=\dfrac{_2C_1 \times _{48}C_4}{_{50}C_5}=0.1837$

(2) 이항분포에 의한 확률

$P=0.05$, $n=5$, $X\leq2$이고, $P_r(X=x)=p(x)=_nC_xP^x(1-P)^{n-x}$ 에서,

$P_r(X\leq2)=p(0)+p(1)+p(2)$

$\quad\quad=_5C_0P^0(1-P)^{5-0}+_5C_1P^1(1-P)^{5-1}+_5C_2P^2(1-P)^{5-2}$

$\quad\quad=_5C_0 0.05^0(1-0.05)^5+_5C_1 0.05^1(1-0.05)^4+_5C_2 0.05^2(1-0.05)^3=0.9988$

(3) 포아송분포에 의한 확률

$m=5$, $X\geq3$이고, $P_r(X=x)=p(x)=\dfrac{e^{-m}\cdot m^x}{x!}$ 에서,

$P_r(X\geq3)=1-P_r(X\leq2)=1-\left[p(0)+p(1)+p(2)\right]=1-e^{-5}\left(\dfrac{5^0}{0!}+\dfrac{5^1}{1!}+\dfrac{5^2}{2!}\right)=0.8754$

06 A 제품의 평균강도가 5.0, 표준편차가 0.20이라고 할 때, $4.8\leq x \leq5.4$의 확률을 구하시오.

[해설]

☞ 표준화 정규확률변수로 변수변환하여 확률 계산이 가능하다.

$P_r(4.8\leq x\leq5.4)=P_r\left(\dfrac{4.8-\mu}{\sigma}\leq\dfrac{x-\mu}{\sigma}\leq\dfrac{5.4-\mu}{\sigma}\right)=P_r\left(\dfrac{4.8-5.0}{0.2}\leq U\leq\dfrac{5.4-5.0}{0.2}\right)$

$\quad\quad=P_r(-1.0\leq U\leq2.0)=0.34135+0.47725=0.8186$

[참고] $\mu\pm1\sigma$ 안에 포함될 확률 → 0.6827(68.27%)

$\quad\quad\quad\mu\pm2\sigma$ 안에 포함될 확률 → 0.9545(95.45%)

07 다음은 계수치 관리도에 대한 데이터이다. 자료표를 보고 물음에 답하시오.

로트번호	시료의 크기	부적합품개수	로트번호	시료의 크기	부적합품개수
1	40	3	6	30	3
2	40	5	7	50	6
3	40	3	8	50	5
4	30	4	9	50	6
5	30	2	10	50	4

(1) 무슨 관리도를 사용하는 것이 바람직한가?

(2) 관리도를 그리고 판정하시오.

해설

(1) 관리도 선정

　　로트별 시료크기가 불일정하므로 비율에 기반하는 부적합품률 p 관리도가 적절하다.

(2) 관리도 작성 및 관리상태 판정

　(가) 중심선 및 관리한계선 계산 : $C_L = \bar{p} = \dfrac{\sum np}{\sum n} = \dfrac{41}{410} = 0.10$ (10%) 이고,

　　각 군별로 시료크기(동일 숫자는 한 번만)에 의거하여 U_{CL} 및 L_{CL}을 계산한다.

　　① $n = 30$인 경우

$$U_{CL} = \bar{p} + 3\sqrt{\frac{\bar{p}(1-\bar{p})}{n}} = 0.1 + 3\sqrt{\frac{0.1(1-0.1)}{30}} = 0.2643$$

$$L_{CL} = \bar{p} - 3\sqrt{\frac{\bar{p}(1-\bar{p})}{n}} = 0.1 - 3\sqrt{\frac{0.1(1-0.1)}{30}} = - \text{(음수로서, 고려하지 않음)}$$

　　② $n = 40$인 경우

$$U_{CL} = \bar{p} + 3\sqrt{\frac{\bar{p}(1-\bar{p})}{n}} = 0.1 + 3\sqrt{\frac{0.1(1-0.1)}{40}} = 0.2423$$

$$L_{CL} = \bar{p} - 3\sqrt{\frac{\bar{p}(1-\bar{p})}{n}} = 0.1 - 3\sqrt{\frac{0.1(1-0.1)}{40}} = - \text{(음수로서, 고려하지 않음)}$$

　　③ $n = 50$인 경우

$$U_{CL} = \bar{p} + 3\sqrt{\frac{\bar{p}(1-\bar{p})}{n}} = 0.1 + 3\sqrt{\frac{0.1(1-0.1)}{50}} = 0.2273$$

$$L_{CL} = \bar{p} - 3\sqrt{\frac{\bar{p}(1-\bar{p})}{n}} = 0.1 - 3\sqrt{\frac{0.1(1-0.1)}{50}} = - \text{(음수로서, 고려하지 않음)}$$

　(나) 각 군마다의 부적합품률 $P(\%)$ 계산

번호	1	2	3	4	5	6	7	8	9	10
$P(\%)$	7.5	12.5	7.5	13.3	6.7	10.0	12.0	10.0	12.0	8.0

　(다) 관리도 작성

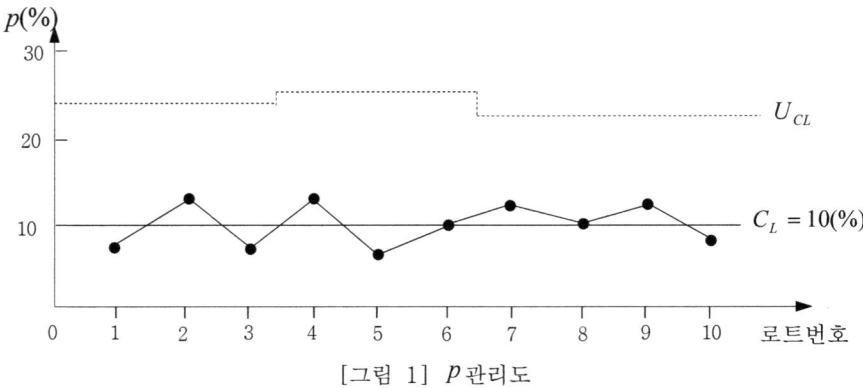

[그림 1] p 관리도

(라) 관리상태 판정

    관리한계선을 벗어나는 점이 없고, 점의 배열에 이상 상태로 볼 수 있는 버릇이 없으므로 관리상태에 있다고 판정할 수 있다.

08 관리도에 대한 설명으로 맞으면 ○, 틀리면 × 표시를 하시오.

(1) 관리한계를 이탈하면 부적합이 있다는 것이다. (　　)

(2) 3σ 법의 $\bar{x}$ 관리도에서 제1종 과오(α)는 0.27%이다. (　　)

(3) 관리한계의 폭을 좁게 잡으면 제1종 과오(α)를 범할 가능성이 커진다. (　　)

(4) 공정이 안정상태가 아닌 것을 놓치지 않고 옳게 발견해 내는 확률을 제2종 과오(β)라 한다. (　　)

(5) $\bar{x} - R$ 관리도는 대표적인 계수치 관리도이다. (　　)

(6) 공정의 평균에 변화가 생겼을 때 $\bar{x}$ 관리도의 시료의 크기 n 이 크면 이상상태를 발견하기가 어려워진다. (　　)

해설

☞ (1) ×　(2) ○　(3) ○　(4) ×　(5) ×　(6) ×

[참조] (1) 이상(異常)상태이다.　(4) 검출력(1-β)　(5) 계량치 관리도

    (6) $\mu \pm 3\dfrac{\sigma}{\sqrt{n}}$: $n\uparrow \rightarrow$ 관리한계 폭 좁아 짐 $\rightarrow \alpha\uparrow$, $\beta\downarrow \rightarrow$ 검출력(1-β)$\uparrow$

09 계수 샘플링검사와 계량 샘플링검사에 대한 내용이다. 보기에 맞는 내용을 나타내시오.

> [보기] (1) ① 요한다. ② 요하지 않는다.   (2) ① 짧다. ② 길다.
>
> (3) ① 간단하다. ② 복잡하다.   (4) ① 간단하다. ② 복잡하다.
>
> (5) ① 작다. ② 크다.   (6) ① 낮다. ② 높다.

구분 내용	계수 샘플링검사	계량 샘플링검사
(1) 숙련의 정도	숙련을 ( )	숙련을 ( )
(2) 검사소요시간	검사 소요시간이 ( )	검사 소요시간이 ( )
(3) 검사방법	검사설비가 ( )	검사설비가 ( )
(4) 검사기록	검사기록이 ( )	검사기록이 ( )
(5) 검사개수	검사개수가 상대적으로 ( )	검사개수가 상대적으로 ( )
(6) 검사기록의 이용	검사기록이 다른 목적에 이용 되는 정도가 ( )	검사기록이 다른 목적에 이용되는 정도가 ( )

[해설]

☞ (1) ②, ①   (2) ①, ②   (3) ①, ②   (4) ①, ②   (5) ②, ①   (6) ①, ②

10 AQL 지표형 샘플링검사에는 검사의 엄격도 조정 절차가 있다. 다음의 검사로 전환될 때의 조건을 각각 쓰시오.

(1) 까다로운 검사에서 보통검사로 전환될 때
(2) 보통검사에서 까다로운 검사로 전환될 때

[해설]

(1) 까다로운 검사에서 연속 5로트 합격
(2) 보통검사에서 연속 5로트 중 2로트 불합격

[참조] AQL 지표형 샘플링검사 : 전환규칙의 개략도

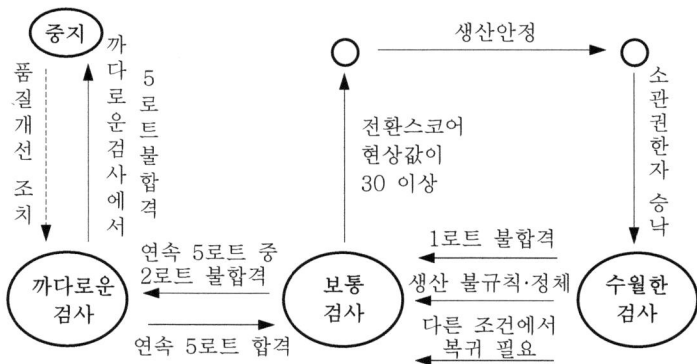

11 이느 기계부품 제조공장에서 A공정, B공정의 두 공정에서 같은 부품을 생산하고 있다. 각 공정에서 최근 검사결과는 아래와 같다고 한다면, 평균부적합품률은 얼마가 되겠는가?

	생산개수	부적합품수
A공정	1,500	12
B공정	4,000	60

해설

☞ $\bar{p} = \dfrac{\sum r_i}{\sum n_i} = \dfrac{r_A + r_B}{n_A + n_B} = \dfrac{12 + 60}{1,500 + 4,000} = \dfrac{72}{5,500} = 0.0131 \ (1.31\%)$

12 $n=5$인 관리도의 3σ 관리한계로서 $U_{CL}=24.7$, $L_{CL}=16.7$이고, $\bar{R}=12.1$이다. 다음 물음에 답하시오.

(1) 본 관리도가 $\bar{x}$ 관리도일 때 $\hat{\sigma}_{\bar{x}}$를 구하시오.

(2) 본 관리도가 x 관리도일 때 $\hat{\sigma}_x$를 구하시오.

해설

(1) $\bar{x}$ 관리도일 때 $U_{CL} = \bar{\bar{x}} + 3\dfrac{\hat{\sigma}_x}{\sqrt{n}} = 24.7$, $L_{CL} = \bar{\bar{x}} - 3\dfrac{\hat{\sigma}_x}{\sqrt{n}} = 16.7$ 이므로

$$U_{CL} - L_{CL} = 6 \times \dfrac{\hat{\sigma}_x}{\sqrt{n}} \ \rightarrow \ 24.7 - 16.7 = 6 \times \hat{\sigma}_{\bar{x}} \ \rightarrow \ \hat{\sigma}_{\bar{x}} = 1.33$$

(2) x 관리도일 때 $U_{CL} = \bar{x} + 3\hat{\sigma}_x = 24.7$, $L_{CL} = \bar{x} - 3\hat{\sigma}_x = 16.7$ 이므로

$$U_{CL} - L_{CL} = 6 \times \hat{\sigma}_x \ \rightarrow \ 24.7 - 16.7 = 6 \times \hat{\sigma}_x \ \rightarrow \ \hat{\sigma}_x = 1.33$$

13 어떤 부품의 과거 치수는 평균 7.95mm, 표준편차 $\sigma=3$mm라는 것을 알고 있다. 제조공정의 일부를 변경하여 10개의 샘플을 랜덤으로 측정한 결과는 다음과 같다. 이 부품의 치수가 과거와 달라졌다고 할 수 있겠는가? (단, 위험률 5%로 검정하시오.)

[데이터] 7.93 7.95 7.94 7.92 7.91 7.95 7.92 7.93 7.81 7.95

해설

☞ σ 가 기지인 때의 한 개의 모평균과 기준치와의 차이 검정

① 가설 설정 : $H_0 : \mu = 7.95(\mu_0)$, $H_1 : \mu \neq 7.95$ (양쪽검정)

② 유의수준 : $\alpha = 0.05$

③ 검정통계량의 값(U_0) 계산 : $U_0 = \dfrac{\bar{x} - \mu_0}{\sigma_0 / \sqrt{n}} = \dfrac{7.92 - 7.95}{3 / \sqrt{10}} = -0.032$

여기서, $\bar{x} = \dfrac{\sum x}{n} = \dfrac{79.2}{10} = 7.92$

④ 기각역 설정 : $|U_0| > u_{1-\alpha/2} = u_{0.975} = 1.960$ 이면 H_0 기각

⑤ 판정 : $|U_0| = 0.032 < u_{0.975} = 1.960$ 이므로 유의수준 5%로 H_0 를 기각할 수 없다.
즉, 이 부품의 치수는 과거와 달라졌다고 할 수 없다.

(14) 어떤 회사에서 사내에 있는 5명의 품질관리기사를 소집하여 작업표준의 작성과 관리도의 사용에 대한 토론을 실시한 결과 다음과 같은 의견이 나왔다. 이들 중 옳은 의견을 제시한 사람은 누구인가?

A기사	관리도는 공정의 이상유무를 통계적으로 판정하는 도구이기 때문에 작업표준이 만들어져 있어도 관리도는 작성하여야 한다.
B기사	관리도는 작업표준을 만들기까지의 수단이기 때문에 작업표준이 완성되면 관리도를 작성할 필요가 없다.
C기사	모든 작업자가 완성된 작업표준에 따라 작업을 실시하고 있기 때문에 관리도는 작성할 필요가 없다.
D기사	작업표준은 공정관리를 목적으로 작성하는 것으로, 여기에는 표준의 작업방법뿐만 아니라 이상시의 조치방법도 기술되어 있기 때문에, 작업표준이 작성되어 있으면 관리도는 작성할 필요가 없다.
E기사	관리도는 공정의 관리뿐만 아니라 공정의 해석에도 사용되는 것이기 때문에 작업표준이 작성되어 있어도 관리도는 작성하여야 한다.

[해설]

☞ 옳은 의견을 제시한 사람 : A기사, E기사

(15) 한 상자에 100개씩 들어있는 기계부품이 50상자가 있다. 이 상자간의 산포가 σ_b=0.5, 상자내의 산포가 σ_w=0.8일 때 우선 5상자를 랜덤하게 샘플링한 후 뽑힌 상자마다 10개씩 랜덤샘플링을 한다면 이 로트의 모평균의 추정정밀도 $V(\overline{\overline{x}})$ 는 얼마나 되겠는가?

(단, $M/m \geq 10$, $\overline{N}/\overline{n} \geq 10$ 의 조건을 고려하여 M, $\overline{N}$ 는 무시하여도 좋다. 답은 소수점 이하 셋째 자리로 맺음하시오.)

[해설]

☞ 2단계 샘플링에서 측정오차(σ_M)를 무시하는 경우이고, M, $\overline{N}$ 를 무시하여도 좋으므로 유한수정계수를 무시하고 무한모집단으로 취급하여 $V(\overline{\overline{x}})$ 를 구한다.

$$V(\overline{\overline{x}}) = \frac{\sigma_b^2}{m} + \frac{\sigma_w^2}{m\overline{n}} = \frac{0.5^2}{5} + \frac{0.8^2}{5 \times 10} = 0.063$$

여기서, $m = 5$, $\overline{n} = 10$, $\sigma_b = 0.5$, $\sigma_w = 0.8$

◆ 실험계획법 ◆

16 어떤 반응공정의 수율을 올릴 목적으로 반응시간(A), 반응온도(B), 성분의 양(C)의 3가지 인자를 택해 라틴방격의 실험을 하여 아래의 데이터를 얻었다. 분산분석을 실시하시오.

	A_1	A_2	A_3
B_1	C_1 =77.5	C_2 =84.3	C_3 =86.4
B_2	C_3 =86.0	C_1 =91.9	C_2 =88.2
B_3	C_2 =90.1	C_3 =94.8	C_1 =89.3

해설

☞ 3×3 라틴방격 실험계획법의 분산분석

① 변동의 계산

변동 계산을 위해 활용되는 다음의 보조 값들을 먼저 계산한다.

$T_{i..}$ 의 계산 : $T_{1..}$=253.6, $T_{2..}$=271, $T_{3..}$=263.9, T=788.5

$T_{.j.}$ 의 계산 : $T_{.1.}$=248.2, $T_{.2.}$=266.1, $T_{.3.}$=274.2

$T_{..l}$ 의 계산 : $T_{..1}$=258.7, $T_{..2}$=262.6, $T_{..3}$=267.2

$$CT = \frac{T^2}{k^2} = \frac{788.5^2}{3^2} = 69,081.36$$

$$S_T = \sum_i \sum_j \sum_l x_{ijl}^2 - CT = (77.5^2 + 86.0^2 + \cdots + 89.3^2) - 69,081.36 = 196.73$$

$$S_A = \sum_i \frac{T_{i..}^2}{k} - CT = \frac{253.6^2 + 271^2 + 263.9^2}{3} - 69,081.36 = 51.03$$

$$S_B = \sum_j \frac{T_{.j.}^2}{k} - CT = \frac{248.2^2 + 266.1^2 + 274.2^2}{3} - 69,081.36 = 118.00$$

$$S_C = \sum_l \frac{T_{..l}^2}{k} - CT = \frac{258.7^2 + 262.6^2 + 267.2^2}{3} - 69,081.36 = 12.07$$

$$S_e = S_T - (S_A + S_B + S_C) = 196.73 - (51.03 + 118.00 + 12.07) = 15.63$$

② 분산분석표의 작성

요인	SS	DF	MS	$E(MS)$	F_0	$F_{0.95}$
A	51.03	2	25.515	$\sigma_e^2 + 3\sigma_A^2$	3.265	19.0
B	118.00	2	59.00	$\sigma_e^2 + 3\sigma_B^2$	7.550	19.0
C	12.07	2	6.035	$\sigma_e^2 + 3\sigma_C^2$	0.772	19.0
e	15.63	2	7.815	σ_e^2		
T	196.73	8				

③ 검토 : 위의 분산분석 결과에서 모든 인자가 유의적이 아니다.

⑰ $L_{16}(2^{15})$형 직교배열표에 다음과 같이 배치했다. 다음 물음에 답하시오.

열	1	2	3	4	5	6	7	8	9	10	11	12	13	14	15
기본 표시	a	b	a b	c	a c	b c	a b c	d	a d	b d	a b d	c d	a c d	b c d	a b c d
배치	M	N	O	P				S					Q	R	T

(1) 2인자 교호작용 $O \times T$, $S \times R$은 몇 열에 나타나는가?

(2) 2인자 교호작용 $R \times T$가 무시되지 않을 때 위와 같이 배치한다면 어떤 문제점이 일어나는가?

[해설]

(1) $O \times T = (ab)(abcd) = a^2 b^2 cd = cd$ → 12열에 배치

　　　($\because$ 2수준계 직교배열표에서는 $a^2 = b^2 = c^2 = \cdots = 1$)

　　$S \times R = (d)(bcd) = bcd^2 = bc$ → 6열에 배치

(2) $R \times T = (bcd)(abcd) = ab^2 c^2 d^2 = a$ → 1열에 배치

　　이 경우는 1열에는 이미 M이 배치되어 있는 상태이다. 그러므로 $R \times T$와 M은 서로 교락된다.

국가기술자격시험	품질경영산업기사 실기 모의고사 1-2R	시험시간 : 2시간 30분

◆ 품질경영실무 ◆

01 관리사이클에 대한 그림을 그리고 각각에 대하여 간단히 설명하시오.

[해설]

☞ 관리사이클(PDCA사이클)

① 관리활동은 계획에서 시작하여 실시, 검토, 조처를 거쳐 다시 계획으로 돌아가는 순환사이클이며, 이 순환사이클을 "관리사이클" 또는 "PDCA사이클"이라 한다([그림 1]).

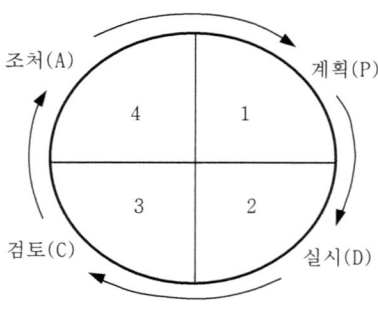

[그림 1] 관리의 사이클

② 이 관리사이클은 구체적으로 다음과 같다.

㉮ 목표달성을 위한 계획설정 → Plan (P)   ㉯ 계획에 따른 실시 → Do (D)

㉰ 실시결과의 검토 → Check (C)

㉱ 목표와 실시결과의 차이가 있으면 필요한 수정조처를 취함 → Action (A)

02 SWOT 기법에서 순서대로 약어의 의미를 쓰면 (   ), (   ), (   ), (   )이다.

[해설]

☞ S(Strength, 강점), W(Weakness, 약점), O(Opportunity, 기회), T(Threat, 위협)

[참조] SWOT분석

외부요인＼내부요인	기회(Opportunity)	위협(Threat)
강점(Strength)	기회활용을 위해 강점사용 전략 예: 인수합병, 내부개발	위협극복을 위해 강점사용 전략
약점(Weakness)	기회활용을 위해 약점보완 전략 예: 조인트벤처, 수직계열화, 비관련 다각화	위협극복을 위해 약점보완 전략

① 기업의 외부환경과 내부환경의 분석 결과 SWOT(strength, weakness, opportunity, threat) 분석이 가능하게 된다.

② SWOT분석은 강점을 이용하여 주어진 기회를 기업에 유리하게 만들거나, 위협에는 적절히 대처하고, 약점을 최대한 보완하는 전략을 수립할 수 있게 한다.

03 반복성과 재현성에 대해 설명하시오.

[해설]

(1) 반복성(repeatability) → 한 사람의 평가자가 하나의 측정계기를 여러 차례 사용해서 동일한 시료의 동일한 특성을 측정하여 얻은 측정값의 변동이다.

(2) 재현성(reproducibility) → 서로 다른 평가자들이 동일한 측정계기를 사용해서 동일한 시료의 동일한 특성을 측정해서 얻은 측정값의 평균의 변동이다.

[참조] 측정시스템에 관련되는 오차 또는 변동의 유형에는 ① 편의(bias), ② 반복성, ③ 재현성, ④ 안정성, ⑤ 선형성의 5가지가 있다.

04 TPM의 5행(S)에 대하여 적으시오.

[해설]

☞ 5행(5S)의 5요소

① 정리(Seiri) : 필요한 것과 불필요한 것을 구분하고, 불필요한 것을 없애는 것.

② 정돈(Seiton) : 필요한 것을 필요한 때에 끄집어 내어 쓸 수 있는 상태로 놓아 두는 것.

③ 청소(Seiso) : 더러움, 먼지, 찌꺼기 등이 없는 상태로 만드는 것.

④ 청결(Seiketsu) : 정리, 정돈, 청소의 상태를 유지하는 것.

⑤ 습관화(Shitsuke) : 정해진 일을 올바르게 지키는 것이 습관이 되도록 생활화하는 것.

◆ **통계적품질관리** ◆

05 어떤 제품의 인장강도의 하한규격이 17,000kgf/mm² 으로 되어 있다. 납품되는 제품들의 장력에 관한 표준편차가 대략 80kgf/mm² 정도라고 알려져 있다고 한다. 지금 부적합품률이 1% 이하인 로트는 95% 정도 합격이고, 그것이 8%이하인 로트는 10% 정도만 합격시키기로 했을 때 주어진 분포를 부표를 이용하여 샘플링검사를 실시하려고 한다. 샘플링방식을 설계하시오.

[해설]

☞ σ 기지의 계량규준형 1회 샘플링검사에서 하한규격치 S_L 이 주어진 로트의 부적합품률을 보증하는 경우이다. 이 경우의 검사방식은 $(n, \overline{X}_L)$로 결정된다.

여기서 $S_L = 17,000$, $\sigma = 80$ 이고, $p_0 = 1\%$, $p_1 = 8\%$, $\alpha = 0.05$, $\beta = 0.10$ 으로부터

$k = 1.81$, $n = 10$ 가 얻어진다.

$$\overline{X}_L = S_L + k\sigma = 17,000 + 1.81 \times 80 = 17,144.80 \, (\text{kgf/mm}^2)$$

따라서 검사방식은 $(n = 10, \overline{X}_L = 17,144.80)$이며, $n = 10$ 의 평균치 $\bar{x}$ 를 구해서 $\bar{x} \geq \overline{X}_L$ 이면 로트를 합격으로 판정한다.

06 A 정제로트의 성분에서 특성치는 정규분포를 따르고 표준편차 $\sigma = 1.0$mg인 것을 알고 있다. 이 로트의 검사에서 $m_0 = 8.0$mg, $\alpha = 0.05$, $m_1 = 10.0$mg, $\beta = 0.10$인 계량규준형 1회 샘플링검사를 행하기로 하였다. 이 조건을 만족하는 상한합격판정치 $\overline{X}_U$를 구하시오.

(단, KS Q 0001표를 사용하면 $n = 3$, $G_0 = 0.950$이다.)

[해설]

☞ σ 기지의 계량규준형 1회 샘플링검사에서, 특성치가 낮을수록 좋은, 로트의 평균치를 보증하는 경우이다. 이 경우의 검사방식은 (n, $\overline{X}_U$)에 의해 결정되며

$$\overline{X}_U = m_0 + G_0 \sigma = 8 + 0.950 \times 1.0 = 8.95 \, (\text{mg})$$

07 합리적인 군으로 나눌 수 없는 경우 다음의 자료를 보고 $x - R_m$ 관리도의 관리한계선을 각각 구하시오.

[자료] $\quad k = 26$, $\displaystyle\sum_{i=1}^{26} x_i = 172$, $\displaystyle\sum_{i=1}^{25} R_{mi} = 85$

[해설]

☞ $x - R_m$ 관리도의 관리한계선

① x 관리도의 관리한계선

$$CL = \bar{x} = \frac{\sum x}{k} = \frac{172}{26} = 6.62$$

$$U_{CL} = \bar{x} + E_2 \overline{R}_m = 6.62 + 2.66 \times 3.4 = 15.66$$

$$L_{CL} = \bar{x} - E_2 \overline{R}_m = 6.62 - 2.66 \times 3.4 = - \ (\text{음수로서, 고려하지 않음})$$

여기서, $n = 2$일 때 $E_2 = 2.66$

$$\overline{R}_m = \sum R_{mi} / (k-1) = 85 / (26-1) = 3.4$$

② 이동범위 R_m 관리도의 관리한계선

$$U_{CL} = D_4 \overline{R}_m = 3.27 \times 3.4 = 11.118$$

$$L_{CL} = D_3 \overline{R}_m = - \ (\text{고려하지 않음})$$

여기서, $n = 2$일 때 $D_4 = 3.27$, $D_3 = - \ (n \leq 6$으로서, 값이 주어지지 않음$)$

08 어떤 상품의 제품으로부터 5개의 시료를 랜덤하게 샘플링하여 다음과 같은 데이터를 얻었다. 모평균에 대한 95% 신뢰구간을 구하시오.

[데이터] 45 52 47 44 47 (단위 : g)

해설

☞ σ 미지의 경우 μ의 95% 신뢰율(α =0.05이므로)에 의한 신뢰구간 추정

$$\hat{\mu} = \bar{x} \pm t_{1-\alpha/2}(\nu)\frac{s}{\sqrt{n}}$$

$$= \bar{x} \pm t_{1-\alpha/2}(n-1)\sqrt{\frac{V}{n}} = 47 \pm t_{0.975}(4)\sqrt{\frac{V}{n}} = 47 \pm 2.776 \times \sqrt{\frac{9.5}{5}} = (43.17,\ 50.83)$$

여기서, $\bar{x} = \dfrac{\sum x}{n} = \dfrac{45+52+47+44+47}{5} = 47$

$$s^2 \approx V = \frac{S}{n-1} = \frac{\sum x^2 - (\sum x)^2/n}{n-1} = \frac{11,083 - 235^2/5}{5-1} = 9.5$$

09 1~15번 카드가 있는데 1매를 꺼낼 경우 2의 배수 또는 3의 배수가 될 확률은?

해설

☞ 2의 배수를 A, 3의 배수를 B라 하면 A ={2, 4, 6, 8, 10, 12, 14}, B ={3, 6, 9, 12, 15}
이고, 2 또는 3의 배수는 {2, 3, 4, 6, 8, 9, 10, 12, 14, 15}로서 총 10개이므로
∴ 2의 배수 또는 3의 배수가 될 확률=10/15=2/3

10 검사의 분류 중 검사가 행해지는 공정에 의한 분류 4가지를 적으시오.

해설

☞ 검사가 행해지는 공정에 의한 검사 분류
① 수입검사 → 재료, 반제품 또는 제품을 받아들이는 경우에 제출된 로트를 받아 들이는 경우에 행하는 검사
② 구입검사 → 외부에서 구입하는 경우의 검사를 말하는데, 이 경우의 구입자는 관청, 공장, 상점, 일반 대형소비자, 같은 공장 내의 소비자 등이 있다 .
③ 공정검사와 중간검사 → 제조공정이 끝나고 다음 제조공정으로 이동하는 사이에 행해지는 검사
④ 최종검사 → 제조공정의 최종단계에서 행해지는 검사로 완성품에 대해서 행하는 검사
⑤ 출하검사 → 제품을 출하할 때 행하는 검사
③ 기타 → 입고검사, 출고검사, 인수인계검사 등

11 A사는 어떤 부품의 수입검사에서 KS Q ISO 2859-1을 적용하고 있다. 검토 후 AQL= 1.0%, 검사수준 Ⅱ로 1회 샘플링검사를 보통검사로 시작하여 연속로트에 대해 실시하였다. 다음 표의 공란을 채우시오.

번호	N	샘플문자	n	A_c	R_e	부적합품수	합부판정	전환스코어	샘플링검사 엄격도
1	1,000	J	32	1	2	2	불합격	-	보통검사로 전환
2	500	H	50	1	2	3	불합격	0	보통검사로 속행
3	2,000					4			
4	800					2			
5	1,500					2			
6	1,000					2			

(문제에서는 <부표 1> 샘플문자, <부표 2-A> 보통검사의 1회 샘플링방식(주 샘플링표)가 주어 진다.)

해설

☞ 정수 A_c를 적용할 때의 합부판정 및 엄격도 전환에 대한 공란 작성

번호	N	샘플문자	n	A_c	R_e	부적합품수	합부판정	전환스코어	샘플링검사 엄격도
1	1,000	J	32	1	2	2	불합격	-	보통검사로 전환
2	500	H	50	1	2	3	불합격	0	보통검사로 속행
3	2,000	K	125	3	4	4	불합격	0	까다로운 검사로 전환
4	800	J	80	1	2	2	불합격	-	까다로운 검사 속행
5	1,500	K	125	2	3	2	합격	-	까다로운 검사 속행
6	1,000	J	80	1	2	2	불합격	-	까다로운 검사 속행

[참조] 합부판정 및 엄격도 전환 절차 설명

① 샘플문자 : <부표 1>에서 로트크기 N과 검사수준 Ⅱ에 대한 샘플문자를 얻는다.

② n, A_c와 R_e : AQL=1.5와 각 로트의 샘플문자가 만나는 칸에서 또는 화살표의 방향을 따라 가서 만난 칸에서 A_c와 R_e를 얻고 이 칸에 대응하여 샘플크기 n을 정한다.

③ 합부판정 : (부적합품수≤A_c)이면 로트합격, (부적합품수≥R_e)이면 로트를 불합격으로 판 정한다.

④ 전환스코어 : 보통검사 1회 샘플링방식에서 로트가 불합격이면 전환스코어는 0이고, A_c가 0 또는 1에서 합격하면 (직전 로트의 전환스코어+2), A_c가 2이상에서 합격하면 (직전로 트의 전환스코어+3)이 된다. 수월한 검사로 전환하면 전환스코어 계산을 중단한다.

⑤ 엄격도 조정 : 보통검사에서 까다로운 검사로 전환은 보통검사가 실시되고 있을 때 연속 5 로트 이내의 초기검사에서 2로트가 불합격된 경우이다.

(12) 검사단위의 품질표시 방법 중 로트의 품질표시 방법을 3가지만 간단히 나열하시오.

[해설]

☞ 로트의 품질표시 방법

    ① 로트의 부적합품률(%), ② 로트 내의 검사단위당 평균부적합수, ③ 로트의 평균치, ④ 로트의 표준편차

(13) 어떤 제품의 상한규격(S_U)이 4.675이고, 공정의 평균 μ=4.50, 공정의 표준편차 σ = 0.0415라면 C_{PU} 는 얼마인가?

[해설]

☞ $C_{PU} = \dfrac{S_U - \hat{\mu}}{3\hat{\sigma}} = \dfrac{4.675 - 4.50}{3 \times 0.0415} = 1.41$ (1등급)

(14) 어느 주물공장에서 종래의 부적합품률은 12%였다. 주입방법을 변경하여 부적합품률이 감소했는가를 알아보기 위해 변경후의 제품을 120개 검사해 본 결과 부적합품이 2개 발견되었다면 변경후의 공정부적합품률이 종래의 부적합품률보다 감소했는지에 대해 검정하시오. (단, α=0.05)

[해설]

☞ 모부적합품률의 검정

    ① 가설 설정 : $H_0 : P \geq 0.12(P_0)$, $H_1 : P < 0.12$ (한쪽검정)   ② 유의수준 : $\alpha = 0.05$

    ③ 검정통계량의 값(U_0) 계산 : $U_0 = \dfrac{\hat{p} - P_0}{\sqrt{\dfrac{P_0(1-P_0)}{n}}} = \dfrac{x/n - P_0}{\sqrt{\dfrac{P_0(1-P_0)}{n}}} = \dfrac{2/120 - 0.12}{\sqrt{\dfrac{0.12(1-0.12)}{120}}} = -3.472$

        여기서, $nP_0 = 120 \times 0.12 = 14.4 > 5$ 이므로 이항분포의 정규분포근사법 적용이 가능.

    ④ 기각역 설정 : $U_0 < -u_{1-\alpha} = -u_{0.95} = -1.645$ 이면 H_0 기각

    ⑤ 판정 : $U_0 = -3.472 < -u_{0.95} = -1.645$ 이므로 유의수준 5%로 H_0 가 기각된다.

        즉, 변경후의 공정부적합품률이 종래의 부적합품률보다 감소했다고 할 수 있다.

(15) 다음은 관리도에 대한 데이터이다. p 관리도의 자료표를 보고 군번호 7번(n=120)에서의 관리한계선과 중심선을 구하시오.

> [데이터] $k = 20$, $\sum n = 2,000$, $\sum np = 94$

[해설]

☞ p 관리도의 중심선과 관리한계선 계산

$$C_L = \bar{p} = \frac{\sum np}{\sum n} = \frac{94}{2,000} = 0.047 \ (4.7\%)$$

$$U_{CL} = \bar{p} + 3\sqrt{\frac{\overline{p}(1-\overline{p})}{n}} = 0.047 + 3\sqrt{\frac{0.047(1-0.047)}{120}} = 0.105 \ (10.5\%)$$

$$L_{CL} = \bar{p} - 3\sqrt{\frac{\overline{p}(1-\overline{p})}{n}} = 0.047 - 3\sqrt{\frac{0.047(1-0.047)}{120}} = - \ (음수로서, 고려하지 않음)$$

◆ 실험계획법 ◆

16 인자 A가 5수준, B가 4수준인 반복이 없는 2원배치 실험에서 S_T=1,593, S_A=772, S_B=587일 때 오차항의 순변동 S_e'를 구하시오.

[해설]

☞ 반복없는 2원배치 실험계획법에서 오차항의 순변동 S_e'

$$S_e' = S_T - S_A' - S_B' = S_T - (S_A - \nu_A \cdot V_e) - (S_B - \nu_B \cdot V_e)$$

$$= 1,593 - (772 - 4 \times 19.5) - (587 - 3 \times 19.5) = 370.5$$

여기서, $\nu_A = l - 1 = 5 - 1 = 4$, $\nu_B = m - 1 = 4 - 1 = 3$

$$S_e = S_T - (S_A + S_B) = 234, \quad V_e = \frac{S_e}{\nu_e} = \frac{234}{12} = 19.5$$

단, $\nu_e = (l-1)(m-1) = (5-1)(4-1) = 12$

17 어떤 기계의 진동크기에 대해서 그것을 구성하고 있는 베어링의 흔들림의 대소를 측정한 결과가 다음과 같았다. 이때 A_1과 A_2의 차에 대한 변동 S_L을 구하시오.

A_1	9	3	4	2	1
A_2	6	10	11	9	1

[해설]

☞ 반복수가 같은 일원배치법(l=2, r=5)에서 선형식은 $L = \dfrac{T_{1\cdot}}{5} - \dfrac{T_{2\cdot}}{5}$ 이고,

$c_1 + c_2 = \dfrac{1}{5} + \left(-\dfrac{1}{5}\right) = 0$ 이므로 이 선형식은 대비라 할 수 있으며, 이 대비의 변동 S_L은

$$S_L = \frac{L^2}{\left(\sum {c_i}^2\right) \times r} = \frac{\left[(19/5) - (37/5)\right]^2}{\left[\left(\dfrac{1}{5}\right)^2 + \left(-\dfrac{1}{5}\right)^2\right] \times 5} = \frac{12.96}{0.4} = 32.4$$

18 어떤 반응공정의 수율을 올릴 목적으로 반응시간(A), 반응온도(B), 성분의 양(C)의 3가지 인자를 택해 라틴방격 실험을 하여 아래의 데이터를 얻었다. 아래의 분산분석표를 완성하고, 검정결과를 제시하시오.

	A_1	A_2	A_3
B_1	$C_1=7.5$	$C_2=7.0$	$C_3=1.4$
B_2	$C_3=1.0$	$C_1=6.9$	$C_2=3.2$
B_3	$C_2=5.1$	$C_3=9.8$	$C_1=4.3$

요인	SS	DF	MS	F_0
A				
B				
C				
e				
T				

[해설]

☞ 3×3 라틴방격 실험계획법의 분산분석

(1) 변동의 계산

$$CT = \frac{T^2}{k^2} = \frac{(7.5+1.0+\cdots+4.3)^2}{3^2} = \frac{46.2^2}{9} = 237.16$$

$$S_T = \sum_i \sum_j \sum_l x_{ijl}^2 - CT = (7.5^2 + 1.0^2 + \cdots + 4.3^2) - 237.16 = 306.6 - 237.16 = 69.44$$

$$S_A = \sum_i \frac{T_{i\cdot\cdot}^2}{k} - CT = \frac{13.6^2 + 23.7^2 + 8.9^2}{3} - 237.16 = 38.13$$

$$S_B = \sum_j \frac{T_{\cdot j\cdot}^2}{k} - CT = \frac{15.9^2 + 15.3^2 + 12.2^2}{3} - 237.16 = 11.06$$

$$S_C = \sum_l \frac{T_{\cdot\cdot l}^2}{k} - CT = \frac{18.7^2 + 15.3^2 + 12.2^2}{3} - 237.16 = 7.05$$

$$S_e = S_T - (S_A + S_B + S_C) = 69.44 - (38.13 + 11.06 + 7.05) = 13.20$$

(2) 자유도의 계산

$$\nu_T = k^2 - 1 = 3^2 - 1 = 8, \quad \nu_A = \nu_B = \nu_C = k - 1 = 3 - 1 = 2, \quad \nu_e = (k-1)(k-2) = (3-1)(3-2) = 2$$

(3) 분산분석표 작성

요인	SS	DF	MS	F_0	$F_{0.95}$
A	38.13	2	19.07	2.89	19.0
B	11.06	2	5.53	0.84	19.0
C	7.05	2	3.53	0.53	19.0
e	13.20	2	6.60		
T	69.44	8			

(4) 검토 : 위의 분산분석 결과에서 모든 인자가 유의수준 5%에서 유의하지 않은 상태이다.

| 국가기술자격시험 | 품질경영산업기사 실기 모의고사 1-3R | 시험시간 : 2시간 30분 |

◆ **품질경영실무** ◆

01 QC의 기본 7가지 도구 중 5가지를 적으시오.

[해설]

☞ 7가지 QC기초수법

① 히스토그램(histogram), ② 파레토그림(Pareto diagram), ③ 특성요인도(causes-and-effects diagram), ④ 체크시트(check sheet), ⑤ 각종의 그래프(graph), ⑥ 산점도(scatter diagram), ⑦ 층별(stratification) 등이다.

여기서 ⑦항의 층별 대신에 관리도를 7가지 QC기초수법의 하나로 보는 경우도 있다.

02 어떤 인쇄공장에서 부적합 항목에 대한 발생빈도에 대한 내용이다. 파레토도를 그리시오.

부적합 항목	발생빈도(%)
접착미스	2.7
먼지불량	59.4
물튀김	1.5
수정미스	2.3
전사흠	21.5
덕트흠	6.8
회로판흠	2.7
기타	3.1

[해설]

(1) 부적합항목별 발생건수가 가장 큰 순서로 나열하면서 점유율(%), 누적점유율(%)을 정리하면 다음과 같다.

순위	부적합항목	발생빈도(%)	누적빈도(%)
1	먼지불량	59.4	59.4
2	전사흠	21.5	80.9
3	덕트흠	6.8	87.7
4	접착미스	2.7	90.4
5	회로판흠	2.7	93.1
6	수정미스	2.3	95.4
7	물튀김	1.5	96.9
8	기타	3.1	100

(2) 파레토도의 작성

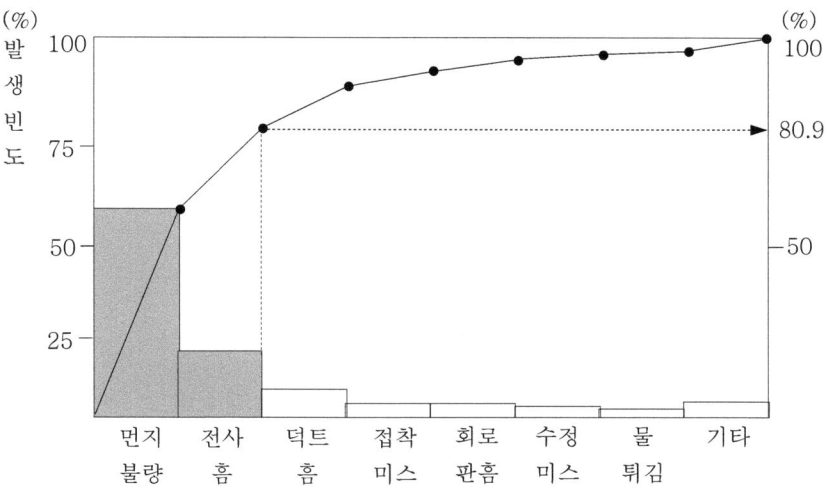

(3) 검토 : 먼지불량, 전사흠의 합계가 전체에서 80.9%를 차지하므로 이들을 중점개선 대상으로 하여 개선을 하면 개선효과가 크게 될 수 있다.

03 다음 (   )속에 적당한 말을 보기에서 찾으시오.

[보기] ① 품질목표   ② 품질표준   ③ 품질보증   ④ 관리수준

(1) 현재 기술로는 도달이 어렵지만 제반 요구에 의해 장래 도달하고 싶은 품질의 수준 (ⓐ)
(2) 현재 기술로서 관리하면 도달할 수 있는 품질의 수준 (ⓑ)
(3) 현재의 기술, 공정관리, 검사에 의해 소비자에 대하여 보증할 수 있는 품질의 수준 (ⓒ)
(4) 각 공정에 대해서 공정관리를 실시하기 위한 품질의 수준 (ⓓ)

해설

☞ (1) ⓐ → ①   (2) ⓑ → ②   (3) ⓒ → ③   (4) ⓓ → ④

04 길이가 각각 $x_1 \sim N(5.00, 0.25^2)$, $x_2 \sim N(7.00, 0.36^2)$, $x_3 \sim N(9.00, 0.49^2)$인 3개의 부품을 임의의 조립방법에 의해 길이로 직렬연결할 때 $(x_1 + x_2 + x_3)$의 조립 완제품의 평균과 표준편차 값은 약 얼마인가? (단, 조립시의 오차는 없는 것으로 한다.)

해설

☞ 조립품의 기준치수 $= x_1 + x_2 + x_3 = 5.00 + 7.00 + 9.00 = 21.00$

조립품의 표준편차 $= \sigma_T = \sqrt{\sigma_1^2 + \sigma_2^2 + \sigma_3^2} = \sqrt{0.25^2 + 0.36^2 + 0.49^2} = 0.657$

◆ **통계적품질관리** ◆

05 부적합품률이 1.0%인 크기 500의 모집단에서 $n=10$의 랜덤샘플링을 하였을 때 샘플속에 부적합품이 1개이하 포함되어 있을 확률은? (단, 포아송분포를 이용하시오.)

해설

☞ $m = nP = 10 \times 0.01 = 0.1$ 이고, $P_r(X=x) = p(x) = \dfrac{e^{-m} \cdot m^x}{x!}$ 이므로

$$P_r(X \le 1) = p(0) + p(1) = \frac{e^{-m}m^0}{0!} + \frac{e^{-m}m^1}{1!} = \frac{e^{-0.1}(0.1)^0}{0!} + \frac{e^{-0.1}(0.1)^1}{1!} = 0.9953$$

06 계수규준형 샘플링검사에서 부적합품률이 5%, $N=100$, $n=10$, $c=2$ 의 조건이 되었다면, 로트가 합격할 확률은 얼마나 되겠는가?
(1) 이항분포   (2) 포아송분포   (3) 초기하분포

해설

(1) 이항분포를 이용하여 $L(p)$를 구하면,

$$L(p) = \sum_{x=0}^{c} \binom{n}{x} p^x (1-p)^{n-x} = \sum_{x=0}^{2} \binom{10}{x} p^x (1-p)^{10-x}$$

$$= \binom{10}{0} 0.05^0 (1-0.05)^{10} + \binom{10}{1} 0.05^1 (1-0.05)^9 + \binom{10}{2} 0.05^2 (1-0.05)^8 = 0.9885$$

(2) 포아송분포

$$L(p) = \sum_{x=0}^{c} e^{-np} \cdot \frac{(np)^x}{x!} = \sum_{x=0}^{2} e^{-0.5} \cdot \frac{(0.5)^x}{x!} = e^{-0.5} \cdot \frac{(0.5)^0}{0!} + e^{-0.5} \cdot \frac{(0.5)^1}{1!} + e^{-0.5} \cdot \frac{(0.5)^2}{2!} = 0.9856$$

(3) 초기하분포

$Np = 100 \times 0.05 = 5$, $N - Np = 100 - 5 = 95$, $n = 10$ 이므로

$$L(p) = \sum_{x=0}^{c} \frac{\binom{Np}{x}\binom{N-Np}{n-x}}{\binom{N}{n}} = \sum_{x=0}^{2} \frac{\binom{5}{x}\binom{95}{10-x}}{\binom{100}{10}}$$

$$= \frac{\binom{5}{0}\binom{95}{10}}{\binom{100}{10}} + \frac{\binom{5}{1}\binom{95}{9}}{\binom{100}{10}} + \frac{\binom{5}{2}\binom{95}{8}}{\binom{100}{10}} = \frac{\binom{5}{0}\binom{95}{10} + \binom{5}{1}\binom{95}{9} + \binom{5}{2}\binom{95}{8}}{\binom{100}{10}} = 0.9934$$

07 금속판의 표면경도 상한규격치가 로트웰경도 68이하로 규정되었을 때 로트웰경도 68을 넘는 것이 0.5% 이하인 로트는 통과시키고, 그것이 4% 이상인 로트는 통과시키지 않도록 하는 계량규준형 1회 샘플링검사 방식이다. 다음 물음에 답하시오. (단, α =0.05, β =0.10, σ =3)

(1) n	(2) k	(3) $\overline{X}_U$

해설

☞ 계량규준형 1회 샘플링검사, 로트 부적합품률 보증, 상한규격치 S_U 가 주어진 경우

$S_U = 68,\ \sigma = 3$ 이고,

$K_{p_0} = K_{0.005} = 2.576, K_{p_1} = K_{0.04} = 1.751, K_\alpha = K_{0.05} = 1.645, K_\beta = K_{0.10} = 1.282$ 이므로

(1) $n \geq \left(\dfrac{K_\alpha + K_\beta}{K_{p_0} - K_{p_1}} \right)^2 = \left(\dfrac{1.645 + 1.282}{2.576 - 1.751} \right)^2 = 12.59 \ \rightarrow \ n = 13\,(개)$

(2) $k = \dfrac{K_{p_0} \cdot K_\beta + K_{p_1} \cdot K_\alpha}{K_\alpha + K_\beta} = \dfrac{2.576 \times 1.282 + 1.751 \times 1.645}{1.645 + 1.282} = 2.11$

(3) $\overline{X}_U = S_U - k \cdot \sigma = 68 - 2.11 \times 3 = 61.67$

[참조] S_U 가 주어진 경우와 S_L 이 주어진 경우 모두 n, k 를 구하는 식은 동일하다.

08 다음 표준 검사자에 대한 기억력 x 와 판단력 y 를 검사하여 얻은 데이터이다.

기억력 x	11	10	14	18	10	5	12	7	15	16
판단력 y	6	4	6	9	3	2	8	3	9	7

(1) 공변동 S_{xy} 를 구하시오.   (2) x 에 대한 y 의 상관계수를 구하시오.

(3) 기여율을 계산하시오.   (4) x 에 대한 y 의 회귀방정식을 구하시오.

(5) $y = a + bx$ 일 때, $x = 7$ 일 때 y 의 추정치를 구하시오.

[해설]

(1) 공변동 $S_{xy} = \sum xy - \dfrac{(\sum x)(\sum y)}{n} = 756 - \dfrac{118 \times 57}{10} = 83.4$

(2) x 에 대한 y 의 상관계수 : $r = \dfrac{S_{xy}}{\sqrt{S_{xx} \times S_{yy}}} = \dfrac{83.4}{\sqrt{147.6 \times 60.1}} = 0.885$

여기서, $S_{xx} = \sum x^2 - \dfrac{(\sum x)^2}{n} = 1{,}540 - \dfrac{118^2}{10} = 147.6$

$S_{yy} = \sum y^2 - \dfrac{(\sum y)^2}{n} = 385 - \dfrac{57^2}{10} = 60.1$

(3) 기여율 : $r^2 = 0.885^2 = 0.784\,(78.4\%)$

(4) x 에 대한 y 의 회귀방정식 : $\hat{y} = \hat{\beta}_0 + \hat{\beta}_1 x \ \rightarrow \ \hat{y} = -0.97 + 0.57x$

여기서, $\hat{\beta}_1 = \dfrac{S_{xy}}{S_{xx}} = \dfrac{83.4}{147.6} = 0.57$, $\hat{\beta}_0 = \overline{y} - \hat{\beta}_1 \overline{x} = 5.70 - 0.57 \times 11.8 = -0.97$

(5) $y = a + bx$ 일 때, $x = 7$ 일 때 y 의 추정치

$\hat{y} = -0.97 + 0.57x \ \rightarrow \ \hat{y} = -0.97 + 0.57 \times 7 = 3.02$

09 x, y의 시료상관계수 r과 회귀계수 b를 구하기 위하여 $X=(x_i-15)\times10$, $Y=(y_i-3)$ $\times100$인 데이터를 수치변환하여 X, Y를 그대로 사용하여 X, Y의 상관계수 $r'=0.37$이었다면 원데이터 x, y의 상관계수 r의 값은 얼마인가?

해설

☞ $X=(x-x_0)\times h$, $Y=(y-y_0)\times g$로 수치변환한 경우

$$r'=\frac{S_{(XY)}}{\sqrt{S_{(XX)}S_{(YY)}}}=\frac{S_{(xy)}\times hg}{\sqrt{\left(S_{(xx)}\times h^2\right)\times\left(S_{(yy)}\times g^2\right)}}=\frac{S_{(xy)}}{\sqrt{S_{(xx)}S_{(yy)}}}=r=0.37$$

따라서, 수치변환 전후의 상관계수 r의 값은 동일하게 0.37이 됨.

[참조] $X=(x-x_0)\times h$, $Y=(y-y_0)\times g$로 수치변환한 경우의 환원 방법

$$S_{xx}=S_{XX}\times\frac{1}{h^2},\ S_{yy}=S_{YY}\times\frac{1}{g^2},\ S_{xy}=S_{XY}\times\frac{1}{hg}$$

10 로트별 검사 AQL 지표형 계수값 AQL=1.0%, 일반검사 II, 보통검사 1회 샘플링검사일 때 빈 칸을 채우시오.

로트 번호	N	샘플문자	n	A_c	R_e	부적합수	합부판정	전환 스코어	엄격도 적용
1	300	H	50	1	2	1	합격	2	보통검사 시작
2	500	H	50			2	불합격		보통검사 속행
3	300	H	50			0	합격		보통검사 속행
4	800	J	80			2	합격		보통검사 속행
5	1,500	K	125			1	합격		보통검사 속행

해설

☞ 정수 A_c를 적용할 때의 합부판정 및 엄격도 전환에 대한 공란 작성이다.

로트 번호	N	샘플문자	n	A_c	R_e	부적합수	합부판정	전환 스코어	엄격도 적용
1	300	H	50	1	2	1	합격	2	보통검사 시작
2	500	H	50	1	2	2	불합격	0	보통검사 속행
3	300	H	50	1	2	0	합격	2	보통검사 속행
4	800	J	80	2	3	2	합격	5	보통검사 속행
5	1,500	K	125	3	4	1	합격	8	보통검사 속행

[참조] 합부판정 및 엄격도 전환 절차 설명

① 샘플문자 : KS Q ISO 2859-1 <부표 1>에서 로트크기 N과 검사수준 II에 대한 샘플문 자를 얻는다.

② n, A_c와 R_e : AQL=1.0과 각 로트의 샘플문자가 만나는 칸에서 또는 화살표의 방향을 따라 가서 만난 칸에서 A_c와 R_e를 얻고 이 칸에 대응하여 샘플크기 n을 정한다.

③ 합부판정 : (부적합품수 $\leq A_c$)이면 로트합격, (부적합품수 $\geq R_e$)이면 로트불합격 판정한다.

④ 전환스코어 : 보통검사 1회 샘플링방식에서 로트가 불합격이면 전환스코어는 0이고, A_c 가 0 또는 1에서 합격하면 (직전 로트의 전환스코어+2), A_c 가 2이상에서 합격하면 (직전로 트의 전환스코어+3)이 된다. 수월한 검사로 전환하면 전환스코어 계산은 중단된다.

⑤ 엄격도 조정 : 보통검사에서 전환스코어 현상값이 30이상이 되는 로트의 다음 로트부터 수월한 검사로 전환한다.

(11) L사에서는 3일에 한 번씩 뱃치의 알코올 성분을 측정하여 다음의 자료를 얻었다. $x - R_m$ 관리도의 관리한계선을 구하시오.

번호	측정치(x)	이동범위(R_m)	번호	측정치(x)	이동범위(R_m)
1	2.07	–	7	2.32	0.12
2	2.21	0.14	8	2.37	0.05
3	2.16	0.05	9	2.15	0.22
4	2.36	0.20	10	2.08	0.07
5	2.23	0.13	11	2.24	0.16
6	2.20	0.03			

[해설]

☞ $x - R_m$ 관리도의 관리한계선

① 중심선 계산 : $\bar{x} = \dfrac{\sum x}{k} = \dfrac{24.39}{11} = 2.217$, $\bar{R}_m = \dfrac{\sum R_m}{k-1} = \dfrac{1.17}{11-1} = 0.117$

② x 관리도 관리한계선 계산

$$U_{CL} = \bar{x} + E_2\bar{R}_m = \bar{x} + 2.66\bar{R}_m = 2.217 + 2.66 \times 0.117 = 2.53$$

$$L_{CL} = \bar{x} - E_2\bar{R}_m = \bar{x} - 2.66\bar{R}_m = 2.217 - 2.66 \times 0.117 = 1.91$$

③ R 관리도 관리한계선 계산

$$U_{CL} = D_4\bar{R}_m = 3.27\bar{R}_m = 3.27 \times 0.117 = 0.382$$

$$L_{CL} = D_3\bar{R}_m = - \ (n \leq 6 \text{으로서, 값이 주어지지 않음})$$

(12) 전자레인지의 최종검사에서 20대를 랜덤하게 추출하여 부적합수를 조사하였다. 한 대당 발견되는 부적합수를 기록하여 보니 다음과 같았다. 물음에 답하시오.

군번호	1	2	3	4	5	6	7	8	9	10	11	12	13	14	15	16	17	18	19	20
부적합수	4	5	3	3	4	8	4	2	3	3	6	4	1	6	4	2	4	4	3	7

(1) 부적합수 c 관리도의 중심선, 관리상한, 관리하한을 구하시오.

(2) 관리도를 그리시오.　　(3) 관리상태 여부를 판정하시오.

[해설]

(1) c 관리도의 중심선, 관리상한, 관리하한 계산

$$k = 20, \quad \sum c = 80 \text{이므로} \quad C_L = \bar{c} = \frac{\sum c}{k} = \frac{80}{20} = 4 \text{ 가 되며,}$$

$$U_{CL} = \bar{c} + 3\sqrt{\bar{c}} = 4 + 3\sqrt{4} = 10.0$$

$$L_{CL} = \bar{c} - 3\sqrt{\bar{c}} = 4 - 3\sqrt{4} = - \text{(음수로서, 고려하지 않음)}$$

(2) c 관리도의 작성

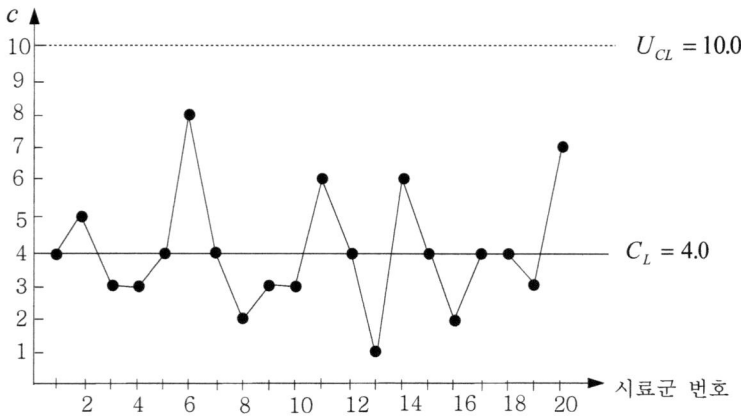

(3) 관리상태의 판정 : 관리한계선을 벗어나는 점이 없고, 점의 배열에 어떤 이상한 버릇도 없으므로 공정은 관리상태라고 판정할 수 있다.

◈ 실험계획법 ◈

(13) 2원배치 실험에서 인자 A 를 5수준, 인자 B 를 4수준으로 하여 20회의 실험을 랜덤으로 실시하였다. 다음 분산분석표의 데이터를 사용하여 인자 A 의 순변동 (S'_A) 과 기여율(ρ_A)을 구하시오.

요인	변동	자유도	불편분산
A	35.4	4	8.85
B	21.9	3	7.30
e	18.0	12	1.50
T	75.3	19	

[해설]

☞ 반복없는 2원배치 실험에서 인자 A 의 순변동(S'_A)과 기여율(ρ_A)

(1) $S'_A = S_A - \nu_A \cdot V_e = 35.4 - 4 \times 1.50 = 29.4$

(2) $\rho_A = \dfrac{S'_A}{S_T} \times 100 = \dfrac{29.4}{75.3} \times 100(\%) = 39.04(\%)$

(14) 어느 실험실에서 여러 명의 분석공이 있다. 이 중 3명의 분석공을 뽑아 분석결과치가 차이가 있는지를 확인하기 위하여 일정한 표준시료를 만들어서 동일 장치로 날짜를 랜덤하게 바꾸어 가면서 각 3회씩 반복하여 분석공에게 분석시켰다. 이들 분석공에게는 분석되는 시료가 동일한 표준시료라는 것을 모르게 하여 실시한 후 다음 분석치를 얻었다. 다음 물음에 답하시오.

	A_1	A_2	A_3
1	12.4	19.8	12.9
2	17.9	14.4	14.6
3	13.7	17.2	17.1

(1) A인자는 모수인자인가, 변량인자인가?

(2) 분산분석을 행하시오(단, 검정포함, $\alpha = 0.05$).

[해설]

(1) 여러 분석공 중에서 랜덤으로 뽑히고, 각 수준이 기술적인 의미를 갖고 있지 못하므로 변량인자이다.

(2) 분산분석

① 가설 설정 : $H_0 : \sigma_A^2 = 0$, $H_1 : \sigma_A^2 > 0$

② 변동 계산

$$CT = \frac{T^2}{N} = \frac{(140)^2}{9} = 2{,}177.78$$

$$S_T = \sum_i \sum_j x_{ij}^2 - CT = (12.4^2 + 17.9^2 + \cdots + 17.1^2) - 2{,}177.78 = 51.30$$

$$S_A = \sum_i \frac{T_{i\cdot}^2}{r} - CT = \left[\frac{44.0^2 + 51.4^2 + 44.6^2}{3} \right] - 2{,}177.78 = 11.26$$

$$S_e = S_T - S_A = 51.30 - 11.26 = 40.04$$

③ 자유도 계산

$$v_T = lr - 1 = 3 \times 3 - 1 = 8, \quad v_A = l - 1 = 3 - 1 = 2, \quad v_e = l(r-1) = 3(3-1) = 6$$

④ 분산분석표 작성

요인	SS	DF	MS	$E(MS)$	F_0	$F_{0.95}$
A	11.26	2	5.63	$\sigma_e^2 + 3\sigma_A^2$	0.84	5.14
e	40.04	6	6.67	σ_e^2		
T	51.30	8				

[참조] $E(V_A) = \sigma_e^2 + r\sigma_A^2$에서 $r = 3$인 경우 $E(V_A) = \sigma_e^2 + 3\sigma_A^2$

분산분석 결과로 볼 때 $F_0 = 0.84 < F_{0.95}(2, 6) = 5.14$가 성립되므로 H_0를 기각할 수 없다.

즉, 유의수준 5%로 인자 A가 유의하지 않다고 할 수 있다.

15 $L_8(2^7)$형 직교배열표에 다음과 같이 인자 A, B, C, D를 배치하여 랜덤한 순서로 실험하여 데이터를 얻었다. S_A의 값을 구하시오.

열번	1	2	3	4	5	6	7	실험 데이터 x_i
요인		B		C	A		D	
1	0	0	0	0	0	0	0	20
2	0	0	0	1	1	1	1	5
3	0	1	1	0	0	1	1	26
4	0	1	1	1	1	0	0	17
5	1	0	1	0	1	0	1	0
6	1	0	1	1	0	1	0	1
7	1	1	0	0	1	1	0	14
8	1	1	0	1	0	0	1	1
기본표시	a	b	ab	c	ac	bc	abc	$\sum x = 84$

해설

☞ 2수준계 직교배열표에서의 변동 계산

$$S_A = \frac{1}{N}[1수준 데이터 합 - 0수준 데이터 합]^2 \quad (여기서, \ N = 2^m = 2^3 = 8)$$

$$= \frac{1}{8}\left[(5+17+0+14) - (20+26+1+1)\right]^2 = 18.0 \quad (단, 데이터는 5열에 대한 값임.)$$

제2장

품질경영산업기사 실기
CBT 모의고사2

| 국가기술자격시험 | 품질경영산업기사 실기 모의고사 2-1R | 시험시간 : 2시간 30분 |

◆ 품질경영실무 ◆

01 품질분임조 활동시 분임토의 기법으로 사용되는 집단착상법(Brainstorming)의 유의사항을 4가지 적으시오.

[해설(

☞ 브레인스토밍의 4원칙

① 비판금지 → 제시된 의견에 대해서 좋다, 나쁘다는 비판을 해서는 안 된다(비판을 하면 모처럼의 좋은 의견이 흐지부지되어 버린다).

② 자유분방한 분위기 조성 → 발언은 엉뚱하고 기발한 것일수록 좋다(고정관념이나 상식을 넘어서지 않으면 문제의 벽은 깨뜨려지지 않는다).

③ 질보다 양의 중시 → 발언은 양이 많으면 많을수록 좋다(다양한 의견을 구해서 문제를 푸는 열쇠를 가능한 많이 얻는다. 양이 많으면 그 가운데 좋은 것이 있다. 백발일중을 노린다.).

④ 편승환영(결합개선) → 타인의 의견이나 아이디어에 편승한다든지, 짝지워서 다른 아이디어로 발전시킨다(타인의 아이디어도 서슴없이 발언하여 이미 제시된 아이디어와 결부시킨다).

02 품질코스트의 정의를 제시하고, 종류별로 간략하게 설명하시오.

[해설(

(1) 품질코스트의 일반적 정의

품질코스트(quality cost)란 물품이나 서비스의 품질과 관련해서 발생되는 코스트로서, 이미 산출되었거나 산출될 급부에 대한 개념이다.

(2) 직접(조업)품질코스트의 구성

1) 예방코스트 (Prevention Cost ; P-cost)

① 품질계획 비용, ② QC기술 비용, ③ QC교육·훈련 비용, ④ QC사무 비용, ⑤ 공정관리 비용, ⑥ 검사 및 시험계획 비용, ⑦ 외주업체지도 및 평가 비용, ⑧ 인정시험 비용, ⑨ 품질시스템 개발·관리 비용, ⑩ 소비자에 대한 제품의 오용방지 및 소비자교육 비용, ⑪ 기타의 예방 비용

2) 평가코스트 (Appraisal Cost ; A-cost)

① 수입검사 비용, ② 공정검사 비용, ③ 완성품검사 비용, ④ 시험 비용, ⑤ 검사 및 시험기기의 보전 비용, ⑥ 구성품 및 제품의 품질인증 비용, ⑦ 제품출하시 품질검토 및 현지시험 비용, ⑧ 기타의 평가 비용

3) 내적 실패코스트 (Internal Failure Cost ; IF-Cost)

① 폐각(scrap) 비용, ② 재작업 비용, ③ 자재 및 외주가공불량 비용, ④ 고장발견 및 불량분석 비용, ⑤ 불량대책 비용, ⑥ 등급저하 손실 비용, ⑦ 기타의 내적실패 비용

4) 외적 실패코스트 (External Failure Cost ; EF-Cost)

① 서비스 비용, ② 보증기간중의 불만 비용, ③ 보증기간 만료후의 불만 비용, ④ 제품책임 비용, ⑤ 기타의 외적 실패 비용

◆ 통계적품질관리 ◆

03 어떤 제품의 제조공정에서 $k=40$, $n=4$, $\bar{\bar{x}}=27.70$, $\bar{R}=1.02$인 데이터가 얻어졌다고 할 때 다음 물음에 답하시오. (단, $n=4$일 때, $d_2=2.059$, $D_4=2.282$이고, 단위는 mm이다.)

(1) $\bar{x}$ 관리도의 U_{CL}, L_{CL} 을 구하시오. (2) R 관리도의 U_{CL}, L_{CL} 을 구하시오.

(3) 군내변동 $\hat{\sigma}_w^2$ 을 구하시오.

[해설]

(1) $\bar{x}$ 관리도의 U_{CL}, L_{CL}

$$U_{CL} = \mu + 3\frac{\sigma}{\sqrt{n}} = \bar{\bar{x}} + 3\frac{\bar{R}}{\sqrt{n} \cdot d_2} = 27.70 + 3 \times \frac{1.02}{\sqrt{4} \times 2.059} = 28.44 (\text{mm})$$

$$L_{CL} = \mu - 3\frac{\sigma}{\sqrt{n}} = \bar{\bar{x}} - 3\frac{\bar{R}}{\sqrt{n} \cdot d_2} = 27.70 - 3 \times \frac{1.02}{\sqrt{4} \times 2.059} = 26.96 (\text{mm})$$

$$여기서, \ \bar{\bar{x}} = \frac{\sum \bar{x}}{k} = 27.70, \ \bar{R} = \frac{\sum R}{k} = 1.02$$

(2) R 관리도의 U_{CL}, L_{CL}

$$U_{CL} = D_4 \bar{R} = 2.282 \times 1.02 = 2.328 (\text{mm}), \ L_{CL} = D_3 \bar{R} = - (\text{고려하지 않음})$$

(3) $\hat{\sigma}_w^2 = \left(\frac{\bar{R}}{d_2}\right)^2 = \left(\frac{1.02}{2.059}\right)^2 = 0.2454 \, (\text{mm})$

04 계량규준형 1회 샘플링검사는 n개의 샘플을 취하고 그 측정치의 평균치 $\bar{x}$와 합격판정 치를 비교하여 로트의 합격/불합격을 판정하는 방법이다. 로트의 평균치를 보증하는 경우(망소 특성) $\bar{X}_U=0.00498\%$로 계산되어 졌을 때, $n=3$의 평균치가 0.00480%이었다면 로트의 처리는 어떻게 하여야 하는가?

[해설]

☞ 검사방식은 ($n=3$, $\bar{X}_U=0.00498$)가 된다. 로트에서 $n=3$의 평균치 $\bar{x}$를 구하여. $\bar{x} \leq$ 0.00498(%)이면 로트합격, $\bar{x} > 0.00498(\%)$이면 로트불합격으로 판정한다.

따라서, 이 로트는 $\bar{x} = 0.00480(\%) \leq 0.00498(\%)$이므로 로트합격이다.

05 어떤 의약품 순도의 합격은 90%이상이다. 공정평균이 93%, 표준편차가 1.5%인 정규분포일 때 부적합 로트가 나올 확률은 약 몇 %인가?

[해설]

☞ $P_r(x < 90) = P_r\left(\dfrac{x-\mu}{\sigma} < \dfrac{90-\mu}{\sigma}\right) = P_r\left(U < \dfrac{90-\mu}{\sigma}\right) = P_r\left(U < \dfrac{90-93}{1.5}\right)$

$\qquad = P_r(U < -2.0) = P_r(U > 2.0) = 0.0228 \ (2.28\%)$

06 3시그마 기법을 이용한 $\bar{x}$ 관리도에서 U_{CL}이 45이고, L_{CL}이 15인 상태에서, 공정평균이 35로 변했을 때 검출력을 구하시오.

[해설]

☞ 공정평균이 $\hat{\mu} = \bar{\bar{x}} = \dfrac{U_{CL} + L_{CL}}{2} = \dfrac{45+15}{2} = 30$에서 $\mu' = 35$으로 상향이동된 경우로서, 관리한계를 벗어날 확률(검출력, $1-\beta$)

$1-\beta = P_r(\bar{x} > U_{CL}) + P_r(\bar{x} < L_{CL}) = P_r\left(\dfrac{\bar{x}-\mu'}{\sigma/\sqrt{n}} > \dfrac{U_{CL}-\mu'}{\sigma/\sqrt{n}}\right) + P_r\left(\dfrac{\bar{x}-\mu'}{\sigma/\sqrt{n}} < \dfrac{L_{CL}-\mu'}{\sigma/\sqrt{n}}\right)$

$\qquad = P_r\left(U > \dfrac{45-35}{5}\right) + P_r\left(U < \dfrac{15-35}{5}\right) = P_r(U > 2) + P_r(U < -4)$

$\qquad = 0.0228 + 0 = 0.0228 \ \rightarrow \ 2.28(\%)$

여기서, $U_{CL} = 45$, $L_{CL} = 15$이므로 $U_{CL} - L_{CL} = 6 \times \dfrac{\sigma}{\sqrt{n}} = 45 - 15 = 30 \ \rightarrow \ \dfrac{\sigma}{\sqrt{n}} = 5$

07 용기에 흰 공 3개, 빨간 공 2개가 들어 있다. 이 용기에서 2개를 샘플링하였을 때 빨간 공을 x라 할 때 초기하분포로 $x = 0, 1, 2$가 나올 확률을 구하시오.

[해설]

☞ 크기가 N인 유한모집단에서 시료(크기 n)를 비복원 추출하면 이산확률변수 X는 초기하분포를 하게 된다. $P_r(X = x) = p(x) = \dfrac{{}_{NP}C_x \times {}_{N-NP}C_{n-x}}{{}_N C_n}$의 관계식으로부터

빨간 공의 수를 $NP = M$이라 둘 때 $M = 2, \ n = 2, \ x = 0, 1, 2$이므로

$P_r(X = 0) = p(0) = \dfrac{{}_{NP}C_x \times {}_{N-NP}C_{n-x}}{{}_N C_n} = \dfrac{{}_M C_x \times {}_{N-M}C_{n-x}}{{}_N C_n} = \dfrac{{}_2 C_0 \times {}_3 C_2}{{}_5 C_2} = 0.30$

$P_r(X = 1) = p(1) = \dfrac{{}_{NP}C_x \times {}_{N-NP}C_{n-x}}{{}_N C_n} = \dfrac{{}_M C_x \times {}_{N-M}C_{n-x}}{{}_N C_n} = \dfrac{{}_2 C_1 \times {}_3 C_1}{{}_5 C_2} = 0.60$

$P_r(X = 2) = p(2) = \dfrac{{}_{NP}C_x \times {}_{N-NP}C_{n-x}}{{}_N C_n} = \dfrac{{}_M C_x \times {}_{N-M}C_{n-x}}{{}_N C_n} = \dfrac{{}_2 C_2 \times {}_3 C_0}{{}_5 C_2} = 0.10$

08 3σ 관리도법의 $\bar{x} - R$ 관리도($n=6$)에서 $U_{CL}=52.90$, $L_{CL}=47.74$일 때 공정의 표준편차 ($\hat{\sigma}$)를 구하시오.

[해설]

☞ $\left.\begin{array}{c} U_{CL} \\ L_{CL} \end{array}\right\} = \bar{\bar{x}} \pm 3\dfrac{\sigma}{\sqrt{n}} \rightarrow U_{CL} - L_{CL} = 6\dfrac{\sigma}{\sqrt{n}} \rightarrow 52.90 - 47.74 = 6 \times \dfrac{\sigma}{\sqrt{6}} \rightarrow \hat{\sigma} = 2.$

09 검사로트의 크기는 1,600개이고, 이것을 생산라인별로 분류한 자료가 다음과 같다. 150 개의 시료를 층별비례샘플링으로 뽑고자 할 때 B생산라인에서는 몇 개를 뽑는 것이 좋겠는가?

> * A생산라인 제품 : 800개, * B생산라인 제품 : 640개, * C생산라인 제품 : 160개

[해설]

☞ 층별비례샘플링에서의 시료크기 $n_B = n \times \left(\dfrac{N_B}{N}\right) = 150 \times \dfrac{640}{800+640+160} = 60$ (개)

10 다음 표는 AQL 지표형 샘플링검사의 일부분이다. 빈칸을 채우시오.

로트번호	적용 A_c	부적합품수	합부판정	전환스코어	샘플링검사의 엄격도
1	0	1	( )	( )	보통
2	1	0	( )	( )	보통
3	1	1	( )	( )	보통
4	0	0	( )	( )	보통
5	1	1	( )	( )	( )

[해설]

☞ KS Q ISO 2859-1에서 정수 A_c에 의한 합부판정 및 전환스코어 계산

로트번호	적용 A_c	부적합품수	합부판정	전환스코어	샘플링검사의 엄격도
1	0	1	(불합격)	(0)	보통
2	1	0	(합격)	(0+ 2=2)	보통
3	1	1	(합격)	(2+ 2=4)	보통
4	0	0	(합격)	(4+ 2=6)	보통
5	1	1	(합격)	(6+ 2=8)	(보통)

[참조 해설]

(1) 합부판정 : 샘플 중의 부적합품수 $d \le A_c$이면 로트합격이고, 샘플 중의 부적합품수 $d \ge R_e$ 이면 로트불합격

(2) 1회 샘플링방식에서 전환스코어 계산 : 당초의 A_c=1/2, 1/3, 0, 1인 때 로트가 합격되면 전환스코어에 2를 더하고, $A_c \ge 2$에서 로트가 합격되면 전환스코어에 3을 더하고, 불합격이 면 0으로 돌림.

(3) 전환스코어 현상값이 30이상이고, 생산이 안정되고 소관권한자가 승낙한다면, 차회 로트부 터는 수월한 검사로의 전환 조건이 성립된다.

(11) n=15, $\bar{x}$=10.8, $\bar{y}$=122.7이고, $S_{(xx)}$=70.6, $S_{(yy)}$=98.5, $S_{(xy)}$=68.3일 때

(1) x와 y에 대한 공분산을 구하시오.   (2) 회귀방정식을 구하시오.

[해설]

(1) $V_{xy} = \dfrac{S_{(xy)}}{n-1} = \dfrac{68.3}{15-1} = 4.88$

(2) x에 대한 y의 추정회귀직선식

$\hat{y} = \hat{\beta}_0 + \hat{\beta}_1 x$에 의거 $\hat{y} = \hat{\beta}_0 + \hat{\beta}_1 x = 112.25 + 0.97x$

여기서, $\hat{\beta}_1 = \dfrac{S_{(xy)}}{S_{(xx)}} = \dfrac{68.3}{70.6} = 0.97$, $\hat{\beta}_0 = \bar{y} - \hat{\beta}_1\bar{x} = 122.7 - 0.97 \times 10.8 = 112.25$

◆ **실험계획법** ◆

(12) C사에서는 어떤 직물의 가공시에 처리액 농도 A를 인자로 하여 A_1=3.0%, A_2=3.5%, A_3=4.0%, A_4=4.5%일 때 실험을 3회 반복, 즉 총 12회 랜덤으로 실시하여 인장강도를 측정 한 결과 S_A=320, S_T=455이었다면 다음 물음에 답하시오.

(1) 오차항의 변동 S_e를 구하시오.   (2) 오차분산 $\hat{\sigma}_e^2$을 구하시오.

[해설]

☞ 반복이 동일한 1원배치법

(1) $S_e = S_T - S_A = 455 - 320 = 135$

(2) $\hat{\sigma}^2 = V_e = \dfrac{S_e}{\nu_e} = \dfrac{135}{l(r-1)} = \dfrac{135}{4(3-1)} = 16.875$

(13) D사에서는 어떤 직물의 가공시에 처리액 농도 A를 인자로 하여 A_1=3.0%, A_2=3.3%, A_3=3.6%, A_4=4.2%에서 반복이 일정하지 않은 실험을 랜덤하게 처리한 후 인장강도를 측정한 바 다음의 데이터를 얻었다. 물음에 답하시오.

	A_1	A_2	A_3	A_4
1	16	20	18	28
2	18	28	10	32
3	21	22	12	30
4			24	

(1) 분산분석표를 완성하시오.

요인	SS	DF	MS	F_0	$F_{0.95}$
A					
e					
T					

(2) 실험의 결과치를 망대특성이라고 했을 때 최적수준의 점추정값을 구하시오.

(3) 최적수준을 신뢰율 95%로 구간추정하시오.

[해설]

(1) 분산분석표 완성

1) 변동 계산

$$CT = \frac{T^2}{N} = \frac{279^2}{13} = 5,987.77$$

$$S_T = \sum_i \sum_j x_{ij}^2 - CT = 6,541 - 5,987.77 = 553.23$$

$$S_A = \sum_i \frac{T_{i\cdot}^2}{r_i} - CT = \left(\frac{55^2}{3} + \frac{70^2}{3} + \frac{64^2}{4} + \frac{90^2}{3}\right) - CT = 377.90$$

$$S_e = S_T - S_A = 553.23 - 377.90 = 175.33$$

2) 자유도 계산

$$\nu_A = l - 1 = 4 - 1 = 3, \ \nu_T = N - 1 = 12, \ \nu_e = \nu_T - \nu_A = 12 - 3 = 9$$

3) 분산분석표 작성 및 검정

요인	SS	DF	MS	F_0	$F_{0.95}$
A	377.90	3	125.97	6.47^*	3.86
e	175.33	9	19.48		
T	553.23	12			

검정 결과 인자 A가 유의적이다.

(2) 최적수준의 점추정값

망대특성이며, A_4 수준에서 가장 큰 값을 주므로, $\hat{\mu}(A_4) = \bar{x}_{4\cdot} = \frac{90}{3} = 30$

(3) 최적수준 구간추정

$$\hat{\mu}(A_4) = \bar{x}_{4\cdot} \pm t_{1-\alpha/2}(\nu_e)\sqrt{\frac{V_e}{r_4}} = 30 \pm t_{0.975}(9)\sqrt{\frac{19.48}{3}} = 30 \pm 2.262 \times \sqrt{\frac{19.48}{3}}$$

$$= 30 \pm 5.76 = (24.24, \ 35.76)$$

14 다음의 분산분석표는 반복이 일정한 1원배치법이다. 빈칸을 채우시오.

요인	SS	DF	MS	F_0	$F_{0.95}$
A	48	(②)	12	(④)	3.06
e	(①)	15	(③)		
T	78	19			

해설

☞ ① $S_e = S_T - S_A = 78 - 48 = 30$, ② $DF_A = \nu_A = \nu_T - \nu_E = 19 - 15 = 4$

③ $MS_e = V_e = \dfrac{S_e}{\nu_e} = \dfrac{30}{15} = 2$, ④ $F_0(A) = \dfrac{V_A}{V_e} = \dfrac{12}{2} = 6$

15 $L_{16}(2^{15})$형 직교배열표에서 A, B, C, D, F인자가 다음과 같이 배치되어 있다. $A \times B$ 와 $D \times F$의 교호작용은 각각 몇 열번에 배치되어야 하는가?

열번호	1	2	3	4	5	6	7	8	9	10	11	12	13	14	15
기본표시	a	b	a b	c	a c	b c	a b c	d	a d	b d	a b d	c d	a c d	b c d	a b c d
배치	A		B				C			F		D			

해설

(1) $A \times B$: $a \times ab = a^2 b = b$ (단, $a^2 = b^2 = c^2 = 1$) → 2열에 배치된다.

(2) $D \times F$: $cd \times bd = bcd^2 = bc$ → 6열에 배치된다.

| 국가기술자격시험 | 품질경영산업기사 실기 모의고사 2-2R | 시험시간 : 2시간 30분 |

◈ 품질경영실무 ◈

01 우리나라의 표준화 관련 기관에 대한 설명이다. 해당되는기관명을 기술하시오.

(1) 국가 표준제도의 확립 및 산업표준화제도 운영, 공산품의 안전/품질 및 계량·측정에 관한 사항, 산업기반 기술 및 공업기술의 조사/연구·개발 및 지원, 교정기관, 시험기관 및 검사기간 인정제도의 운영, 표준화 관련 국가 간 또는 국제기구와의 협력 및 교류에 관한 사항 등의 업무를 관장하는 국가기술표준원 조직

(2) 한국산업규격 안의 조사/연구·개발, 규격 관련 정보의 분석 및 보급을 주관하는 특별 법인

(3) 국내제품인증체계의 선진화를 위한 효율적 추진 및 국제적 신뢰도 구축 등의 업무를 관장하는 국가기술표준원 조직

(4) 국가측정표준 원기의 유지·관리 및 표준과학기술의 연구·개발 및 보급

해설

☞ (1) 한국인정기구(KOLAS), (2) 한국표준협회(KSA), (3) 한국제품인정제도(KAS)
   (4) 한국표준과학연구원(KRISS)

02 품질분임조 활동에 효과적인 신QC 7가지 도구를 모두 열거하시오.

해설

☞ 신QC 7가지 도구는 ① 연관도법, ② 친화도법, ③ 계통도법, ④ 매트릭스도법, ⑤ 매트릭스 데이터해석법, ⑥ PDPC법, ⑦ 애로다이어그램을 말한다.

◈ 통계적품질관리 ◈

03 $n=7$인 다음 데이터를 1차 회귀분석을 하려고 한다. 다음 물음에 답하시오.

x	2	4	6	8	10	12	14
y	4	2	5	9	3	11	8

(1) 공분산(V_{xy})을 구하시오.

(2) 회귀직선을 적용하려고 할 때, 분산분석 작성 후 검정을 행하시오. (단, 유의수준 5%)

해설

(1) $V_{xy} = \dfrac{S_{(xy)}}{n-1} = \dfrac{1}{n-1}\left[\sum xy - \dfrac{(\sum x)(\sum y)}{n}\right] = \dfrac{1}{7-1}\left[392 - \dfrac{56 \times 42}{7}\right] = \dfrac{1}{6} \times 56 = 9.33$

(2) 회귀의 유의성 검정

　　① 가설 설정 : $H_0 : \beta = 0, \ H_1 : \beta \neq 0$ 　　② 유의수준 : $\alpha = 0.05$로 함.

③ 분산분석표 작성에 의한 검정통계량의 값(F_0) 계산 : $F_0 = V_R / V_E = 77.16 / 1.48 = 52.1$

$$S_R = \frac{S_{(xy)}^2}{S_{(xx)}} = \frac{56^2}{112} = 28 \ \ (\text{여기서}, \ S_{(xx)} = \sum x^2 - \frac{(\sum x)^2}{n} = 560 - \frac{56^2}{7} = 112)$$

$$S_T = S_{(yy)} = \sum y^2 - \frac{(\sum y)^2}{n} = 320 - \frac{42^2}{7} = 68$$

$$S_E = S_{y/x} = S_T - S_R = 68 - 28 = 40$$

[표 2] 분산분석표

요 인	SS	DF	MS	F_0	$F_{0.95}$
회귀에 의한 (R)	28	1	28	3.50	6.61
회귀로부터의 (E)	40	5	8		
합 계 (T)	68	6			

④ 기각역 설정 : $F_0 > F_{1-\alpha}(1, n-2) = F_{0.95}(1, 5) = 6.61$ 이면 H_0 기각

⑤ 판정 : $F_0 = 3.50 < F_{0.95}(1, 5) = 6.61$ 이므로 H_0를 기각할 수 없다.

회귀계수는 0이므로 회귀관계가 없다.

04 P사에서 현재 사용되고 있는 제조방법의 평균부적합품률은 5%이다. 새로운 제조방법으로 제조 결과 200개 제품 중에서 8개가 부적합품이었다. 새로운 제조방법이 좋아졌다고 할 수 있겠는가? (단, α =0.05)

[해설]

☞ 모부적합품률의 검정

① 가설 설정 : $H_0 : P \geq 0.05(P_0)$, $H_1 : P < 0.05$ (한쪽검정) ② 유의수준 : α =0.05

③ 검정통계량의 값(U_0) 계산 : $U_0 = \dfrac{\hat{p} - P_0}{\sqrt{\dfrac{P_0(1-P_0)}{n}}} = \dfrac{x/n - P_0}{\sqrt{\dfrac{P_0(1-P_0)}{n}}} = \dfrac{8/200 - 0.05}{\sqrt{\dfrac{0.05(1-0.05)}{200}}} = -0.649$

여기서, nP_0 =200×0.08=16>5, $P_0 = 0.05 < 0.5$이므로 이항분포의 정규분포근사법의 이용이 가능

④ 기각역 설정 : $U_0 < -u_{1-\alpha} = -u_{0.95} = -1.645$ 이면 H_0 기각

⑤ 판정 : $U_0 = -0.649 > -u_{0.95} = -1.645$ 이므로 유의수준 5%로 H_0 를 기각할 수 없다.

즉, 새로운 제조방법이 더 좋다고 할 수 없다.

05 A사에서는 어느 제품의 종래 기준으로 설정한 모분산 $\sigma^2 = 0.2$인 제품을 새로운 제조방법에 의하여 시험제작한 후 $n = 10$개를 측정하였더니 다음과 같이 나왔다. 종래 기준으로 설정된 모분산보다 작아졌다고 할 수 있는지 유의수준 5%로 검정하시오.

[데이터] 5.4 5.8 5.7 6.2 5.5 6.0 5.9 5.2 6.3 5.9

[해설]

☞ 모분산에 대한 한쪽검정

① 가설 설정 : $H_0 : \sigma^2 \geq 0.2 \, (\sigma_0^2)$, $H_1 : \sigma^2 < 0.2$ (한쪽검정)   ② 유의수준 : $\alpha = 0.05$

③ 검정통계량의 값(χ_0^2) 계산 : $\chi_0^2 = \dfrac{S}{\sigma_0^2} = \dfrac{1.089}{0.2} = 5.45$

여기서, $S = \sum x^2 - \dfrac{(\sum x)^2}{n} = 336.33 - \dfrac{57.9^2}{10} = 1.089$

④ 기각역 설정 : $\chi_0^2 < \chi_\alpha^2(\nu) = \chi_{0.05}^2(9) = 3.33$ 이면 H_0 기각

⑤ 판정 : $\chi_0^2 = 5.45 > \chi_{0.05}^2(9) = 3.33$ 이므로 유의수준 5%로 H_0를 기각할 수 없다.
즉, 최근 제품의 산포가 작아졌다고 말할 수 없다.

06 D사는 부품의 내경연마 공정에서 해석용 관리도를 작성하기 위해 과거 자료로부터 부품의 내경(단위: mm)을 군의 크기 $n = 5$, 군의 수 $k = 25$의 데이터를 구하여 $\sum \bar{x}_i = 1,240$, $\sum R_i = 248$을 얻었다. $\bar{x} - R$관리도의 관리상·하한선을 구하시오.

[해설]

(1) $\bar{x}$ 관리도의 U_{CL}, L_{CL}

$$U_{CL} = \mu + 3\frac{\sigma}{\sqrt{n}} = \bar{\bar{x}} + 3\frac{\bar{R}}{\sqrt{n} \cdot d_2} = 49.6 + 3 \times \frac{9.92}{\sqrt{5} \times 2.326} = 49.6 + 5.7 = 55.3$$

$$L_{CL} = \mu - 3\frac{\sigma}{\sqrt{n}} = \bar{\bar{x}} - 3\frac{\bar{R}}{\sqrt{n} \cdot d_2} = 49.6 - 3 \times \frac{9.92}{\sqrt{5} \times 2.326} = 49.6 - 5.7 = 43.9$$

여기서, $\bar{\bar{x}} = \dfrac{\sum \bar{x}_i}{k} = \dfrac{1,240}{25} = 49.6$, $\bar{R} = \dfrac{\sum R_i}{k} = \dfrac{248}{25} = 9.92$

(2) R 관리도의 U_{CL}, L_{CL}

$$U_{CL} = D_4\bar{R} = 2.11 \times 9.92 = 20.98, \quad L_{CL} = D_3\bar{R} = - \text{ (고려하지 않음)}$$

07 K사는 에나멜 동선의 도장공정을 관리하기 위하여 핀홀의 수를 조사하였다. 시료의 길이가 종류에 따라 변하므로 시료 1,000m당의 핀홀의 수를 사용하여 u 관리도를 작성하고자 다음과 같은 데이터시트를 얻었다. 다음 물음에 답하시오.

(1) C_L, U_{CL}, L_{CL} 을 구하시오.　　(2) 관리도를 그리고 판정하시오.

시료군의 번호	1	2	3	4	5	6	7	8	9	10
시료의 크기 n (1,000m)	1.0	1.0	1.0	1.0	1.0	1.3	1.3	1.3	1.3	1.3
핀홀수	5	5	3	3	5	2	5	3	2	1

해설

☞ u 관리도를 작성 및 관리상태 판정

(1) 시료군마다 n 의 크기가 다르므로 단위당 부적합수 관리용 u 관리도를 사용한다.

(2) 관리한계선 계산 : $C_L = \bar{u} = \dfrac{\sum c}{\sum n} = \dfrac{34}{11.5} = 2.96$

① $n = 1.0$일 때 : $U_{CL} = \bar{u} + 3\sqrt{\dfrac{\bar{u}}{n}} = 2.96 + 3\sqrt{\dfrac{2.96}{1.0}} = 2.96 + 5.16 = 8.12$

$L_{CL} = \bar{u} - 3\sqrt{\dfrac{\bar{u}}{n}} = 2.96 - 3\sqrt{\dfrac{2.96}{1.0}} = 2.96 - 5.16 = -($고려하지 않음$)$

② $n = 1.3$일 때 : $U_{CL} = \bar{u} + 3\sqrt{\dfrac{\bar{u}}{n}} = 2.96 + 3\sqrt{\dfrac{2.96}{1.3}} = 2.96 + 4.53 = 7.49$

$L_{CL} = \bar{u} - 3\sqrt{\dfrac{\bar{u}}{n}} = 2.96 - 3\sqrt{\dfrac{2.96}{1.3}} = 2.96 - 4.53 = -($고려하지 않음$)$

(3) 관리도의 작성

① 단위당 부적합수 u 계산

군번호	1	2	3	4	5	6	7	8	9	10
$u_i = \dfrac{c_i}{n_i}$	5	5	3	3	5	1.5	3.8	2.3	1.5	0.8

② u 의 타점 및 한계선 표시

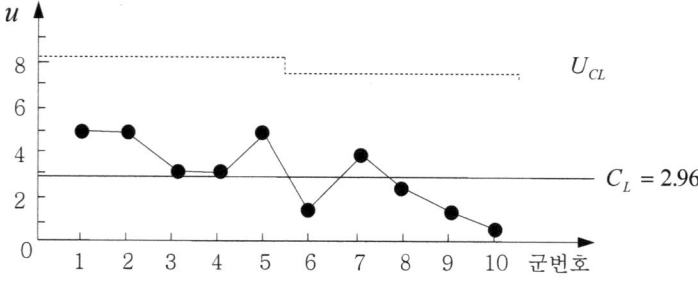

③ 관리상태 판정 : 관리한계선을 벗어나는 점이 없고, 점의 배열에 어떤 버릇도 없으므로 공정은 관리상태라고 판정할 수 있다.

(08) 어떤 특성치의 데이터는 작을수록 좋다고 할 때 로트의 평균치가 0.9ton이하이면 합격이고, 1.3ton이상이면 불합격이라고 할 때 n, G_0, $\overline{X}_U$를 구하시오.

(단, σ=0.3, K_α=1.645, K_β=1.282, α=0.05, β=0.10)

  (1) n (2) G_0 (3) $\overline{X}_U$

[해설]

☞ σ기지의 계량규준형 1회 샘플링검사에서 특성치가 낮을수록 좋은, 로트의 평균치를 보증하는 경우이다. 이 경우의 검사방식은 (n, $\overline{X}_U$)로 결정된다.

(1) $n \geq \left(\dfrac{K_\alpha + K_\beta}{m_1 - m_0} \right)^2 \sigma^2 = \left(\dfrac{1.645 + 1.282}{1.3 - 0.9} \right)^2 \times 0.3^2 = 4.8 \rightarrow n = 5$

여기서 m_0=0.9, m_1=1.3, σ=0.3이고, K_α=1.645, K_β=1.282

(2) $G_0 = \dfrac{K_\alpha}{\sqrt{n}} = \dfrac{1.645}{\sqrt{5}} = 0.74$

(3) $\overline{X}_U = m_0 + G_0 \sigma = 0.9 + 0.74 \times 0.3 = 1.12 \, (\text{ton})$

따라서 검사방식은 (n=5, $\overline{X}_U$=1.12)가 된다. 로트에서 n=5의 평균치 $\overline{x}$를 구하여, $\overline{x} \leq 1.12(\text{ton})$이면 로트합격, $\overline{x} > 1.12(\text{ton})$이면 로트불합격으로 판정한다.

(09) G사는 어떤 부품의 수입검사에 계수값 샘플링검사인 KS Q ISO 2859-1의 보조표인 분수 샘플링검사를 적용하고 있다. 적용조건은 AQL=1.0%, 통상검사수준 Ⅱ에서 엄격도는 까다로운 검사, 샘플링형식은 1회로 시작하였다. 다음 물음에 답하시오.

(1) 다음 표의 (   )안을 로트별로 완성하시오.

(2) 로트번호 5의 검사 결과 다음 로트에 적용되는 로트번호 6의 엄격도를 결정하시오.

로트 번호	N	샘플 문자	n	당초 A_c	합부판정 스코어 (검사전)	적용 A_c	부적합 품수 d	합부 판정	합부판정 스코어 (검사후)
1	200	G	32	1/3	3	0	0	합격	0
2	250	G	32	1/3	3	0	0	합격	3
3	600	(①)	(③)	(⑤)	(⑦)	(⑨)	1	(⑪)	(⑬)
4	80	(②)	(④)	(⑥)	(⑧)	(⑩)	0	(⑫)	(⑭)
5	120	F	20	0	0	0	0	합격	3

[해설]

☞ KS Q ISO 2859-1 계수값 샘플링검사의 전환규칙, 로트의 합부판정 기준 활용 계산

로트 번호	N	샘플 문자	n	당초 A_c	합부판정 스코어 (검사전)	적용 A_c	부적합 품수 d	합부 판정	합부판정 스코어 (검사후)
1	200	G	32	1/3	3	0	0	합격	0
2	250	G	32	1/3	3	0	0	합격	3
3	600	(J)	(80)	(1)	(10)	(1)	1	(합격)	(0)
4	80	(F)	(20)	(0)	(0)	(0)	0	(합격)	(0)
5	120	F	20	0	0	0	0	합격	3

[해설]

(1) 샘플문자는 <부표 1>를 이용하여 로트의 크기 N에 따라 정하면 ①=J, ②=F

(2) 시료 크기 n은 <부표 2-A>를 이용해서 샘플문자에 따라 구하면 ③=80, ④=20

(3) 당초 A_c는 <부표 2-A>를 이용해서 샘플문자와 AQL=1.0%에 대해서 구하면 ⑤=1, ⑥=0

(4) (검사전) 합부판정스코어와 (검사후) 합부판정스코어 (본문의 계산표 참조)

　　　1) 로트번호 3에서 당초의 A_c=1이므로 ⑦=로트 2의 검사후 스코어 3+7=10, 부적합품수 d=1이므로 스코어를 0로 되돌리면 ⑬=0

　　　2) 로트번호 4에서 당초의 A_c=0이므로 ⑧=로트 3의 검사후 스코어 0과 동일, 부적합품수 d=0이므로 ⑭=로트 4의 검사전 스코어 0과 동일

(5) 적용하는 A_c : 본문의 (로트의 합부판정기준 → 샘플링방식이 일정하지 않을 때) 참조

　　　로트번호 3, 4의 경우 당초의 A_c가 정수이므로 그대로 하여 ⑨=1, ⑩=0,

(6) 까다로운 검사에서 연속 5로트 합격이므로 보통검사가 적용 가능하다.

10 KS Q ISO 2859-1에서 Ac=0, Re=1, AQL=0.4%일 때 로트가 합격할 확률이 95%가 되기 위한 샘플의 크기를 구하시오.

해설

☞ $L(p = AQL) = \dfrac{e^{-n \times AQL} \times (n \times AQL)^x}{x!} = \dfrac{e^{-n \times 0.004} \times (n \times 0.004)^0}{0!} = e^{-n \times 0.004} = 0.95$

　　상기 식을 n에 대해 풀면 → $n = 12.8$ → $n = 13$(개)

11 어떤 로트에서 n=100, x=2가 나올 확률 $P(x) = {}_{100}C_2 \, 0.05^x (1 - 0.05)^{n-x}$로 구할 수 있다. 이때 확률변수 X의 기대치와 분산의 값은?

해설

☞ 확률변수 X가 이항분포를 따를 때, 부적합품수인 확률변수 X의 기대치와 분산

　　$E(X) = nP = 100 \times 0.05 = 5.0$

　　$V(X) = nP(1 - P) = 100 \times 0.05(1 - 0.05) = 4.75$

⑫ A사는 금속 가공품을 제조하고 있는 공장에서 QC서클이 활약하고 있다. 항목당 발생건수를 조사하였더니 다음과 같았다. 물음에 답하시오.

항목	발생건수
A	325
B	100
C	45
D	15
E	10
F	5

(1) 다음 빈 칸을 채우시오.

항목	도수	상대도수	누적도수
A			
B			
C			
D			
E			
F			

(2) 파레토도를 그리시오.

해설

(1) 다음 빈칸을 채우시오.

항목	도수 f_i	상대도수 $\dfrac{f_i}{N}$	누적도수 $\sum f_i$
A	325	65	325
B	100	20	425
C	45	9	470
D	15	3	485
E	10	2	495
F	5	1	500

(2) 파레토도 작성

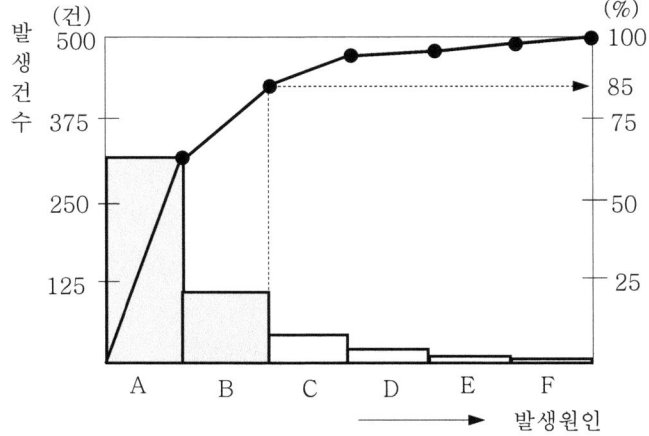

[참고] A, B 항목이 음영으로 된 것은 발생건수 감소를 위한 중점관리 대상임을 의미함.

13 $\bar{x} - R$ 관리도에서 R 관리도의 $\bar{R}$ =4.8이고 관리상한 U_{CL} 이 10.147이다. 이때 시료의 크기 n 은 얼마인가? (단, n =3일 때 D_4 =2.57)

n	D_4
2	2.57
4	2.28
5	2.11
6	2.00

해설

☞ $U_{CL(R)} = D_4\bar{R}$ 의 관계식으로부터 10.147=D_4×4.8 → D_4=2.11, 이때 n =5

◆ **실험계획법** ◆

14 $L_8(2^7)$ 형의 직교배열표를 이용하여 아래 표와 같이 인자를 배치하고 실험데이터를 얻었을 때 아래 물음에 답하시오.

배치 열번 No.	A 1	 2	C 3	 4	 5	B 6	 7	실험데이터 x_i
1	1	1	1	1	1	1	1	x_1 =9
2	1	1	1	2	2	2	2	x_2 =12
3	1	2	2	1	1	2	2	x_3 =8
4	1	2	2	2	2	1	1	x_4 =15
5	2	1	2	1	2	1	2	x_5 =16
6	2	1	2	2	1	2	1	x_6 =20
7	2	2	1	1	2	2	1	x_7 =13
8	2	2	1	2	1	1	2	x_8 =13
기본표시	a	b	a b	c	a c	b c	a b c	$\sum x$ =106

(1) 인자 A, B 의 주효과를 구하시오.

(2) S_A, S_C 를 구하시오.

(3) 만약, $A \times C$ 교호작용이 존재한다고 가정하면 몇 열에 존재하는가? 이때 오차항의 자유도는 얼마인가?

해설

(1) 인자 A, B 의 주효과

$$주효과\ A = \frac{1}{N/2}\,[2수준\ 데이터\ 합-1수준\ 데이터\ 합]$$

$$= \frac{1}{4}[(16+20+13+13)-(9+12+8+15)] = 4.5$$

주효과 $B = \dfrac{1}{4}[(12 + 8 + 20 + 13) - (9 + 15 + 16 + 13)] = 0$

여기서, 2수준계 직교배열표 $L_8(2^7)$ 은 실험의 크기= $N = 2^m = 2^3 = 8$

(2) 변동의 계산

$S_A = \dfrac{1}{N}$ [2수준 데이터 합−1수준 데이터 합]^2 (여기서, $N = 2^m = 2^3 = 8$)

$= \dfrac{1}{8}$ [(16+ 20+ 13+ 13)−(9+ 12+ 8+ 15)]^2 =40.5

$S_C = \dfrac{1}{8}$ [(8+ 15+ 16+ 20)−(9+ 12+ 13+ 13)]^2 =18.0

(3) 교호작용 $A \times C$ 는 각각의 성분의 곱의 열에 나타난다.

$A \times C \;\rightarrow\; a \times ab = a^2 b = b$ (단, $a^2 = b^2 = c^2 = 1$) → 2열에 배치된다.

오차항은 인자나 교호작용이 배치되지 않은 3개 열이 되며, 2수준계 직교배열표는 각 열의 자유도는 1이므로 오차항의 자유도는 3이다.

15 P사는 어떤 부품에 대하여 다수의 로트에서 3로트(A_1, A_2, A_3)를 골라 각 로트에서 랜덤하게 추출해서 그 치수를 측정하였다. 다음 물음에 답하시오.

	A_1	A_2	A_3
1	15.4	14.9	15.5
2	15.2	14.8	15.4
3	15.0	14.1	15.0

(1) 인자 A 는 모수인자인가 변량인자인가?

(2) 로트간 부품치수에 차이가 있는가를 분산분석표를 작성하고 검정하시오.

   (단, $E(MS)$ 포함하여 작성 및 α =0.05)

(3) $\hat{\sigma}_A^2$ 을 구하시오.

[해설]

(1) 인자 A 의 각 수준인 A_1, A_2, A_3 는 다수 로트에서 임의로 3로트를 선택하였고 각 수준이 기술적인 의미를 갖고 있지 못하므로 변량인자이다.

(2) 분산분석표 작성 및 검정

   ① 가설 설정 : H_0: $\sigma_A^2 = 0$, H_1: $\sigma_A^2 > 0$

   ② 변동의 계산

   $CT = \dfrac{T^2}{N} = \dfrac{(135.3)^2}{9} = 2{,}034.01$

   $S_T = \displaystyle\sum_i \sum_j x_{ij}^2 - CT = (15.4^2 + 15.2^2 + \cdots + 15.0^2) - 2{,}034.01 = 2{,}035.47 - 2{,}034.01 = 1.46$

$$S_A = \sum_i \frac{T_{i\cdot}^2}{r} - CT = \left[\frac{45.6^2 + 43.8^2 + 45.9^2}{4}\right] - 2{,}034.01 = 0.86$$

$$S_e = S_T - S_A = 1.46 - 0.86 = 0.6$$

③ 분산분석표의 작성

요인	SS	DF	MS	E(MS)	F_0	$F_{0.95}$
A	0.86	2	0.53	$\sigma_E^2 + 3\sigma_A^2$	4.3	5.14
e	0.6	6	0.1	σ_E^2		
T	1.46	8				

[참조] $E(V_A) = \sigma_E^2 + r\sigma_A^2$ 에서 $r = 3$인 경우 $E(V_A) = \sigma_E^2 + 3\sigma_A^2$

분산분석표로부터 $F_0 < F_{0.95}(2,\ 6) = 5.14$가 성립되므로 A인자가 유의하지 않고 H_0를 기각할 수 없다. 즉, 유의수준 5%로 로트간 부품치수의 차이가 있다고 할 수 없다.

(3) $\hat{\sigma}_A^2 = \dfrac{V_A - V_E}{r} = \dfrac{0.43 - 0.1}{3} = 0.11$

국가기술자격시험	품질경영산업기사 실기 모의고사 2-3R	시험시간 : 2시간 30분

◈ 품질경영실무 ◈

01 공정능력은 정적공정능력과 동적공정능력으로 나뉘어진다. 이에 대하여 설명하시오.

[해설]

(1) 정적공정능력(static process capability)이란 문제의 대상물이 갖는 잠재능력

(2) 동적공정능력(dynamic process capability)이란 시간의 변화는 물론, 원재료의 대체나 작업자의 교체 등에 기인하는 변동까지 고려한 현실적인 면에서 실현되는 능력

02 KPI는 Q·C·D를 말한다. 다음 물음에 답하시오.

(1) Q·C·D의 용어를 간단히 적으시오.

(2) 품질경영에서 Q·C·D를 KPI로 활용하는 이유가 무엇인가?

[해설]

(1) 종합적 품질 → 구매자가 구매시 종합적으로 평가하는 구매의 3요소, 즉 질(quality), 코스트(cost), 양(delivery)를 종합적 품질이라 한다.

(2) 생산시스템의 목표는 Q·C·P·D로 나타낼 수 있는데, 적질의 제품 및 서비스를 적가로 적량을 적기에 공급하는 것이다. 이들 품질·원가·공정은 서로 배타적인 상관관계에 있으므로 종합된 콘트롤 시스템으로 상호 유기적으로 관리·운영되어야 한다.

◈ 통계적품질관리 ◈

03 다음 데이터에 대하여 물음에 답하시오. (단, $n=20$)

45, 45, 46, 46, 49, 49, 50, 50, 51, 51, 52, 52, 53, 53, 54, 57, 58, 60, 62, 64

(1) 중앙값($\tilde{x}$)을 구하시오.   (2) 범위의 중간값(M)을 구하시오.

(3) 상대분산($(CV)^2$)을 구하시오.

[해설]

(1) 메디안(median, 중위수) : 총 20개의 데이터를 작은 수치부터 차례로 나열한 후 짝수 개 이므로 중간의 2개인 10번째와 11번째를 합한 후 2로 나누어 구함.

$$\tilde{x} = \frac{x_{10} + x_{11}}{2} = \frac{51 + 52}{2} = 51.5$$

(2) 미드레인지(범위의 중간값) : $M = \dfrac{x_{max} + x_{min}}{2} = \dfrac{L + S}{2} = \dfrac{64 + 45}{2} = 54.5$

(3) 상대분산 : $(CV)^2 = \left(\dfrac{s}{\bar{x}}\right)^2 = \left(\dfrac{5.480}{52.35}\right)^2 = 0.011 \ (1.1\%)$

여기서, $\bar{x} = \dfrac{\sum x_i}{n} = \dfrac{45 + 45 + \cdots + 64}{20} = 52.35$

$s = \sqrt{V} = \sqrt{\dfrac{S}{n-1}} = \sqrt{\dfrac{\sum x^2 - (\sum x)^2 / n}{n-1}} = \sqrt{\dfrac{55,381 - (1,047)^2 / 20}{20 - 1}} = 5.480$

04 품질검사원 A의 과거기록을 분석한 결과, 적합품을 부적합으로 판정하는 비율은 2%, 부적합품을 적합품으로 판정하는 비율은 1%이었다. 이 공장의 부적합품 생산비율은 1%이다. 검사원 A가 어떤 제품을 부적합품으로 판정하였을 경우 실제로 부적합품일 확률은?

[해설]

☞ 확률계산으로서 응용이 필요함.

① 판정상의 부적합품률=적합품(99%)×적합품을 부적합품으로 판정할 비율(0.02)+ 부적합품(1%)×부적합품을 부적합으로 판정할 비율(1-0.01)=2.97%

② 부적합품을 부적합으로 판정할 부적합품률=실제 부적합품률(1%)×부적합품을 부적합으로 판정할 비율(1-0.01)=0.99%

∴ 판정상의 부적합품이 실제로 부적합일 확률=$\dfrac{0.99\%}{2.97\%} = 0.333$

05 C사에서는 작업방법을 개선한 후 로트로부터 10개의 시료를 랜덤하게 샘플링하여 측정한 결과 다음 데이터를 얻었다.

[데이터]	10 16 18 11 18 12 14 15 14 12

(1) 모평균은 10(kg)보다 커졌다고 할 수 있겠는가? (단, α =0.05)

(2) 신뢰도 95%로 모평균의 신뢰구간을 구하시오.

[해설]

(1) 모분산(σ^2)을 모를 때 1개 모평균에 대한 가설의 한쪽검정

① 가설 설정 : $H_0 : \mu \le 10.0 (\mu_0)$, $H_1 : \mu > 10.0$ (한쪽검정) ② 유의수준 : α =0.05

③ 검정통계량의 값(t_0) 계산 : $t_0 = \dfrac{\bar{x} - \mu_0}{s / \sqrt{n}} = \dfrac{14 - 10}{\sqrt{7.778 / 10}} = \dfrac{1.3}{0.727} = 4.536$

여기서 $\bar{x} = \dfrac{\sum x}{n} = \dfrac{140}{10} = 14$

$s^2 \approx V = \dfrac{S}{n-1} = \dfrac{1}{n-1}\left[\sum x^2 - \dfrac{(\sum x)^2}{n}\right] = \dfrac{1}{10-1}\left[2,030 - \dfrac{140^2}{10}\right] = 7.778$

④ 기각역 설정 : $t_0 > t_{1-\alpha}(\nu) = t_{0.95}(9) = 1.833$ 이면 H_0 기각

⑤ 판정 : $t_0 = 4.536 > t_{1-\alpha}(\nu) = t_{0.95}(9) = 1.833$이므로 유의수준 5%로 H_0를 기각한다.

　　　즉, 모평균은 10(kg)보다 커졌다고 할 수 있다.

(2) 신뢰도 95%로 모평균의 신뢰구간 추정

　　대립가설 $H_1 : \mu > 10.0$이 채택된 경우이므로 신뢰한 추정을 함.

$$\hat{\mu}_L = \bar{x} - t_{1-\alpha}(\nu) \frac{s}{\sqrt{n}} = 14 - t_{0.95}(9) \times \sqrt{\frac{7.778}{10}} = 14 - 1.833 \times 0.882 = 12.283$$

06 D사에서 종래에 생산되던 한 로트의 모부적합수 $m = 36$이었다. 작업방법을 개선한 후에 샘플 부적합수 $c = 30$개가 나왔다면, 모부적합수와 달라졌다고 할 수 있겠는가? (단, $\alpha = 0.05$)

[해설]

☞ 모부적합수의 검정문제이므로

① 가설 설정 : $H_0 : m = m_0 (36)$, $H_1 : m \neq m_0$ (양쪽검정)　② 유의수준 : $\alpha = 0.05$

③ 검정통계량의 값(U_0) 계산 : $U_0 = \dfrac{c - m_0}{\sqrt{m_0}} = \dfrac{30 - 36}{\sqrt{36}} = \dfrac{-6}{\sqrt{36}} = -1.0$

　　여기서, 포아송분포의 정규분포 근사조건인 $m_0 = 36 > 5$를 만족하고 있음.

④ 기각역 설정 : $|U_0| > u_{1-\alpha/2}$이면 H_0 기각

⑤ 판정 : $|U_0| = 1.0 < u_{0.975} = 1.960$이므로 H_0를 기각할 수 없다.

　　　즉, 모부적합수가 달라졌다고 할 수 없다.

07 다음은 용광로에서 선철을 만들 때 선철의 백분율(x)과 비금속의 산화를 조절하기 위하여 사용되는 석회의 소요량(y)(kg)에 대한 $n = 8$의 실험결과이다. 다음 물음에 답하시오.

$$\sum x_i y_i = 3,236.6, \quad \sum x_i^2 = 13,472, \quad \sum y_i^2 = 785.91, \quad \sum y_i = 78.5, \quad \sum x_i = 320$$

(1) 선철의 백분율(x)과 석회 소요량(y) 사이의 상관계수를 구하시오.

(2) 선철의 백분율(x)에 관한 석회 소요량(y)의 공분산(V_{xy})을 구하시오.

(3) 선철의 백분율(x)에 관한 석회 소요량(y)의 추정회귀방정식을 구하시오.

[해설]

(1) $r = \dfrac{S_{(xy)}}{\sqrt{S_{(xx)} S_{(yy)}}} = \dfrac{96.6}{\sqrt{672.0 \times 15.6}} = 0.94$

　　여기서, $S_{(xx)} = \sum x^2 - \dfrac{\left(\sum x \right)^2}{n} = 13,472 - \dfrac{(320)^2}{8} = 672.0$

　　　　　$S_{(yy)} = \sum y^2 - \dfrac{\left(\sum y \right)^2}{n} = 785.91 - \dfrac{(78.5)^2}{8} = 15.6$

$$S_{(xy)} = \sum xy - \frac{(\sum x)(\sum y)}{n} = 3,236.6 - \frac{320 \times 78.5}{8} = 96.6$$

(2) $V_{xy} = \dfrac{S_{(xy)}}{n-1} = \dfrac{96.6}{8-1} = 13.8$

(3) x에 대한 y의 추정 회귀직선식

추정 회귀직선식인 $\hat{y} = \hat{\beta}_0 + \hat{\beta}_1 x$에 의거 $\hat{y} = \hat{\beta}_0 + \hat{\beta}_1 x = 4.063 + 0.144x$

여기서, $\hat{\beta}_1 = \dfrac{S_{(xy)}}{S_{(xx)}} = \dfrac{96.6}{672.0} = 0.144$, $\hat{\beta}_0 = \bar{y} - \hat{\beta}_1 \bar{x} = 9.81 - 0.144 \times 40.0 = 4.063$

단, $\bar{x} = \dfrac{\sum x}{n} = \dfrac{320}{8} = 40.0$, $\bar{y} = \dfrac{\sum y}{n} = \dfrac{78.5}{8} = 9.81$

08 다음은 K사 공정관리용의 p 관리도에 대한 데이터이다. 물음에 답하시오.

로트번호	시료의 크기	부적합품 수	로트번호	시료의 크기	부적합품 수
1	40	3	6	30	3
2	40	5	7	50	6
3	40	3	8	50	5
4	30	4	9	50	6
5	30	2	10	50	4

(1) 시료의 크기에 따른 관리한계선을 각각 구하시오.
(2) 관리도를 그리시오.

[해설]

① 데이터 시트 작성

로트 번호	시료의 크기	부적합수	부적합품률 (%)	$U_{CL}(\%) = \bar{p} + 3\sqrt{\dfrac{\bar{p}(1-\bar{p})}{n}}$	$L_{CL}(\%) = \bar{p} - 3\sqrt{\dfrac{\bar{p}(1-\bar{p})}{n}}$
1	40	3	7.5	24.22	–
2	40	5	12.5	33.73	–
3	40	3	7.5	24.22	–
4	30	4	13.3	31.90	–
5	30	2	6.7	20.95	–
6	30	3	10.0	26.44	–
7	50	6	12.0	35.47	–
8	50	5	10.0	31.21	–
9	50	6	12.0	35.47	–
10	50	4	8.0	26.98	–
계	410	41			
	$(\sum n)$	$(\sum np)$		$\bar{p} = \sum np / \sum n = 41/410 = 0.1(10\%)$	
				$\sqrt{\bar{p}(1-\bar{p})} = \sqrt{0.1(1-0.1)} = 0.3(30\%)$	

② p 관리도

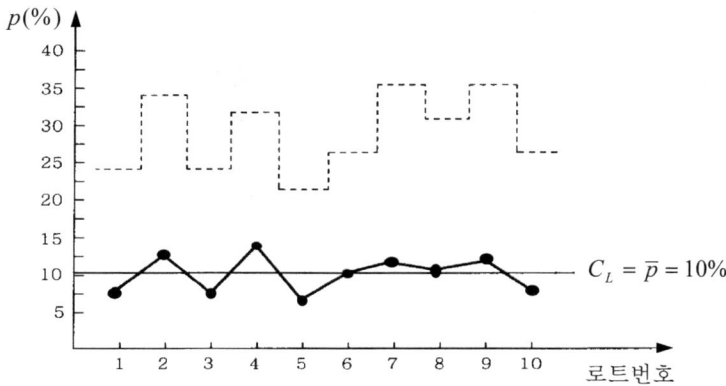

③ 판정 : 관리한계를 이탈하는 점이 없고, 점의 배열에 이상이 없으므로 관리상태라고 볼 수 있다.

09 J사로부터 납품되고 있던 기계부품에 대한 치수의 표준편차는 0.12cm이었다. 이번에 납품된 로트의 평균치를 신뢰율 95%, 정밀도 0.10cm로 알고자 한다. 샘플을 몇 개로 하는 것이 좋은가?

[해설]

☞ $\beta_{\bar{x}} = \pm u_{1-\alpha/2} \dfrac{\sigma}{\sqrt{n}}$ 의 관계식으로부터 $\pm 0.10 = \pm 1.960 \times \dfrac{0.12}{\sqrt{n}}$ → $n = 5.5$ → ∴ $n = 6$

여기서, $\sigma = 0.12$, $\alpha = 0.05$, $u_{1-\alpha/2} = 1.960$, 정밀도 $\beta_{\bar{x}} = \pm d = \pm 0.10$

10 계량규준형 1회 샘플링검사는 n개의 샘플을 취하고 그 측정치의 평균치 $\bar{x}$ 와 합격판정 치를 비교하여 로트의 합격·불합격을 판정하는 방법이다. 로트의 평균치를 보증하는 경우는 KS Q 0001(표준편차 기지)에 규정되어 있다.

다음 표는 KS Q 0001의 부표로서, m_0, m_1이 주어졌을 때 n과 G_0를 구할 수 있다.

$\dfrac{\lvert m_1 - m_0 \rvert}{\sigma}$	n	G_0
2.069이상	2	1.163
1.690~2.08	3	0.950
1.463~1.689	4	0.822
1.309~1.462	5	0.736
⋮	⋮	⋮
0.772~0.811	14	0.440
0.756~0.771	15	0.425
0.732~0.755	16	0.411

공업용수 중 산화철분은 적을수록 좋다. 로트의 평균치가 0.0040% 이하이면 합격으로 하고, 그 것이 0.0050% 이상이면 불합격으로 하는 $\overline{X}_U$를 구하시오. (단, σ는 0.0006%임을 알고 있다.)

[해설]

☞ σ 기지의 계량규준형 1회 샘플링검사에서 특성치가 낮을수록 좋은, 로트의 평균치를 보증하 는 경우이다. 이 경우의 검사방식은 (n, $\overline{X}_U$)가 된다.

여기서, m_0=0.0040, m_1=0.0050, σ=0.0006, $|m_1 - m_0|/\sigma$=(0.005-0.004)/0.0006=1.667

이므로, 제시된 표에서 n=4, G_0=0.822가 구해진다.

∴ $\overline{X}_U = m_0 + G_0\sigma = 0.004 + 0.822 \times 0.0006 = 0.00449$(%)

따라서 검사방식은 (n=4, $\overline{X}_U$=0.00449)가 된다.

검사로트의 판정은 n=4의 시료평균치 $\overline{x}$를 구하여, $\overline{x} \leq 0.00449$(%)이면 로트합격, $\overline{x} > 0.00449$(%)이면 로트불합격으로 판정한다.

(11) 계량규준형 1회 샘플링검사는 n개의 샘플을 취하고 그 측정치의 평균치 $\overline{x}$와 합격판정 치를 비교하여 로트의 합격·불합격을 판정하는 방법이다. 로트의 평균치를 보증하는 경우는 KS Q 0001(표준편차 기지)에 규정되어 있다. 다음 표는 KS Q 0001의 부표로서, m_0, m_1이 주어졌 을 때 n과 G_0를 구할 수 있다.

$\dfrac{\|m_1 - m_0\|}{\sigma}$	n	G_0
2.069이상	2	1.163
1.690~2.08	3	0.950
1.463~1.689	4	0.822
⋮	⋮	⋮
0.772~0.811	14	0.440
0.756~0.771	15	0.425
0.732~0.755	16	0.411

형강재의 인장강도는 클수록 좋다. 형강재의 평균치가 46kg/mm² 이상인 로트는 통과시키고, 그 것이 43kg/mm² 이하인 로트는 통과시키지 않는 $\overline{X}_L$를 구하시오. (단, σ=4kg/mm² 이다.)

[해설]

☞ σ 기지 계량규준형 샘플링검사에서 특성치가 높을수록 좋은, 로트평균치 보증의 경우이다. 이 경우의 검사방식은 (n, $\overline{X}_L$)이다. 여기서 m_0=46, m_1=43, σ=4이므로

$$\frac{|m_0 - m_1|}{\sigma} = \frac{46 - 43}{4} = 0.750$$

이 계산결과에 따라 주어진 표에서 n=16, G_0=0.411를 얻어 $\overline{X}_L$를 계산하면

$$\overline{X}_L = m_0 - G_0\sigma = 46 - 0.411 \times 4 = 44.4\,(\text{kg/mm}^2)$$

⑫ B사에서는 어떤 부품의 수입검사에 KS Q ISO 2859-1의 계수값 샘플링검사 방식을 적용하고 있다. AQL=1.5%, 검사수준 Ⅱ로 하는 1회 샘플링방식을 채택하고 있다. 처음 검사는 보통검사로 시작하였으며, 15개의 로트에 대한 검사를 실시하였다. KS Q ISO 2859-1의 주 샘플링검사표를 사용하여 답안지 표의 공란을 채우고 로트의 엄격도 전환을 결정하시오.

로트번호	N	샘플문자	n	Ac	Re	부적합품수	합부판정	전환스코어	엄격도 적용
1	300	H	50	2	3	3	불합격	0	보통검사 시작
2	500	H	50	2	3	0	합격	3	보통검사 속행
3	200	G	32	1	2	0	합격	5	보통검사 속행
4	800	J	80	3	4	2	합격	8	보통검사 속행
5	1,500	K	125	5	6	1	합격	11	보통검사 속행
6	500	H	50	2	3	0	합격	14	보통검사 속행
7	2,500	K	125	5	6	1			
8	2,000	K	125	5	6	0			
9	1,200	J	80	3	4	1			
10	1,500	K	125	5	6	2			
11	400	H	50	2	3	0			
12	2,500	K	125	5	6	0			
13	600	J	32	2	3	0			
14	800	J	32	2	3	2	합격	–	수월한 검사 속행
15	1,600	K	50	3	4	3	합격	–	수월한 검사 속행

[해설]

☞ 전환스코어 계산, 검사후 샘플링검사의 엄격도 결정

로트번호	N	샘플문자	n	Ac	Re	부적합품수	합부판정	전환스코어	엄격도 적용
1	300	H	50	2	3	3	불합격	0	보통검사 시작
2	500	H	50	2	3	0	합격	3	보통검사 속행
3	200	G	32	1	2	0	합격	5	보통검사 속행
4	800	J	80	3	4	2	합격	8	보통검사 속행
5	1,500	K	125	5	6	1	합격	11	보통검사 속행
6	500	H	50	2	3	0	합격	14	보통검사 속행
7	2,500	K	125	5	6	1	합격	17	보통검사 속행
8	2,000	K	125	5	6	0	합격	20	보통검사 속행
9	1,200	J	80	3	4	1	합격	23	보통검사 속행
10	1,500	K	125	5	6	2	합격	26	보통검사 속행
11	400	H	50	2	3	0	합격	29	보통검사 속행
12	2,500	K	125	5	6	0	합격	32	보통검사 속행
13	600	J	32	2	3	0	합격	–	수월한 검사로 전환
14	800	J	32	2	3	2	합격	–	수월한 검사 속행
15	1,600	K	50	3	4	3	합격	–	수월한 검사 속행

① 엄격도 적용 난에는 다음 로트에 적용할 엄격도를 기재한다.
② 전환스코어는 보통검사가 적용된 제12로트까지만 계산한다.

◈ **실험계획법** ◈

13 실험계획법에서 결측치가 존재하는 경우가 있다. 이때 결측치를 처리하는 방법을 각각의 실험계획법에서 간략하게 적으시오.
(1) 반복이 일정한 1원배치법　　(2) 반복이 없는 2원배치법　　(3) 반복이 있는 2원배치법

[해설]

(1) 결측치를 무시하고 그대로 분석한다.
(2) Yates의 방법으로 결측치를 추정하여 포함시킨 후 분산분석한다.
(3) 결측치가 들어있는 조합에서의 나머지 데이터들의 평균치로 결측치를 추정하여 대체시켜서 분산분석한다.

14 어떤 소재의 가공시 처리액농도 A를 인자로 하여 $A_1 = 3.0\%$, $A_2 = 3.5\%$, $A_3 = 4.0\%$의 반복 5회로 총 15회 실험을 랜덤하게 하여 인장강도를 측정한 결과 아래의 데이터를 얻었다. 다음 물음에 답하시오.

> [데이터]　$T_{1\cdot} = 181.8$　$T_{2\cdot} = 181.1$　$T_{3\cdot} = 179.7$

(1) 주요인의 자유도는 얼마인가?　　(2) S_A를 구하시오.

[해설]

(1) $\nu_A = l - 1 = 3 - 1 = 2$

(2) $S_A = \sum_i \dfrac{T_{i\cdot}^2}{r} - CT = \sum_i \dfrac{T_{i\cdot}^2}{r} - \dfrac{T^2}{lr} = \dfrac{181.8^2 + 181.1^2 + 179.7^2}{5} - \dfrac{542.6^2}{15} = 0.46$

15 R사에서는 FRP 제품을 조립할 때 원료의 투입량(A : 4수준), 처리온도(B : 4수준), 처리시간(C : 4수준)을 인자로 잡고 4×4 라틴방격법으로 제품의 인장강도를 조사하기 위하여 실험을 한 결과 $\bar{x}_{1\cdot} = 15.82$, $V_e = 7.2$라고 하면, $\hat{\mu}(A_1)$의 95% 신뢰구간을 구하시오.

[해설]

☞ 4×4 라틴방격법 실험계획에서의 $\mu(A_1)$의 95% 신뢰구간 추정

$\hat{\mu}(A_1) = \bar{x}_{1\cdot} \pm t_{1-\alpha/2}(\nu_e)\sqrt{\dfrac{V_e}{k}} = 15.82 \pm t_{0.975}(6)\sqrt{\dfrac{7.2}{4}} = 15.82 \pm 2.447 \times 1.342 = (12.54,\ 19.10)$

여기서, $k = 4$, $\nu_e = (k-1)(k-2) = (4-1)(4-2) = 6$, $V_e = 7.2$

제3장

품질경영산업기사 실기
CBT 모의고사3

1장
2장
3장
4장
5장
6장
1장
2장
3장
4장
5장
6장
부록

| 국가기술자격시험 | 품질경영산업기사 실기 모의고사 3-1R | 시험시간 : 2시간 30분 |

◆ **품질경영실무** ◆

01 신QC 7가지 수법을 기술하시오.

[해설]

☞ 신QC 7가지 도구 : ① 연관도법, ② 친화도법, ③ 계통도법, ④ 매트릭스도법, ⑤ 매트릭스 데이터해석법, ⑥ PDPC법, ⑦ 애로다이어그램

02 각국 규격 명칭을 기술하시오

| 영국(   ), 독일(   ), 미국(   ), 일본(   ), 중국(   ) |

[해설]

☞ 영국(BS), 독일(DIN), 미국(ANSI), 일본(JIS), 중국(GB)

◆ **통계적품질관리** ◆

03 아래 도수표는 어느 강판압연공장에서 철판 100매의 두께를 측정한 결과이다. 물음에 답하시오. (단, S_U=25, S_L=5.0)

급번호	계급	중앙치($\tilde{x}$)	도수(f_i)	u_i	$f_i u_i$	$f_i u_i^2$	F_i
1	10.5~12.5	11.5	2	-4	-8	32	2
2	12.5~14.5	13.5	8	-3	-24	72	10
3	14.5~16.5	15.5	14	-2	-28	56	24
4	16.5~18.5	17.5	20	-1	-20	20	44
5	18.5~20.5	19.5	23	0	0	0	67
6	20.5~22.5	21.5	15	1	15	15	82
7	22.5~24.5	23.5	10	2	20	40	92
8	24.5~26.5	25.5	6	3	18	54	98
9	26.5~28.5	27.5	2	4	8	32	100
합계	-	-	100	-	-19	321	

(1) 산술평균치 $\bar{x}$ 와 표준편차 s 를 구하시오.

(2) 공정능력지수(C_p)를 구하고 공정능력등급을 판정하시오.

[해설]

(1) 평균과 표준편차(s) 계산

① $\bar{x} = x_0 + \dfrac{\sum f_i u_i}{\sum f_i} \times h = 19.5 + \dfrac{(-19)}{100} \times 1.0 = 19.12$

$$② \ s \approx \sqrt{V} = h \times \sqrt{\frac{1}{\sum f_i - 1}\left[\sum f_i u_i^2 - \frac{\left(\sum f_i u_i\right)^2}{\sum f_i}\right]} = 2.0 \times \sqrt{\frac{1}{100-1}\left(321 - \frac{(-19)^2}{100}\right)} = 3.58$$

(2) 공정능력지수 C_p 계산 및 판정 : $C_p = \dfrac{S_U - S_L}{6\hat{\sigma}} = \dfrac{S_U - S_L}{6s} = \dfrac{25-5}{6 \times 3.58} = 0.93$

　　　$0.67 < C_p = 0.93 < 1.00$ 이므로 3등급에 속하며, "공정능력이 부족하다."고 판정된다.

04 어떤 회로에 사용되는 반도체의 소성수축률은 지금까지 장기간에 걸쳐서 관리상태에 있으며 그 분산은 0.10%였다. 원가절감을 위해 A 사의 원료를 사용하는 것을 검토하고 있다. A 사의 원료의 소성수축률은 시험결과가 [데이터]와 같았다. 소성수축률의 산포가 지금까지의 값에 비해 달라졌는가의 여부를 유의수준 5%로 검정하시오.

| [데이터]　2.2　2.4　2.1　2.5　2.0　2.4　2.5　2.3　2.9　2.7　2.8 |

[해설]

(1) 1개의 모분산에 관한 검정

　　① 가설 설정 : $H_0 : \ \sigma^2 = 0.10^2 \ (\sigma_0^2), \ \ H_1 : \ \sigma^2 \neq 0.10^2$ (양쪽검정)

　　② 유의수준 : $\alpha = 0.05$

　　③ 검정통계량 값(χ_0^2) 계산 : $\chi_0^2 = \dfrac{S}{\sigma_0^2} = \dfrac{0.805}{0.10} = 8.05$ (단, $S = \sum x^2 - \dfrac{\left(\sum x\right)^2}{n} = 0.805$)

　　④ 기각역 설정 : $\chi_0^2 > \chi_{1-\alpha/2}^2(\nu)$ 또는 $\chi_0^2 < \chi_{\alpha/2}^2(\nu)$ 이면 H_0 기각

　　⑤ 판정 : $\chi_{0.025}^2(10) = 3.25 < \chi_0^2 = 8.05 < \chi_{0.975}^2(10) = 20.5$ 이므로 유의수준 5%로 H_0 를
　　　　　기각할 수 없다. 즉, 소성수축률의 산포가 달라졌다고 할 수 없다.

05 과거 사용되고 있던 제조방법의 평균부적합품률은 10%였다. 새로운 제조방법에서 실험결과 160개의 제품 중 8개의 부적합품이 나왔다.

(1) 새로운 제조방법은 과거의 방법보다 좋다고 할 수 있겠는가에 대해 정규분포근사법을 이용하여 검정하시오. (단, $\alpha = 0.05$ 로 함.)

(2) 새로운 제조방법에 의한 부적합품률을 95%의 신뢰율로 구간추정하시오.

[해설]

(1) 모부적합품률의 검정

　　① 가설 설정 : $H_0 : P \geq 0.10(P_0), \ H_1 : P < 0.10$ (한쪽검정)　　② 유의수준 : $\alpha = 0.05$

　　③ 검정통계량의 값 계산 : $U_0 = \dfrac{\hat{p} - P_0}{\sqrt{\dfrac{P_0(1-P_0)}{n}}} = \dfrac{x/n - P_0}{\sqrt{\dfrac{P_0(1-P_0)}{n}}} = \dfrac{8/160 - 0.10}{\sqrt{\dfrac{0.10(1-0.10)}{160}}} = -2.108$

　　　　여기서, $nP_0 = 160 \times 0.10 = 16 > 5$ 이고, $P_0 = 0.10 < 0.5$ 이므로, 이항분포의 정규분포근사법
　　　　　　이용이 가능

④ 기각역 설정 : $U_0 < -u_{1-\alpha} = -u_{0.95} = -1.645$ 이면 H_0 기각

⑤ 판정 : $U_0 = -2.108 < -u_{0.95} = -1.645$ 이므로 유의수준 5%로 H_0를 기각한다.

즉, 새로운 제조방법이 더 좋다고 할 수 있다.

(2) 모부적합품률 P의 95% 한쪽신뢰구간 추정

$$\hat{P}_U = \hat{p} + u_{1-\alpha}\sqrt{\frac{\hat{p}(1-\hat{p})}{n}} = 0.05 + u_{0.95}\sqrt{\frac{0.05(1-0.05)}{160}} = 0.0783$$

06 관리도에 대한 설명을 보고 맞으면 ○, 틀리면 × 하시오.

(1) 관리한계선을 넘어가면 공정에 이상이 발생한 것이다.

(2) 3σ법의 $\bar{x}$관리도에서 제1종 과오(α)는 0.27%이다.

(3) 관리한계의 폭을 좁게 잡으면 제1종 과오(α)를 범할 가능성이 커진다.

(4) 공정이 안정상태가 아닌 것을 놓치지 않고 발견해 내는 확률을 제2종 과오(β)라 한다.

(5) 관리도의 관리한계선은 자연공차인 $\pm 3\sigma$를 사용한다.

(6) 공정의 평균에 변화가 생겼을 때 $\bar{x}$관리도의 시료의 크기(n)가 크면 이상상태를 발견하기가 어려워진다.

[해설]

(1) ○   (2) ○   (3) ○   (4) ×   (5) ○   (6) ×

07 S사에서는 3일에 1번씩 배치의 알콜 성분을 측정하여 다음의 자료를 얻었다. $x - R_m$관리도를 작성하고 관리상태를 판정하시오.

번호	측정치(x)	이동범위(R_m)	번호	측정치(x)	이동범위(R_m)
1	2.07	–	7	2.32	0.12
2	2.21	0.14	8	2.37	0.05
3	2.16	0.05	9	2.15	0.22
4	2.36	0.20	10	2.08	0.07
5	2.23	0.13	11	2.24	0.16
6	2.20	0.03			

[해설]

☞ $x - R_m$관리도 작성, 관리상태 판정

① 중심선 계산 : $\bar{x} = \dfrac{\sum x}{k} = \dfrac{24.39}{11} = 2.22$, $\bar{R}_m = \dfrac{\sum R_m}{k-1} = \dfrac{1.17}{11-1} = 0.117$

② x관리도 : $U_{CL} = \bar{x} + 2.66\bar{R}_m = 2.22 + 2.66 \times 0.117 = 2.53$

$L_{CL} = \bar{x} - 2.66\bar{R}_m = 2.22 - 2.66 \times 0.117 = 1.91$

③ R_m관리도 : $U_{CL} = 3.27\bar{R}_m = 3.27 \times 0.117 = 0.38$, $L_{CL} = -$ (고려하지 않음)

④ 관리도의 작성

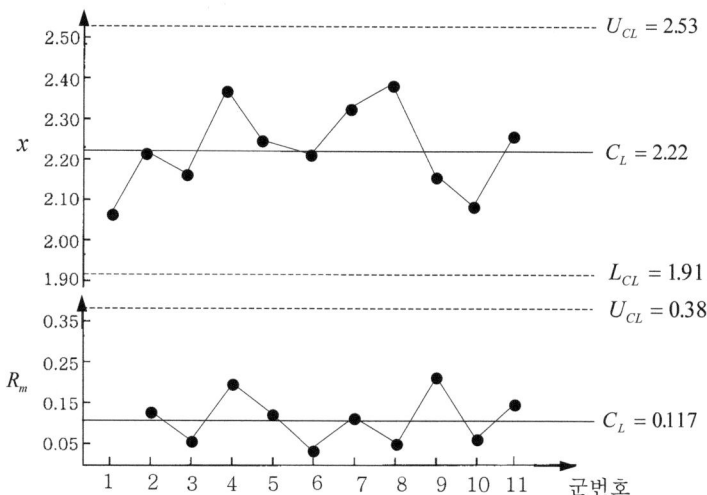

⑤ 관리상태 판정 : 관리한계선을 벗어나는 점이 없고, 이상한 버릇이 없으므로 안정상태.

08 계수·계량 규준형 샘플링검사에서 OC곡선을 그릴 때, x축과 y축에 들어갈 내용을 각각 적으시오.

[해설]

☞ 가로축 : 계수치의 경우 → 부적합품률(p), 부적합수(c), 계량치의 경우 → 특성치(m)

세로축 : 로트가 합격할 확률로서, 계수치의 경우 → $L(p)$, 계량치의 경우 → $L(m)$

[보기] OC곡선의 개요도

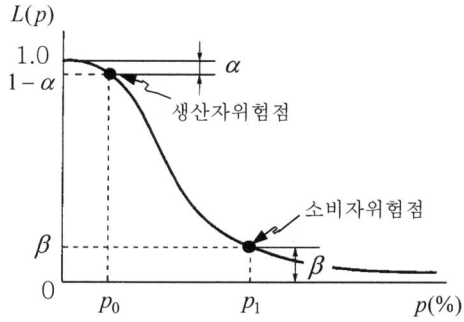

09 다음은 OC곡선의 성질을 설명한 것이다. 이러한 경우 OC곡선은 어떻게 변하는가?

(1) n과 c는 일정하고 로트의 크기 N이 변할 경우

(2) N과 c가 일정하고 n이 변할 경우 (3) N과 n이 일정하고 c가 변할 경우

[해설]

(1) n 과 c 가 일정하고 N 이 증가하는 경우 : OC곡선은 거의 변하지 않는다.

(1) N 과 c 가 일정하고 n 이 증가하는 경우 : OC곡선의 기울기가 급해진다.

(3) N 과 n 이 일정하고 c 가 증가하는 경우 : OC곡선의 기울기가 완만해진다.

10 한 식품제조사에서 제품검사에 계수규준형 1회 샘플링검사를 적용하기 위하여 구입자와 $p_0 =1\%$, $p_1 =10\%$, $\alpha =0.05$, $\beta =0.10$ 으로 협의하였다. 이것을 만족시킬 수 있는 샘플링방식 n 및 c 를 다음 표를 이용하여 구하시오.

c	$(np)_{0.99}$	$(np)_{0.95}$	$(np)_{0.10}$	$(np)_{0.05}$
0	–	–	2.30	2.90
1	0.15	0.35	3.90	4.60
2	0.42	0.80	5.30	6.20
3	0.80	1.35	6.70	7.60
4	1.30	1.95	8.00	9.20

해설

☞ ① $\alpha =0.05$ 를 만족시키는 샘플링검사방식 : $L(p) =1-\alpha =0.95$, $p_0 =1\%$ 이므로 $c =0$, $c =1$, $c =2$, … 에 대응하는 np 값인 $(np)_{0.95}$ 를 이용하여 $n = (np)_{0.95} / p_0$ 을 구함.

c	0	1	2	3	4
$(np)_{0.95}$	–	0.35	0.80	1.35	1.95
n	–	35	80	135	195

② $\beta =0.10$ 를 만족시키는 샘플링검사방식 : $L(p) = \beta =0.10$, $p_1 =10\%$ 이므로 $c =0$, $c =1$, $c =2$, … 에 대응하는 np 값인 $(np)_{0.10}$ 을 이용하여 $n = (np)_{0.10} / p_1$ 을 구함.

c	0	1	2	3	4
$(np)_{0.10}$	2.30	3.90	5.30	6.70	8.00
n	23	39	53	67	80

③ ① 및 ②의 샘플링검사방식에 대해 동일한 c 에 대하여 검토할 때 가장 근사한 경우는 $c =1$ 일 때임. ∴ $n = \dfrac{35+39}{2} = 37$

④ 따라서 구하고자 하는 샘플링검사방식은 ($n =37$, $c =1$)

11 계량규준형 1회 샘플링검사는 n 개의 샘플을 취하고 그 측정치의 평균치 $\bar{x}$ 와 합격판정 치를 비교하여 로트의 합격·불합격을 판정하는 방법이다. 로트의 평균치를 보증하는 경우는 KS Q 0001(σ 기지)에 규정되어 있다. 다음 표는 KS Q 0001의 부표로서, m_0, m_1 이 주어졌을 때 n 과 G_0 를 구하는 표이다. ($\alpha =0.05$, $\beta =0.10$)

$\dfrac{\|m_1 - m_0\|}{\sigma}$	n	G_0	$\dfrac{\|m_1 - m_0\|}{\sigma}$	n	G_0
2.069이상	2	1.163	$\vdots$	$\vdots$	$\vdots$
1.690~2.080	3	0.950	0.772~0.811	14	0.440
1.463~1.689	4	0.822	0.756~0.771	15	0.425
1.309~1.462	5	0.736	0.732~0.755	16	0.411

강재의 인장강도는 클수록 좋다. 강재의 평균치가 46kgf/mm² 이상인 로트는 통과시키고 그것이 43kgf/mm² 이하는 통과시키지 않는 $\overline{X}_L$를 구하시오. (단, σ =4kgf/mm² 임을 알고 있다.)

(해설)

☞ σ 기지 계량규준형 샘플링검사에서 특성치가 높을수록 좋은, 로트평균치 보증의 경우이다.

이 경우의 검사방식은 $(n, \overline{X}_L)$이다. 여기서 m_0 =46, m_1 =43, σ =4이므로

$$\frac{\|m_0 - m_1\|}{\sigma} = \frac{46-43}{4} = 0.75 \rightarrow [표]에서 \ n=16, \ G_0=0.411를 \ 얻어 \ \overline{X}_L를 \ 계산하면$$

$$\overline{X}_L = m_0 - G_0\sigma = 46 - 0.411 \times 4 = 44.4$$

(12) A사는 한 부품의 수입검사에 KS Q ISO 2859-1을 사용하고 있다. 검토후 AQL=1.0%, 검사수준 Ⅱ로 1회 샘플링검사를 보통검사를 시작으로 연속 로트에 대해 실시하였다. 물음에 답하시오.

(1) 다음 공란을 채우시오.

번호	N	샘플문자	n	A_c	R_e	부적합품수	합부판정	전환점수	샘플링검사의 엄격도
1	1,000	J	80	2	3	2	합격	3	보통검사로 시작
2	500	H	50	1	2	2	불합격	0	보통검사로 속행
3	2,000								
4	800								
5	1,500								

(2) 로트번호 6에서 샘플링검사의 엄격도를 결정하시오.

(해설)

(1) 빈칸 채우기

번호	N	샘플문자	n	A_c	R_e	부적합품수	합부판정	전환점수	샘플링검사의 엄격도
1	1,000	J	80	2	3	2	합격	3	보통검사로 시작
2	500	H	50	1	2	2	불합격	0	보통검사로 속행
3	2,000	K	125	3	4	3	합격	3	보통검사로 속행
4	800	J	80	2	3	1	합격	6	보통검사로 속행
5	1,500	K	125	3	4	4	불합격	0	보통검사로 중단

[참고] ① (N, 검사수준) → 시료문자   ② (시료문자, AQL) → (n, A_c, R_e)

　　③ 합부판정 : $d \le A_c$ 이면 로트합격, $d \ge R_e$ 이면 로트불합격

　　④ 전환스코어(전환점수) :

　　　　ⓐ 당초의 A_c (A_c=0, 1/3, 1/2, 1)일 때 로트가 합격되면 전환점수에 2를 더하고,

　　　　　불합격시는 전환 스코어를 0으로 돌림.

　　　　ⓑ 당초의 $A_c \ge 2$일 때, 로트합격시는 전환점수에 3을 더하고, 불합격시는 0으로 돌림.

(2) 연속 5로트 중 2로트(2, 5번)가 불합격되었으므로 로트번호 6번부터 까다로운 검사를 한다.

◆　**실험계획법**　◆

(13) 어떤 직물의 가공시 처리액의 농도 A를 인자로 하여 A_1=3.0%, A_2=3.3%, A_3=3.6%, A_4=4.2%에서 각각 4회 반복하여 총 16회의 실험을 랜덤하게 처리한 후 인장강도를 측정하여 다음의 데이터를 얻었다. 그런데 A_2수준의 4번째 실험은 실패하여 데이터를 얻지 못하였다. 물음에 답하시오.

	A_1	A_2	A_3	A_4
1	46	50	48	58
2	48	58	40	62
3	51	52	42	60
4	55	–	54	60

(1) 분산분석을 하여 분산분석표를 작성하고, 검정을 행하시오.

(2) 수준 A_3의 모평균 신뢰구간을 신뢰율 95%로 추정하시오.

[해설]

(1) 분산분석 후 분산분석표 작성 (반복 불일정 1요인 실험)

　① 변동의 계산 (분산분석)

$$CT = \frac{T^2}{N} = \frac{(784)^2}{15} = 40{,}977.07$$

$$S_T = \sum_i \sum_j {x_{ij}}^2 - CT = (46^2 + 48^2 + \cdots + 60^2) - 40{,}977.07 = 41{,}606 - 40{,}977.07 = 628.93$$

$$S_A = \sum_i \frac{{T_{i\cdot}}^2}{r_i} - CT = \left[\frac{200^2}{4} + \frac{160^2}{3} + \frac{184^2}{4} + \frac{240^2}{4} \right] - 40{,}977.07 = 420.27$$

$$S_e = S_T - S_A = 628.93 - 420.27 = 208.67$$

　② 분산분석표의 작성

요인	SS	DF	MS	F_0	$F_{0.99}$
A	420.27	3	140.09	7.38^{**}	6.22
e	208.67	11	18.97		
T	628.93	14			

③ 수준간 차이 검정

처리액 농도 A는 유의수준 1%로 수준간에 차가 있다. 즉, 인자 A는 고도로 유의하다.

(2) A_3의 모평균 $\mu(A_3)$의 95% 신뢰구간의 추정

$$\hat{\mu}(A_3) = \overline{x}_{3\cdot} \pm t_{1-\alpha/2}(\nu_e)\sqrt{\frac{V_e}{r_3}}$$

$$= \frac{184}{4} \pm t_{0.975}(11)\sqrt{\frac{18.97}{4}} = 46 \pm 2.201 \times 2.178 = 46 \pm 4.8 = (41.21,\ 50.79)$$

(14) 어떤 제품을 실험할 때 반응압력 A를 1.0, 1.5, 2.0, 2.5기압의 4수준, 반응시간 B를 10, 40, 50분의 3수준으로 하여 특성치 데이터를 구한 결과 다음 표를 얻었다. 물음에 답하시오. (단, 데이터는 망대특성이다.)

인자 B \ 인자 A	A_1	A_2	A_3	A_4
B_1	11.8	12.8	13.3	13.9
B_2	12.2	12.5	13.5	13.9
B_3	13.9	13.3	14.1	14.8

(1) 분산분석표를 작성하고, 검정까지 행하시오. (단, 유의수준 5%)
(2) 최적수준에 대하여 신뢰율 95%로써 구간추정을 행하시오.

[해설]

(1) 반복없는 2원배치의 분산분석 및 검정

① 변동의 계산

$$CT = \frac{T^2}{N} = \frac{T^2}{lm} = \frac{160.0^2}{4 \times 3} = 2{,}133.33$$

$$S_T = \sum_i \sum_j x_{ij}^2 - CT = (11.8^2 + 12.2^2 + \cdots + 14.8^2) - 2{,}133.33 = 8.35$$

$$S_A = \sum_i \frac{T_{i\cdot}^2}{m} - CT = \frac{37.9^2 + 38.6^2 + 40.9^2 + 42.6^2}{3} - 2{,}133.33 = 4.65$$

$$S_B = \sum_j \frac{T_{\cdot j}^2}{l} - CT = \frac{51.8^2 + 52.1^2 + 56.1^2}{4} - 2{,}133.33 = 2.88$$

$$S_e = S_T - S_A - S_B = 0.82$$

② 자유도 계산 : $\nu_T = lm - 1 = 11$, $\nu_A = l - 1 = 3$, $\nu_B = m - 1 = 2$, $\nu_e = (l-1)(m-1) = 6$

③ 분산분석표의 작성

요인	SS	DF	MS	E(MS)	F_0	$F_{0.95}$
A	4.65	3	1.55	$\sigma_E^2 + 3\sigma_A^2$	11.36*	4.76
B	2.88	2	1.44	$\sigma_E^2 + 3\sigma_B^2$	10.56*	5.14
e	0.82	6	0.14	σ_E^2		
T	8.35	11				

④ 판정 : 위의 결과로 볼 때 인자 A 및 인자 B 는 모두 유의수준 5%로 유의하다.

(2) 망대특성이므로 인자 A 는 A_4, 인자 B 는 B_3 가 최대이며, 취적수준합은 $A_4 B_3$ 가 됨.

$$\hat{\mu}(A_4 B_3) = (\bar{x}_{4.} + \bar{x}_{.3} - \bar{\bar{x}}) \pm t_{1-\alpha/2}(\nu_e)\sqrt{\frac{V_E}{n_e}}$$

$$= \left(\frac{42.6}{3} + \frac{56.1}{4} - \frac{160.0}{12}\right) \pm t_{0.975}(6)\sqrt{\frac{0.14}{2}} = 14.89 \pm 2.447 \times \sqrt{\frac{0.14}{2}} = (14.25, \ 15.53)$$

$$\text{여기서, } n_e = \frac{\text{총실험횟수}}{\text{유의한 요인의 자유도 합}+1} = \frac{lm}{\nu_A + \nu_B + 1} = \frac{lm}{(l-1)+(m-1)+1} = \frac{12}{6} = 2$$

(15) $L_8(2^7)$ 의 직교배열표를 이용하여 아래 표와 같이 인자를 배치하고 실험데이터를 얻었을 때 아래 물음에 답하시오.

배치 No. \ 열번	C 1	e 2	A 3	e 4	B 5	D 6	e 7	실험데이터 x_i
1	1	1	1	1	1	1	1	$x_1 = 9$
2	1	1	1	2	2	2	2	$x_2 = 12$
3	1	2	2	1	1	2	2	$x_3 = 8$
4	1	2	2	2	2	1	1	$x_4 = 15$
5	2	1	2	1	2	1	2	$x_5 = 16$
6	2	1	2	2	1	2	1	$x_6 = 20$
7	2	2	1	1	2	2	1	$x_7 = 13$
8	2	2	1	2	1	2	2	$x_8 = 13$
기본표시	a	b	ab	c	ac	bc	abc	$\sum x = 166$

(1) 교호작용 $A \times B$ 는 몇 열에 배치되는가?

(2) (1)과 같이 교호작용을 배치한다면 다른 인자가 이미 배치되어 있는데 이와 같은 것을 무엇이라 하는가?

[해설]

(1) 교호작용 $A \times B$ 는 각각의 성분의 곱의 열에 나타난다.

$A \times B \rightarrow ab \times ac = a^2 bc = bc$ (단, $a^2 = b^2 = c^2 = 1$) $\rightarrow A \times B$ 는 6열에 나타난다.

(2) 6열에 D 가 이미 배치되어 있으므로, 이와 같은 것을 교락이라고 한다.

| 국가기술자격시험 | 품질경영산업기사 실기 모의고사 3-2R | 시험시간 : 2시간 30분 |

◆ 품질경영실무 ◆

01 품질코스트를 구성하는 분류 3가지를 기술하시오.

[해설]

☞ 품질코스트의 근간을 이루는 직접(조업)품질코스트는 ① 예방코스트, ② 평가코스트, ③ 실패코스트(내적실패코스트, 외적실패코스트)의 3가지 유형별 비용들이다.

02 6시그마 추진에 있어 프로젝트의 성질에 따라 DMADOV 절차와 DMAIC 절차가 있다. 이 두 가지 중 DMAIC 절차에 대해서 간단히 적으시오.

| - D - M - A - I - C |

[해설]

☞ DMAIC : DMAIC는 6시그마 프로젝트를 해결하는 절차로, 기존의 PDCA 사이클에서 진보된 프로세스 개선절차라고 볼 수 있다.

단계	추진내용
D (Define, 정의)	① 프로젝트 선정배경 기술 ② 프로젝트 정의 ③ 프로젝트 승인
M (Measure, 측정)	④ Y's의 확인 ⑤ 현수준 확인(파악) ⑥ 잠재원인변수(X's) 발굴
A (Analyze, 분석)	⑦ 데이터 수집 ⑧ 데이터 분석 ⑨ Vital Few X's 선정
I (Improve, 개선)	⑩ 개선안(전략) 수립 ⑪ Vital Few X's 선정 최적화 ⑫ 결과 검증
C (Control, 관리)	⑬ 관리계획 수립 ⑭ 관리계획 실행 ⑮ 문서화/공유

◆ 통계적품질관리 ◆

03 다음 데이터에 대해 물음에 답하시오.

| [데이터]　5.2　4.9　4.7　5.5　6.2　6.3　4.8 |

(1) 평균제곱을 구하시오.　(2) 변동계수 CV 를 구하시오.

[해설]

(1) 평균제곱(=제곱평균) $V = \dfrac{S}{\nu} = \dfrac{\sum(x_i - \bar{x})^2}{n-1} = \dfrac{\sum x_i^2 - (\sum x_i)^2 / n}{n-1} = 0.4324$

(2) 변동계수 $CV = \dfrac{s}{\bar{x}} \times 100\% = \dfrac{0.6576}{5.3714} \times 100\% = 12.24(\%)$

여기서, $s = \sqrt{V} = \sqrt{0.4323} = 0.6576, \quad \bar{x} = \dfrac{\sum x}{n} = \dfrac{37.6}{7} = 5.3714$

04 다음 데이터는 공장에서 생산된 어느 기계 부품 중에서 랜덤하게 64개를 취하여 길이를 측정한 것을 도수분포표로 나타내었다. 다음 물음에 답하시오.

급번호	계급	중앙치(x_i)	도수(f_i)	u_i	$f_i u_i$	$f_i u_i^2$
1	38.5~42.5	40.5	1	−3	−3	9
2	42.5~46.5	44.5	8	−2	−16	32
3	46.5~50.5	48.5	15	−1	−15	15
4	50.5~54.5	52.5	23	0	0	0
5	54.5~58.5	56.5	7	1	7	7
6	58.5~62.5	60.5	5	2	10	20
7	62.5~66.5	64.5	5	3	15	45
합계	−	−	64	−	−2	128

(1) 도수분포표에서 평균($\bar{x}$), 표준편차(s)를 구하시오.

(2) 도수분포표 이용하여 히스토그램을 그리고, 규격한계를 그려 넣으시오.(단, $L=35$, $U=65$)

(3) 최소공정능력지수 C_{pk}를 구하시오.

해설

(1) $\bar{x}$와 s 계산

$$\bar{x} = x_0 + \dfrac{\sum fu}{\sum f} \times h = 52.5 + \dfrac{(-2)}{64} \times 4 = 52.375$$

$$s \approx \sqrt{V} = h \times \sqrt{\dfrac{1}{\sum f - 1}\left[\sum fu^2 - \dfrac{(\sum fu)^2}{\sum f}\right]} = 4 \times \sqrt{\dfrac{1}{64-1}\left(128 - \dfrac{(-2)^2}{64}\right)} = 5.7002$$

(2) 히스토그램 작성 및 규격과의 비교

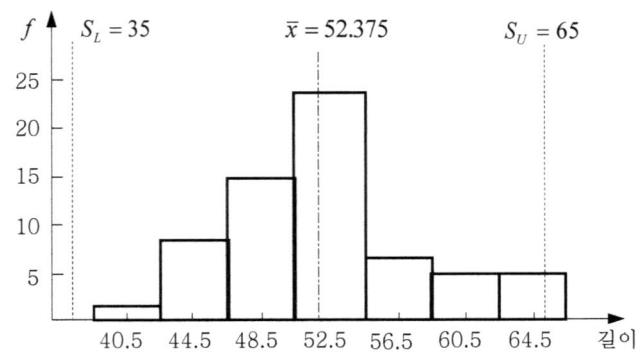

(3) 최소공정능력지수 계산

$$C_{pk} = (1-K)C_P = (1-K)\frac{T}{6 \times \hat{\sigma}} = (1-K)\frac{S_U - S_L}{6 \times s} = (1-0.1583) \times \frac{30}{6 \times 5.7002} = 0.7383$$

여기서, 치우침도 $K = \frac{|M - \bar{x}|}{T/2} = \frac{|50 - 52.375|}{30/2} = 0.1583$

단, $M = \frac{S_U + S_L}{2} = \frac{65 + 35}{2} = 50$, $T = S_U - S_L = 65 - 35 = 30$

(05) 어떤 회로에 사용되는 반도체의 소성수축률은 지금까지 장기간에 걸쳐서 관리상태에 있으며 그 표준편차는 0.10%이다. 원가절감을 위해 T사의 원료를 사용하는 것이 어떤가를 검토하기 위해서 T사의 원료의 소성수축률을 시험하였더니 [표]와 같았다. 다음 물음에 답하시오.

[데이터] 2.2 2.4 2.1 2.5 2.0 2.4 2.5 2.3 2.9 2.7 2.8

(1) 소성수축률 산포가 지금까지의 값에 비해 달라졌는가의 여부를 유의수준 5%로 검정하시오.
(2) 모분산을 신뢰율 95%로 구간추정하시오.

해설

(1) 1개의 모분산에 관한 검정

① 가설 설정 : $H_0 : \sigma^2 = 0.10^2 \ (\sigma_0^2)$, $H_1 : \sigma^2 \neq 0.10^2$ ② 유의수준 : $\alpha = 0.05$

③ 검정통계량의 값(χ_0^2) 계산 : $\chi_0^2 = \frac{S}{\sigma_0^2} = \frac{0.805}{(0.10)^2} = 80.5$

여기서, $S = \sum x^2 - \frac{(\sum x)^2}{n} = 66.1 - \frac{(26.8)^2}{11} = 0.805$

④ 기각역 설정 : $\chi_0^2 > \chi_{1-\alpha/2}^2(\nu)$ 또는 $\chi_0^2 < \chi_{\alpha/2}^2(\nu)$이면 H_0 기각

⑤ 판정 : $\chi_0^2 = 80.5 > \chi_{0.975}^2(10) = 20.5$이므로 유의수준 5%로 H_0를 기각한다.

즉, 소성수축률의 산포가 달라졌다고 할 수 있다.

(2) 모분산의 95% 양쪽신뢰구간 추정

$$\frac{S}{\chi_{1-\alpha/2}^2(\nu)} \leq \hat{\sigma}^2 \leq \frac{S}{\chi_{\alpha/2}^2(\nu)} \rightarrow \frac{0.805}{\chi_{0.975}^2(10)} \leq \hat{\sigma}^2 \leq \frac{0.805}{\chi_{0.025}^2(10)} \rightarrow \frac{0.805}{20.5} \leq \hat{\sigma}^2 \leq \frac{0.805}{3.25}$$

$$\rightarrow 0.039 \leq \hat{\sigma}^2 \leq 0.248$$

(06) $n = 32$로 (x, y)의 시료의 상관계수를 구하였더니 $r_{xy} = 0.674$이다. 상관계수 유무 검정을 유의수준 5%로 행하시오. (단, 제공된 부표를 이용할 것)

해설

☞ 모상관계수의 상관관계 유무 검정

① 가설 설정 : $H_0 : \rho = 0$, $H_1 : \rho \neq 0$ (양쪽검정)   ② 유의수준 : $\alpha = 0.05$

③ 검정통계량의 값(t_0) 계산 : $t_0 = \dfrac{r\sqrt{n-2}}{\sqrt{1-r^2}} = \dfrac{0.674 \times \sqrt{32-2}}{\sqrt{1-0.674^2}} = 4.997$

④ 기각역 설정 : $|t_0| > t_{1-\alpha/2}(\nu)$ 이면 H_0 기각

⑤ 판정 : $|t_0| = 4.997 > t_{0.975}(30) = 2.042$이므로 유의수준 1%로 H_0를 기각한다.

　　　　즉, 상관관계는 매우 유의하다고 할 수 있다.

07 3σ의 $\bar{x} - R$관리도를 사용하고 있는 제조공정에서 제조방법의 변화로 인하여 공정 모평균 μ가 0.5σ만큼 U_{CL}쪽으로 변화되었다면 현재의 관리도에 대한 검출력은 얼마가 되겠는가? (단, 시료의 크기 $n = 4$)

[해설]

☞ 현재의 관리도에서 $n = 4$이므로 $U_{CL} = \mu + 3\dfrac{\sigma}{\sqrt{4}} = \mu + 1.5\sigma$이고, 제조방법 변화 후의 공정평균

은 $\mu' = \mu + 0.5\sigma$이다. 이때의 $\bar{x}$가 관리한계를 벗어날 확률인 검출력($1-\beta$)을 계산.

$$1 - \beta = P_r(\bar{x} > U_{CL}) + P_r(\bar{x} < L_{CL}) = P_r\left(\bar{x} > \mu + 3\dfrac{\sigma}{\sqrt{n}}\right) + P_r\left(\bar{x} < \mu - 3\dfrac{\sigma}{\sqrt{n}}\right)$$

$$= P_r\left(\dfrac{\bar{x} - \mu'}{\sigma/\sqrt{n}} > \dfrac{(\mu + 3\sigma/\sqrt{n}) - (\mu + 0.5\sigma)}{\sigma/\sqrt{4}}\right) + P_r\left(\dfrac{\bar{x} - \mu'}{\sigma/\sqrt{n}} < \dfrac{(\mu - 3\sigma/\sqrt{n}) - (\mu + 0.5\sigma)}{\sigma/\sqrt{4}}\right)$$

$$= P_r(U > 2.0) + P_r(U < -4.0) = 0.0228 + 0 = 0.0228(2.28\%)$$

08 다음은 np관리도의 데이터시트이다. 물음에 답하시오. (단, 샘플의 크기는 $n = 50$으로 일정하다.)

로트 번호	1	2	3	4	5	6	7	8	9	10	계
부적합품수(np)	5	6	5	8	7	4	3	5	4	7	54

(1) 중심선(C_L), 관리한계선(U_{CL}, L_{CL})을 구하시오. (2) 관리도를 그리고 판정을 행하시오.

[해설]

(1) 3σ 관리한계선의 계산

$$C_L = n\bar{p} = \dfrac{\sum np}{k} = \dfrac{54}{10} = 5.4 \quad (여기서, \ k = 10, \ \sum np = 54)$$

$$U_{CL} = n\bar{p} + 3\sqrt{n\bar{p}(1-\bar{p})} = 5.4 + 3\sqrt{5.4(1-0.108)} = 11.98$$

$$여기서, \ \bar{p} = \dfrac{\sum np}{\sum n} = \dfrac{54}{500} = 0.108, \ \sum n = kn = 10 \times 50 = 500$$

$$L_{CL} = n\bar{p} - 3\sqrt{n\bar{p}(1-\bar{p})} = 5.4 - 3\sqrt{5.4(1-0.108)} = - \ (음수로서, 고려하지 않음)$$

로트 번호	1	2	3	4	5	6	7	8	9	10	계
부적합품수(np)	5	6	5	8	7	4	3	5	4	7	54

(2) 관리도 작성 및 판정

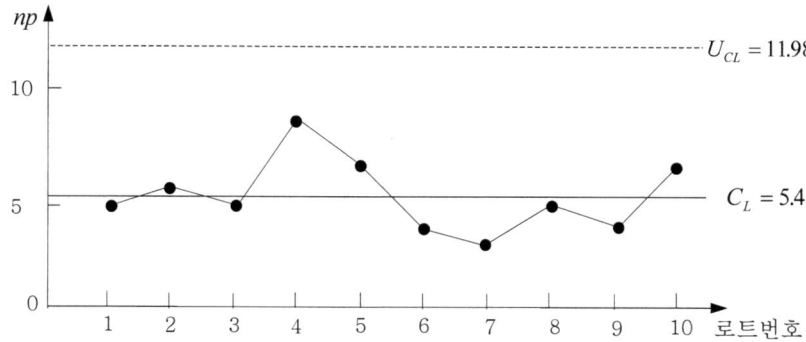

관리상태 판정 : 관리한계선을 벗어나는 점이 없고, 이상한 버릇도 없으므로 안정상태임.

09 회귀분석에서 전체 변동(S_{yy})에서 회귀에 의한 변동(S_R)이 얼마나 차지하는가를 (①)(이)라 하며, 이 값이 (②)에 가까울수록 회귀직선의 기울기가 유의하다고 할 확률이 높아진다.

[해설]

☞ ① : 기여율 ② : 1

☞ 결정계수(기여율)= R^2으로 나타내며, $R^2 = (r)^2$ 의 관계임. $R^2 = \dfrac{S_R}{S_{yy}}$ (단, $S_R = \dfrac{(S_{xy})^2}{S_{xx}}$)

10 15kg들이 화학약품이 60상자 입하되었다. 약품의 순도를 조사하려고 우선 5상자를 랜덤 샘플링하여 각각의 상자에서 5인크리멘트씩 랜덤샘플링하여 각각의 상자에서 취한 인크리멘트는 혼합·축분하고 각각 2회 측정하였다. 이 경우 순도에 대한 모평균의 추정정밀도를 구하시오. (단, 상자간 산포 σ_b=0.20%, 상자내 산포 σ_w=0.35%, 축분정밀도 σ_R=0.10%, 측정정밀도 σ_M=0.15%임을 알고 있으며, 샘플링단위인 1인크리멘트는 15g이다.)

[해설]

(1) 집합체에서 2단계 샘플링하는 경우로서, M=60, m=5, $\bar{n}$=5이며,

$$V(\bar{\bar{x}}) = \sigma_S^2 + \sigma_R^2 + \frac{\sigma_M^2}{k} = 0.0129 + (0.10)^2 + \frac{(0.15)^2}{2} = 0.03415 \ (단, \ k=2)$$

$$여기서, \ \sigma_S^2 = \frac{\sigma_b^2}{m} + \frac{\sigma_w^2}{m\bar{n}} = \frac{(0.20)^2}{5} + \frac{(0.35)^2}{5 \times 5} = 0.0129$$

11 계수 샘플링검사와 계량 샘플링검사에 대한 내용이다. 보기에 맞는 내용을 나타내시오.

> (1) ① 요한다. ② 요하지 않는다.　　(2) ① 짧다. ② 길다.
>
> (3) ① 간단하다. ② 복잡하다.　　(4) ① 간단하다. ② 복잡하다.
>
> (5) ① 작다. ② 크다.　　　　　　　(6) ① 낮다. ② 높다.

구분 내용	계수 샘플링검사	계량 샘플링검사
(1) 숙련의 정도	숙련을 ( )	숙련을 ( )
(2) 검사소요시간	검사소요기간이 ( )	검사소요시간이 ( )
(3) 검사방법	검사설비가 ( )	검사설비가 ( )
(4) 검사기록	검사기록이 ( )	검사기록이 ( )
(5) 검사개수	검사개수가 상대적으로 ( )	검사개수가 상대적으로 ( )
(6) 검사기록의 이용	검사기록이 다른 목적에 이용 되는 정도가 ( )	검사기록이 다른 목적에 이용 되는 정도가 ( )

〔해설〕

구분 내용	계수 샘플링검사	계량 샘플링검사
(1) 숙련의 정도	숙련을 (요하지 않는다.)	숙련을 (요한다.)
(2) 검사소요시간	검사소요기간이 (짧다.)	검사소요시간이 (길다.)
(3) 검사방법	검사설비가 (간단하다.)	검사설비가 (복잡하다.)
(4) 검사기록	검사기록이 (간단하다.)	검사기록이 (복잡하다.)
(5) 검사개수	검사개수가 상대적으로 (크다.)	검사개수가 상대적으로 (작다.)
(6) 검사기록의 이용	검사기록이 다른 목적에 이용 되는 정도가 (낮다.)	검사기록이 다른 목적에 이용 되는 정도가 (높다.)

12 어떤 금속판 두께의 기본치수가 5mm인데 두께의 평균치가 기본치수로부터 ±0.15mm이 내에 있는 로트는 통과시키고, 그것이 ±0.4mm이상인 통과되지 않도록 하는 $\overline{X}_U$, $\overline{X}_L$을 구하시 오. (단, σ=0.2mm이고, α=0.05, β=0.10 또한 G_0=0.672, n=6임을 알고 있다.)

〔해설〕

☞ 계량규준형 1회 샘플링검사(KS Q 0001-제3부)로서 특성치가 너무 높거나 너무 낮아도 좋지 않은 경우이다. m_0', m_1' (상한에 대한 값)과 m_0'', m_1'' (하한에 대한 값)을 지정해서

$m_0' = 5.15$, $m_1' = 5.4$, $m_0'' = 4.85$, $m_1'' = 4.6$ 으로 함.

$$\overline{X}_U = m_0' + G_0\sigma = 5.15 + 0.672 \times 0.2 = 5.2844 \,(\text{mm})$$

$$\overline{X}_L = m_0'' - G_0\sigma = 4.85 - 0.672 \times 0.2 = 4.7156 \,(\text{mm})$$

13 R사에서는 어떤 부품의 수입검사에 KS Q ISO 2859-1의 계수값 샘플링검사 방식을 적용하고 있다. AQL=1.0%, 검사수준 Ⅲ으로 하는 1회 샘플링방식을 채택하고 있다. 처음 검사는 보통검사로 시작하였으며, 80번 로트에서는 수월한 검사를 실시하였다.
KS Q ISO 2859-1의 주 샘플링검사표를 사용하여 답안지 표의 공란을 채우시오.

로트 번호	N	샘플문자	n	A_c	부적합품수	합부판정	엄격도 적용
80	2,000	L	80	3	3	합격	수월한 검사 실행
81	1,000	K	50	2	3	불합격	보통검사로 전환
82	2,000	L			3		
83	1,000	K			5		
84	2,000	L			2		

해설

☞ 빈칸 채우기

로트 번호	N	샘플문자	n	A_c	부적합품수	합부판정	엄격도 적용
80	2,000	L	80	3	3	합격	수월한 검사 실행
81	1,000	K	50	2	3	불합격	보통검사로 전환
82	2,000	L	(200)	(5)	3	(합격)	(보통검사 속행)
83	1,000	K	(125)	(3)	5	(불합격)	(보통검사 속행)
84	2,000	L	(200)	(5)	2	(합격)	(보통검사 속행)

[참고] ① (시료문자, AQL) → (n, A_c, R_e)

② 합부판정 : $d \le A_c$ 이면 로트합격, $d \ge R_e$ 이면 로트불합격

◆ 실험계획법 ◆

14 어느 실험실에서 분석공 간에 차가 있는가를 알아보기 위하여 수십명의 분석공 중 랜덤하게 4명을 뽑아 다음과 같은 데이터를 구하였다. 다음 물음에 답하시오.

	A_1	A_2	A_3	A_4
1	79.4	79.8	80.9	81.0
2	78.9	80.4	80.6	79.8
3	78.7	79.2	80.1	80.0
4	80.0	80.5	80.4	80.8

(1) 데이터의 구조식을 적으시오.   (2) 분산분석을 하시오. ($E(MS)$ 포함할 것)

(3) 위에서 인자 A 는 모수인자인가 변량인자인가?   (4) $\hat{\sigma}_A^2$ 을 구하시오.

해설

(1) $x_{ij} = \mu + a_i + e_{ij}$

(2) 분산분석표 작성 및 검정

① 변동의 계산

$$CT = \frac{T^2}{N} = \frac{(1,280.5)^2}{16} = 102,480.02$$

$$S_T = \sum_i \sum_j x_{ij}^2 - CT = (79.4^2 + 78.9^2 + \cdots + 80.8^2) - CT = 7.35$$

$$S_A = \sum_i \frac{T_{i\cdot}^2}{r} - CT = \left[\frac{317.0^2 + 319.9^2 + 322.0^2 + 321.6^2}{4}\right] - CT = 3.88$$

$$S_e = S_T - S_A = 7.35 - 3.88 = 3.47$$

② 자유도 계산 : $\nu_T = lr - 1 = 15$, $\nu_A = l - 1 = 3$, $\nu_e = \nu_T - \nu_A = 12$

③ 분산분석표의 작성 및 검정

요인	SS	DF	MS	$E(MS)$	F_0	$F_{0.95}$
A	3.88	3	1.29	$\sigma_e^2 + 4\sigma_A^2$	4.46^*	3.49
e	3.47	12	0.29	σ_e^2		
T	7.35	15				

[참조] $E(V_A) = \sigma_E^2 + r\sigma_A^2$ 에서 $r = 4$인 경우 $E(V_A) = \sigma_e^2 + 4\sigma_A^2$

(3) 인자 A의 각 수준인 A_1, A_2, A_3, A_4는 다수 분석공 중에서 임의로 4명 분석공을 선택하였고 각 수준이 기술적인 의미를 갖고 있지 못하므로 변량인자이다.

(4) $\hat{\sigma}_A^2 = \frac{V_A - V_e}{r} = \frac{1.29 - 0.29}{4} = 0.25$

---

15 2원배치 실험에서 인자 A를 5수준, 인자 B를 4수준으로 하여 20회의 실험을 랜덤으로 실시하였다. 다음의 분산분석표의 데이터를 사용하여 인자 A의 순변동(S'_A)과 기여율(ρ_A)을 구하시오.

요인	SS	DF	MS
A	35.4	4	8.85
B	21.9	3	7.30
e	18.0	12	1.50
T	75.3	19	

[해설]

(1) 인자 A의 순변동(S'_A) : $S'_A = S_A - \nu_A V_e = 35.4 - 4 \times 1.50 = 29.4$

(2) 인자 A의 기여율(ρ_A) : $\rho_A = \frac{S'_A}{S_T} \times 100 = \frac{29.4}{75.3} \times 100 = 39.04(\%)$

| 국가기술자격시험 | 품질경영산업기사 실기 모의고사 3-3R | 시험시간 : 2시간 30분 |

◈ 품질경영실무 ◈

01 한국산업규격은 22개로 구성되어 있다. 이 중 B, I, Q, R, S, X는 각각 무엇인가?

[해설]

☞ B(기계), I(환경), Q(품질경영), R(수송기계), S(서비스), X(정보)

02 B기업의 목표품질은 100ppm이다. 현재의 부적합품률은 0.1%이고, 이를 목표품질에 달성하기 위하여 사장은 부적합품률 zero화를 강조하고 있다. 현재 B기업의 부적합품률은 몇 ppm인가?

[해설]

☞ 0.1%=0.001이고, 0.001×1,000,000=1,000ppm

03 Deming의 사이클 4단계를 영어로 적고 설명하시오.

[해설]

☞ 생산·판매의 전 과정에 대해 데밍(W. E. Deming)은 ① 품질설계, ② 공정관리, ③ 품질보증, ④ 품질 조사·개선의 4단계가 순환하는 사이클(데밍사이클)을 그린다고 제시함.

04 다음의 내용을 연계성이 있는 것끼리 연결하시오.

ISO	정의
KS Q ISO 9000:2015 o	o 품질경영시스템-요구사항
KS Q ISO 9001:2015 o	o 품질경영시스템-교육훈련지침
KS Q ISO 9004:2015 o	o 품질경영시스템-성과개선지침
KS Q ISO 10015:2015 o	o 품질경영시스템-기본사항 및 용어

[해설]

ISO	정의
KS Q ISO 9000:2015	품질경영시스템-요구사항
KS Q ISO 9001:2015	품질경영시스템-교육훈련지침
KS Q ISO 9004:2015	품질경영시스템-성과개선지침
KS Q ISO 10015:2015	품질경영시스템-기본사항 및 용어

연결: KS Q ISO 9000:2015 — 품질경영시스템-기본사항 및 용어, KS Q ISO 9001:2015 — 품질경영시스템-요구사항, KS Q ISO 9004:2015 — 품질경영시스템-성과개선지침, KS Q ISO 10015:2015 — 품질경영시스템-교육훈련지침

◆ 통계적품질관리 ◆

05 부적합품률이 3.0%인 크기 500의 모집단에서 $n = 20$의 랜덤샘플링을 했을 때 샘플 속에 부적합품이 1개 이상 포함되어 있을 확률을 구하시오.

[해설]

☞ 부적합품률 P인 관리상태에 있는 공정으로부터 크기 n인 표본을 취할 때에 표본 중에 발견되는 부적합품수 X는 이항확률변수가 된다.

$$P_r(X \geq 1) = 1 - P_r(X = 0) = 1 - p(0) = 1 - {}_{20}C_0 (0.03)^0 (1 - 0.03)^{20-0} = 0.4562$$

06 이산확률분포에서 부적합품률이 4%, $N = 100$인 로트에서 랜덤하게 시료 4개를 샘플링했을 때 그 시료 중에 부적합품이 하나도 없을 확률을 구하시오.

(1) 초기하분포 (2) 이항분포 (3) 포아송분포

(4) 정도가 가장 좋은 분포는 무엇이며, 그 이유를 적으시오.

[해설]

(1) 초기하분포에 의한 확률

$$P_r(X = x) = p(x) = \frac{{}_{NP}C_x \times {}_{N-NP}C_{n-x}}{{}_N C_n} \text{ 이고, } N = 100, \ P = 0.04, \ n = 4 \text{이므로}$$

$$P_r(X = 0) = p(0) = \frac{{}_{100 \times 0.04}C_0 \quad {}_{100-100 \times 0.04}C_{4-0}}{{}_{100}C_4} = \frac{{}_4C_0 \times {}_{96}C_4}{{}_{100}C_4} = 0.8472$$

(2) 이항분포에 의한 확률

$$P_r(X = x) = p(x) = {}_n C_x P^x (1 - P)^{n-x} \text{ 이고, } P = 0.04, \ n = 4 \text{이므로}$$

$$P_r(X = 0) = p(0) = {}_4 C_0 P^0 (1 - P)^{4-0} = {}_4 C_0 \times 0.04^0 (1 - 0.04)^{4-0} = 0.8494$$

(3) 포아송분포에 의한 확률

$$P_r(X = x) = p(x) = \frac{e^{-m} \cdot m^x}{x!} \text{ 이므로 } P_r(X = 0) = p(0) = \frac{e^{-0.16} \times 0.16^0}{0!} = 0.8521$$

여기서, $m = nP = 4 \times 0.04 = 0.16$

(4) 정도가 가장 좋은 분포는 분산이 작을수록 정도가 좋은 것이므로 초기하분포가 가장 좋고, 그 다음은 이항분포, 포아송분포의 순이 됨.

① 초기하분포 분산 $V(X) = \dfrac{N-n}{N-1} \cdot nP(1-P)$

② 이항분포 $V(X) = nP(1-P)$, ③ 포아송분포 $V(X) = nP = m$

07 어떤 회로에 사용되는 반도체의 소성수축률은 지금까지 장기간에 걸쳐서 관리상태에 있으며 그 분산은 0.12%이다. 원가절감을 위해 H회사의 원료를 사용하는 것이 어떤가를 검토하고 있다. H회사 원료의 소성수축률을 시험하였더니 [데이터]와 같았다. 다음 물음에 답하시오.

[데이터] 11.25 10.75 11.50 1100 10.50 12.25 11.75 10.75 11.50 11.25

(1) 소성수축률의 산포가 지금까지의 값에 비해 달라졌는지 여부를 유의수준 5%로 검정하시오.
(2) 모분산을 신뢰율 95%로 구간추정하시오.

[해설]

(1) 1개의 모분산에 관한 검정

① 가설 설정 : $H_0 : \sigma^2 = 0.12\,(\sigma_0^2)$, $H_1 : \sigma^2 \neq 0.12$ (양쪽검정) ② 유의수준 : $\alpha = 0.05$

③ 검정통계량의 값(χ_0^2) 계산 : $\chi_0^2 = \dfrac{S}{\sigma_0^2} = 20.833$ (여기서, $S = \sum x^2 - \dfrac{(\sum x)^2}{n} = 2.50$)

④ 기각역 설정 : $\chi_0^2 > \chi_{1-\alpha/2}^2(\nu)$ 또는 $\chi_0^2 < \chi_{\alpha/2}^2(\nu)$ 이면 H_0 기각

⑤ 판정 : $\chi_0^2 = 20.833 > \chi_{0.975}^2(9) = 19.02$ 이므로 유의수준 5%로 H_0를 기각한다.

　　　　즉, 소성수축률의 산포가 달라졌다고 할 수 있다.

(2) 모분산의 95% 양쪽신뢰구간 추정

$$\frac{S}{\chi_{1-\alpha/2}^2(\nu)} \leq \hat{\sigma}^2 \leq \frac{S}{\chi_{\alpha/2}^2(\nu)} \;\rightarrow\; \frac{2.50}{\chi_{0.975}^2(9)} \leq \hat{\sigma}^2 \leq \frac{2.50}{\chi_{0.025}^2(9)} \;\rightarrow\; \frac{2.50}{19.02} \leq \hat{\sigma}^2 \leq \frac{2.50}{2.70}$$

$$\rightarrow\; 0.1314 \leq \hat{\sigma}^2 \leq 0.9259$$

08 $n=5$인 $\bar{x}$ 관리도의 3σ 관리한계로서 $U_{CL}=12$, $L_{CL}=6$일 때 표준편차 $\sigma_{\bar{x}}$는 얼마인가? (단, $\sigma_b=0$)

[해설]

☞ $U_{CL} = \bar{\bar{x}} + 3\sigma_{\bar{x}} \;\rightarrow\; 12 = 9 + 3\sigma_{\bar{x}} \;\rightarrow\; \sigma_{\bar{x}} = 1$ (여기서, $\bar{\bar{x}} = \dfrac{U_{CL}+L_{CL}}{2} = \dfrac{12+6}{2} = 9$)

09 $\bar{\bar{x}}=28$, $U_{CL}=41.4$, $L_{CL}=14.6$, 군 구분의 크기 $n=5$의 3σ 관리한계의 $\bar{x}-R$관리도가 있다. 이 공정이 관리상태에 있을 때 규격치 40을 넘는 제품이 나올 확률은 얼마인가?

[해설]

☞ $P_r(x > S_U) = P_r\left(\dfrac{x-\mu}{\sigma} > \dfrac{S_U - \mu}{\sigma}\right) = P_r\left(U > \dfrac{S_U - \mu}{\sigma}\right) = P_r(U > 1.201) = 0.1151\,(11.51\%)$

　　여기서, $\hat{\mu} = \bar{\bar{x}} = \dfrac{U_{CL}+L_{CL}}{2} = \dfrac{41.4+14.6}{2} = 28$

　　　　　$\hat{\sigma} = \dfrac{(U_{CL}-L_{CL})\sqrt{n}}{6} = \dfrac{(41.4-14.6)\times\sqrt{5}}{6} = 9.988$

⑩ 한 상자에 100개씩 들어 있는 기계부품이 50상자가 있다. 이 상자간의 산포가 σ_b=0.5, 상자내의 산포가 σ_w=0.8일 때 우선 1차단위로 m상자를 랜덤하게 샘플링한 후 뽑힌 상자마다 2차단위로 각 로트마다 10개씩 랜덤샘플링을 했을 때, 이 로트의 모평균 추정정밀도 $V(\overline{\overline{x}})$는 0.063이 되었다면 1차단위의 m값을 구하시오.

(단, $M/m \geq 10$, $\overline{N}/\overline{n} \geq 10$의 조건을 고려해서 M, $\overline{N}$는 무시해도 좋다.)

[해설]

☞ $V(\overline{\overline{x}}) = \dfrac{\sigma_b^2}{m} + \dfrac{\sigma_w^2}{m\overline{n}} = \dfrac{0.5^2}{m} + \dfrac{0.8^2}{m \times 10} = 0.063$ → $m = \left(0.15^2 + \dfrac{0.8^2}{10}\right) \times \dfrac{1}{0.063} = 4.98$ → 5개

⑪ 계량규준형 1회 샘플링검사는 n개의 샘플을 취하고 그 측정치의 평균치 $\overline{x}$와 합격판정치를 비교하여 로트의 합격·불합격을 판정하는 방법이다. 로트의 평균치를 보증하는 경우는 KS Q 0001(σ지)에 규정되어 있다. 다음 표는 KS Q 0001의 부표로서, m_0, m_1이 주어졌을 때 n과 G_0를 구하는 표이다. (단, α=0.05, β=0.10)

$\dfrac{\|m_1 - m_0\|}{\sigma}$	n	G_0	$\dfrac{\|m_1 - m_0\|}{\sigma}$	n	G_0
2.069이상	2	1.163	⋮	⋮	⋮
1.690~2.080	3	0.950	0.772~0.811	14	0.440
1.463~1.689	4	0.822	0.756~0.771	15	0.425
1.309~1.462	5	0.736	0.732~0.755	16	0.411

조립품의 기본치수가 25mm인 것을 구입하고자 한다. 굵기의 평균치가 25±0.2mm이내의 로트이면 합격이고, 25±0.6mm이상의 로트이면 불합격시키고자 한다. $\overline{X}_U$, $\overline{X}_L$, n을 구하시오.

(단, σ=0.3mm)

[해설]

☞ 계량규준형 1회 샘플링검사(KS Q 0001-제3부)로서 특성치가 너무 높거나 너무 낮아도 좋지 않은 경우이다. m_0', m_1' (상한에 대한 값)과 m_0'', m_1'' (하한에 대한 값)을 지정해서 m_0' = 25.2, m_1' = 25.6, m_0'' = 24.8, m_1'' = 24.4 으로 함.

① $\dfrac{|m_1' - m_0'|}{\sigma} = \dfrac{|25.6 - 25.2|}{0.3} = 1.333$, $\dfrac{|m_1'' - m_0''|}{\sigma} = \dfrac{|24.4 - 24.8|}{0.3} = 1.333$

② [표]에서 n, G_0를 구한다. → $n = 5$, $G_0 = 0.736$

③ $\overline{X}_U = m_0' + G_0\sigma = 25.2 + 0.736 \times 0.3 = 25.421$ (mm)

$\overline{X}_L = m_0'' - G_0\sigma = 24.8 - 0.736 \times 0.3 = 24.579$ (mm)

⑫ 계수·계량 규준형 샘플링검사에서 어떤 고무제품의 천연고무 함량은 큰 편이 좋다고 한다. 만약 평균치가 98%이상인 로트는 통과시키고, 94%이하인 로트는 통과시키지 않도록 하기 위한 시료의 개수(n)를 구하시오. (단, 로트의 표준편차(σ)는 6.2%, α=0.05, β=0.10이다.)

해설

☞ m_0=98, m_1=94, σ=6.2 → $n=\left(\dfrac{K_\alpha+K_\beta}{m_0-m_1}\right)^2\sigma^2=\left(\dfrac{1.645+1.282}{98-94}\right)^2\times6.2^2=20.6$ → $n=21$

⑬ AQL 지표형 샘플링검사(KS Q ISO 2859-1)에서 검사의 엄격도전환 규칙을 적으시오.
(1) 까다로운 검사에서 보통검사   (2) 보통검사에서 까다로운 검사

해설

(1) 까다로운 검사에서 연속 5로트 합격 (2) 보통검사에서 연속 5로트 중 2로트 불합격

◆ 실험계획법 ◆

⑭ 어떤 제품을 실험할 때 반응압력 A를 4수준, 반응시간 B를 3수준으로 하여 데이터를 구한 결과 다음 표를 얻었다. 물음에 답하시오. (단, 데이터는 망대특성이다.)

인자 A / 인자 B	A_1	A_2	A_3	A_4
B_1	11.8	12.8	13.3	13.9
B_2	12.2	12.5	13.5	13.9
B_3	13.9	13.3	14.1	14.8

(1) 분산분석표를 작성하고, 검정까지 행하시오. (단, 유의수준 5%)
(2) 최적수준을 구하시오.   (3) 최적수준에 대하여 신뢰율 95%로서 구간추정을 행하시오.

해설

(1) 분산분석표 작성 및 검정
　① 변동의 계산

$$CT=\frac{T^2}{lm}=\frac{160.0^2}{4\times3}=2{,}133.33$$

$$S_T=\sum_i\sum_j x_{ij}^2-CT=2{,}141.68-CT=8.35$$

$$S_A=\sum_i\frac{T_{i\cdot}^2}{m}-CT=\frac{37.9^2+38.6^2+40.9^2+42.6^2}{3}-CT=4.65$$

$$S_B=\sum_j\frac{T_{\cdot j}^2}{l}-CT=\frac{51.8^2+52.1^2+56.1^2}{4}-CT=2.88$$

$$S_e=S_T-S_A-S_B=0.82$$

② 자유도 계산 : $\nu_T = lm - 1 = 11$, $\nu_A = l - 1 = 3$, $\nu_B = m - 1 = 2$, $\nu_e = 6$

③ 분산분석표

요인	SS	DF	MS	F_0	$F_{0.95}$
A	4.65	3	1.55	11.36^*	4.76
B	2.88	2	1.44	10.56^*	5.14
e	0.82	6	0.14		
T	8.35	11			

위의 결과로 볼 때 반응온도(A)와 원료(B)는 모두 유의차가 있다. 따라서 두 인자 모두 특성치(망대치)에 영향을 미친다.

(2) 망대특성이므로 A_4와 B_3의 조합조건 $\mu(A_4 B_3)$의 95% 신뢰구간의 추정

$$\hat{\mu}(A_4 B_3) = (\overline{x}_{4.} + \overline{x}_{.3} - \overline{\overline{x}}) \pm t_{1-\alpha/2}(\nu_e)\sqrt{\frac{V_e}{n_e}} = \left(\frac{42.6}{3} + \frac{56.1}{4} - \frac{160.0}{12}\right) \pm t_{0.975}(6)\sqrt{\frac{0.14}{2}}$$

$$= 14.89 \pm 2.447 \times 0.265 = (14.25, \ 15.53)$$

여기서, 유효반복수 $n_e = \dfrac{lm}{\nu_A + \nu_B + 1} = \dfrac{lm}{(l-1)+(m-1)+1} = \dfrac{lm}{l+m-1} = \dfrac{4 \times 3}{4+3-1} = 2$

15 $L_8(2^7)$의 직교배열표를 이용하여 아래 표와 같이 인자를 배치하고 실험 데이터를 얻었을 때 아래 물음에 답하시오.

배치 No.＼열번	C 1	2	A 3	4	B 5	D 6	7	실험데이터 x_i
1	1	1	1	1	1	1	1	$x_1 = 9$
2	1	1	1	2	2	2	2	$x_2 = 12$
3	1	2	2	1	1	2	2	$x_3 = 8$
4	1	2	2	2	2	1	1	$x_4 = 15$
5	2	1	2	1	2	1	2	$x_5 = 16$
6	2	1	2	2	1	2	1	$x_6 = 20$
7	2	2	1	1	2	2	1	$x_7 = 13$
8	2	2	1	2	1	1	2	$x_8 = 13$
기본표시	a	b	ab	c	ac	bc	abc	$\sum x = 106$

(1) 요인 A의 제곱합을 구하시오.   (2) 교호작용 $A \times B$는 몇 열에 배치되는가?

(3) (2)와 같이 교호작용을 배치할 때 다른 인자가 이미 배치되어 있다면 이와 같은 것을 무엇이라 하는가?

(4) 오차항의 자유도를 구하시오.

해설

(1) 변동의 계산 : $S_A = \dfrac{1}{N}$ [2수준 데이터 합 - 1수준 데이터 합]^2 (여기서, N=총실험횟수)

$$= \dfrac{1}{8} [(8+15+16+20)-(9+12+13+13)]^2 = 18.0$$

(2) $A \times B$ 는 기본표시의 곱 $(ab)(ac) = a^2bc = bc$ 이므로 6열에 배치될 수 있음.

(3) 6열에 이미 D가 배치되어 있으므로 이와 같은 것을 교락이라고 함.

(4) 인자 배치가 없는 열이 오차항의 열이 되고, 각 열의 자유도는 1이므로 오차항 자유도=3

낭비한 시간에 대한 후회는
더 큰 시간낭비이다.
- 메이슨 쿨리 -

제4장

품질경영산업기사 실기
CBT 모의고사4

국가기술자격시험	품질경영산업기사 실기 모의고사 4-1R	시험시간 : 2시간 30분

◆ 품질경영실무 ◆

01 5행(S)에 대해 적으시오.

해설

☞ 5S(행) :

① 정리(Seiri) : 필요한 것과 불필요한 것을 구분하고, 불필요한 것을 없애는 것.
② 정돈(Seiton) : 필요한 것을 필요한 때에 끄집어 내어 쓸 수 있는 상태로 놓아두는 것.
③ 청소(Seiso) : 더러움, 먼지, 찌꺼기 등이 없는 상태로 만드는 것.
④ 청결(Seiketsu) : 정리, 정돈, 청소의 상태를 유지하는 것.
⑤ 습관화(Sitsuke) : 정해진 일을 올바르게 지키는 것이 습관이 되도록 생활화하는 것.

02 QC 7가지 기본도구 중 6가지를 쓰시오.

해설

☞ QC 7가지 기초도구는 ① 특성요인도, ② 체크시트, ③ 각종 그래프, ④ 파레토그림, ⑤ 히스토그램, ⑥ 층별, ⑦ 산점도를 말함.

03 다음 내용은 ISO 9000시리즈에서 정의하고 있는 어떤 용어에 대한 설명인가?

(1) 최고영영자에 의해 공식적으로 표명된 품질 관련 조직의 전반적인 의도 및 방향으로서 품질에 관한 방침
(2) 품질 요구사항이 충족될 것이라는 신뢰를 제공하는데 중점을 둔 품질경영의 일부
(3) 조직의 품질경영시스템에 대한 문서
(4) 특정 대상에 대해 적용시점과 책임을 정한 절차 및 연관된 자원에 관한 시방서
(5) 요구사항을 명시한 문서

해설

(1) 품질방침 (2) 품질보증 (3) 품질매뉴얼 (4) 품질계획서 (5) 시방서

◆ 통계적품질관리 ◆

04 이산확률분포에서 부적합품률이 8%, N =50인 로트에서 랜덤하게 시료 5개를 샘플링하였을 때 그 시료 중에 부적합품이 1개 이상 나올 확률을 구하시오.

(1) 초기하분포 (2) 이항분포 (3) 포아송분포

해설

☞ $N = 50$, $P = 0.08$, $n = 5$이며,

(1) 초기하분포에 의한 확률 : $P_r(X = x) = p(x) = \dfrac{{}_{NP}C_x \cdot {}_{N-NP}C_{n-x}}{{}_N C_n}$ 이므로

$$P_r(X \geq 1) = 1 - P_r(X = 0) = 1 - p(0) = 1 - \frac{{}_{50 \times 0.08}C_0 \cdot {}_{50-50 \times 0.08}C_{5-0}}{{}_{50}C_5} = 1 - \frac{{}_4 C_0 \times {}_{46}C_5}{{}_{50}C_5} = 0.353$$

(2) 이항분포에 의한 확률 : $P_r(X = x) = p(x) = {}_n C_x P^x (1 - P)^{n-x}$ 이므로

$$P_r(X \geq 1) = 1 - P_r(X = 0) = 1 - p(0) = 1 - {}_5 C_0 P^0 (1 - P)^{5-0} = 1 - {}_5 C_0 \, 0.08^0 (1 - 0.08)^{5-0} = 0.341$$

(3) 포아송분포에 의한 확률 : $P_r(X = x) = p(x) = \dfrac{e^{-m} \cdot m^x}{x!}$ 이므로

$$P_r(X \geq 1) = 1 - P_r(X = 0) = 1 - p(0) = 1 - \frac{e^{-0.4} \times 0.4^0}{0!} = 0.330 \,(여기서,\ m = nP = 5 \times 0.08 = 0.4)$$

05 어떤 회로에 사용되는 반도체의 소성수축률은 지금까지 장기간에 걸쳐서 관리상태에 있으며 그 분산은 0.12%이다. 원가절감을 위해 A회사의 원료를 사용하는 것이 어떤가를 검토하고 있는데, A회사의 원료의 소성수축률을 시험하였더니 [데이터]와 같았다. 다음 물음에 답하시오.

[데이터]   11.25 10.75 11.50 11.00 10.50 12.25 11.75 10.75 11.50 11.25

(1) 소성수축률 산포가 지금까지의 값에 비해 달라졌는가의 여부를 유의수준 5%로 검정하시오.
(2) 모분산값을 신뢰율 95%로 구간추정하시오.

해설

(1) 1개의 모분산에 관한 검정

① 가설 설정 : $H_0 : \sigma^2 = 0.12 \,(\sigma_0^2)$, $H_1 : \sigma^2 \neq 0.12$ (양쪽검정)   ② 유의수준 : $\alpha = 0.05$

③ 검정통계량의 값(χ_0^2) 계산 : $\chi_0^2 = \dfrac{S}{\sigma_0^2} = 20.833$ (여기서, $S = \sum x^2 - \dfrac{(\sum x)^2}{n} = 2.50$)

④ 기각역 설정 : $\chi_0^2 > \chi_{1-\alpha/2}^2(\nu)$ 또는 $\chi_0^2 < \chi_{\alpha/2}^2(\nu)$ 이면 H_0 기각

⑤ 판정 : $\chi_0^2 = 20.833 > \chi_{0.975}^2(9) = 19.02$ 이므로 유의수준 5%로 H_0를 기각한다.
　　　　즉, 소성수축률의 산포가 달라졌다고 할 수 있다.

(2) 모분산의 95% 양쪽신뢰구간 추정

$$\frac{S}{\chi_{1-\alpha/2}^2(\nu)} \leq \hat{\sigma}^2 \leq \frac{S}{\chi_{\alpha/2}^2(\nu)} \ \rightarrow\ \frac{2.50}{\chi_{0.975}^2(9)} \leq \hat{\sigma}^2 \leq \frac{2.50}{\chi_{0.025}^2(9)} \ \rightarrow\ \frac{2.50}{19.02} \leq \hat{\sigma}^2 \leq \frac{2.50}{2.70}$$

$$\rightarrow\ 0.1314 \leq \hat{\sigma}^2 \leq 0.9259$$

06 p 관리도에서 공정의 부적합품률이 $p=3\%$인 것을 알고 있다면 군의 크기, 즉 시료는 얼마에서 어느 정도로 뽑는 것이 적당한가?

[해설]

☞ p 관리도는 시료 n 개 중에 부적합품수 r 가 대략 $1\sim5$개 포함하는 약 $20\sim25$개의 군 k 에서 시료를 채취하여 조사함. $np=1\sim5$개 → $n=1/p\sim5/p=(1/0.03\sim5/0.03)=(34,\ 167)$

07 금속가공품을 제조하고 있는 공장에서 QC서클이 활동하고 있다. 1로트당 부적합품 항목에 따른 부적합품수를 조사한 결과는 다음 표와 같다. 파레토그림을 그리시오.

부적합 항목	부적합품수	부적합 항목	부적합품수
재료	7	형상	56
치수	35	기타	23
거침	95		

[해설]

☞ ① 데이터 시트 작성

부적합 항목	부적합품수	점유율(%)	누적부적합품수	누적점유율(%)
거침	95	43.98	95	43.98
형상	56	25.93	151	69.71
치수	35	16.23	186	86.11
재료	7	3.24	193	89.35
기타	23	10.65	216	100
합계	216	100		

② 파레토그림 작성

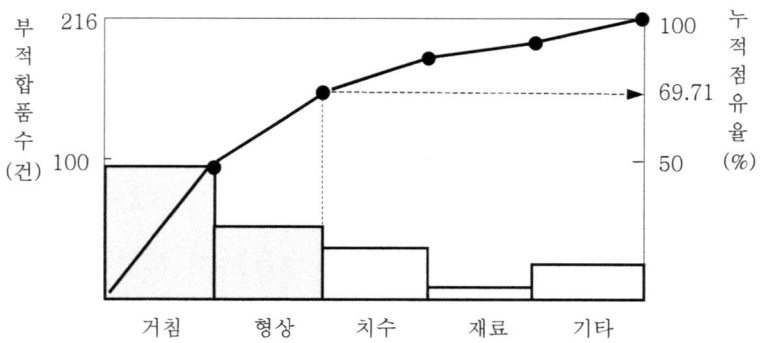

08 제품 $n=200$개를 취해 히스토그램을 그려 보았더니 $\bar{x}=132.8$, $s=12.3$을 얻었다. 만약이 제품의 품질특성에 대해 $S_U=140$, $S_L=110$이 주어져 있다고 한다면 최소공정능력지수(C_{pk})는 얼마인지 구하시오.

[해설]

☞ 최소공정능력지수 $C_{pk} = (1-K)C_P = (1-K) \times \dfrac{S_U - S_L}{6s} = (1-0.52) \times \dfrac{30}{6 \times 12.3} = 0.195$

여기서, 치우침도 $K = \dfrac{|M - \bar{x}|}{T/2} = \dfrac{|125 - 132.8|}{30/2} = 0.52$

단, $M = \dfrac{S_U + S_L}{2} = \dfrac{140 + 110}{2} = 125$, $T = S_U - S_L = 140 - 110 = 30$

(09) 완제품 1개당 평균무게가 100g이고 표준편차가 3g이다. 며칠 후 공정관리를 위하여 n =11개의 표본을 추출하여 측정한 결과 $\bar{x}$ =103g이었으며 공정의 산포는 변하지 않았다면, 공정 평균이 달라졌다고 할 수 있는가? (단, α =5%)

[해설]

☞ (모분산 σ^2 기지시) 1개의 모평균과 기준치와의 차이 검정

① 가설 설정 : $H_0 : \mu = 100(\mu_0)$, $H_1 : \mu \neq 100$ (양쪽검정) ② 유의수준 : α =0.05

③ 검정통계량의 값(U_0) 계산 : $U_0 = \dfrac{\bar{x} - \mu_0}{\sigma_0 / \sqrt{n}} = \dfrac{103 - 100}{3 / \sqrt{11}} = 3.317$

④ 기각역 설정 : $|U_0| > u_{1-\alpha/2}$ 이면 H_0 기각

⑤ 판정 : $|U_0| = 3.317 > u_{0.975} = 1.960$ 이므로 유의수준 5%로 H_0를 기각한다.

즉, 모평균에 차이가 있다고 할 수 있다.

(10) 에나멜동선의 도장공정을 관리하기 위하여 핀홀의 수를 조사하였다. 시료의 길이가 종류에 따라 변하므로 시료 1,000m당 핀홀의 수를 사용하여 u 관리도를 작성하고자 다음과 같은 데이터 시료를 얻었다. 다음 물음에 답하시오.

시료군의 번호	1	2	3	4	5	6	7	8	9	10
시료의 크기(n) (1,000m)	1.0	1.0	1.0	1.3	1.3	1.0	1.0	1.3	1.3	1.3
핀홀의 수	5	3	3	2	2	4	3	4	2	4

(1) 관리한계선을 구하시오. (2) (1)의 관리한계를 활용하여 관리도를 작성하고 판정하시오.

[해설]

(1) 관리한계선 계산

① 시료군마다 n의 크기가 다르므로 단위당 부적합수 관리용 u 관리도를 사용함.

② 중심선 계산 : $C_L = \bar{u} = \dfrac{\sum c}{\sum n} = \dfrac{32}{11.5} = 2.78$

③ 관리한계선 계산

㉠ n=1.0일 때 : $U_{CL} = \bar{u} + 3\sqrt{\dfrac{\bar{u}}{n}} = 2.78 + 3\sqrt{\dfrac{2.78}{1.0}} = 2.78 + 5.00 = 7.78$

$$L_{CL} = \bar{u} - 3\sqrt{\frac{\bar{u}}{n}} = 2.78 - 3\sqrt{\frac{2.78}{1.0}} = 2.78 - 5.00 = -\,(고려하지\ 않음)$$

ⓛ n=1.3일 때 : $U_{CL} = \bar{u} + 3\sqrt{\frac{\bar{u}}{n}} = 2.78 + 3\sqrt{\frac{2.78}{1.3}} = 2.78 + 4.39 = 7.17$

$$L_{CL} = \bar{u} - 3\sqrt{\frac{\bar{u}}{n}} = 2.78 - 3\sqrt{\frac{2.78}{1.3}} = 2.78 - 4.39 = -\,(고려하지\ 않음)$$

(2) 관리도의 작성 및 판정

① 단위당 부적합수 u 계산

군번호	1	2	3	4	5	6	7	8	9	10
$u_i = \dfrac{c_i}{n_i}$	5	3	3	1.5	1.5	4	3	3.1	1.5	3.1

② u의 타점 및 한계선 표시

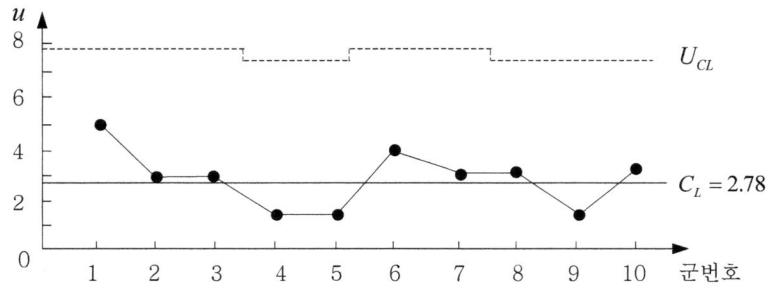

③ 관리상태 판정 : 관리한계선을 벗어나는 점이 없고, 점의 배열에 이상한 버릇도 없으므로 공정은 관리상태라고 판정할 수 있다.

(11) 어느 재료의 인장강도가 75kgf/mm² 이상으로 규정된 경우, 즉 계량규준형 1회 샘플링검사에서 n=5, k=2.09의 값을 얻었다. 물음에 답하시오. (단, 표준편차 σ=2kgf/mm²)

(1) 하한합격판정치($\overline{X}_L$)를 구하시오.

(2) 다음 데이터를 합격판정치와 비교하여 로트의 합부를 결정하시오.

[데이터] 79.0   77.5   77.5   79.5   76.5

해설

(1) 계량규준형 1회 샘플링검사에서 로트 부적합품률을 보증하는 방식에서 S_L이 주어진 경우

$\overline{X}_L = S_L + k\sigma$ =75+ 2.09×2=79.18

(2) $\bar{x} = \sum x/n$ =388.0/5=77.60 $\therefore$ $\bar{x}$ =77.60< $\overline{X}_L$=79.18가 되므로, 로트불합격으로 판정.

12 계량규준형 1회 샘플링검사 중 강재의 인장강도는 클수록 좋다고 할 때, 강재의 평균치가 46kgf/mm² 이상인 로트는 통과시키고, 그것이 43kgf/mm² 이하인 로트는 통과시키지 않는다고 할 때 합격판정치를 구하시오. (단, σ=4kgf/mm², 주어진 부표를 이용함.)

[해설]

☞ 특성치가 높을수록 좋은 경우 ($m_0 > m_1$) ($\overline{X}_L$ 지정)

$$\overline{X}_L = m_0 - G_0\sigma = 46 - 0.411 \times 4 = 44.356(\text{kgf/mm}^2)$$

여기서, $\dfrac{|m_1 - m_0|}{\sigma} = \dfrac{|43 - 46|}{4} = 0.750$ 이므로, 부표에서 n=16, G_0=0.411

13 K사는 어떤 부품의 수입검사에 있어 KS Q ISO 2859-1을 사용하고 있다. 검토후 AQL=1.0%, 검사수준 Ⅲ으로 1회 샘플링검사를 보통검사를 시작으로 연속 로트를 실시하였다. 다음 물음에 답하시오.

(1) 다음 공란을 채우시오.

로트 번호	N	샘플문자	n	A_c	R_e	부적합품수	합부판정	전환점수	엄격도 적용
1	500	J	80	2	3	0	합격	3	보통검사로 시작
2	200	H	50	1	2	2	불합격	0	보통검사로 속행
3	250					1			
4	800					2			
5	700					4			

(2) 로트번호 6에서 샘플링검사의 엄격도를 결정하시오.

[해설]

(1) 빈칸 채우기

로트 번호	N	샘플문자	n	A_c	R_e	부적합품수	합부판정	전환점수	엄격도 적용
1	500	J	80	2	3	0	합격	3	보통검사로 시작
2	200	H	50	1	2	2	불합격	0	보통검사로 속행
3	250	K	50	1	2	1	합격	2	보통검사로 속행
4	800	K	125	3	4	2	합격	5	보통검사로 속행
5	700	K	125	3	4	4	불합격	0	보통검사의 중단

[참고] ① (N, 검사수준) → 샘플문자 ② (샘플문자, AQL) → (n, A_c, R_e)

③ 합부판정 : $d \leq A_c$ 이면 로트합격, $d \geq R_e$ 이면 로트불합격

④ 전환스코어(전환점수) :

    ⓐ 당초의 A_c (A_c=0, 1/3, 1/2, 1)일 때 로트가 합격되면 전환점수에 2를 더하고, 불합격시는 전환 스코어를 0으로 돌림.

    ⓑ 당초의 $A_c \geq 2$일 때, 로트합격시는 전환점수에 3을 더하고, 불합격시 0으로 돌림.

(2) 연속 5로트 중 2로트(2, 5번)가 불합격되었으므로 로트번호 6번부터 까다로운 검사를 한다.

◆ 실험계획법 ◆

14 어떤 제품을 실험할 때 반응압력 A를 4수준, 반응시간 B를 3수준으로 하여 데이터를 구한 결과 다음 표를 얻었다. 물음에 답하시오. (단, 데이터는 망대특성이다.)

인자 B ＼ 인자 A	A_1	A_2	A_3	A_4
B_1	11.8	12.8	13.3	13.9
B_2	12.2	12.5	13.5	13.9
B_3	13.9	13.3	14.1	14.8

(1) 분산분석표를 작성하시오.

(2) $\mu(A_1)$에 대하여 신뢰율 95%로서 구간추정을 행하시오.

(3) $\mu(A_1)$과 $\mu(A_3)$의 차를 신뢰율 95%로서 구간추정을 행하시오.

(4) $\mu(A_3B_2)$의 수준조합에 대하여 신뢰율 95%로서 구간추정을 행하시오.

【해설】

(1) 분산분석표 작성 및 검정

　① 변동의 계산

$$CT = \frac{T^2}{lm} = \frac{160.0^2}{4 \times 3} = 2,133.33$$

$$S_T = \sum_i \sum_j x_{ij}^2 - CT = 2,141.68 - CT = 8.35$$

$$S_A = \sum_i \frac{T_{i\cdot}^2}{m} - CT = \frac{37.9^2 + 38.6^2 + 40.9^2 + 42.6^2}{3} - CT = 4.65$$

$$S_B = \sum_j \frac{T_{\cdot j}^2}{l} - CT = \frac{51.8^2 + 52.1^2 + 56.1^2}{4} - CT = 2.88$$

$$S_e = S_T - S_A - S_B = 0.82$$

　② 자유도 계산 : $\nu_T = lm - 1 = 11$, $\nu_A = l - 1 = 3$, $\nu_B = m - 1 = 2$, $\nu_e = 6$

　③ 분산분석표

요인	SS	DF	MS	F_0	$F_{0.95}$
A	4.65	3	1.55	11.36*	4.76
B	2.88	2	1.44	10.56*	5.14
e	0.82	6	0.14		
T	8.35	11			

　　위의 결과로 볼 때 반응온도(A)와 원료(B)는 모두 유의차가 있다. 따라서 두 인자 모두 특성치(망대치)에 영향을 미친다.

(2) $\mu(A_1)$에 대한 신뢰율 95%로 구간추정

$$\hat{\mu}(A_1) = \bar{x}_{1.} \pm t_{1-\alpha/2}(\nu_e)\sqrt{\frac{V_e}{m}} = \bar{x}_{1.} \pm t_{0.975}(6)\sqrt{\frac{0.14}{3}} = \frac{37.9}{3} \pm 2.447 \times \sqrt{\frac{0.14}{3}} = (12.11,\ 13.16)$$

(3) $\mu(A_1)$과 $\mu(A_3)$의 차를 신뢰율 95%로 구간추정

$$\widehat{\mu(A_1) - \mu(A_3)} = (\bar{x}_{1.} - \bar{x}_{3.}) \pm t_{1-\alpha/2}(\nu_e)\sqrt{\frac{2V_e}{m}} = \left(\frac{37.9}{3} - \frac{40.9}{3}\right) \pm t_{0.975}(6)\sqrt{\frac{2 \times 0.14}{3}} = (0.262,\ 1.738)$$

(4) $\mu(A_3 B_2)$의 수준조합에 대하여 신뢰율 95%로 구간추정

　　 망대특성이므로 A_3와 B_2의 조합조건 $\mu(A_3 B_2)$의 95% 신뢰구간의 추정

$$\hat{\mu}(A_3 B_2) = (\bar{x}_{3.} + \bar{x}_{.2} - \bar{\bar{x}}) \pm t_{1-\alpha/2}(\nu_e)\sqrt{\frac{V_e}{n_e}} = \left(\frac{40.9}{3} + \frac{52.1}{4} - \frac{160.0}{12}\right) \pm t_{0.975}(6)\sqrt{\frac{0.14}{2}}$$

$$= 13.33 \pm 2.447 \times 0.265 = (12.69,\ 13.96)$$

　　 여기서, 유효반복수 $n_e = \dfrac{lm}{\nu_A + \nu_B + 1} = \dfrac{lm}{(l-1) + (m-1) + 1} = \dfrac{lm}{l + m - 1} = \dfrac{4 \times 3}{4 + 3 - 1} = 2$

---

15 어느 공정에서 생산되는 제품 로트 크기에 따라서 생산에 소요되는 시간을 측정하였더니 다음과 같은 분산분석표가 도출되었다. 다음 물음에 답하시오.

요인	SS	DF	MS	F_0	$F_{1-\alpha}$
회귀	12,600.38462	1	12,600.38462	95.132	$F_{1-\alpha}(1,\ 8)=5.32$
잔차(오차)	1,059.61538	8	132.45192		
계	13,660.0	9			

(1) $H_0 : \beta = 0$, $H_1 : \beta \neq 0$를 검정하시오.　 (2) 기여율을 구하시오.　 (3) 상관계수를 구하시오.

해설

(1) $F_0(R)$=95.132>$F_{1-\alpha}(1,\ 8)$=5.32이므로 귀무가설 H_0를 기각한다. 즉 회귀계수는 유의하다.

(2) 기여율(r^2) 계산 : 결정계수(기여율)는 R^2으로 나타내며, $R^2 = (r)^2$의 관계임.

　　 회귀직선의 기여율(r^2)=결정계수(R^2) → $R^2 = \dfrac{S_R}{S_{yy}} = \dfrac{S_R}{S_T} = \dfrac{12,600.38462}{13,660.0} = 0.9224$

(3) 상관계수 : $R^2 = (r)^2$=0.9224 → $r = \pm 0.9604$ → 문제의 경우는 r=0.9604

국가기술자격시험	품질경영산업기사 실기 모의고사 4-2R	시험시간 : 2시간 30분

◆ 품질경영실무 ◆

01 분임조활동시 분임토의 기법으로서 사용되고 있는 브레인스토밍(brainstorming)법의 4가지 원칙을 적으시오.

해설

☞ 브레인스토밍의 4원칙 : ① 비판금지, ② 자유분방한 분위기 조성, ③ 질보다 량의 중시,
④ 편승환영(결합개선)

02 다음은 표준화 용어에 대한 설명이다. 해당 용어를 보기에서 찾아 적으시오.

[보기] 가규격   품질매뉴얼   시방   규격   품질

(1) 재료, 제품, 공구, 설비 등에 관하여 요구하는 특정한 형상, 제조, 치수, 성분, 능력, 정밀도, 성능, 제조방법 및 시험방법을 규정한 것
(2) 표준 중 주로 물건에 직접 또는 간접으로 관계되는 기술적 사항에 대하여 제정된 규정
(3) 조직의 품질경영시스템에 대한 문서
(4) 어떤 실체가 지니고 있는 명시적이고 묵시적인 요구를 만족시키는 능력에 관계되는 특성의 전체
(5) 정식규격 적용에 앞서 시험적으로 제정하여 적용하는 임시 규격

해설

☞ (1) 시방 (2) 규격 (3) 품질매뉴얼 (4) 품질 (5) 가규격

03 다음은 카노의 품질요소에 대한 그림이다. 괄호 안을 채우시오.

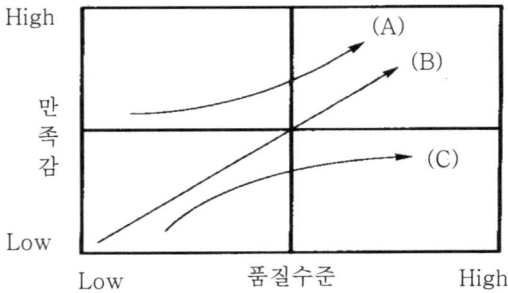

해설

☞ (1) 매력적 품질 (2) 일원적 품질 (3) 당연적 품질

04 한국산업규격의 구성에서 Q, S, R, I, T는 각각 무엇을 의미하는가?

[해설]

☞ Q(품질경영), S(서비스), R(수송기계), I(환경), T(물류)

◆ **통계적품질관리** ◆

05 A부품의 수명은 모평균 μ가 60시간, 모표준편차 σ가 5시간일 때 50시간 이하로 부품이 생산될 확률을 구하시오.

[해설]

☞ $P_r(x \le 50) = P_r\left(\dfrac{x-\mu}{\sigma} \le \dfrac{50-\mu}{\sigma}\right) = P_r\left(U \le \dfrac{50-60}{5}\right) = P_r(U \le -2.0) = 0.0228\ (2.28\%)$

06 원제품 1개당 평균무게가 100g이고, 표준편차는 미지이다. 며칠 후 공정관리를 위하여 $n=11$개의 표본을 추출하여 측정한 결과 $\bar{x}=103g$, $s=3.0g$이었다. 다음 물음에 답하시오.

(1) 공정평균이 기존과 같다고 할 수 있는가? (단, $\alpha=5\%$)

(2) 공정평균이 달라졌다면, 얼마로 달라졌는가를 신뢰율 95%로 구간추정하시오.

[해설]

(1) 모분산을 모를 때(σ 미지 시) 1개 모평균에 대한 가설의 양쪽검정

　① 가설 설정 : $H_0 : \mu = 100\,(\mu_0)$, $H_1 : \mu \neq 100$ (양쪽검정)　② 유의수준 : $\alpha = 0.05$

　③ 검정통계량의 값(t_0) 계산 : $t_0 = \dfrac{\bar{x} - \mu_0}{s/\sqrt{n}} = \dfrac{103 - 100}{3.0/\sqrt{11}} = 3.317$

　④ 기각역 설정 : $|t_0| > t_{1-\alpha/2}(\nu)$ 이면 H_0 기각

　⑤ 판정 : $|t_0| = 3.317 > t_{0.975}(10) = 2.228$ 이므로 유의수준 5%로 H_0를 기각한다.

　　　　　즉, 공정평균이 기존과 같다고 할 수 없다.

(2) 모분산을 모를 때(σ 미지 시) 1개 모평균의 95% 양쪽신뢰구간 추정

$$\hat{\mu} = \bar{x} \pm t_{1-\alpha/2}(\nu)\dfrac{s}{\sqrt{n}} = \bar{x} \pm t_{1-\alpha/2}(\nu)\sqrt{\dfrac{V}{n}}$$

$$= 103 \pm t_{0.975}(10)\sqrt{\dfrac{3.0^2}{11}} = 103 \pm 2.228\sqrt{\dfrac{9}{11}} = 103 \pm 2.02 = (100.98,\ 105.02)$$

07 다음 표는 검사자에 대한 기억력 x와 판단력 y를 검사하여 얻은 데이터이다. 다음 물음에 답하시오.

기억력 x	11	10	14	18	10	5	12	7	15	16
판단력 y	6	4	6	9	3	2	8	3	9	7

(1) x와 y에 대한 공분산을 구하시오.   (2) x에 대한 y의 상관계수를 구하시오.

(3) x에 대한 y의 회귀방정식을 구하시오.   (4) 기여율을 구하시오.

[해설]

(1) 공분산 $V_{xy} = \dfrac{S_{(xy)}}{n-1} = \dfrac{1}{n-1}\left[\sum xy - \dfrac{(\sum x)(\sum y)}{n}\right] = \dfrac{1}{10-1}\left[756 - \dfrac{118 \times 57}{10}\right] = \dfrac{83.4}{9} = 9.27$

(2) 상관계수 $r = \dfrac{S_{(xy)}}{\sqrt{S_{(xx)}S_{(yy)}}} = \dfrac{83.4}{\sqrt{147.6 \times 60.1}} = 0.8855$

여기서, $S_{(xx)} = \sum x^2 - \dfrac{(\sum x)^2}{n} = 1{,}540 - \dfrac{118^2}{10} = 147.6$

$S_{(yy)} = \sum y^2 - \dfrac{(\sum y)^2}{n} = 385 - \dfrac{57^2}{10} = 60.1$

(3) x에 대한 y의 추정 회귀직선식

추정 회귀직선식 $\hat{y} = \hat{\beta}_0 + \hat{\beta}_1 x = -0.967 + 0.565x$

여기서, $\hat{\beta}_1 = \dfrac{S_{(xy)}}{S_{(xx)}} = \dfrac{83.4}{147.6} = 0.565$, $\hat{\beta}_0 = \bar{y} - \hat{\beta}_1 \bar{x} = 5.7 - 0.565 \times 11.8 = -0.967$

단, $\bar{x} = \dfrac{\sum x}{n} = \dfrac{118}{10} = 11.8$, $\bar{y} = \dfrac{\sum y}{n} = \dfrac{57}{10} = 5.7$

(4) 기여율 $R^2 = (r)^2 = 0.8855^2 = 0.7841$

08 에나멜동선의 도장공정을 관리하기 위하여 핀홀의 수를 조사하였다. 시료의 길이가 종류에 따라 변하므로 시료 1,000m당 핀홀의 수를 사용하여 u관리도를 작성하고자 다음과 같은 데이터를 얻었다. 물음에 답하시오.

시료군의 번호	1	2	3	4	5	6	7	8	9	10
시료의 크기(n) (1,000m당)	1.0	1.0	1.0	1.3	1.3	1.0	1.0	1.3	1.3	1.3
핀홀의 수	5	3	3	2	2	4	3	4	2	4

(1) 관리한계를 구하시오.   (2) (1)의 관리한계를 활용하여 관리도를 작성하고 판정하시오.

[해설]

(1) 관리한계선 계산

① 시료군마다 n의 크기가 다르므로 단위당 부적합수 관리용 u관리도를 사용함.

② 중심선 계산 : $C_L = \overline{u} = \dfrac{\sum c}{\sum n} = \dfrac{32}{11.5} = 2.78$

③ 관리한계선 계산

    ㉠ $n = 1.0$일 때 : $U_{CL} = \overline{u} + 3\sqrt{\dfrac{\overline{u}}{n}} = 2.78 + 3\sqrt{\dfrac{2.78}{1.0}} = 2.78 + 5.00 = 7.78$

               $L_{CL} = \overline{u} - 3\sqrt{\dfrac{\overline{u}}{n}} = 2.78 - 3\sqrt{\dfrac{2.78}{1.0}} = 2.78 - 5.00 = -\,(\text{고려하지 않음})$

    ㉡ $n = 1.3$일 때 : $U_{CL} = \overline{u} + 3\sqrt{\dfrac{\overline{u}}{n}} = 2.78 + 3\sqrt{\dfrac{2.78}{1.3}} = 2.78 + 4.39 = 7.17$

               $L_{CL} = \overline{u} - 3\sqrt{\dfrac{\overline{u}}{n}} = 2.78 - 3\sqrt{\dfrac{2.78}{1.3}} = 2.78 - 4.39 = -\,(\text{고려하지 않음})$

(2) 관리도의 작성 및 판정

① 단위당 부적합수 u 계산

군번호	1	2	3	4	5	6	7	8	9	10
$u_i = \dfrac{c_i}{n_i}$	5	3	3	1.5	1.5	4	3	3.1	1.5	3.1

② u의 타점 및 한계선 표시

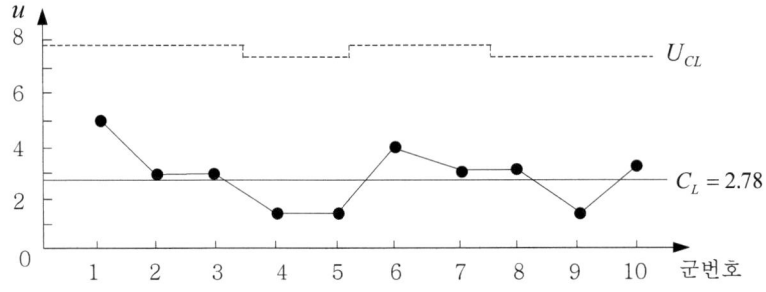

③ 관리상태 판정 : 관리한계선을 벗어나는 점이 없고, 점의 배열에 이상한 버릇도 없으므로
                   공정은 관리상태라고 판정할 수 있다.

09 다음은 매시간마다 실시되는 최종제품에 대한 샘플링 검사의 결과를 정리하여 얻은 데이터이다. 해석용 p관리도를 작성하고자 할 때, 군번호 6에서 중심선, 관리상한선, 관리하한선을 구하시오. (단, 소수점 두 자리까지 사용할 것, 단위 : %)

시료군 번호	1	2	3	4	5	6	7	8	9	10
검사개수	48	46	50	28	28	50	46	48	28	50
부적합품수	5	1	3	4	9	4	3	2	8	3

해설

(1) p 관리도의 중심선 $C_L = \bar{p} = \dfrac{\sum np}{\sum n} = \dfrac{42}{422} = 0.0995\,(9.95\%)$

(2) 관리상한선 $U_{CL} = \bar{p} + 3\sqrt{\dfrac{\bar{p}(1-\bar{p})}{n}} = 0.0995 + 3\sqrt{\dfrac{0.0995(1-0.0995)}{50}} = 0.2265\,(22.65\%)$

(3) 관리하한선 $L_{CL} = \bar{p} - 3\sqrt{\dfrac{\bar{p}(1-\bar{p})}{n}} = 0.0995 - 3\sqrt{\dfrac{0.0995(1-0.0995)}{50}} = -\,(고려하지\ 않음)$

10 로트에서 5개의 시료를 샘플링하여 7회 측정하였다면, 분산은 얼마인가?

(단, $\sigma_S = 0.05$, 측정오차 $\sigma_M = 0.03$이다.)

해설

☞ 추정정밀도 $V(\bar{x}) = \dfrac{1}{n} \times \left(\sigma_S^2 + \dfrac{\sigma_M^2}{k} \right) = \dfrac{1}{5} \times \left(0.05^2 + \dfrac{0.03^2}{7} \right) = 0.00053$

11 계량규준형 1회 샘플링검사는 n 개의 샘플을 취하고 그 측정치의 평균치 $\bar{x}$ 와 합격판정치를 비교하여 로트의 합격·불합격을 판정하는 방법이다. 로트의 평균치를 보증하는 경우는 KS Q 0001(σ 기지)에 규정되어 있다. 다음 표는 KS Q 0001의 부표로서, m_0, m_1 이 주어졌을 때 n 과 G_0 를 구하는 표이다. 다음 물음에 답하시오. (단, $\alpha = 0.05$, $\beta = 0.10$)

$\dfrac{\|m_1 - m_0\|}{\sigma}$	n	G_0	$\dfrac{\|m_1 - m_0\|}{\sigma}$	n	G_0
2.069이상	2	1.163	⋮	⋮	⋮
1.690~2.080	3	0.950	0.772~0.811	14	0.440
1.463~1.689	4	0.822	0.756~0.771	15	0.425
1.309~1.462	5	0.736	0.732~0.755	16	0.411

(1) 강재의 인장강도는 클수록 좋다. 강재의 평균치가 46kgf/mm² 이상인 로트는 통과시키고, 43kgf/mm² 이하인 로트는 통과시키지 않는 $\overline{X}_L$ 를 구하시오. (단, $\sigma = 4$kgf/mm² 임을 알고 있다.)

(2) 로트에서 n 개를 샘플링하여 구한 평균값이 45.02였다면 로트의 합격·불합격을 판정하시오.

해설

(1) σ 기지 계량규준형 샘플링검사에서 특성치가 높을수록 좋은, 로트평균치 보증의 경우이다.

검사방식은 (n, $\overline{X}_L$)이다. $m_0 = 46$, $m_1 = 43$, $\sigma = 4$이므로 $\dfrac{|m_1 - m_0|}{\sigma} = \dfrac{|43 - 46|}{4} = 0.750$

이 계산결과에 따라 KS Q 0001-제3부의 표(m_0, m_1 을 근거로 하여 n 과 G_0 을 구하는 표)에서 $n = 16$, $G_0 = 0.411$를 얻어 $\overline{X}_L$ 를 계산하면 $\overline{X}_L = m_0 - G_0\sigma = 46 - 0.411 \times 4 = 44.4$

따라서 검사방식은 ($n = 16$, $\overline{X}_L = 44.4$)이다.

(2) 로트에서 $n=16$의 시료를 샘플링하여 그 평균치 $\bar{x}$ 가 $\bar{x} = 45.02 > \bar{X}_L = 44.4$ 이므로 로트합격으로 판정함.

12 KS Q ISO 2859-1의 검사의 엄격도 조정에 대한 내용이다. 엄격도 조정의 조건을 각각 적으시오.
(1) 까다로운 검사에서 검사 중지 (2) 검사 중지에서 까다로운 검사
(3) 까다로운 검사에서 보통 검사

[해설]
(1) 까다로운 검사에서 연속 5로트 불합격 (2) 공급자가 품질개선 조치 (3) 연속 5로트 합격

13 A사는 어떤 부품의 수입검사시 KS Q ISO 2859-1을 사용하고 있다. 다음은 검토 후 AQL=1.5%. 검사수준 II로 1회 샘플링검사로 로트번호 1은 수월한 검사를 실시한 결과물이다. 다음 빈칸을 채우시오.

로트 번호	N	샘플문자	n	A_c	R_e	부적합품수	합부판정	전환점수	엄격도 적용
1	500	H	20	1	2	2	불합격	–	보통검사로 전환
2	200					2			
3	250					1			
4	200					0			
5	250					1			
6	250					2			

[해설]
☞ 빈칸 채우기

로트 번호	N	샘플 문자	n	A_c	R_e	부적합품수	합부판정	전환점수	엄격도 적용
1	500	H	20	1	2	2	불합격	–	보통검사로 전환
2	200	G	32	1	2	2	불합격	0	보통검사의 속행
3	250	G	32	1	2	1	합격	2	보통검사의 속행
4	200	G	32	1	2	0	합격	4	보통검사의 속행
5	250	G	32	1	2	1	합격	6	보통검사의 속행
6	250	G	32	1	2	2	불합격	0	까다로운 검사로 전환

[참고] ① (N, 검사수준) → 시료문자 ② (시료문자, AQL) → (n, A_c, R_e)

　　③ 합부판정 : $d \leq A_c$ 이면 로트합격, $d \geq R_e$ 이면 로트불합격

　　④ 전환스코어(전환점수) :

　　　　ⓐ 당초의 A_c (A_c=0, 1/3, 1/2, 1)일 때 로트가 합격되면 전환점수에 2를 더하고,
　　　　　불합격시는 전환점수를 0으로 돌림.

　　　　ⓑ 당초의 $A_c \geq 2$일 때, 로트합격시는 전환점수에 3을 더하고, 불합격시 0으로 돌림.

◈ 실험계획법 ◈

14 어떤 제품을 실험할 때 반응압력 A가 4수준, 반응시간 B가 3수준인 반복이 없는 2요인실험을 다음과 같이 실시하였다. 다음 물음에 답하시오. (단, 데이터는 망대특성이다.)

인자 B ＼ 인자 A	A_1	A_2	A_3	A_4
B_1	11.8	12.8	13.3	13.9
B_2	12.2	12.5	13.5	13.9
B_3	13.9	13.3	14.1	14.8

(1) 분산분석표를 작성하시오.

(2) 최적수준에 대하여 신뢰율 95%로 구간추정하시오.

[해설]

(1) 분산분석표 작성 및 검정

① 변동의 계산

$$CT = \frac{T^2}{lm} = \frac{160.0^2}{4 \times 3} = 2,133.33$$

$$S_T = \sum_i \sum_j x_{ij}^2 - CT = 2,141.68 - CT = 8.35$$

$$S_A = \sum_i \frac{T_{i \cdot}^2}{m} - CT = \frac{37.9^2 + 38.6^2 + 40.9^2 + 42.6^2}{3} - CT = 4.65$$

$$S_B = \sum_j \frac{T_{\cdot j}^2}{l} - CT = \frac{51.8^2 + 52.1^2 + 56.1^2}{4} - CT = 2.88$$

$$S_e = S_T - S_A - S_B = 0.82$$

② 자유도 계산 : $\nu_T = lm - 1 = 11$, $\nu_A = l - 1 = 3$, $\nu_B = m - 1 = 2$, $\nu_e = 6$

③ 분산분석표

요인	SS	DF	MS	F_0	$F_{0.95}$
A	4.65	3	1.55	11.36*	4.76
B	2.88	2	1.44	10.56*	5.14
e	0.82	6	0.14		
T	8.35	11			

위의 결과로 볼 때 반응온도(A)와 원료(B)는 모두 유의차가 있다. 따라서 두 인자 모두 특성치(망대치)에 영향을 미친다.

(2) $\mu(A_4 B_3)$의 수준조합에 대하여 신뢰율 95%로 구간추정

망대특성이므로 A_4와 B_3의 조합조건 $\mu(A_4 B_3)$의 95% 신뢰구간의 추정

$$\hat{\mu}(A_4 B_3) = (\bar{x}_{4\cdot} + \bar{x}_{\cdot3} - \bar{\bar{x}}) \pm t_{1-\alpha/2}(\nu_e)\sqrt{\frac{V_e}{n_e}} = \left(\frac{42.6}{3} + \frac{56.1}{4} - \frac{160.0}{12}\right) \pm t_{0.975}(6)\sqrt{\frac{0.14}{2}}$$

$$= 14.89 \pm 2.447 \times 0.265 = (14.25, \ 15.53)$$

여기서, 유효반복수 $n_e = \dfrac{lm}{\nu_A + \nu_B + 1} = \dfrac{lm}{(l-1)+(m-1)+1} = \dfrac{lm}{l+m-1} = \dfrac{4 \times 3}{4+3-1} = 2$

15 어떤 반응 공정의 사절수를 줄여 볼 목적으로 반응시간(A), 반응온도(B), 성분의 양 (C)의 3가지 인자를 택해 4×4 라틴방격의 실험을 하여 다음과 같은 데이터의 결과치를 얻었다. 다음 물음에 답하시오.

	$T_{i\cdot\cdot}$	$\bar{x}_{i\cdot\cdot}$	$T_{\cdot j\cdot}$	$\bar{x}_{\cdot j\cdot}$	$T_{\cdot\cdot k}$	$\bar{x}_{\cdot\cdot k}$
1	54	13.50	46	11.50	40	10.00
2	65	16.25	49	12.25	63	15.75
3	50	12.50	67	16.75	87	21.75
4	86	21.50	93	23.35	65	16.25
합계	$T=255$		$T=255$		$T=255$	

(1) 분산분석표를 완성하시오.

요인	SS	DF	MS	F_0	$F_{0.95}$
A	195.19	3			
B	349.69	3			
C	276.69	3			
e	23.33	6			
T	847.90	15			

(2) 가장 적게 하는 수준조합의 신뢰구간을 신뢰율 95%로 구하시오.

해설

(1) 분산분석표를 완성하시오.

요인	SS	DF	MS	F_0	$F_{0.95}$
A	195.19	3	65.06	16.73[*]	4.76
B	349.69	3	116.56	29.98[*]	4.76
C	276.69	3	92.23	23.72[*]	4.76
e	23.33	6	3.89		
T	847.90	15			

(2) 최적수준조합에서의 구간추정

위의 결과에서 A, B, C 모두 유의하므로 사절수를 가장 작게 하는 수준조합은 A_3, B_1, C_1의 조합은 $\mu(A_3 B_1 C_1)$이 됨.

$$\hat{\mu}(A_3 B_1 C_1) = (\overline{x}_{3\cdot\cdot} + \overline{x}_{\cdot 1\cdot} + \overline{x}_{\cdot\cdot 1} - 2\overline{\overline{x}}) \pm t_{1-\alpha/2}(\nu_e)\sqrt{\frac{V_e}{n_e}}$$

$$= (12.5 + 11.5 + 10.0 - 2 \times 15.94) \pm t_{0.975}(6)\sqrt{\frac{3.89}{1.6}} = 2.12 \pm 2.447 \times 1.559 = (0,\ 5.9)$$

여기서, $n_e = \dfrac{k^2}{\nu_A + \nu_B + \nu_C + 1} = \dfrac{k^2}{(k-1) + (k-1) + (k-1) + 1} = \dfrac{k^2}{3k-2} = \dfrac{4^2}{3 \times 4 - 2} = 1.6$

| 국가기술자격시험 | 품질경영산업기사 실기 모의고사 4-3R | 시험시간 : 2시간 30분 |

◈ 품질경영실무 ◈

01 3정5행의 명칭을 적으시오.

[해설]

(1) 3정(定) : 눈으로 보는 관리를 위한 수단이 되고, JIT생산을 위해 TPS에서 나온 말.
   ① 정위치 : 정해진 곳에서 가져 올 수 있도록
   ② 정품 : 정해진 품목을 쓸 수 있도록   ③ 정량 : 정해진 양을 얻을 수 있도록
(2) 5S(행) :
   ① 정리(Seiri) : 필요한 것과 불필요한 것을 구분하고, 불필요한 것을 없애는 것.
   ② 정돈(Seiton) : 필요한 것을 필요한 때에 끄집어 내어 쓸 수 있는 상태로 놓아두는 것.
   ③ 청소(Seiso) : 더러움, 먼지, 찌꺼기 등이 없는 상태로 만드는 것.
   ④ 청결(Seiketsu) : 정리, 정돈, 청소의 상태를 유지하는 것.
   ⑤ 습관화(Sitsuke) : 정해진 일을 올바르게 지키는 것이 습관이 되도록 생활화하는 것.

02 다음의 내용과 알맞은 것을 보기에서 찾아 적으시오.

> [보기] 품질방침, 품질관리, 품질계획, 품질보증, 품질개선, 품질경영

(1) 품질에 관하여 조직을 지휘하고 관리하는 조정활동
(2) 품질 요구사항을 충족하는데 중점을 둔 품질경영의 일부
(3) 품질 요구사항이 충족될 것이라는 신뢰를 제공하는데 중점을 둔 품질경영의 일부

[해설]

(1) 품질경영   (2) 품질관리   (3) 품질보증

03 SWOT분석에서 S(   ), W(   ), O(   ), T(   )를 각각 의미한다.

[해설]

☞ S(Strength, 강점), W(Weakness, 약점), O(Opportunity, 기회), T(Threats, 위협)

◆ 통계적품질관리 ◆

04 C방송국의 '품질경영' 시청률이 40%이고 시청률이 변하지 않았다는 가정 하에서, 300명의 시청자를 임의 추출했을 때 100명에서 130명의 사람이 시청할 확률은?

[해설]

☞ 2항분포의 정규분포에의 근사 조건은 $nP \geq 5$ (또는 $n(1-P) \geq 5$)이고, $P \leq 0.5$일 때이므로 $P = 0.4$이고, $nP = 300 \times 0.4 = 120 > 5$가 되어 2항분포의 정규분포 근사법 사용이 가능하다.

시청자의 수 X는 2항분포를 따르며, 표본 중 시청자 수를 X명이라 하면,

$$P_r(100 \leq X \leq 130) = P_r\left(\frac{100-120}{\sqrt{72}} \leq \frac{X-nP}{\sqrt{nP(1-P)}} \leq \frac{130-120}{\sqrt{72}}\right) = P_r(-2.36 \leq U \leq 1.18)$$

$$= P_r(U \leq 1.18) - [1 - P_r(U \leq 2.36)] = 0.8810 - (1 - 0.9909) = 0.8719$$

여기서, $E(X) = nP = 300 \times 0.4 = 120$, $V(X) = nP(1-P) = 300 \times 0.4(1-0.4) = 72$

05 기존의 작업에서의 데이터의 분포는 평균이 1.1, 분산이 0.5^2이었다. 작업방법을 변경한 후 로트로부터 10개의 시료를 랜덤하게 샘플링하여 측정한 결과 다음 데이터를 얻었을 때 물음에 답하시오.

| [데이터] | 1.3 | 1.6 | 18 | 1.5 | 1.8 | 1.2 | 1.4 | 1.5 | 1.4 | 1.2 |

(1) 모평균이 달라졌다고 할 수 있는가? (단, $\alpha = 0.05$)

(2) 달라진 평균을 신뢰도 95%로 구간추정을 실시하시오.

[해설]

(1) 한 개의 모평균과 기준치와의 차이검정(σ 기지, 양쪽검정)이므로

① 가설 설정 : H_0 : $\mu = 1.10(\mu_0)$, H_1 : $\mu \neq 1.10$ (양쪽검정) ② 유의수준 : $\alpha = 0.05$

③ 검정통계량의 값(U_0) 계산 : $U_0 = \dfrac{\bar{x} - \mu_0}{\sigma_0/\sqrt{n}} = \dfrac{\sum x/n - \mu_0}{\sigma_0/\sqrt{n}} = \dfrac{14.7/10 - 1.1}{0.5/\sqrt{10}} = 2.34$

④ 기각역 : $|U_0| > u_{1-\alpha/2}$이면 H_0기각

⑤ 판정 : $|U_0| = 2.34 > u_{0.975} = 1.96$이므로 유의수준 5%로 H_0를 기각.

즉, 모평균이 달라졌다고 할 수 있다.

(2) σ 기지시의 한 개의 모평균에 관한 양쪽신뢰구간 추정

$$\hat{\mu} = \bar{x} \pm u_{1-\alpha/2}\frac{\sigma}{\sqrt{n}} = 1.47 \pm u_{0.975}\frac{0.5}{\sqrt{10}} = 1.47 \pm 1.960 \times 0.158 = 1.47 \pm 0.31 = (1.16, \ 1.78)$$

06 다음 $x - R_m$ 관리도의 데이터를 보고, $x - R_m$ 관리도의 U_{CL} 과 L_{CL} 을 구하시오.

일별	측정치	R_m	일별	측정치	R_m	일별	측정치	R_m
1	25.0		6	30.8	1.4	11	27.0	1.1
2	25.3	0.3	7	30.0	0.8	12	26.1	0.9
3	33.8	8.5	8	23.6	6.4	13	29.1	3.0
4	36.4	2.6	9	32.3	8.7	14	40.1	11.0
5	32.2	4.2	10	28.1	4.2	15	40.6	0.5
						계	$\sum x = 460.4$	$\sum R_m = 53.6$

[해설]

☞ 합리적인 군 구분이 안 되는 경우의 x 관리도

(1) x 관리도

$$U_{CL} = \bar{x} + 2.66 \times \overline{R_m} = 30.69 + 2.66 \times 3.83 = 30.69 + 10.69 = 40.88$$

$$L_{CL} = \bar{x} - 2.66 \times \overline{R_m} = 30.69 - 2.66 \times 3.83 = 30.69 - 10.69 = 20.50$$

여기서, $\bar{x} = \dfrac{\sum x}{k} = \dfrac{460.4}{15} = 30.69$, $\overline{R_m} = \dfrac{\sum R_m}{k-1} = \dfrac{53.6}{15-1} = 3.83$

(2) R_m 관리도(이동평균 관리도)

$$U_{CL} = D_4 \overline{R_m} = 3.267 \times 3.83 = 12.508 , \quad L_{CL} = - (\text{고려하지 않음})$$

07 다음은 매시간마다 실시되는 최종제품에 대한 샘플링검사의 결과를 정리하여 얻은 데이터이다. 해석용 P 관리도를 작성하고 공정이 안정상태인가를 판정하시오.
(단, 소수점 두 자리까지 사용할 것, 단위 : %)

시간	1	2	3	4	5	6	7	8	9	10
검사개수	48	46	50	28	28	50	46	48	28	50
부적합품수	5	1	3	4	9	4	3	2	8	3

[해설]

(1) P 관리도의 작성

① U_{CL} 및 L_{CL} 의 계산 : $C_L = \bar{p} = \dfrac{\sum np}{\sum n} = \dfrac{42}{422} = 0.0995 \, (9.95\%)$ 이고

$$U_{CL} = \bar{p} + 3\sqrt{\frac{\bar{p}(1-\bar{p})}{n}} , \quad L_{CL} = \bar{p} - 3\sqrt{\frac{\bar{p}(1-\bar{p})}{n}}$$ 을 이용하여 계산함.

시간	1	2	3	4	5	6	7	8	9	10
n	48	46	50	28	28	50	46	48	28	50
np	5	1	3	4	9	4	3	2	8	3
$p\,(\%)$	10.42	2.17	6	14.29	32.14	8	6.52	4.17	28.57	6
$U_\alpha\,(\%)$	22.91	23.19	22.65	26.92	26.92	22.65	23.19	22.19	26.92	22.65
$L_{CL}\,(\%)$	–	–	–	–	–	–	–	–	–	–

② p 관리도의 작성

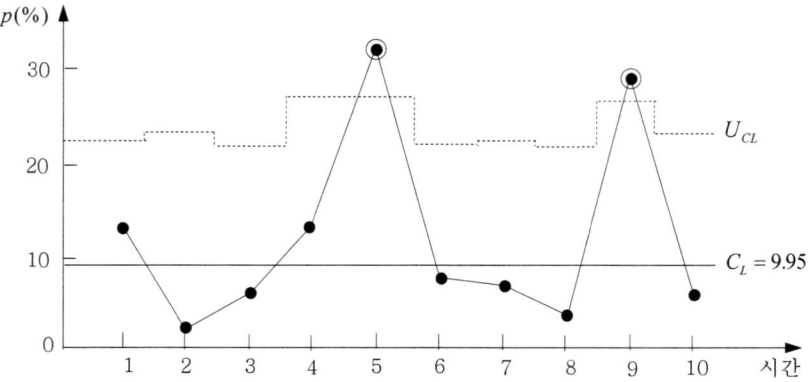

(2) 관리상태 판정 : 관리한계선 이탈점(번호 5, 9)이 있으므로 관리상태라 볼 수 없다.

08 어떤 섬유제조사에서 제품검사에 계수규준형 1회 샘플링검사를 적용하기 위하여 구입자와 $L(p_0)=0.95$, $L(p_1)=0.10$으로 결정 협의하였다. 이것을 만족시킬 수 있는 샘플링검사 방식은 $n=40$, $c=2$라고 할 때 다음 표를 이용하여 p_0, p_1을 구하시오.

c	$(np)_{0.90}$	$(np)_{0.95}$	$(np)_{0.10}$	$(np)_{0.05}$
0	–	–	2.30	2.90
1	0.15	0.35	3.90	4.60
2	0.42	0.80	5.30	6.20
3	0.80	1.35	6.70	7.60
4	1.30	1.95	8.00	9.20

[해설]

☞ ① p_0 는 OC곡선에서 $L(p)=1-\alpha=1-0.05=0.950$ 일 때의 부적합품률 p 이므로, $c=2$에서

$$p_0 = \frac{L(p)=0.950일 때의 np_i 값}{n} \times 100 = \frac{0.80}{40} \times 100 = 2(\%)$$

② p_1 는 OC곡선에서 $L(p)=\beta=0.10$ 일 때의 부적합품률 p 이므로, $c=2$에서

$$p_1 = \frac{L(p)=0.10일 때의 np_i 값}{n} \times 100 = \frac{5.30}{40} \times 100 = 13.25(\%)$$

09 다음의 데이터는 원료의 양(x)과 생성물의 수량(y)의 관계를 나타낸 표이다.

원료(x)	1.5	2.0	3.5	4.3	5.0
수량(y)	30	35	66	66	87

(1) 공분산을 구하시오.   (2) 결정계수를 구하시오.

해설

(1) 공분산 : $V_{xy} = \dfrac{S_{(xy)}}{n-1} = \dfrac{138.96}{5-1} = 34.74$ (여기서, $S_{(xy)} = \sum xy - \dfrac{(\sum x)(\sum y)}{n} = 138.96$)

(2) 결정계수 $R^2 = (r)^2 = 0.979^2 = 0.9590$

여기서, $r = \dfrac{S_{(xy)}}{\sqrt{S_{(xx)}S_{(yy)}}} = \dfrac{138.96}{\sqrt{8.852 \times 2,274.8}} = 0.979$

단, $S_{(xx)} = \sum x^2 - \dfrac{(\sum x)^2}{n} = 8.852$, $S_{(yy)} = \sum y^2 - \dfrac{(\sum y)^2}{n} = 2,274.8$

10 다음은 샘플링검사에서 사용되는 기호 또는 용어들이다. [예]와 같이 적으시오.

[예] QC : Quality Control (품질관리)

(1) AQL   (2) LQ   (3) PRQ   (4) CRQ

해설

(1) AQL : Acceptable Quality Level (합격품질수준)   (2) LQ : Limit Quality (한계품질)
(3) PRQ : Producer Risk Quality (생산자위험품질)
(4) CRQ : Consumer Risk Quality (소비자위험품질)

11 계량규준형 1회 샘플링검사는 n개의 샘플을 취하고 그 측정치의 평균치 $\bar{x}$와 합격판정
치를 비교하여 로트의 합격·불합격을 판정하는 방법이다. 로트의 평균치를 보증하는 경우는 KS
Q 0001(σ기지)에 규정되어 있다. 다음 표는 KS Q 0001의 부표로서, m_0, m_1이 주어졌을 때
n과 G_0를 구하는 표이다. (단, $\alpha=0.05$, $\beta=0.10$)

$\dfrac{\|m_1 - m_0\|}{\sigma}$	n	G_0	$\dfrac{\|m_1 - m_0\|}{\sigma}$	n	G_0
2.069이상	2	1.163	⋮	⋮	⋮
1.690~2.080	3	0.950	0.772~0.811	14	0.440
1.463~1.689	4	0.822	0.756~0.771	15	0.425
1.309~1.462	5	0.736	0.732~0.755	16	0.411

조립품 굵기의 평균치가 46.0mm이상의 로트이면 합격이고, 43.0mm이하의 로트이면 불합격시
키고자 한다. 다음 물음에 답하시오. (단, $\sigma=2.0$mm)
(1) 샘플링검사 방식을 설계하시오.
(2) 로트에서 뽑은 데이터의 평균치가 45.0일 때, 로트의 합부판정을 하시오.

해설

(1) 샘플링검사 방식 설계

　σ기지 계량규준형 샘플링검사에서 특성치가 높을수록 좋은, 로트평균치 보증의 경우이다.

검사방식은 $(n, \overline{X}_L)$이다. $m_0 = 46$, $m_1 = 43$, $\sigma = 2$이므로 $\dfrac{|m_1 - m_0|}{\sigma} = \dfrac{46 - 43}{2} = 1.5$

이 계산결과에 따라 KS Q 0001-제3부의 표(m_0, m_1을 근거로 하여 n과 G_0을 구하는 표)에서 $n = 4$, $G_0 = 0.822$를 얻어 $\overline{X}_L$를 계산하면 $\overline{X}_L = m_0 - G_0\sigma = 46.0 - 0.822 \times 2 = 44.4$

따라서 샘플링검사 방식은 $(n = 4, \overline{X}_L = 44.4)$이다.

(2) 로트의 합부판정

로트에서 $n = 4$의 시료를 샘플링하여 그 평균치 $\bar{x}$를 구하여, $\bar{x} \geq \overline{X}_L = 44.4$이면 로트합격, $\bar{x} < \overline{X}_L = 44.4$이면 로트불합격으로 판정한다.

12 어떤 부품의 수입검사에 KS Q ISO 2859-1의 계수값 샘플링검사 방식을 적용하고 있다. AQL=1.0%, 검사수준 Ⅱ로 하는 1회 샘플링방식을 채택하고 있다. 처음 검사는 보통검사로 시작하였으며, 아래 표는 샘플링검사의 일부분이다. KS Q ISO 2859-1의 주 샘플링검사표를 사용하여 다음 물음에 답하시오.

로트 번호	N	샘플문자	n	A_c	R_e	부적합품수	합부판정	전환점수	엄격도 적용
11	300	H	50	1	2	1	합격	22	보통검사 속행
12	500					0			
13	800					1			
14	480					1			
15	350					1			

(1) 샘플링검사표를 메우시오. (2) 로트번호 16의 엄격도를 적으시오.

[해설]

(1) 빈칸 채우기

로트 번호	N	샘플문자	n	A_c	R_e	부적합품수	합부판정	전환점수	엄격도 적용
11	300	H	50	1	2	1	합격	22	보통검사 속행
12	500	H	50	1	2	0	합격	24	보통검사 속행
13	800	J	80	2	3	1	합격	27	보통검사 속행
14	480	H	50	1	2	1	합격	29	보통검사 속행
15	350	H	50	1	2	1	합격	31	수월한 검사 전환

[참고] ① (N, 검사수준) → 샘플문자 ② (샘플문자, AQL) → (n, A_c, R_e)

③ 합부판정 : $d \leq A_c$이면 로트합격, $d \geq R_e$이면 로트불합격

④ 전환스코어(전환점수) :

　　㉠ 당초의 A_c($A_c = 0$, 1/3, 1/2, 1)일 때 로트가 합격되면 전환점수에 2를 더하고, 불합격시는 전환점수를 0으로 돌림.

　　㉡ 당초의 $A_c \geq 2$일 때, 로트합격시는 전환점수에 3을 더하고, 불합격시 0으로 돌림.

(2) 로트번호 15에서 전환점수가 30점이상에 해당하므로 로트번호 16번부터는 수월한 검사를 적용한다.

◆ 실험계획법 ◆

(13) 석유제품 반응공정의 수율(%)을 상승시킬 목적으로 촉매의 첨가량을 1.0%, 1.5%, 2.0%, 2.5%로 바꾸어 각각 3회씩 실험한 결과가 다음과 같다. 물음에 답하시오.

실험횟수 / 첨가량	1	2	3
A_1 (1.0%)	84.3	83.9	84.2
A_2 (1.5%)	87.3	86.8	87.2
A_3 (2.0%)	89.5	89.8	90.1
A_4 (2.5%)	92.0	93.1	92.8

(1) 분산분석표를 작성하시오.

(2) 유의수준 5%로 검정을 행하시오.

[해설]

(1) 분산분석표를 작성

　① 변동의 계산

$$CT = \frac{T^2}{N} = \frac{1,061^2}{12} = 93,810.08$$

$$S_T = \sum_i \sum_j x_{ij}^2 - CT = (84.3^2 + 83.9^2 + \cdots + 92.8^2) - 93,810.08 = 120.38$$

$$S_A = \sum_i \frac{T_{i\cdot}^2}{r} - CT = \left[\frac{252.4^2 + 261.3^2 + 269.4^2 + 277.9^2}{3} \right] - 93,810.08 = 119.32$$

$$S_e = S_T - S_A = 120.38 - 119.32 = 1.06$$

　② 분산분석표의 작성

요인	SS	DF	MS	F_0	$F_{0.95}$
A	119.32	3	39.77	305.92[*]	4.07
e	1.06	8	0.13		
T	120.38	11			

(2) 검정 결과 : $F_0(A) = 305.92 > F_{0.95}(3, 8) = 4.07$ 로서, 유의수준 5%로 유의함.

14 반복없는 2요인 실험 데이터에서 다음과 같이 하나의 결측치가 발생했다. 다음 물음에 답하시오.

(1) Yates의 방법에 의하여 결측치를 추정하시오.

(2) 분산분석표를 작성하시오.

인자 A 인자 B	A_1	A_2	A_3	A_4	$T_{\cdot j}$
B_1	14	10	9	12	45
B_2	11	13	y	8	32+ y
B_3	10	10	9	7	36
B_4	10	5	6	9	30
$T_{i\cdot}$	45	38	24+ y	36	143+ y

해설

(1) 결측치 y의 추정

결측치 y를 제외한 상태에서 $T'_{3\cdot} = 24$, $T'_{\cdot 2} = 32$, $T' = 143$ 이므로

$$y = \frac{lT'_{3\cdot} + mT'_{\cdot 2} - T'}{(l-1)(m-1)} = \frac{4 \times 24 + 4 \times 32 - 143}{(4-1)(4-1)} = 9.0$$

(2) 추정된 결측치를 포함후의 분산분석표 작성

① 변동의 계산

$$CT = \frac{T^2}{N} = \frac{T^2}{lm} = \frac{152^2}{4 \times 4} = 1,444$$

$$S_T = \sum_i \sum_j x_{ij}^2 - CT = (14^2 + 11^2 + \cdots + 9^2) - 1,444 = 84.0$$

$$S_A = \sum_i \frac{T_{i\cdot}^2}{m} - CT = \frac{45^2 + 38^2 + 33^2 + 36^2}{4} - 1,444 = 19.5$$

$$S_B = \sum_j \frac{T_{\cdot j}^2}{l} - CT = \frac{45^2 + 41^2 + 36^2 + 30^2}{4} - 1,444 = 31.5$$

$$S_e = S_T - S_A - S_B = 84.0 - 19.5 - 31.5 = 33.0$$

② 자유도 계산

$$\nu_A = l - 1 = 4 - 1 = 3, \quad \nu_B = m - 1 = 4 - 1 = 3,$$

$$\nu_e = (l-1)(m-1) - 결측치 \ 개수 = (4-1)(4-1) - 1 = 8 \quad ☆(주의요망)$$

$$\nu_T = (lm-1) - 결측치 \ 개수 = (4 \times 4 - 1) - 1 = 14 \quad ☆(주의요망)$$

③ 분산분석표의 작성

요인	SS	DF	MS	F_0	$F_{0.95}$
A	19.5	3	6.50	1.57	4.07
B	31.5	3	10.5	2.54	4.07
e	33.0	8	4.13		
T	84.0	14			

④ 판정 : 위의 결과로 볼 때 인자 A와 인자 B는 유의수준 5%에서 모두 유의하지 않다.

15 $L_{16}(2^{15})$형 직교배열표에 다음과 같이 배치했다. 다음 물음에 답하시오.

열	1	2	3	4	5	6	7	8	9	10	11	12	13	14	15
기본표시	a	b	a b	c	a c	b c	a b c	d	a d	b d	a b d	c d	a c d	b c d	a b c d
배치	M	N	O	P			S						Q	R	T

(1) 2인자 교호작용 $O \times T$, $S \times R$는 몇 열에 나타나는가?

(2) 2인자 교호작용 $R \times T$가 무시되지 않을 때 위와 같이 배치한다면 어떤 일이 일어나는가?

[해설]

(1) $O \times T \to (ab)(abcd) = a^2 b^2 cd = cd \to$ 12열 (여기서, 2수준계 $a^2 = b^2 = c^2 = 1$)

$S \times R \to (d)(bcd) = bcd^2 = bc \to$ 6열

(2) $R \times T \to (bcd)(abcd) = ab^2 c^2 d^2 = a \to$ 1열에 나타나나, 기존에 M이 배치되어 있어 교락이 일어남.

마음을 위대한 일로 이끄는 것은
오직 열정, 위대한 열정 뿐이다.
- 드니 디드로 -

제5장

품질경영산업기사 실기
CBT 모의고사5

| 국가기술자격시험 | 품질경영산업기사 실기 모의고사 5-1R | 시험시간 : 2시간 30분 |

◈ 품질경영실무 ◈

01 분임조활동시 사용하는 QC 7가지 기초수법을 쓰시오.

[해설]

☞ QC 7가지 기초도구 : ① 특성요인도, ② 체크시트, ③ 각종 그래프, ④ 파레토그림, ⑤ 히스토그램, ⑥ 층별, ⑦ 산점도

02 품질코스트에 대한 내용이다. 다음의 물음에 답하시오.
(1) 파이겐바움의 품질코스트 3종류를 적으시오.
(2) 다음은 커크패트릭의 품질코스트 그래프이다. (   )를 메우시오.

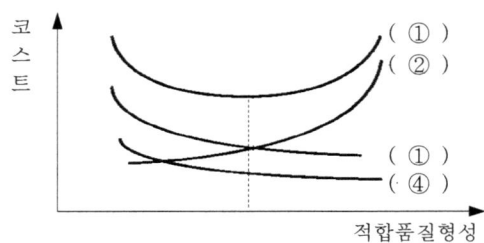

[해설]
(1) 예방코스트(P-cost), 실패코스트(F-cost), 평가코스트(A-cost)
(2) ① 총품질코스트 ② 예방코스트 ③ 실패코스트 ④ 평가코스트

◈ 통계적품질관리 ◈

03 다음 데이터를 부적합 항목에 따른 파레토도를 작성하려고 한다. 물음에 답하시오.
(1) 다음 도표의 빈칸을 채우시오.

번호	항목	건수	누적건수	상대도수	상대누적도수
1	기계고장	25	( )	( )	( )
2	기계마모	20	( )	( )	( )
3	먼지	15	( )	( )	( )
4	원자재 부적합	8	( )	( )	( )
5	작업자의 부주의	5	( )	( )	( )
합계		73			

(2) 파레토도를 작성하시오.

해설

(1) 빈칸 채우기

번호	항목	건수	누적건수	상대도수	상대누적도수
1	기계고장	25	25	0.343	0.343
2	기계마모	20	45	0.274	0.617
3	먼지	15	60	0.205	0.822
4	원자재 부적합	8	68	0.110	0.932
5	작업자의 부주의	5	73	0.068	1.000
합계		73		1.000	

(2) 파레토도 작성

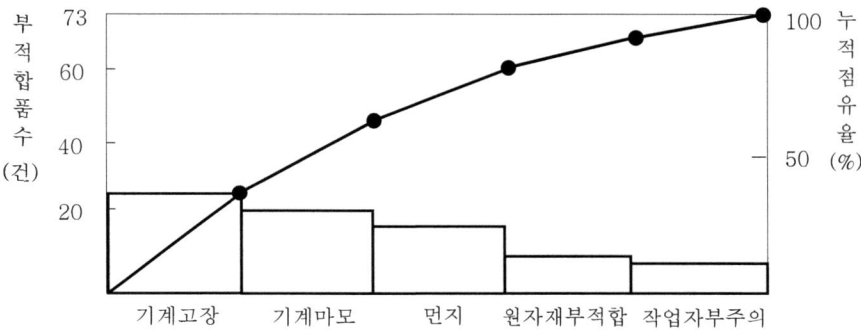

04 주어진 도수표는 어떤 부품의 치수를 측정하여 작성한 것이다. 규격이 10.00±0.10mm일 때 다음 물음에 답하시오.

(1) 다음의 도수분포표를 완성시키시오.

No.	급의 중앙치	도수(f_i)	u_i	$f_i u_i$	$f_i u_i^2$
1	9.87	1			
2	9.92	3			
3	9.97	6			
4	10.02	8			
5	10.07	12			
6	10.12	10			
7	10.17	8			
8	10.22	1			
9	10.27	1			
계		50			

(2) 평균($\bar{x}$) 및 표준편차(s)를 구하시오.

(3) 변동계수(CV)를 구하시오.

해설

(1) 빈칸 채우기

No.	급의 중앙치	도수(f_i)	u_i	$f_i u_i$	$f_i u_i^2$
1	9.87	1	-4	-4	16
2	9.92	3	-3	-9	27
3	9.97	6	-2	-12	24
4	10.02	8	-1	-8	8
5	10.07	12	0	0	0
6	10.12	10	1	10	10
7	10.17	8	2	16	32
8	10.22	1	3	3	9
9	10.27	1	4	4	16
계		50		0	142

(2) 평균($\bar{x}$) 및 표준편차(s)

$$\hat{\mu} = \bar{x} = x_0 + \frac{\sum fu}{\sum f} \times h = 10.07 + \frac{0}{50} \times 0.05 = 10.07$$

$$\hat{\sigma} = s \approx \sqrt{V} = h \times \sqrt{\frac{1}{\sum f - 1}\left[\sum fu^2 - \frac{(\sum fu)^2}{\sum f}\right]} = 0.05 \times \sqrt{\frac{1}{50-1}\left(142 - \frac{0^2}{50}\right)} = 0.085$$

(3) 변동계수(CV) : $CV = \dfrac{s}{\bar{x}} \times 100 = \dfrac{0.085}{10.07} \times 100 = 0.8358(\%)$

05 어떤 자동차 부품의 규격은 7.190±0.5mm이다. 이 부품의 제조공정을 관리하기 위하여 지난 20일간에 걸쳐 매일 5개씩의 데이터를 취하여 $\bar{x} - R$ 관리도를 작성하여 보니 $\bar{x} - R$ 관리도는 안정상태이며, $\bar{\bar{x}}$=7.188, $\bar{R}$=0.16이었다. 이 부품의 공정능력지수(C_{pk})를 구하시오.

해설

☞ 최소공정능력지수 $C_{pk} = (1-K)C_P = (1-K) \times \dfrac{S_U - S_L}{6s} = (1-0.004) \times \dfrac{1.0}{6 \times \dfrac{0.16}{2.326}} = 2.41$

여기서, 치우침도 $K = \dfrac{|M - \bar{x}|}{T/2} = \dfrac{|7.19 - 7.188|}{1.0/2} = 0.004$, $n = 5$ 일 때 d_2=2.326

단, $M = \dfrac{S_U + S_L}{2} = \dfrac{7.69 + 6.69}{2} = 7.19$, $T = S_U - S_L = 7.69 - 6.69 = 1.0$

06 U_{CL}=53.4, L_{CL}=26.6, n=5인 $\bar{x}$ 관리도가 있다. 만약 $N(40, 10^2)$인 공정이라면,

(1) 이 관리도에서 $\bar{x}$가 관리한계 밖으로 나올 확률은 얼마인가?

(2) 새로운 공정이 $N(50, 10^2)$으로 변화되었을 때, 이 관리도에 의해 검출될 확률을 구하시오.

해설

(1) 공정평균 변화가 없을 때 관리한계선을 벗어나는 확률 : 제1종과오(α)

제1종과오(α)$= P_r(\bar{x} > U_{CL}) + P_r(\bar{x} < L_{CL}) = 0.0013 + 0.0013 = 0.0026\,(0.26\%)$

여기서, $\bar{x}$ 관리도에서 $\bar{x}$ 가 U_{CL} 을 벗어나는 확률

$$P(\bar{x} > U_{CL}) = P_r\left(\frac{\bar{x} - \mu}{\sigma/\sqrt{n}} > \frac{U_{CL} - \mu}{\sigma/\sqrt{n}}\right) = P_r\left(U > \frac{53.4 - 40}{10/\sqrt{5}}\right) = P_r(U > 3.0) = 0.0013$$

$\bar{x}$ 관리도에서 $\bar{x}$ 가 L_{CL} 을 벗어나는 확률

$$P(\bar{x} < L_{CL}) = P_r\left(\frac{\bar{x} - \mu}{\sigma/\sqrt{n}} < \frac{L_{CL} - \mu}{\sigma/\sqrt{n}}\right) = P_r\left(U < \frac{26.6 - 40}{10/\sqrt{5}}\right) = P_r(U < -3.0) = 0.0013$$

(2) 공정평균이 10 증가시 관리한계선을 벗어나는 확률 : 검출력($1 - \beta$)

검출력($1 - \beta$)$= P_r(\bar{x} > U_{CL}) + P_r(\bar{x} < L_{CL}) = 0.2236 + 0 = 0.2236\,(22.36\%)$

여기서, $\bar{x}$ 관리도에서 $\bar{x}$ 가 U_{CL} 을 벗어나는 확률

$$P(\bar{x} > U_{CL}) = P_r\left(\frac{\bar{x} - \mu'}{\sigma/\sqrt{n}} > \frac{U_{CL} - \mu'}{\sigma/\sqrt{n}}\right) = P_r\left(U > \frac{53.4 - 50}{10/\sqrt{5}}\right) = P_r(U > 0.76) = 0.2236$$

$\bar{x}$ 관리도에서 $\bar{x}$ 가 L_{CL} 을 벗어나는 확률

$$P(\bar{x} < L_{CL}) = P_r\left(\frac{\bar{x} - \mu'}{\sigma/\sqrt{n}} < \frac{L_{CL} - \mu'}{\sigma/\sqrt{n}}\right) = P_r\left(U < \frac{26.6 - 50}{10/\sqrt{5}}\right) = P_r(U < -5.232) = 0$$

07 다음 표는 검사자에 대한 기억력 x 와 판단력 y 를 검사하여 얻은 데이터이다. 물음에 답하시오.

기억력 x	11	10	14	18	10	5	12	7	15	16
판단력 y	6	4	6	9	3	2	8	3	9	7

(1) x 에 대한 y 의 상관계수를 구하시오.

(2) $H_0 : \rho = 0$, $H_1 : \rho \ne 0$ 에 대한 검정을 하시오. (단, $\alpha = 0.05$)

(3) 정규분포근사값을 이용하여 모상관계수에 대한 신뢰율 95% 신뢰구간을 추정하시오.
   (n 이 작아 무리는 있으나 무시할 것.)

[해설]

(1) 단상관계수 r 계산 : $r = \dfrac{S_{(xy)}}{\sqrt{S_{(xx)}S_{(yy)}}} = \dfrac{83.4}{\sqrt{47.6 \times 60.1}} = 0.8855$

여기서, $S_{(xx)} = \sum x^2 - \dfrac{(\sum x)^2}{n} = 147.60$, $S_{(yy)} = \sum y^2 - \dfrac{(\sum y)^2}{n} = 60.10$

$S_{(xy)} = \sum xy - \dfrac{(\sum x)(\sum y)}{n} = 83.4$

(2) 모상관계수의 상관관계 유무 검정

① 가설 설정 : H_0 : $\rho=0$, H_1 : $\rho \neq 0$ ② 유의수준 : $\alpha=0.05$

③ 검정통계량의 값(t_0) 계산 : $t_0 = \dfrac{r\sqrt{n-2}}{\sqrt{1-r^2}} = \dfrac{0.8855 \times \sqrt{10-2}}{\sqrt{1-(0.8855)^2}} = 5.39$

④ 기각역 설정 : $|t_0| > t_{1-\alpha/2}(n-2)$ 이면 H_0 기각

⑤ 판정 : $|t_0| = 5.39 > t_{0.975}(8) = 2.306$ 이므로 유의수준 5%로 H_0를 기각한다.

   즉, 상관관계가 존재한다고 할 수 있다.

(3) 모상관계수에 대한 95% 신뢰구간 추정

① Z 값의 계산 : $Z = \dfrac{1}{2}\ln\left(\dfrac{1+r}{1-r}\right) = \dfrac{1}{2}\ln\left(\dfrac{1+0.8855}{1-0.8855}\right) = 1.4007$

② Z의 95% 신뢰구간 : $\left.\begin{matrix}Z_U\\Z_L\end{matrix}\right\} = Z \pm u_{1-\alpha/2}\dfrac{1}{\sqrt{n-3}} = 1.4007 \pm u_{0.975}\dfrac{1}{\sqrt{10-3}}$

$$= 1.4007 \pm 1.960 \times 0.378 = 1.4007 \pm 0.7409 = (0.6598, \ 2.1416)$$

③ ρ 값의 95% 신뢰구간 추정 : $\hat{\rho}_L \leq \rho \leq \hat{\rho}_U \rightarrow 0.578 \leq \rho \leq 0.973$

여기서, $\hat{\rho}_U \approx r_U = \dfrac{e^{2Z_U}-1}{e^{2Z_U}+1} = \dfrac{e^{2\times21416}-1}{e^{2\times2.1416}+1} = \dfrac{71.472}{73.472} = 0.973$

$\hat{\rho}_L \approx r_L = \dfrac{e^{2Z_L}-1}{e^{2Z_L}+1} = \dfrac{e^{2\times0.6598}-1}{e^{2\times0.6598}+1} = \dfrac{2.7419}{4.7419} = 0.578$

08 샘플링검사의 실시를 위한 조건 5가지를 기술하시오.

[해설]

☞ 계수 및 계량 규준형 1회 샘플링검사(KS Q 0001 : 2013)의 제2부 및 제3부의 계량 규준형 1회 샘플링검사를 적용하기 위한 다음 6가지 조건들을 제시함.

① 제품이 로트로 처리될 수 있을 것

② 합격로트 가운데에도 어느 정도의 부적합품이 섞여 있는 것을 허용할 수 있을 것

③ 시료의 샘플링은 랜덤하게 될 것, ④ 품질기준이 정해져 있을 것

⑤ 검사단위의 품질특성은 계량치로 나타내고, 정규분포를 하는 것으로 간주할 수 있을 것

⑥ 로트 특성치의 표준편차를 알고 있을 것 (참고로서 추가로 제시한 것임)

09 검사단위의 품질표시방법 중 로트의 품질표시방법 4가지를 나열하시오.

[해설]

☞ 로트의 품질표시 방법 : ① 로트의 부적합품률(%), ② 로트 내의 검사단위당 평균부적합수, ③ 로트의 평균치, ④ 로트의 표준편차

⑩ 다음은 검사의 분류에 대한 내용이다. 빈칸을 보기에서 찾아 적으시오.

> [보기] 무검사, 관능검사, 전수검사, 자주검사, 파괴검사, 비파괴검사, 샘플링검사,
> 순회검사. 공정검사, 최종검사, 출하검사, 수입검사, 정위치검사, 출장검사

(1) 입고시에 하는 검사 (2) 검사방법에 의한 분류에서 파괴검사에 사용할 수 없는 검사
(3) 검사후에도 특성이 변하지 않는 검사
(4) 장소에 따른 검사로 분류하였을 때 돌아다니면서 하는 검사

해설

☞ (1) 수입검사 (2) 전수검사 (3) 비파괴검사 (4) 순회검사

⑪ 어떤 철강제조사에서 제품검사에 계수규준형 1회 샘플링검사를 적용하기 위하여 구입자
와 α=0.05, β=0.10으로 협의하였다. 이것을 만족시킬 수 있는 샘플링방식 n=35 및 c=1이
라고 할 때, 다음 표를 이용하여 p_0=(   )%, p_1=(   )%를 구하시오.

c	$(np)_{0.90}$	$(np)_{0.95}$	$(np)_{0.10}$	$(np)_{0.05}$
0	–	–	2.30	2.90
1	0.15	0.35	3.50	4.60
2	0.42	0.80	5.30	6.20
3	0.80	1.35	6.70	7.60
4	1.30	1.95	8.00	9.20

해설

☞ ① p_0는 OC곡선에서 $L(p)=1-\alpha=1-0.05=0.950$일 때의 부적합품률 p이므로, c=1에서

$$p_0 = \frac{L(p)=0.950일\ 때의\ np_i\ 값}{n} \times 100 = \frac{0.35}{35} \times 100 = 1.0(\%)$$

② p_1는 OC곡선에서 $L(p)=\beta=0.10$일 때의 부적합품률 p이므로, c=1에서

$$p_1 = \frac{L(p)=0.10일\ 때의\ np_i\ 값}{n} \times 100 = \frac{3.50}{35} \times 100 = 10.0(\%)$$

⑫ P사에서는 어떤 부품의 수입검사에 KS Q ISO 2859-1의 계수값 샘플링검사 방식을 적
용하고 있다. AQL=1.0%, 검사수준 Ⅲ으로 하는 1회 샘플링방식을 채택하고 있다. 처음 검사는
보통검사로 시작하였으며, 80번 로트에서는 수월한 검사를 실시하였다.
주어진 KS Q ISO 2859-1의 주 샘플링검사표를 사용하여 공란을 메우시오.

로트번호	N	샘플문자	n	A_c	부적합품수	합부판정	엄격도 적용
80	2,000	L	80	3	3	합격	수월한 검사 실행
81	1,000	K			1		
82	2,000	L			2		
83	1,000	K			4		
84	2,000	L			5		

해설

☞ 공란 채우기

로트번호	N	샘플문자	n	A_c	부적합품수	합부판정	엄격도 적용
80	2,000	L	80	3	3	합격	수월한 검사 실행
81	1,000	K	50	2	1	합격	수월한 검사 속행
82	2,000	L	80	3	2	합격	수월한 검사 속행
83	1,000	K	50	2	4	불합격	수월한 검사 중단
84	2,000	L	200	5	5	합격	보통 검사 실행

[참고] ① (샘플문자, AQL) → (n, A_c, R_e)

② 합부판정 : $d \leq A_c$ 이면 로트합격, $d \geq R_e$ 이면 로트불합격

③ 엄격도 적용 : "1로트 불합격"이라도 수월한 검사에서 보통검사로 전환됨

◆ 실험계획법 ◆

13 어느 실험실에서 4명의 분석공(A_1, A_2, A_3, A_4)이 일하고 있는데 이들 간에는 동일한 시료의 분석결과에도 차이가 있는 것으로 생각된다. 이를 확인하기 위하여 일정한 표준시료를 만들어서, 동일 장치로 날짜를 랜덤하게 바꾸어 가면서 각 4회 반복하여 4명의 분석공에게 분석을 시켰다. 이들 분석공에게는 분석되는 시료가 동일한 표준시료라는 것을 모르게 하여 실시한 후 다음 분석치를 얻었다. 다음 물음에 답하시오.

번호	A_1	A_2	A_3	A_4
1	79.4	79.8	80.9	81.0
2	78.9	80.4	80.6	79.8
3	78.7	79.2	80.1	80.0
4	80.0	80.5	80.4	80.8

(1) 가설을 설정하시오.

(2) 분산분석을 하시오. (단, $E(MS)$을 포함시킬 것)

(3) 최적수준을 구하시오.

(4) 최적수준을 구간추정하시오. (단, α =5%)

해설

(1) 가설 설정

$$H_0 : a_1 = a_2 = a_3 = a_4 = 0 \qquad H_1 : a_i \neq 0$$

(2) 분산분석

① 변동 계산

$$CT = \frac{T^2}{N} = \frac{1,280.5^2}{16} = 102,480.02$$

$$S_T = \sum_i \sum_j x_{ij}^2 - CT = (79.4^2 + 78.9^2 + \cdots + 80.8^2) - CT = 7.35$$

$$S_A = \sum_i \frac{T_{i\cdot}^2}{r} - CT = \frac{317.0^2 + 319.9^2 + 322.0^2 + 321.6^2}{4} - CT = 3.88$$

② 분산분석표 작성 및 검정

요인	SS	DF	MS	$E(MS)$	F_0	$F_{0.95}$
A	3.88	3	1.29	$\sigma_e^2 + 4\sigma_A^2$	4.46*	3.49
e	3.48	12	0.29	σ_e^2		
T	7.35	15				

인자 A는 유의수준 5%에서 유의적이다.

(3) 최적수준

인자 A는 망대특성이라고 보는 경우에는 A의 각 수준별 평균치가 큰 A_3가 최적수준이라고 볼 수 있다.

(4) 최적수준 구간추정

$$\hat{\mu}(A_3) = \bar{x}_{3\cdot} \pm t_{1-\alpha/2}(\nu_e)\sqrt{\frac{V_e}{r}} = 80.5 \pm t_{0.975}(12)\sqrt{\frac{0.29}{4}} = 80.5 \pm 2.179 \times 0.269 = (79.91,\ 81.09)$$

14 인자 A(4수준), 인자 B(5수준)이고, 모수모형인 반복없는 2요인실험 결과로서 $\bar{x}_{3\cdot} = 8.6$, $\bar{x}_{\cdot 2} = 10.6$, $\bar{\bar{x}} = 8.885$, $MS_e = 0.468$일 때 물음에 답하시오.

(1) 유효반복수 n_e를 구하시오. (2) 수준조합 $A_3 B_2$의 모평균을 신뢰율 95%로 구간추정하시오.

[해설]

(1) 유효반복수 n_e

$$n_e = \frac{\text{총실험횟수}}{\text{유의한 요인의 자유도 합}+1} = \frac{lm}{\nu_A + \nu_B + 1} = \frac{lm}{(l-1)+(m-1)+1} = \frac{4 \times 5}{(4-1)+(5-1)+1} = \frac{20}{8} = 2.5$$

(2) $\mu(A_3 B_2)$의 95% 신뢰구간의 추정

$$\hat{\mu}(A_3 B_2) = (\bar{x}_{3\cdot} + \bar{x}_{\cdot 2} - \bar{\bar{x}}) \pm t_{1-\alpha/2}(\nu_e)\sqrt{\frac{V_e}{n_e}} = (8.6 + 10.6 - 8.855) \pm t_{0.975}(12)\sqrt{\frac{0.468}{2.5}}$$

$$= 10.345 \pm 2.179 \times 0.433 = 10.345 \pm 0.943 = (9.402,\ 11.288)$$

여기서, $\nu_e = (l-1)(m-1) = (4-1)(5-1) = 12$, $V_e(= MS_e) = \frac{S_e}{\nu_e} = 0.468$

⑮ $L_8(2^7)$의 직교배열표를 이용하여 다음 표와 같이 요인을 배치하고 실험데이터를 얻었을 때, 물음에 답하시오.

| 실험번호 | 열번호 | | | | | | | 실험데이터 |
	1	2	3	4	5	6	7	x_i
1	0	0	0	0	0	0	0	20
2	0	0	0	1	1	1	1	24
3	0	1	1	0	0	1	1	17
4	0	1	1	1	1	0	0	27
5	1	0	1	0	1	0	1	26
6	1	0	1	1	0	1	0	15
7	1	1	0	0	1	1	0	36
8	1	1	0	1	0	0	1	32
기본표시	a	b	ab	c	ac	bc	abc	
배치		B		C	$B \times C$	A		

(1) 배치된 각 요인의 효과를 구하시오.

(2) 배치된 각 요인의 제곱합을 구하시오.

[해설]

(1) 각 요인의 효과

각 요인의 효과 $= \dfrac{1}{N/2}$ [1수준 데이터 합-0수준 데이터 합] (단, N=총실험횟수)

주효과 $A = \dfrac{1}{4}[(24+17+15+36)-(20+27+26+32)]=-3.25$

주효과 $B = \dfrac{1}{4}[(17+27+36+32)-(20+24+26+15)]=6.75$

주효과 $C = \dfrac{1}{4}[(24+27+15+32)-(20+17+26+36)]=-0.25$

교호작용효과 $B \times C = \dfrac{1}{4}[(24+27+26+36)-(20+17+15+32)]=7.25$

(2) 변동의 계산

각 요인의 변동 $= \dfrac{1}{N}$ [1수준 데이터 합-0수준 데이터 합]^2 (단, N=총실험횟수)

변동 $S_A = \dfrac{1}{8}[(24+17+15+36)-(20+27+26+32)]^2 = 21.125$

변동 $S_B = \dfrac{1}{8}[(17+27+36+32)-(20+24+26+15)]^2 = 91.125$

변동 $S_C = \dfrac{1}{8}[(24+27+15+32)-(20+17+26+36)]^2 = 0.125$

변동 $S_{B \times C} = \dfrac{1}{8}[(24+27+26+36)-(20+17+15+32)]^2 = 105.125$

| 국가기술자격시험 | 품질경영산업기사 실기 모의고사 5-2R | 시험시간 : 2시간 30분 |

◈ 품질경영실무 ◈

01 다음의 내용은 ISO 9000 시리즈에서 정의하고 있는 어떤 용어에 대한 설명인가?
(1) 고객요구사항의 불충족 (2) 활동 또는 프로세스를 수행하기 위하여 규정된 방식
(3) 부적합의 원인을 제거하고 재발을 방지하기 위한 조치
(4) 동일 기능으로 사용되는 대상에 대해 상이한 요구사항으로 부여되는 범주 또는 순위

[해설]
(1) 부적합 (2) 절차 (3) 시정조치 (3) 등급

02 다음 품질코스트를 예방코스트, 평가코스트, 실패코스트 등으로 분류하시오.

| QC코스트, 시험코스트, PM코스트, 현지서비스코스트, 설계변경코스트, QC교육코스트 |

(1) P-Cost :   (2) A-Cost :   (3) F-Cost :

[해설]
(1) P-Cost : QC코스트, QC교육코스트   (2) A-Cost : 시험코스트, PM코스트
(3) F-Cost : 현지서비스코스트, 설계변경코스트

◈ 통계적품질관리 ◈

03 다음은 P사의 공장에서 생산된 어느 기계 부품 중에서 랜덤으로 64개를 취하여 길이를
측정한 후 히스토그램을 작성하였다. 다음 물음에 답하시오.

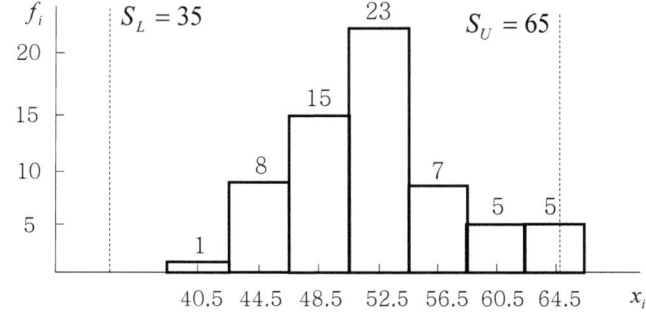

(1) 평균과 표준편차를 구하시오.
(2) 최소공정능력지수(C_{pk})를 구하시오.

[해설]

(1) 평균과 표준편차

$$\bar{x} = \frac{\sum f_i x_i}{\sum f_i} = \frac{(1 \times 40.5) + \cdots + (5 \times 64.5)}{64} = 52.38$$

$$s = \sqrt{\frac{S}{n-1}} = \sqrt{\frac{2,047}{63}} = 5.70 \quad (단, \ S = \sum f_i x_i^2 - \frac{(\sum f_i x_i)^2}{\sum f_i} = 177,608 - \frac{3,352^2}{64} = 2,047)$$

(2) 최소공정능력지수(C_{pk})

$$C_{pk} = (1-K)C_P = (1-K) \times \frac{S_U - S_L}{6 \times s} = (1 - 0.159) \times \frac{30}{6 \times 5.70} = 0.74$$

$$여기서, \ 치우침도 \ K = \frac{|M - \bar{x}|}{T/2} = \frac{|50 - 52.38|}{30/2} = 0.159$$

$$단, \ M = \frac{S_U + S_L}{2} = \frac{65 + 35}{2} = 50, \quad T = S_U - S_L = 65 - 35 = 30$$

04 한강에서 모래를 채취하여 운반하는데 한 트럭당 실려있는 모래 양이 평균 10톤이고 표준편차가 2톤인 정규분포를 한다고 한다. 모래를 운반하는 트럭 10대를 랜덤하게 추출할 때 10대의 평균 모래무게 $\bar{x}$ 가 얼마 이상이 되어야 확률이 1%가 되겠는가?

[해설]

☞ $P_r(\bar{x} \geq x) = 0.01 \ \rightarrow \ P_r\left(\frac{\bar{x} - \mu}{\sigma/\sqrt{n}} \geq \frac{x - \mu}{\sigma/\sqrt{n}}\right) = 0.01 \ \rightarrow \ P_r\left(U \geq \frac{x - \mu}{\sigma/\sqrt{n}}\right) = 0.01$ 이므로,

$$\frac{x - \mu}{\sigma/\sqrt{n}} = \frac{x - 10}{2/\sqrt{10}} = 2.326 \ \rightarrow \ 미지량 \ x = 11.47$$

$u_{1-\alpha} = u_{0.99} = 2.326$

05 공정능력은 정적공정능력과 동적공정능력으로 나누어진다. 이에 대해 설명하시오.

[해설]

☞ ① 정적공정능력(static process capability)이란 문제의 대상물이 갖는 잠재능력
　② 동적공정능력(dynamic process capability)이란 시간의 변화는 물론, 원재료의 대체나 작업자의 교체 등에 기인하는 변동까지 고려한 현실적인 면에서 실현되는 능력

06 어느 철강제품 제조공정의 상한규격이 16.5mm, 하한규격이 13.5mm이다. 최소공정능력지수(C_{pk})를 구하시오. (단, $\bar{x}$=15.3mm, 표준편차 σ=0.35mm이었다.)

[해설]

☞ 최소공정능력지수 $C_{pk} = (1-K)C_P = (1-K) \times \frac{S_U - S_L}{6s} = (1 - 0.2) \times \frac{3}{6 \times 0.35} = 1.14$

여기서, 치우침도 $K = \dfrac{|M - \bar{x}|}{T/2} = \dfrac{|15 - 15.3|}{3/2} = 0.2$

단, $M = \dfrac{S_U + S_L}{2} = \dfrac{16.5 + 13.5}{2} = 15$, $T = S_U - S_L = 16.5 - 13.5 = 3$

07 부품 A는 $N(2.5, 0.03^2)$, 부품 B는 $N(2.4, 0.02^2)$, 부품 C는 $N(2.4, 0.04^2)$인 정규분포에 따른다. 이 3개 부품이 직렬로 결합되는 경우 조립품의 평균과 표준편차는 약 얼마인가? (단, 부품 A, B, C는 서로 독립이다.)

[해설]

☞ 조립품의 평균=2.5+2.4+2.4=7.3, 조립품의 표준편차=$\sqrt{0.03^3 + 0.02^2 + 0.04^2}$ =0.054

08 자동차 후드의 도장공정을 관리하기 위하여 부적합수를 조사한 결과 다음과 같은 데이터 시료를 얻었다. 물음에 답하시오.

(1) 다음 표의 공란을 메우시오. (단, 소수점 셋째 자리까지 기록할 것)

시료군 번호	1	2	3	4	5	6	7	8	9	10	계
시료 크기 n	30	30	30	18	18	18	20	20	20	20	224
부적합수 c	17	15	20	12	16	17	18	19	17	16	167
단위당 부적합수 u	( )	( )	( )	( )	( )	( )	( )	( )	( )	( )	–
관리상한	( )	( )	( )	( )	( )	( )	( )	( )	( )	( )	–
관리하한	( )	( )	( )	( )	( )	( )	( )	( )	( )	( )	–

(2) 이 표의 관리도를 그리시오. (3) 관리도를 판정하시오.

[해설]

(1) 관리한계선 계산

　* 시료군마다 n의 크기가 다르므로 단위당 부적합수 관리용 u관리도를 사용함.

　* 중심선 계산 : $C_L = \bar{u} = \dfrac{\sum c}{\sum n} = \dfrac{167}{224} = 0.746$

　* 관리한계선 계산 : $U_{CL} = \bar{u} + 3\sqrt{\dfrac{\bar{u}}{n}}$, $L_{CL} = \bar{u} - 3\sqrt{\dfrac{\bar{u}}{n}}$

　　① $n=18$일 때 : $U_{CL} = 0.746 + 3\sqrt{\dfrac{0.746}{18}} = 1.36$, $L_{CL} = 0.746 - 3\sqrt{\dfrac{0.746}{18}} = 0.14$

　　② $n=20$일 때 : $U_{CL} = 0.746 + 3\sqrt{\dfrac{0.746}{20}} = 1.33$, $L_{CL} = 0.746 - 3\sqrt{\dfrac{0.746}{20}} = 0.17$

　　③ $n=30$일 때 : $U_{CL} = 0.746 + 3\sqrt{\dfrac{0.746}{30}} = 1.22$, $L_{CL} = 0.746 - 3\sqrt{\dfrac{0.746}{30}} = 0.27$

시료군 번호	1	2	3	4	5	6	7	8	9	10	계
시료 크기 n	30	30	30	18	18	18	20	20	20	20	224
부적합수 c	17	15	20	12	16	17	18	19	17	16	167
단위당 부적합수 u	0.57	0.50	0.67	0.67	0.89	0.94	0.90	0.95	0.85	0.80	-
관리상한	1.22	1.22	1.22	1.36	1.36	1.36	1.33	1.33	1.33	1.33	-
관리하한	0.27	0.27	0.27	0.14	0.14	0.14	0.17	0.17	0.17	0.17	-

(2) 관리도의 작성 및 판정

　① u의 타점 및 한계선 표시

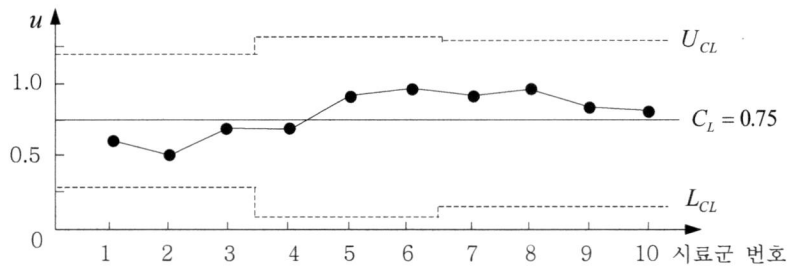

　② 관리상태 판정 : 관리한계선을 벗어나는 점이 없고, 점의 배열에 이상한 버릇도 없으므로 공정은 관리상태라고 판정할 수 있다.

09 종래에 생산되던 단위면적(10m^2) 당 모부적합수 m_0=4이었다. 작업방법을 변경한 후에 샘플 부적합수 c=10개가 나왔다. 다음 물음에 답하시오.

(1) 샘플부적합수는 모부적합수보다 커졌다고 할 수 있는가? (단, α=0.05)

(2) 신뢰도 95%의 신뢰하한을 구간추정하시오.

[해설]

(1) 모부적합수 검정

　① 가설 설정 : H_0 : $m \le m_0(4)$, H_1 : $m > m_0$ (한쪽검정)　② 유의수준 : α=0.05

　③ 검정통계량의 값(U_0) 계산 : $U_0 = \dfrac{c - m_0}{\sqrt{m_0}} = \dfrac{10 - 4}{\sqrt{4}} = 3.0$

　④ 기각역 설정 : $U_0 > u_{1-\alpha}$ 이면 H_0 기각

　⑤ 판정 : $U_0 = 3.0 > u_{0.95} = 1.645$이므로 H_0를 기각한다.

　　　　　즉, 샘플부적합수는 모부적합수보다 커졌다고 할 수 있다.

(2) 신뢰구간 추정 : 대립가설 H_1: $m > m_0$이 채택된 경우이므로, 신뢰하한을 추정함.

　　$\hat{m}_L = c - u_{1-\alpha}\sqrt{c} = 10 - u_{0.95} \times \sqrt{10} = 10 - 1.645 \times \sqrt{10} = 4.798$

⑩ 검사단위의 품질표시방법 중 시료의 품질표시방법을 4가지만 간단히 나열하시오.

해설

☞ 시료의 품질표시 방법 : ① 시료 내의 부적합품수, ② 시료 내의 검사단위당 평균부적합수,
③ 시료의 평균치, ④ 시료의 표준편차, ⑤ 시료의 범위

⑪ H사는 어떤 부품의 수입검사에 계수값 샘플링검사인 KS Q 1SO 2859-1의 보조표인 분수 샘플링검사를 적용하고 있다. 적용조건은 AQL=1.0%, 통상검사수준 Ⅱ에서 엄격도는 보통검사, 샘플링형식은 1회로 시작하였다. 다음 물음에 답하시오.

(1) 다음 표의 공란을 로트별로 완성하시오.

로트 번호	N	샘플 문자	n	당초 A_c	합부판정 스코어 (검사전)	수정 적용 A_c	부적 합품 수 d	합부 판정	합부판정 스코어 (검사후)	전환 스코어	샘플링검사의 엄격도 (검사후)
1	200	G	32	1/2			1				
2	250	G	32	1/2			0				
3	600	J	80	2			1				
4	80	E	13	0			0				
5	120	F	20	1/3			1				

(2) 로트번호 5의 검사 결과, 다음 로트에 적용되는 로트번호 6의 엄격도를 결정하시오.

해설

(1) 공란 작성 : KS Q ISO 2859-1 분수 A_c 합부 판정 및 전환스코어 계산

로트 번호	N	샘플 문자	n	당초 A_c	합부판정 스코어 (검사전)	수정 적용 A_c	부적 합품 수 d	합부 판정	합부판정 스코어 (검사후)	전환 스코어	샘플링검사의 엄격도 (검사후)
1	200	G	32	1/2	5	0	1	불합격	0	0	보통검사 속행
2	250	G	32	1/2	5	0	0	합격	5	2	보통검사 속행
3	600	J	80	2	12	2	1	합격	0	5	보통검사 속행
4	80	E	13	0	0	0	0	합격	0	7	보통검사 속행
5	120	F	20	1/3	3	0	1	불합격	0	0	보통검사 중단

① 합부판정스코어 (검사전) :

당초 $A_c=0$→전회 검사후 스코어와 동일, 당초 $A_c=1/3$→전회의 검사후 스코어+3

당초 $A_c=1/2$→전회의 검사후 스코어+5, 당초 $A_c≥1$→전회의 검사후 스코어+7

② 수정적용 A_c : 검사 전의 합부판정스코어≤8이면, 수정적용 A_c=(분수 A_c가) 0

검사 전의 합부판정스코어≥9이면, 수정적용 A_c=(분수 A_c가) 1

③ 합부판정 : $d≤A_c$이면 로트 합격, $d>A_c$이면 로트 불합격

④ 합부판정스코어 (검사후) : $d≥1$인 때, 스코어를 0으로 되돌림.

$d=0$이면, 검사전 스코어와 동일

⑤ 전환스코어 :

당초 A_c=0, 1/2, 1/3, 1→로트 합격되면 전회 전환스코어+2, 불합격시는 0으로 되돌림.

당초 $A_c \geq 2$인 때 로트가 합격되면 전회 전환스코어+3, 불합격시에는 0으로 되돌림.

(2) 로트번호 6의 엄격도 : 연속 5로트 중 2로트 불합격, (보통검사→까다로운 검사)

[힌트] 합부판정스코어 계산법, 전환스코어의 계산 및 갱신 규칙, 엄격도 전환 규칙

⑫ 드럼에 채운 고체가성소다 중 산화철분은 적을수록 좋다. 로트의 평균치가 0.0040%이하이면 합격으로 하고, 그것이 0.0050%이상이면 불합격하는 다음의 값을 구하시오.
(단, $K_{0.05}$=1.646, $K_{0.10}$=1.282, σ=0.00065%, α=0.05, β=0.10임을 알고 있다.)

(1) n (2) G_0

해설

☞ m_0=0.004, m_1=0.005, σ=0.00065이므로

(1) $n = \left(\dfrac{K_\alpha + K_\beta}{m_1 - m_0} \right)^2 \sigma^2 = \left(\dfrac{1.645 + 1.282}{0.005 - 0.004} \right)^2 \times 0.00065^2 = 3.6 \rightarrow n = 4$

(2) $G_0 = \dfrac{K_\alpha}{\sqrt{n}} = \dfrac{1.645}{\sqrt{4}} = 0.8225$

◆ 실험계획법 ◆

⑬ 요인 A에 대하여 각각 4회 실험을 실시하였으나 결측치가 발생한 결과 데이터이다. 요인 A의 제곱합을 구하시오.

	A_1	A_2	A_3	A_4
1	84.2	87.7	84.8	85.2
2	82.5	85.4	85.2	85.4
3	87.3	83.3	84.6	–
4	86.4	–	84.3	–
합계	340.4	256.4	338.9	170.6

해설

☞ $S_A = \sum_i \dfrac{T_{i \cdot}^2}{r_i} - \dfrac{T^2}{N} = \left[\dfrac{340.4^2}{4} + \dfrac{256.4^2}{3} + \dfrac{338.9^2}{4} + \dfrac{170.6^2}{2} \right] - \dfrac{1,106.3^2}{13} = 1.046$

14 어떤 화학반응 실험에서 농도를 4수준으로 반복수가 일정하지 않은 실험을 하여 다음 표와 같은 결과를 얻었다. 분산분석 결과 S_e=2,508.8이었다. $\mu(A_3)$의 95% 신뢰구간을 추정하시오. (단, 분포표 값은 주어진 부표를 이용할 것)

인자	A_1	A_2	A_3	A_4
m_i	5	6	5	3
$\bar{x}_{i.}$	52	35.33	48.20	64.67

해설

☞ $\hat{\mu}(A_3) = \bar{x}_{3.} \pm t_{1-\alpha/2}(\nu_e)\sqrt{\dfrac{V_e}{m_3}} = \bar{x}_{3.} \pm t_{0.975}(15)\sqrt{\dfrac{V_e}{5}} = 48.2 \pm 2.131 \times \sqrt{\dfrac{167.25}{5}} = (35.88,\ 60.52)$

여기서, $\bar{x}_{3.} = 48.2$, $V_e = \dfrac{S_e}{\nu_e} = \dfrac{2,508.8}{15} = 167.25$, $\nu_e = \nu_T - \nu_A = 18 - 3 = 15$, $t_{0.975}(15) = 2.131$

15 $L_8(2^7)$의 직교배열표를 이용하여 아래 표와 같이 인자를 배치하고 실험데이터를 얻었을 때 다음 물음에 답하시오.

배치	A	B						실험데이터
No. \ 열번	1	2	3	4	5	6	7	x_i
1	1	1	1	1	1	1	1	x_1=9
2	1	1	1	2	2	2	2	x_2=12
3	1	2	2	1	1	2	2	x_3=8
4	1	2	2	2	2	1	1	x_4=15
5	2	1	2	1	2	1	2	x_5=16
6	2	1	2	2	1	2	1	x_6=20
7	2	2	1	1	2	2	1	x_7=13
8	2	2	1	2	1	1	2	x_8=13
기본표시	a	b	ab	c	ac	bc	abc	$\sum x$=106

(1) 요인 A의 제곱합 S_A를 구하시오.

(2) 요인 B의 주효과를 구하시오.

(3) 만약 교호작용이 존재한다고 가정하면 $A \times B$는 몇 열에 배치해야 하는가?

(4) 오차분산의 자유도는 얼마인가?

해설

(1) $S_A = \dfrac{1}{N}$[2수준 데이터 합－1수준 데이터 합]^2 (여기서, N=총실험횟수)

$= \dfrac{1}{8}$[(8+ 15+ 13+ 13)－(9+ 12+ 16+ 20)]^2 =40.5

(2) $B = \dfrac{1}{N/2}$ [2수준 데이터 합-1수준 데이터 합]$= \dfrac{1}{4}$ [(8+ 15+ 13+ 13)-(9+ 12+ 16+ 20)]$=-2.0$

(3) $A \times B \rightarrow (a)(b) = ab \rightarrow$ 성분이 ab 인 3열에 나타난다.

(4) 인자나 교호작용이 배치되지 않은 열(총 4개)의 자유도 합으로서, 1×4=4

| 국가기술자격시험 | 품질경영산업기사 실기 모의고사 5-3R | 시험시간 : 2시간 30분 |

◈ 품질경영실무 ◈

01 품질 cost를 구성하는 분류 항목을 적고 간단히 설명하시오.

[해설]

(1) 예방코스트(P-cost) : ① 품질계획 비용, ② QC기술 비용, ③ QC교육·훈련 비용, ④ QC사무 비용, ⑤ 공정관리 비용, ⑥ 검사 및 시험계획 비용, ⑦ 외주업체지도 및 평가 비용, ⑧ 인정시험 비용, ⑨ 품질시스템 개발·관리 비용, ⑩ 소비자에 대한 제품의 오용방지 및 소비자교육 비용, ⑪ 기타의 예방 비용

(2) 평가코스트(A-cost) : ① 수입검사 비용, ② 공정검사 비용, ③ 완성품검사 비용, ④ 시험비용, ⑤ 검사 및 시험기기의 보전 비용, ⑥ 구성품 및 제품의 품질인증 비용, ⑦ 제품출하시 품질검토 및 현지시험 비용, ⑧ 기타의 평가 비용

(3) 내적 실패코스트(IF-Cost) : ① 폐각(scrap) 비용, ② 재작업 비용, ③ 자재 및 외주가공불량 비용, ④ 고장발견 및 불량분석 비용, ⑤ 불량대책 비용, ⑥ 등급저하 손실 비용, ⑦ 기타의 내적실패 비용

(4) 외적 실패코스트(EF-Cost) : ① 서비스 비용, ② 보증기간중의 불만 비용, ③ 보증기간 만료후의 불만 비용, ④ 제품책임 비용, ⑤ 기타의 외적 실패 비용

02 6시그마의 실행에 있어 정의단계에서 SIPOC가 있다. 이 용어가 의미하는 뜻을 적으시오.

S : (　　) I : (　　)　　P : (　　)　　O : (　　)　　C : (　　)

[해설]

☞ S : Supplier　I : Input　P : Process　O : Output　C : Customer

03 다음의 내용은 ISO 9000시리즈에서 정의하고 있는 어떤 용어에 대한 설명인가?

(1) 요구사항의 불충족 (　　　)　　(2) 의미있는 데이터 (　　　)

[해설]

☞ (1) 부적합(nonconformity)　(2) 정보(information)

◈ 통계적품질관리 ◈

04 다음의 확률을 각각 구하시오. (단, 답은 유효숫자 셋째 자리까지 구하시오.)

(1) 확률변수 x 가 n=50, p=0.01인 이항분포를 할 때 2개 이상 포함할 확률은?

(2) 확률변수 x 가 평균 3인 포아송분포를 할 때 3개 이상 포함할 확률은?

(3) $x \sim N(10, 2^2)$인 정규분포에서 x가 14이상이 나올 확률은?

[해설]

(1) 이항분포는 $P_r(X = x) = p(x) = {}_n C_x P^x (1-P)^{n-x}$이고, $n=50$, $p=0.01$이므로

$$P_r(X \geq 2) = 1 - P_r(X \leq 1) = 1 - [p(0) + p(1)] = 1 - [{}_{50}C_0 0.01^0 (1-0.01)^{50-0} + {}_{50}C_1 0.01^1 (1-0.01)^{50-1}]$$
$$= 1 - (0.6050 + 0.3056) = 0.0894$$

(2) 포아송분포는 $P_r(X = x) = p(x) = \dfrac{e^{-m} \cdot m^x}{x!}$이고, $m=3$이므로

$$P_r(X \geq 3) = 1 - P_r(X \leq 2) = 1 - [p(0) + p(1) + p(2)] = 1 - e^{-3}\left(\frac{3^0}{0!} + \frac{3^1}{1!} + \frac{3^2}{2!}\right) = 1 - 0.423 = 0.577$$

(3) 정규분포에서 $P_r(X \geq 14) = P_r\left(\dfrac{X-\mu}{\sigma} \geq \dfrac{14-\mu}{\sigma}\right) = P_r\left(U \geq \dfrac{14-10}{2}\right) = P_r(U \geq 2) = 0.228$

05 어떤 로트의 중간제품의 부적합품이 10%이고, 중간제품의 양품만을 사용해서 가공했을 때 제품의 부적합품률이 5%라고 하면 이 원료로부터 양품이 얻어질 확률은?

[해설]

☞ 중간제품의 적합품률 $P_r(A) = 0.90$, 최종제품의 적합품률 $P_r(B) = 0.95$이므로

$$\therefore \; P_r(A \cap B) = P_r(A) \times P_r(B) = 0.90 \times 0.95 = 0.885 \, (88.5\%)$$

06 공정능력지수(C_P)의 등급별 범위를 적어시오.

등급	판정기준	판정	등급	판정기준	판정
특		매우 우수	3		부족
1		우수	4		매우 부족
2		보통			

[해설]

☞ 공정능력지수(C_P)의 등급별 범위

등급	판정기준	판정	등급	판정기준	판정
특	$C_P \geq 1.67$	매우 우수	3	$0.67 \leq C_P < 1.00$	부족
1	$1.33 \leq C_P < 1.67$	우수	4	$C_P < 0.67$	매우 부족
2	$1.00 \leq C_P < 1.33$	보통			

07 다음 물음에 답하시오.

(1) 종래 납품되고 있던 기계 부품의 치수의 표준편차는 0.15cm이었다. 이번에 납품된 로트의 평균치를 신뢰율 95%, 정밀도 0.10cm로 알고자 한다. 샘플을 몇 개로 하는 것이 좋은가?

(2) 어떤 제품의 품질특성 평균치가 35kgf/mm² 이하인 로트는 합격으로, 40kgf/mm² 이상인 로트는 불합격으로 하려고 하는 계량규준형 1회 샘플링검사에서 샘플의 개수를 구하시오.
(단, σ =3kgf/mm² , α =0.05, β =0.10)

[해설]

(1) $\beta = \pm u_{1-\alpha/2} \dfrac{\sigma}{\sqrt{n}}$ 로부터 $0.1 = \pm u_{1-0.05/2} \dfrac{\sigma}{\sqrt{n}} = \pm u_{0.975} \dfrac{0.15}{\sqrt{n}} = \pm 1.96 \times \dfrac{0.15}{\sqrt{n}}$ → $n = 8.6$ → 9개

(2) m_0 =35, m_1 =40, σ =3이므로, $n = \left(\dfrac{K_\alpha + K_\beta}{m_1 - m_0} \right)^2 \sigma^2 = \left(\dfrac{1.645 + 1.282}{40 - 35} \right)^2 \times 3^2 = 3.1$ → $n = 4$ 개

08 $\bar{x} - R$ 관리도에서 $\bar{x}$ 관리도의 U_{CL} =32.5965, L_{CL} =27.4035, $\bar{R}$ =4.5일 때 군의 크기(n)를 구하시오. (단, 관리도용 계수표가 주어짐)

[해설]

☞ $U_{CL} = \bar{\bar{x}} + A_2 \bar{R} = 30 + A_2 \times 4.5 = 32.5965$ → $A_2 = 0.577$ → $n = 5$

여기서, $\bar{\bar{x}} = (U_{CL} + L_{CL}) / 2 = (32.5965 + 27.4035) / 2 = 30$

09 다음 관리도의 데이터를 보고 물음에 답하시오.

일별	측정치	R_m	일별	측정치	R_m	일별	측정치	R_m
1	25.0	–	8	23.6	6.4	15	32.6	2.4
2	25.3	0.3	9	32.3	8.7	16	29.7	2.9
3	33.8	8.5	10	28.1	4.2	17	33.9	4.2
4	36.4	2.6	11	27.0	1.1	18	31.7	2.2
5	32.2	4.2	12	26.1	0.9	19	26.1	5.6
6	30.8	1.4	13	29.1	3.0	20	25.3	0.8
7	30.0	0.8	14	30.2	1.1	합계	589.2	61.3

(1) x 관리도의 U_{CL} 과 L_{CL} 을 구하시오.

(2) R_m 관리도의 U_{CL} 과 L_{CL} 을 구하시오.

(3) $x - R_m$ 관리도를 작성하고 관리상태를 판정하시오.

[해설]

(1) x 관리도의 U_{CL} 과 L_{CL}

$U_{CL} = \bar{x} + 2.66 \bar{R}_m = 29.46 + 2.66 \times 3.23 = 38.04$

$$L_{CL} = \bar{x} - 2.66\overline{R}_m = 29.46 - 2.66 \times 3.23 = 20.88$$

$$\text{여기서, } \bar{x} = \frac{\sum x}{k} = \frac{589.2}{20} = 29.46, \ \overline{R}_m = \frac{\sum R_m}{k-1} = \frac{61.3}{20-1} = 3.23$$

(2) R_m 관리도의 U_{CL} 과 L_{CL}

$$U_{CL} = 3.27\overline{R}_m = 3.27 \times 3.23 = 10.56, \ L_{CL} = D_3\overline{R}_m = -\ (n \leq 6\text{의 경우, 고려하지 않음})$$

(3) $x - R_m$ 관리도를 작성 및 관리상태 판정

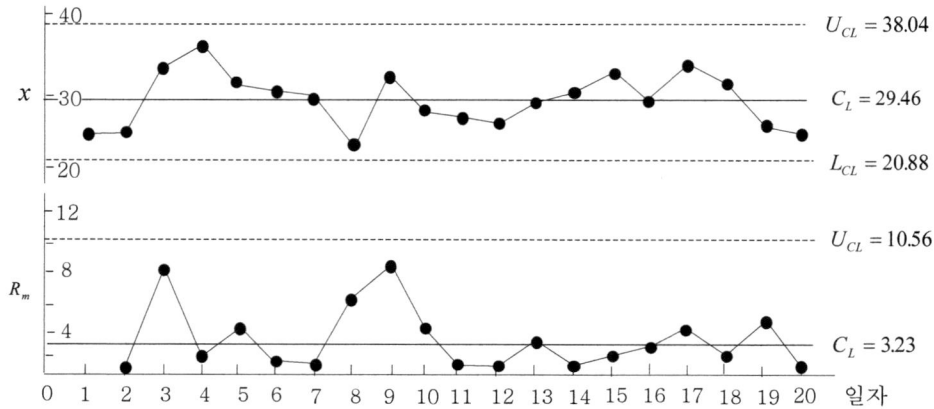

(4) 판정 : 타점들이 관리한계 내에 있고, 어떤 이상한 버릇도 없으므로 이 공정은 관리상태에 있다고 볼 수 있다.

⑩ 다음 A, B 데이터를 보고 물음에 답하시오.

x_i	0.5	1.0	1.5	2.0	2.5
y_i	20	36	48	62	62

(1) 공분산(V_{xy})을 구하시오.　(2) 상관계수(r)를 구하시오.

해설

(1) $V_{xy} = \dfrac{S_{(xy)}}{n-1} = \dfrac{1}{n-1}\left[\sum xy - \dfrac{\sum x \sum y}{n}\right] = \dfrac{1}{5-1}\left[397 - \dfrac{7.5 \times 228}{5}\right] = \dfrac{55.0}{4} = 13.75$

(2) $r = \dfrac{S_{(xy)}}{\sqrt{S_{(xx)}S_{(yy)}}} = \dfrac{55.0}{\sqrt{2.5 \times 1{,}291.2}} = 0.968$

여기서, $S_{(xx)} = \sum x^2 - \dfrac{(\sum x)^2}{n} = 2.5$, $S_{(yy)} = \sum y^2 - \dfrac{(\sum y)^2}{n} = 1{,}291.2$

11 어느 조립식 책장을 납품하는데 있어 로트 크기는 500, 공급자와 소비자는 상호협의에 의해 1회 거래로 한정하고 한계품질은 5.0%로 하기로 합의하였다.

(1) 샘플링검사 방식을 기술하시오.

(2) 공정 부적합품률이 2%일 때 로트의 합격 확률을 이항분포로 구하시오.

[해설]

(1) KS Q ISO 2859-2(LQ지표형 샘플링검사)의 [부표 A]에서 로트크기 N =500, LQ=5.0%에 대하여 1회 샘플링방식으로서 n =50, A_c =0을 얻는다.

(2) 공정품질 p =2%의 $L(p)$ 계산을 이항분포로 계산하면,

$$L(p) = \sum_{x=0}^{A_c} \binom{n}{x} p^x (1-p)^{n-x} = \sum_{x=0}^{0} \binom{50}{x} 0.02^x (1-0.02)^{50-x} = 0.3642$$

12 L사는 한 부품의 수입검사에서 KS Q ISO 2859-1을 사용하고 있다. 검토후 AQL=0.4%, 검사수준 II, 1회 샘플링검사를 보통검사를 시작으로 연속 15로트를 실시한 결과물의 부분표이다. 다음 공란을 메우시오. (샘플링검사 방식이 일정한 경우이다.)

로트번호	N	샘플문자	n	당초 A_c	부적합품수	합부판정	전환점수	엄격도 적용
4	1,000	J	80	1/2	0	합격	2	보통검사 속행
5	1,000	J	80	1/2	0	합격	4	보통검사 속행
6	1,000	J	80	1/2	1	합격	6	보통검사 속행
7	1,000	J	80	1/2	1	( )	( )	( )
8	1,000	J	80	1/2	0	( )	( )	( )
9	1,000	J	80	1/2	0	( )	( )	( )
10	1,000	J	80	1/2	1	( )	( )	( )
11	1,000	J	80	1/2	1	( )	( )	( )

[해설]

☞ 공란 채우기

로트번호	N	샘플문자	n	당초 A_c	부적합품수	합부판정	전환점수	엄격도 적용
4	1,000	J	80	1/2	0	합격	2	보통검사 속행
5	1,000	J	80	1/2	0	합격	4	보통검사 속행
6	1,000	J	80	1/2	1	합격	6	보통검사 속행
7	1,000	J	80	1/2	1	불합격	0	보통검사 속행
8	1,000	J	80	1/2	0	합격	2	보통검사 속행
9	1,000	J	80	1/2	0	합격	4	보통검사 속행
10	1,000	J	80	1/2	1	합격	6	보통검사 속행
11	1,000	J	80	1/2	1	불합격	0	보통검사 중단

[참고] 이 경우는 분수 A_c 의 경우 샘플링검사 방식이 일정한 경우임.

    ① 합부판정 : 분수 합격판정개수의 경우

        ㉠ d =0이면 로트합격

ⓛ d =1이면, 다음과 같은 수의 직전 로트 모두에서 d =0인 경우에 현재 로트를
합격으로 하고, 기타의 경우에는 불합격으로 함.

ⓐ A_c =1/2이면 직전 1개 로트, ⓑ A_c =1/3이면 직전 2개 로트

ⓒ A_c =1/5이면 직전 4개 로트

② 전환스코어(전환점수) :

＊ 당초 A_c =1/2→로트 합격되면 전회 전환스코어+ 2, 불합격시는 0으로 되돌림.

③ 엄격도 적용 : 연속 5로트 중 2로트 불합격, (보통검사→까다로운 검사)

◆ **실험계획법** ◆

(13) 실험을 계획하는 단계에서의 기본원리 5가지를 적으시오.

[해설]

☞ 실험계획 5가지 기본원리 : ① 랜덤화의 원리, ② 반복의 원리, ③ 블럭화의 원리, ④ 교락
의 원리, ⑤ 직교화의 원리

(14) 어떤 제품을 실험할 때 반응압력 A 를 1.0, 1.5, 2.0, 2.5기압의 4수준, 반응시간 B 를
30분, 40분, 50분의 3수준으로 하여 데이터를 구한 결과 다음 표를 얻었다. 물음에 답하시오.
(단, S_T =6.22, CT =114,543.48)

요인 A 〈br〉요인 B	A_1	A_2	A_3	A_4
B_1	97.6	98.6	99.0	98.0
B_2	97.3	98.2	98.0	97.7
B_3	96.7	96.9	97.9	96.5

(1) 분산분석표를 작성하고, 검정까지 행하시오.

요인	SS	DF	MS	F_0	$F_{0.95}$
T					

(2) $\mu(A_3B_1)$ 에 대하여 신뢰율 95%로서 구간추정을 행하시오.

(3) 요인 B 의 기여율을 구하시오.

[해설]

(1) 분산분석표 작성 및 검정

① 변동의 계산

$$S_A = \sum_i \frac{T_{i\cdot}^2}{m} - CT = \frac{T_{1\cdot}^2 + T_{2\cdot}^2 + T_{3\cdot}^2 + T_{4\cdot}^2}{3} - CT = \frac{291.6^2 + \cdots + 292.2^2}{3} - CT = 2.22$$

$$S_B = \sum_j \frac{T_{.j}^2}{l} - CT = \frac{T_{.1}^2 + T_{.2}^2 + T_{.3}^2}{4} - CT = \frac{393.2^2 + 391.2^2 + 388^2}{4} - CT = 3.44$$

$$S_e = S_T - S_A - S_B = 6.22 - 2.22 - 3.44 = 0.56$$

② 자유도 계산 : $\nu_T = lm - 1 = 11$, $\nu_A = l - 1 = 3$, $\nu_B = m - 1 = 2$, $\nu_e = (l-1)(m-1) = 6$

③ 분산분석표의 작성

요인	SS	DF	MS	F_0	$F_{0.95}$
A	2.22	3	0.74	7.93^*	4.76
B	3.44	2	1.72	18.43^*	5.14
e	0.56	6	0.09		
T	6.22	11			

④ 판정 : 위의 결과로 볼 때 인자 A 및 인자 B 는 유의수준 5%로 유의하다.

(2) $\mu(A_3 B_1)$ 의 신뢰율 95% 구간추정

$$\hat{\mu}(A_3 B_1) = (\bar{x}_{3.} + \bar{x}_{.1} - \bar{\bar{x}}) \pm t_{1-\alpha/2}(\nu_e)\sqrt{\frac{V_e}{n_e}} = (\bar{x}_{3.} + \bar{x}_{.1} - \bar{\bar{x}}) \pm t_{0.975}(6)\sqrt{\frac{0.09}{2}}$$

$$= (98.3 + 98.3 - 97.7) \pm 2.447 \times \sqrt{\frac{0.09}{2}} = (98.37,\ 99.43)$$

여기서, $n_e = \dfrac{lm}{\nu_A + \nu_B + 1} = \dfrac{lm}{(l-1)+(m-1)+1} = \dfrac{lm}{l+m-1} = \dfrac{4 \times 3}{4+3-1} = 2$

(3) 요인 B 의 기여율

$$\rho_B = \frac{S_B'}{S_T} \times 100 = \frac{S_B - \nu_B V_e}{S_T} \times 100 = \frac{3.44 - 2 \times 0.09}{6.22} \times 100 = 52.41\%$$

⑮ 다음은 $L_8(2^7)$ 직교배열표의 일부분이다. 요인 A 의 제곱합을 구하시오.

배치 열번 No.	A 3	실험데이터 x_i
1	0	$x_1 = 9$
2	0	$x_2 = 12$
3	1	$x_3 = 8$
4	1	$x_4 = 15$
5	1	$x_5 = 16$
6	1	$x_6 = 20$
7	0	$x_7 = 13$
8	0	$x_8 = 13$
기본표시	ab	$\sum x = 106$

해설

☞ $S_A = \dfrac{1}{N}$ [1수준 데이터 합-0수준 데이터 합]^2 (여기서, N=총실험횟수)

$= \dfrac{1}{8}$ [(8+ 15+ 16+ 20)-(9+ 12+ 13+ 13)]^2 =18

제6장

품질경영산업기사 실기
CBT 모의고사6

| 국가기술자격시험 | 품질경영산업기사 실기 모의고사 $\boxed{6\text{-}1R}$ | 시험시간 : 2시간 30분 |

◆ 품질경영실무 ◆

01 주어진 [보기]의 품질코스트 세부내용을 P, A, F cost로 구분하시오.

[보기] ① QC사무코스트 ② 시험코스트 ③ 현지서비스코스트 ④ QC교육코스트
⑤ PM코스트 ⑥ 설계변경코스트

(1) P cost :   (2) A cost :   (3) F cost :

해설

(1) P(예방) cost : ① QC사무코스트, ④ QC교육코스트
(2) A(평가) cost : ② 시험코스트, ⑤ PM코스트
(3) F(실패) cost : ③ 현지서비스코스트, ⑥ 설계변경코스트

◆ 통계적품질관리 ◆

02 주사위를 두 개 던져 나온 두 눈을 각각 X_1, X_2라고 할 때 $(X_1 + X_2 \leq 5)$일 확률을 구하시오.

해설

☞ $P_r(X_1 + X_2 \leq 5)$

$= P_r(X_1 = 1)P_r(X_2 \leq 4) + P_r(X_1 = 2)P_r(X_2 \leq 3) + P_r(X_1 = 3)P_r(X_2 \leq 2) + (X_1 = 4)(X_2 = 1)$

$= \dfrac{1}{6} \times \dfrac{4}{6} + \dfrac{1}{6} \times \dfrac{3}{6} + \dfrac{1}{6} \times \dfrac{2}{6} + \dfrac{1}{6} \times \dfrac{1}{6} = \dfrac{10}{36} = 0.278$

03 부적합품률이 8%인 공정이 있다. $N=50$, $n=5$일 때 부적합품이 시료에 1개 이상 포함될 확률을 초기하분포, 이항분포, 포아송분포를 사용하여 각각 구하시오.

해설

☞ $N = 50$, $n = 5$, $P = 0.08$이고, 부적합품이 시료에 1개 이상 포함될 확률
(1) 초기하분포에 의한 확률

$P_r(X = x) = p(x) = \dfrac{{}_{NP}C_x \cdot {}_{N-NP}C_{n-x}}{{}_{N}C_n}$ 이며,

$P_r(X \geq 1) = 1 - P_r(X = 0) = 1 - 0.647 = 0.353$

여기서, $P_r(X = 0) = p(0) = \dfrac{{}_{50 \times 0.08}C_0 \times {}_{50-50 \times 0.08}C_{5-0}}{{}_{50}C_5} = \dfrac{{}_{4}C_0 \times {}_{46}C_5}{{}_{50}C_5} = 0.647$

(2) 이항분포에 의한 확률

$P_r(X=x) = p(x) = {_n}C_x P^x (1-P)^{n-x}$ 이며,

$P_r(X \geq 1) = 1 - P_r(X=0) = 1 - 0.659 = 0.341$

여기서, $P_r(X=0) = p(0) = {_5}C_0 P^0 (1-P)^{5-0} = {_5}C_0 (0.08)^0 (1-0.08)^{5-0} = 0.659$

(3) 포아송분포에 의한 확률

$P_r(X=x) = p(x) = \dfrac{e^{-m} \cdot m^x}{x!}$ 이며,

$P_r(X \geq 1) = 1 - P_r(X=0) = 1 - 0.670 = 0.330$

여기서, $P_r(X=0) = p(0) = \dfrac{e^{-0.4} \cdot 0.4^0}{0!} = 0.670$

---

04 확률변수 X의 확률분포가 아래와 같다. Y의 함수식이 $Y = 2X + 8$로 정의되는 경우 Y의 기대가와 분산은?

X	1	2	3	4	5
$P_r(X)$	0.1	0.2	0.4	0.2	0.1

해설

☞ $E(Y) = 2E(X) + 8 = 2\sum\limits_{x=1}^{5} X \cdot P_r(X) + 8 = 2(1 \times 0.1 + 2 \times 0.2 + \cdots + 5 \times 0.1) + 8 = 2 \times 3 + 8 = 14$

$V(Y) = 2^2 V(X) = 2^2 \sum\limits_{x=1}^{5} [X - E(X)]^2 P_r(X)$

$= 2^2 [(1-3)^2 \times 0.1 + (2-3)^2 \times 0.2 + \cdots + (5-3)^2 \times 0.1] = 4.8$

---

05 종래의 경험에 의하면 모표준편차가 0.12cm라고 한다. 최근 제품 7개를 랜덤으로 취한 데이터가 다음과 같을 때 산포에는 변화가 있다고 할 수 있는가? (단, α =0.05)

[데이터] 23.29, 23.46, 23.51, 23.29, 23.29, 23.44, 23.28

해설

☞ 1개 모분산의 양쪽검정 (σ^2 기지의 경우)

① 가설 설정 : $H_0 : \sigma^2 = 0.12^2 (\sigma_0^2)$, $H_1 : \sigma^2 \neq 0.12^2$ (양쪽검정)

② 유의수준 : $\alpha = 0.05$

③ 검정통계량의 값(χ_0^2) 계산 : $\chi_0^2 = \dfrac{S}{\sigma_0^2} = \dfrac{\nu V}{\sigma_0^2} = \dfrac{(n-1)V}{\sigma_0^2} = \dfrac{(7-1) \times 0.00996}{0.12^2} = 4.15$

여기서, $V = \dfrac{S}{n-1} = \dfrac{\sum (x_i - \bar{x})^2}{n-1} = \dfrac{(23.29 - 23.37)^2 + \cdots + (23.28 - 23.37)^2}{7-1} = 0.00996$

④ 기각역 설정 : $\chi_0^2 > \chi_{1-\alpha/2}^2(\nu)$ 또는 $\chi_0^2 < \chi_{\alpha/2}^2(\nu)$ 이면 H_0 기각

⑤ 판정 : $\chi_{0.025}^2(6) = 1.237 < \chi_0^2 = 4.15 < \chi_{0.975}^2(6) = 14.45$ 이므로 H_0 를 기각할 수 없다.

　　　즉, 산포에는 변화가 있다고 할 수 없다.

06 어떤 부품의 특성치 길이에 대한 모평균은 18.52mm였다. 기계를 조정한 후 샘플 10개를 취해 얻은 데이터가 다음과 같다. $\sigma = 0.03$mm라고 할 때 조정 후 모평균이 변했다고 할 수 있는가? (단, $\alpha = 0.05$이다.)

[데이터]　18.54, 18.57, 18.52, 18.56, 18.51, 18.53, 18.55, 18.56, 18.51, 18.58

해설

☞ 한 개의 모평균과 기준치와의 차이 검정

　① 가설 설정 : $H_0 : \mu = 18.52\ (\mu_0)$,　$H_1 : \mu \neq 18.52$　(양쪽검정)

　② 유의수준: $\alpha = 0.05$

　③ 검정통계량의 값(U_0) 계산 : $U_0 = \dfrac{\bar{x} - \mu_0}{\sigma_0 / \sqrt{n}} = \dfrac{18.543 - 18.52}{0.03 / \sqrt{10}} = 2.424$

　　　여기서, $\bar{x} = \dfrac{\sum x}{n} = \dfrac{18.54 + 18.57 + \cdots + 18.58}{10} = 18.543$

　④ 기각역 설정 : $|U_0| > u_{1-\alpha/2} = u_{0.975} = 1.96$ 이면 H_0 기각

　⑤ 판정 : $|U_0| = 2.424 > u_{0.975} = 1.96$ 이므로 유의수준 5%로 H_0 를 기각한다.

　　　따라서, 부품의 지름이 달라졌다고 할 수 있다.

07 15kg들이 화학약품이 60상자 입하되었다. 이 약품의 순도를 조사하기 위해 10상자를 랜덤 샘플링하고, 그 10상자를 전부 검사했다. 이러한 샘플링방식을 무슨 샘플링이라 하는가?

해설

☞ 모집단을 여러 개의 층(서브로트)으로 나누고, 그 중에서 일부를 랜덤 샘플링한 후, 샘플링된 층에 속해 있는 모든 제품을 측정·조사하는 방법은 취락(집락)샘플링(cluster sampling)이다.

08 다음은 매시간 실시되는 최종제품에 대한 샘플링검사의 결과를 정리하여 얻은 데이터이다. 해석용 p 관리도를 작성하고, 공정이 안정상태인가를 판단하시오.

시간	1	2	3	4	5	6	7	8	9	10
검사개수	48	46	50	28	28	50	46	48	28	50
부적합품수	5	1	3	4	9	4	3	2	8	3

[해설]

(1) p 관리도용 데이터시트 작성

시료군 번호	시료크기 n	부적합품수 np	p(%)	$A = \dfrac{3}{\sqrt{n}}$	$A \times \sqrt{\overline{p}(1-\overline{p})}$	U_{CL}	L_{CL}
1	48	5	0.10	0.43	0.129	0.229	
2	46	1	0.02	0.44	0.132	0.232	
3	50	3	0.06	0.42	0.126	0.226	
4	28	4	0.14	0.57	0.171	0.271	음수(−) 로서, 고려하지 않음
5	28	9	0.32	0.57	0.171	0.271	
6	50	4	0.08	0.42	0.126	0.226	
7	46	3	0.07	0.44	0.132	0.232	
8	48	2	0.04	0.43	0.129	0.229	
9	28	8	0.29	0.57	0.171	0.272	
10	50	3	0.06	0.42	0.126	0.226	
합계	422	42					

여기서, $\overline{p} = \dfrac{\sum np}{\sum n} = \dfrac{42}{422} = 0.1 \,(10\%)$, $\sqrt{\overline{p}(1-\overline{p})} = \sqrt{0.1(1-0.1)} = 0.3 \,(30\%)$

$$U_{CL} = \overline{p} + A\sqrt{\overline{p}(1-\overline{p})}, \ L_{CL} = \overline{p} - A\sqrt{\overline{p}(1-\overline{p})}$$

(2) p 관리도 작성

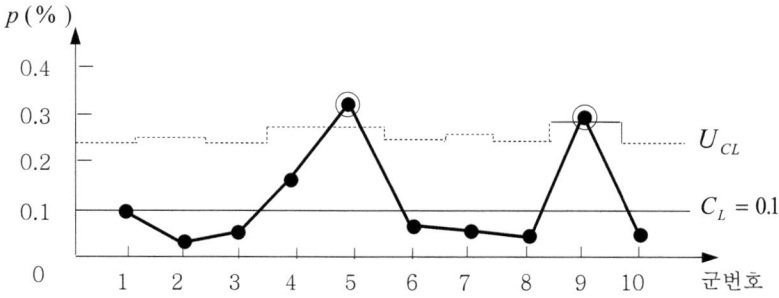

(3) 관리상태 판정 : 군번호 5번, 9번의 점이 관리한계를 이탈하고 있으므로 공정이 비안정상태에 있다고 할 수 있다.

09 n=5인 $\bar{x}$ 관리도에서 U_{CL}=176, L_{CL}=144라고 한다. 현재 생산되고 있는 제품 중 특성치가 170이 넘는 제품이 나올 확률은?

[해설]

☞ $P_r(x > 170) = P_r\left(\dfrac{x - \mu}{\sigma} > \dfrac{170 - \mu}{\sigma}\right) = P_r\left(U > \dfrac{170 - 160}{11.92}\right) = P_r(U > 0.84) = 0.201$

여기서, $\hat{\mu} = \bar{\bar{x}} = C_L = \dfrac{U_{CL} + L_{CL}}{2} = \dfrac{176 + 144}{2} = 160$

$U_{CL} - L_{CL} = 6\dfrac{\sigma}{\sqrt{n}} \rightarrow 176 - 144 = 6 \times \dfrac{\sigma}{\sqrt{5}} \rightarrow \sigma = 11.92$

10 드럼관에 든 고형 가성소다 중 Fe_2O_3는 낮은 편이 좋다. 로트의 평균치가 0.0040% 이하이면 합격으로 하고, 0.0050% 이상이면 불합격으로 하는 샘플링검사 방식을 설계하고자 한다. (단, 로트의 표준편차 σ=0.0006%, α=0.05, β=0.10으로 한다.)

$\dfrac{\|m_1 - m_0\|}{\sigma}$	n	G_0
2.069 이상	2	1.163
1.687~2.068	3	0.950
1.463~1.686	4	0.822
1.309~1.462	5	0.736
1.195~1.308	6	0.672

(1) 시료수 n을 구하시오.

(2) $\bar{x}$가 0.00423%일 때의 로트 판정은?

[해설]

☞ 계량규준형 1회 샘플링검사(σ를 알고 있을 때)(KS Q 0001-제3부)에서 로트의 평균치를 보증하는 경우에 특성치가 낮을수록 좋은 때이다.

(1) σ=0.0006%, m_0=0.004%, m_1=0.005%이며, $\dfrac{\|m_1 - m_0\|}{\sigma} = \dfrac{\|0.005 - 0.004\|}{0.0006} = 1.67$ 이므로 표에서 찾으면 n=4, G_0=0.882

특성치가 낮을수록 좋은 경우이므로 $\overline{X}_U = m_0 + G_0\sigma$ =0.004+0.822×0.0006=0.00449%

(2) $\bar{x} = 0.00423 < \overline{X}_U = 0.00449$ 이므로 로트합격 처리.

[참조] KS Q 1001(계량규준형 샘플링검사) 규격은 KS Q 0001:2013(계량규준형 샘플링검사) 규격으로 개정되었다.

⑪ KS Q ISO 2859-1 연속로트에 대한 AQL 지표형 샘플링검사를 설계하고자 할 때 샘플 문자를 구하기 위해서는 (①)와 (②)을 이용한다.

[해설]

☞ ① 로트의 크기, ② 검사수준(특별검사수준 S-1~S-4, 일반검사수준 Ⅰ~Ⅲ 중 1개)

◆ 실험계획법 ◆

⑫ 어떤 화학공정에서 생산되는 제품의 강도를 높이기 위한 실험을 하고자 인자로서 반응온 도(A)를 택하고, 이의 최적조업조건을 찾아내기 위한 수준으로서 A_1=120°C, A_2=140°C, A_3 =160°C, A_4=180°C의 4수준을 택하였다. 각 수준에서 반복을 5로 하고 총 20회의 실험을 랜 덤하게 순서를 정해 실험하였다. 이때 최적조건의 점추정치를 구하여라. (단, 강도는 큰 값일수 록 좋다.)

	A_1	A_2	A_3	A_4
1	7.9	8.0	8.3	8.3
2	7.5	8.6	8.9	7.8
3	7.6	8.1	8.5	7.8
4	7.6	8.4	8.4	7.9
5	7.7	8.1	8.4	8.1

[해설]

☞ 강도가 클수록 좋은 망대특성으로서, A의 각 수준의 합 중에서 T_3.=42.5가 가장 큰 값이므 로 최적조건은 A_3에서 결정된다. $\hat{\mu}(A_3) = \bar{x}_3. = \dfrac{T_3.}{r} = \dfrac{42.5}{5} = 8.5$

⑬ 모수인자 A를 선택하여 반복이 있는 1원배치 실험을 실시하여 다음과 같은 분산분석표 를 얻었다. $\bar{x}_{A_3}$가 43일 때 μ_{A_3}의 신뢰구간을 추정하시오(단, 유의수준 $\alpha = 0.05$).

요인	SS	DF
A	40	4
e	10	15
T	50	19

[해설]

☞ $\bar{x}_{A_3}$는 $\bar{x}_3$.로, μ_{A_3}는 $\mu(A_3)$로 표기하며, $\hat{\mu}(A_i) = \bar{x}_i. \pm t_{1-\alpha/2}(\nu_e)\sqrt{\dfrac{V_e}{r}}$ 이므로

$$\hat{\mu}(A_3) = \bar{x}_{3.} \pm t_{1-0.05/2}(\nu_e)\sqrt{\frac{V_e}{r}} = 43 \pm t_{0.975}(15)\sqrt{\frac{0.667}{4}}$$

$$= 43 \pm 2.131 \times 0.408 = 43 \pm 0.869 = (42.131,\ 43.869)$$

여기서, $\nu_A = 4 \rightarrow l = 5$ 수준, $\nu_e = 15 \rightarrow \nu_e = l(r-1) = 15 \rightarrow r = 4$

$$V_e = \frac{S_e}{\nu_e} = \frac{10}{15} = 0.667$$

14 다음 실험은 2개의 블록으로 나누어 교락법에 의해 얻어진 실험 데이터이다. 다음 데이터를 보고 S_A를 구하시오.

블록 I	블록 II
(1) : 5	a : 9
bc : 9	b : 9
ac : 9	c : 10
ab : 15	abc : 8

해설

☞ 문제에서 주어진 그림은 교호작용 ABC가 교락되어 있는 2^3 요인실험의 블록 구분이다.

A인자의 변동 $= \dfrac{1}{2^n r}(\text{대비})^2 = \dfrac{1}{2^3 \times 1}(\text{대비})^2$ 이며,

$$S_A = \frac{1}{\text{데이터의 수}}[(A\text{인자의 1수준 데이터 합}) - (A\text{인자의 0수준 데이터 합})]^2$$

$$= \frac{1}{8}[(abc + ab + ac + a) - (b + c + bc + (1))]^2$$

$$= \frac{1}{8}[(8 + 15 + 9 + 9) - (9 + 10 + 9 + 5)]^2 = 8$$

[참조] 2^3형 실험에서 교호작용 ABC를 블록과 교락시키려면 다음과 같이 블록 1과 블록 2에 실험배치를 한다.

$$ABC = \frac{1}{4}(a-1)(b-1)(c-1) = \frac{1}{4}[(a+b+c+abc) - ((1)+ab+ac+bc)]$$

블록 1 → (1), ab, ac, bc 블록 2 → a, b, c, abc

| 국가기술자격시험 | 품질경영산업기사 실기 모의고사 6-2R | 시험시간 : 2시간 30분 |

◈ 품질경영실무 ◈

01 QC 7도구를 쓰고 파레토그림을 설명하시오.

해설

(1) 7가지 QC 기초수법

　① 히스토그램, ② 파레토그림, ③ 특성요인도, ④ 체크시트, ⑤ 각종의 그래프, ⑥ 산점도, ⑦ 층별

(2) 파레토그림 (파레토도)

　파레토그림(Pareto diagram)이란 부적합, 결점, 고장 등의 발생건수를 분류항목별로 나누어 부적합수나 손실금액 등을 크기순서대로 나열 후 막대그래프로 나타낸 그림을 말한다.

　파레토그림의 판독방법에 대해서는 ① 중대문제는 무엇인가, ② 항목별 크기순서는 어떤가, ③ 항목별 차지율은 얼마인가, ④ 개선 전·후 감소효과는 어떤가, ⑤ 개선 전·후 순서의 변경 내용은 어떻게 되었는가 등에 유의하여 판독한다.

02 품질코스트를 설명하고, 종류별로 간략하게 설명하시오.

해설

(1) 품질코스트의 일반적 정의

　물품이나 서비스의 품질과 관련해서 발생되는 코스트로서, 이미 산출되었거나 산출될 급부에 대한 개념이다. 품질코스트의 근간을 이루는 직접(조업)품질코스트는 예방코스트, 평가코스트, 내적실패코스트, 외적실패코스트의 4가지 유형별 비용들로 구성된다.

(2) 직접(조업)품질코스트의 구성

　1) 예방코스트 (Prevention cost : P-cost)

　　품질상 불량이 발생하지 않도록 예방하기 위하여 발생하는 제비용으로서, ① 품질계획 비용, ② QC기술 비용, ③ QC교육·훈련 비용, ④ QC사무 비용, ⑤ 공정관리 비용, ⑥ 검사 및 시험계획 비용, ⑦ 외주업체지도 및 평가 비용, ⑧ 인정시험 비용, ⑨ 품질시스템 개발관리 비용, ⑩ 소비자에 대한 제품의 오용방지 및 소비자교육 비용, ⑪ 기타의 예방 비용 등으로 구성된다.

　2) 평가코스트 (Appraisal cost : A-cost)

　　품질의 평가를 바르게 행함으로써 품질수준을 유지하기 위한 제비용으로서 ① 수입검사 비용, ② 공정검사 비용, ③ 완성품검사 비용, ④ 시험 비용, ⑤ 검사 및 시험기기의 보전 비용, ⑥ 구성품 및 제품의 품질인증 비용, ⑦ 제품출하시 품질검토 및 현지시험 비용, ⑧ 기타의 평가 비용 등으로 구성된다.

3) 내적 실패코스트 (Internal Failure cost : IF-cost)

사양이 맞지 않는 재료나 제품의 불량에 의해 사내에서 발생하는 제비용으로서 ① 폐각 (scrap) 비용, ② 재작업 비용, ③ 자재 및 외주가공불량 비용, ④ 고장발견 및 불량분석 비용, ⑤ 불량대책 비용, ⑥ 등급저하 손실 비용, ⑦ 기타의 내적실패 비용 등으로 구성된다.

4) 외적 실패코스트 (External Failure cost : EF-cost)

사양불일치 재료나 제품의 불량에 의해 사외에서 발생하는 제비용으로서 ① 서비스 비용, ② 보증기간중의 불만 비용, ③ 보증기간 만료후의 불만 비용, ④ 제품책임 비용, ⑤ 기타의 외적 실패 비용 등으로 구성된다.

03 5M1E는 무엇을 의미하는가?

해설

☞ 5M1E : 제품품질에 영향을 미치는 요인

5M : Man(작업자) Machine(설비), Material(자재), Method(작업방법), Measurement(측정)

1E : Environment(작업환경)

04 우리나라의 표준화 관련 기관에 대하 설명이다. 해당되는 기관명을 기술하시오.

(1) 산업규격의 제·개정 및 국제표준화 관련 기구와 교류 및 협력하며, 국가 측정표준의 확립 및 보급을 목적으로 하는 정부기관

(2) 산업표준의 제정, 개정, 폐지에 관한 사항을 조사, 심의하는 회의기구

(3) 정부의 품질경영체제 및 환경경영체제 관련 ISO 인증제도의 민간운영 방침에 따라 설립된 단체

(4) 측정표준기술을 연구개발하고 성과를 보급하는 기관

해설

(1) 국가기술표준원, (2) 산업표준심의회

(3) 한국인정지원센터(KAB : Korea Accreditation Board), (4) 한국표준과학연구원

05 측정시스템 변동의 유형에는 편의(bias), 반복성, 재현성, 안정성, 선형성의 5가지가 있다. 반복성(repeatability)에 대하여 간략하게 적으시오.

해설 2014(기사1회차)

☞ 반복성(repeatability) → 한 사람의 평가자가 하나의 측정계기를 여러 차례 사용해서 동일한 시료의 동일한 특성을 측정하여 얻은 측정값의 변동이다.

[참고] 반복성은 재현성과 함께 계측기 평가방법인 GRR에 사용된다.

◈ **통계적품질관리** ◈

06 다음 데이터는 새로운 공정에서 랜덤으로 10개의 샘플을 측정한 결과이다.

[데이터]   5.5   6.0   5.9   5.2   5.7   6.2   5.4   5.9   6.3   5.8

(1) 새로운 공법에 의하여 시험 제작된 제품의 모분산이 기준으로 설정된 값 $\sigma^2 = 0.6$보다 작다고 할 수 있겠는가?

(2) 신뢰율 95%로써 모분산의 신뢰구간을 구하시오.

[해설]

(1) 한 개의 모분산의 한쪽검정

① 가설 설정 : $H_0 : \sigma^2 \geq 0.6\,(\sigma_0^2),\quad H_1 : \sigma^2 < 0.6$ (한쪽검정)   ② 유의수준 : $\alpha = 0.05$

③ 검정통계량의 값(χ_0^2) 계산 : $\chi_0^2 = \dfrac{S}{\sigma_0^2} = \dfrac{1.089}{0.6} = 1.815$

여기서, $S = \sum x^2 - \dfrac{\left(\sum x\right)^2}{n} = 336.33 - \dfrac{(57.9)^2}{10} = 1.089$

④ 기각역 설정 : $\chi_0^2 < \chi_\alpha^2(\nu) = \chi_{0.05}^2(9) = 3.33$ 이면 H_0 기각

⑤ 판정 : $\chi_0^2 = 1.815 < \chi_{0.05}^2(9) = 3.33$ 이므로 유의수준 5%로 H_0를 기각한다.

즉, 종래 기준으로 설정된 모분산보다 작아졌다고 할 수 있다.

(2) 모분산의 95% 신뢰한계 추정

가설검정 결과 $H_1 : \sigma^2 < 0.6$이 채택이므로 신뢰상한을 추정하도록 한다.

$$\hat{\sigma}_U^2 = \frac{S}{\chi_\alpha^2(\nu)} = \frac{1.089}{\chi_{0.05}^2(9)} = \frac{1.089}{3.33} = 0.33$$

07 어떤 제품으로부터 5개의 시료를 랜덤하게 샘플링하여 다음과 같은 데이터를 얻었다. 모평균에 대한 95% 신뢰구간을 구하시오.

[데이터]   45   52   47   44   47

[해설]

☞ σ 미지의 경우 μ의 95% 신뢰율에 의한 신뢰구간 추정

$$\hat{\mu} = \bar{x} \pm t_{1-\alpha/2}(\nu)\frac{s}{\sqrt{n}} = 47 \pm t_{0.975}(4) \times \frac{3.08}{\sqrt{5}} = 47 \pm 2.776 \times \frac{3.08}{\sqrt{5}} = (43.17,\ 50.83)$$

$$\text{여기서, } \bar{x} = \frac{\sum x_i}{n} = \frac{45 + 52 + 47 + 44 + 47}{5} = 47$$

$$s = \sqrt{V} = \sqrt{\frac{S}{n-1}} = \sqrt{\frac{\sum x^2 - (\sum x)^2 / n}{n-1}} = 3.08$$

08 일정한 작업표준에 의하여 제조하고 있는 공정으로부터 200개의 시료를 샘플링하여 측정한 결과 25의 부적합품이 나왔다. 신뢰율 95%로써 모부적합품률의 신뢰한계를 구하시오.

[해설]

☞ 모부적합품률의 양쪽 신뢰구간 추정

$$nP = n\hat{p} = 200 \times \frac{25}{200} = 25 > 5, \quad n(1-P) = n(1-\hat{p}) = 200 \times (1 - 0.125) = 175 > 5$$

이므로, 이항분포의 정규분포 근사법을 적용한다.

$$\left.\begin{array}{l} \hat{P}_U \\ \hat{P}_L \end{array}\right\} = \hat{p} \pm u_{1-\alpha/2}\sqrt{\frac{\hat{p}(1-\hat{p})}{n}} = \hat{p} \pm u_{0.975}\sqrt{\frac{\hat{p}(1-\hat{p})}{n}} = 0.125 \pm 1.960 \times \sqrt{\frac{0.125(1-0.125)}{200}}$$

$$= (0.079, \ 0.171)$$

09 한 상자에 100개씩 들어 있는 기계부품이 50상자가 있다. 이 상자간의 산포가 $\sigma_b = 0.5$, 상자내의 산포가 $\sigma_w = 0.8$일 때, 우선 5상자를 랜덤하게 샘플링한 후 뽑힌 상자마다 10개씩 랜덤샘플링을 한다면 이 로트의 모평균의 추정정밀도 $V(\bar{\bar{x}})$는 얼마가 되겠는가?

(단, $M/m \geq 10$, $\overline{N}/\overline{n} \geq 10$의 조건을 고려해서 M, $\overline{N}$는 무시하여도 좋다. 답은 소수점 이하 셋째 자리로 맺음한다.)

[해설]

☞ 2단계 샘플링인 경우($m = 5$, $\overline{n} = 10$)로서, $V(\bar{\bar{x}}) = \dfrac{\sigma_b^2}{m} + \dfrac{\sigma_w^2}{m\overline{n}} = \dfrac{0.5^2}{5} + \dfrac{0.8^2}{5 \times 10} = 0.063$

10 AQL 지표형 샘플링검사에서 검사의 엄격도 조정에 대한 조건을 각각 기술하시오.
(1) 까다로운 검사 → 검사정지 (2) 검사정지 → 까다로운 검사
(3) 보통검사 → 까다로운 검사

[해설]

☞ KS Q ISO 2859-1 AQL 지표형 샘플링검사의 엄격도 전환 절차
  (1) 까다로운 검사 → 검사정지 : 까다로운 검사에서 5로트 불합격

(2) 검사정지 → 까다로운 검사 : 품질개선 조치

(3) 보통검사 → 까다로운 검사 ; 연속 5로트 중 2로트 불합격

11 아래 그림에서 빈칸에 알맞은 내용을 채우시오.

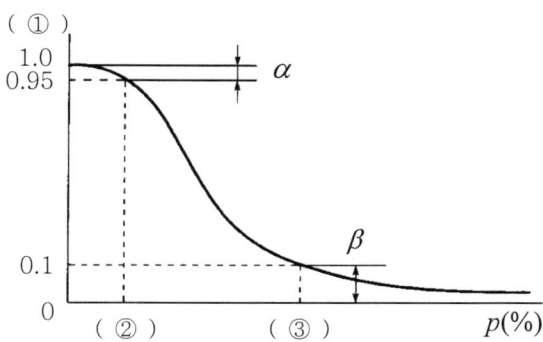

해설

☞ ① $L(p)$, ② p_0, ③ p_1

12 계수값 샘플링검사(KS Q ISO 2859-1)에서는 샘플링 형식으로 1회, 2회, 다회 샘플링검사 중 하나를 선택하여 사용한다. 이때, (①), (②), (③)이 같으면, OC곡선의 기울기는 차이가 없으므로 실제로 합격할 확률 또한 거의 동일하다.

해설

☞ ① 시료(샘플)문자, ② AQL, ③ 엄격도

13 부품의 내경연마 공정에서 해석용 관리도를 작성하기 위해 과거 자료로부터 부품의 내경(단위 : mm)을 군의 크기 $n=5$, 군의 수 $k=25$의 데이터를 구하여 $\sum \bar{x}_i = 1,240$, $\sum R_i = 248$을 얻었다. $\bar{x} - R$ 관리도의 관리상·하한선을 구하시오. (단, $n=5$일 때 $A_2=0.577$, $D_4=2.115$)

해설

(1) $\bar{x}$ 관리도

$$U_{CL} = \bar{\bar{x}} + A_2 \bar{R} = 49.6 + 0.577 \times 9.92 = 55.32 (\text{mm})$$

$$L_{CL} = \bar{\bar{x}} - A_2 \bar{R} = 49.6 - 0.577 \times 9.92 = 43.88 (\text{mm})$$

여기서, $C_L = \bar{\bar{x}} = \dfrac{\sum \bar{x}_i}{k} = \dfrac{1,240}{25} = 49.60 (\text{mm})$, $\bar{R} = \dfrac{\sum R}{k} = \dfrac{248}{25} = 9.92 \,(\text{mm})$

(2) R 관리도

$$U_{CL} = D_4\overline{R} = 2.115 \times 9.92 = 20.98(\text{mm})$$

$$L_{CL} = D_3\overline{R} = - \ (n \le 6 \text{의 경우} \ D_3 \text{값이 주어지지 않으므로, 고려하지 않음})$$

여기서, $\ C_L = \overline{R} = \dfrac{\sum R}{k} = \dfrac{248}{25} = 9.92(\text{mm})$

14 전자레인지의 최종검사에서 20대를 랜덤하게 추출하여 부적합수를 조사하였다.

로트번호	1	2	3	4	5	6	7	8	9	10
부적합수	1	4	3	7	5	6	5	3	2	3
로트번호	11	12	13	14	15	16	17	18	19	20
부적합수	5	8	6	6	7	6	2	1	1	2

(1) c 관리도의 C_L, U_{CL}, L_{CL} 을 구하시오. (2) c 관리도를 작성하시오.

(3) 관리상태의 여부를 판정하시오.

[해설]

(1) c 관리도의 C_L, U_{CL}, L_{CL}

$$C_L = \overline{c} = \frac{\sum c}{k} = \frac{83}{20} = 4.15$$

$$U_{CL} = \overline{c} + 3\sqrt{\overline{c}} = 4.15 + 3 \times \sqrt{4.15} = 10.26$$

$$L_{CL} = \overline{c} - 3\sqrt{\overline{c}} = 4.15 - 3 \times \sqrt{4.15} = - (\text{음수이므로, 고려하지 않음.})$$

(2) c 관리도 작성

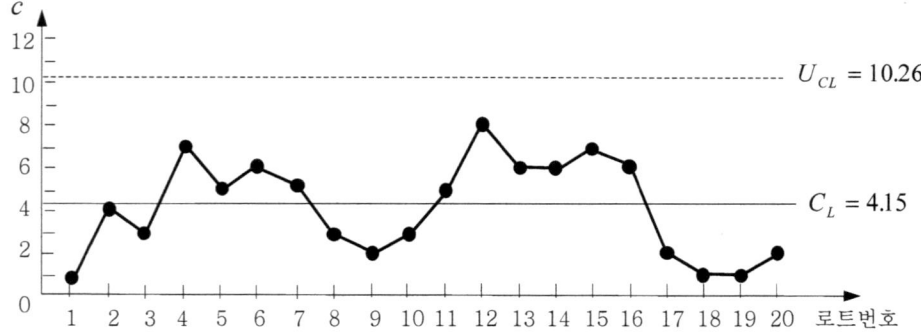

(3) 관리상태의 여부 판정 : 관리한계선을 벗어나는 점이 없으므로 이 공정은 관리상태에 있다고 볼 수 있다.

◈ 실험계획법 ◈

15 어느 실험실에서 4명의 분석공(A_1, A_2, A_3, A_4)이 일하고 있는데 이들 간에는 동일한 시료의 분석결과에도 차이가 있는 것으로 생각된다. 이를 확인하기 위하여 일정한 표준시료를 만들어서, 동일 장치로 날짜를 랜덤하게 바꾸어 가면서 각 4회 반복하여 4명의 분석공에게 분석시켰다. 이들 분석공에게는 분석되는 시료가 동일한 표준시료라는 것을 모르게 하여 실시한 후 다음 분석치를 얻었다. 다음 물음에 답하시오. (단, 데이터는 망대특성이다.)

	A_1	A_2	A_3	A_4
1	79.4	79.8	80.9	81.0
2	78.9	80.4	80.6	79.8
3	78.7	79.2	80.1	80.0
4	80.0	80.5	80.4	80.8

(1) 분산분석을 하시오. ($E(MS)$ 포함할 것.)

(2) 최적수준에 대하여 신뢰구간 95%로 구간추정하시오.

[해설]

☞ 반복수가 동일한 1원배치

(1) 분산분석표를 작성

① 변동의 계산

$$CT = \frac{T^2}{N} = \frac{1,280.5^2}{16} = 102,480.02$$

$$S_T = \sum_i \sum_j x_{ij}^2 - CT = (79.4^2 + 78.9^2 + \cdots + 80.8^2) - 102,480.02 = 7.35$$

$$S_A = \sum_i \frac{T_{i\cdot}^2}{r} - CT = \left[\frac{317.0^2 + 319.9^2 + 322.0^2 + 321.6^2}{4}\right] - 102,480.02 = 3.88$$

$$S_e = S_T - S_A = 7.35 - 3.88 = 3.47$$

② 분산분석표의 작성

요인	SS	DF	$E(MS)$	MS	F_0	$F_{0.95}$	$F_{0.99}$
A	3.88	3	$\sigma_e^2 + 4\sigma_A^2$	1.29	4.45*	3.49	5.95
e	3.47	12	σ_e^2	0.29			
T	7.35	15					

[참조] $E(V_A) = \sigma_e^2 + r\sigma_A^2$ 에서 $r = 4$ 인 경우 $E(V_A) = \sigma_e^2 + 4\sigma_A^2$

② 분산분석 결과 : 인자 A 가 유의수준 5%로 유의적이다.

(2) 최적수준에 대한 신뢰율 95% 신뢰구간 추정

A인자의 각 수준의 합 중에서 $T_3 = 322$로서 가장 큰 값이므로 A_3가 최적수준이다.

$$\hat{\mu}(A_3) = \bar{x}_{3\cdot} \pm t_{1-\alpha/2}(\nu_e)\sqrt{\frac{V_e}{r}}$$

$$= 80.50 \pm t_{0.975}(12)\sqrt{\frac{0.29}{4}} = 80.50 \pm 2.179 \times 0.27 = 80.50 \pm 0.59 = (79.91,\ 81.09)$$

16 어떤 공정에서 생산되는 제품 로트크기에 따라서 생산에 소요되는 시간을 측정하였더니 다음과 같은 시간이 소요되었다. 다음의 물음에 답하시오(단, $\alpha = 0.05$).

x_i	30	20	60	80	40	50	60	30	70	80
y_i	73	50	128	170	87	108	135	69	148	132

(1) 표본상관계수를 계산하시오.   (2) 공분산을 구하시오.
(3) 회귀방정식을 구하시오.   (4) 분산분석표를 작성하시오.

[해설]

(1) 표본상관 계수 : $r = \dfrac{S_{(xy)}}{\sqrt{S_{(xx)}S_{(yy)}}} = \dfrac{7{,}240}{\sqrt{4{,}160 \times 13{,}660}} = 0.96$

여기서, $S_{(xx)} = \sum x^2 - \dfrac{(\sum x)^2}{n} = 4{,}160$, $S_{(yy)} = \sum y^2 - \dfrac{(\sum y)^2}{n} = 13{,}660$

$$S_{(xy)} = \sum xy - \frac{(\sum x)(\sum y)}{n} = 7{,}240$$

(2) 공분산 : $V_{(xy)} = \dfrac{S_{(xy)}}{n-1} = \dfrac{7{,}240}{10-1} = 804.44$

(3) x에 대한 y의 회귀방정식

추정회귀직선식은 $\hat{y} = \hat{\beta}_0 + \hat{\beta}_1 x = 19.5 + 1.74x$

여기서, $\hat{\beta}_1 = \dfrac{S_{(xy)}}{S_{(xx)}} = \dfrac{7{,}240}{4{,}160} = 1.74$, $\hat{\beta}_0 = \bar{y} - \hat{\beta}_1\bar{x} = 110 - 1.74 \times 52 = 19.50$

(4) 분산분석표의 작성

① 변동의 계산

$$S_R = \frac{\{S_{(xy)}\}^2}{S_{(xx)}} = \frac{7{,}240^2}{4{,}160} = 12{,}600.38$$

$$S_e(= S_{y \cdot x}) = S_{(yy)} - S_R = 13{,}660 - 12{,}600.38 = 1{,}059.62$$

② 분산분석표의 작성

요인	SS	DF	MS	F_0	$F_{0.95}$
회귀 (R)	12,600.38	1	12,600.38	95.13*	5.32
잔차 (e)	1,059.62	8	132.45		
계 (T)	13,659.99	9			

국가기술자격시험	품질경영산업기사 실기 모의고사 6-3R	시험시간 : 2시간 30분

◆ 품질경영실무 ◆

01 다음 ( ) 속에 적당한 말을 보기에서 찾으시오.

> [보기] ① 품질목표 ② 품질표준 ③ 품질보증 ④ 관리수준

(1) 현재 기술로는 도달이 어렵지만 제반 요구에 의해 장래 도달하고 싶은 품질의 수준 (㉮)
(2) 현재의 기술로서 관리하면 도달할 수 있는 품질의 수준 (㉯)
(3) 현재의 기술, 공정관리, 검사에 의해 소비자에 대하여 보증할 수 있는 품질의 수준 (㉰)
(4) 각 공정에 대해서 공정관리를 실시하기 위한 품질의 수준 (㉱)

[해설]
☞ (1) ㉮ → ①, (2) ㉯ → ②, (3) ㉰ → ③, (4) ㉱ → ④

02 QC의 기본 7가지 도구의 명칭 중 6가지를 적으시오.

[해설]
☞ 7가지 QC 기초수법 : ① 히스토그램, ② 파레토그림, ③ 특성요인도, ④ 체크시트, ⑤ 각종의 그래프, ⑥ 산점도, ⑦ 층별

03 다음 데이터는 공장에서 생산된 어느 기계 부품 중에서 랜덤하게 64개를 취하여 길이를 측정한 데이터를 도수분포표로 나타내었다. 다음 물음에 답하시오. (단, S_L=35, S_U=65)

급번호	계급	중앙치(x_i)	도수(f_i)	u_i	$f_i u_i$	$f_i u_i^2$
1	38.5~42.5	40.5	1	-3	-3	9
2	42.5~46.5	44.5	8	-2	-16	32
3	46.5~50.5	48.5	15	-1	-15	15
4	50.5~54.5	52.5	23	0	0	0
5	54.5~58.5	56.5	7	1	7	7
6	58.5~62.5	60.5	5	2	10	20
7	62.5~66.5	64.5	5	3	15	45
합계	-	-	64	-	-2	128

(1) 위의 도수분포표에서 평균($\overline{x}$), 불편분산(s^2). 표준편차(s)를 구하시오.

(2) 이 공정에서는 규격 외의 제품이 몇 % 정도가 되겠는가?

[해설]

(1) 평균($\overline{x}$), 불편분산(s^2), 표준편차(s) 계산

$$\overline{x} = x_0 + \frac{\sum f_i u_i}{\sum f_i} \times h = 52.5 + \frac{(-2)}{64} \times 4 = 52.38$$

$$s^2 \approx V = h^2 \times \frac{\sum f_i u_i^2 - (\sum f_i u_i)^2 / \sum f_i}{\sum f_i - 1} = 4^2 \times \left(\frac{128 - (-2)^2 / 64}{63} \right) = 32.49$$

$$s \approx \sqrt{V} = \sqrt{32.49} = 5.70$$

(2) 규격한계를 벗어나는 비율

$S_U = 65$, $S_L = 35$이므로 규격한계를 벗어나는 비율은

$$P_r = P_r(x > S_U) + P_r(x < S_L) = P_r \left(\frac{x - \mu}{\sigma} > \frac{S_U - \mu}{\sigma} \right) + P_r \left(\frac{x - \mu}{\sigma} < \frac{S_L - \mu}{\sigma} \right)$$

$$= P_r \left(U > \frac{65 - 52.38}{5.70} \right) + P_r \left(U < \frac{35 - 52.38}{5.70} \right) = P_r (U > 2.215) + P_r (U < -3.048)$$

$$= 0.0136 + 0.0012 = 0.0148 \ (1.48\%)$$

04 QC분임조 활동의 기본이념을 설명하시오.

[해설]

☞ QC분임조 활동의 기본이념

① 기업의 체질개선·발전에 기여한다.

② 인간성을 존중하고 보람있는 밝은 직장을 만든다.

③ 인간의 능력을 발휘하여, 무한한 가능성을 창출한다.

◆ 통계적품질관리 ◆

05 4개 중 하나를 택하는 문제가 20문항이 있는 시험에서 랜덤하게 답을 써 넣은 경우에 다음 물음에 답하시오. (누적이항분포표를 이용할 것)

누적이항분포표		$p(X \le c) = \sum_{x=0}^{c} \binom{n}{x} p^x (1-p)^{n-x}$	
$n=20$ 　　p	0.25	$n=20$ 　　p	0.25
$c=0$	0.0032	$c=11$	0.9990
1	0.0243	12	0.9998
2	0.0912	13	1.0000
3	0.2251	14	1.0000
4	0.4148	15	1.0000
5	0.6171	16	1.0000
6	0.7857	17	1.0000
7	0.8981	18	1.0000
8	0.9590	19	1.0000
9	0.9861	20	1.0000
10	0.9960		

(1) 정답이 하나도 없을 확률은?

(2) 7개 이상의 정답을 맞힐 확률은?

(3) 8개 이상 11개 이하의 정답을 맞힐 확률은?

[해설]

☞ 누적이항분포표를 활용한 확률 계산

(1) $P_r(X \le 0) = P_r(X \le c) = \sum_{x=0}^{c} p(x) = \sum_{x=0}^{0} p(x) = 0.0032$

(2) $P_r(X \ge 7) = 1 - P_r(X \le 6) = 1 - P_r(X \le c) = 1 - \sum_{x=0}^{c} p(x) = 1 - \sum_{x=0}^{6} p(x)$

$\qquad = 1 - 0.7857 = 0.2143$

(3) $P_r(8 \le X \le 11) = P_r(X \le 11) - P_r(X \le 7) = \sum_{x=0}^{11} p(x) - \sum_{x=0}^{7} p(x) = 0.9990 - 0.8981 = 0.1009$

06 조립품의 기본치수가 5mm인 것을 구입하고자 한다. 굵기의 평균치가 5±0.2mm 이내의 로트이면 합격으로 하고, 5.0±0.5mm 이상되는 로트는 불합격시키고자 한다. n, $\overline{X}_U$, $\overline{X}_L$을 구하시오. (단, σ=0.3mm, α=0.05, β=0.10, 다음의 표 값을 이용하시오.)

$\dfrac{\lvert m_1 - m_0 \rvert}{\sigma}$	n	G_0
2.069 이상	2	1.163
1.690~2.068	3	0.950
1.463~1.689	4	0.822
1.309~1.462	5	0.736
1.195~1.308	6	0.672
1.106~1.194	7	0.622
1.035~1.105	8	0.582
0.975~1.034	9	0.548
0.925~0.974	10	0.520
0.882~0.924	11	0.469
0.845~0.881	12	0.475
0.812~0.844	13	0.456
0.772~0.811	14	0.440
0.756~0.771	15	0.425

해설

☞ 계량규준형 1회 샘플링검사 (KS Q 0001, σ 기지)

(1) σ 기지의 계량규준형 샘플링검사에서 로트의 평균치를 보증하는 경우로서, 상한 및 하한 합격판정치를 동시에 구하는 경우이다.

m_0', m_1' 은 상한에 대한 값으로 하고, m_0'', m_1'' 는 하한에 대한 값으로 할 때,

$m_0' = 5.2$, $m_1' = 5.5$ 이고, $m_0'' = 4.8$, $m_1'' = 4.5$ 이 되어, $\dfrac{\lvert m_1' - m_0' \rvert}{\sigma} = \dfrac{\lvert 5.2 - 5.5 \rvert}{0.3} = 1.0$

이므로, 주어진 표에서 $n = 9$, $G_0 = 0.548$을 얻게 된다.

(2) 상한 및 하한 합격판정치를 구할 수 있는 조건 $\dfrac{m_0' - m_0''}{\sigma / \sqrt{n}} = \dfrac{5.5 - 5.2}{0.3 / \sqrt{9}} = 4.0 > 1.7$ 을 만족하므로 구하는 샘플링검사방식은(n, $\overline{X}_U$ 및 $\overline{X}_L$)로 결정된다.

$\overline{X}_U = m_0' + G_0 \sigma = 5.2 + 0.548 \times 0.3 = 5.36$

$\overline{X}_L = m_0'' - G_0 \sigma = 4.8 - 0.548 \times 0.3 = 4.64$

따라서 샘플링검사방식은($n = 9$, $\overline{X}_U = 5.36$ 및 $\overline{X}_L = 4.64$)이고, $n = 9$의 시료를 샘플링하여 그 평균치 $\overline{x}$를 구했을 때 다음과 같이 판정한다.

$4.64 \leq \overline{x} \leq 5.36$이면 로트합격, $\overline{x} < 4.64$ 또는 $\overline{x} > 5.36$이면 로트불합격

07 계수·계량규준형 1회 샘플링검사는 n 개의 샘플을 취하고 그 측정치의 평균치 $\bar{x}$ 와 합격 판정치를 비교하여 로트의 합격·불합격을 판정하는 방법이다. 로트의 평균치를 보증하는 경우는 KS Q 0001(표준편차 기지)에 규정되어 있다. 다음 표는 KS Q 0001의 부표로서 m_0, m_1 이 주어졌을 때 n 과 G_0 를 구하는 표이다. 다음 물음에 답하시오.

$\dfrac{\lvert m_1 - m_0 \rvert}{\sigma}$	n	G_0
2.069 이상	2	1.163
1.690~2.068	3	0.950
1.463~1.689	4	0.822
1.309~1.462	5	0.736
⋮	⋮	⋮
0.772~0.811	14	0.440
0.756~0.771	15	0.425
0.732~0.755	16	0.411

(1) 드럼에 채운 고체가성소다 중 산화철분은 적을수록 좋다. 로트의 평균치가 0.0040%이하이면 합격으로 하고, 그것이 0.0050%이상이면 불합격하는 $\overline{X}_U$ 를 구하시오.

(단, σ 는 0.0006%임을 알고 있다.)

(2) 강재의 인장강도는 클수록 좋다. 강제의 평균치가 46kgf/mm² 이상인 로트는 통과시키고, 그것이 43kgf/mm² 이하인 로트는 통과시키지 않는 $\overline{X}_L$ 을 구하시오.

(단, σ =4kgf/mm² 임을 알고 있다.)

【해설】

(1) σ 기지의 계량규준형 1회 샘플링검사에서, 로트의 평균치를 보증하는 경우로서, 특성치가 낮을수록 좋은 경우이다. 따라서 검사방식은 (n, $\overline{X}_U$)로 결정된다.

여기서, m_0 =0.0040, m_1 =0.0050, σ =0.0006이고, 주어진 m_0, m_1 을 근거로 하여 n 과 G_0 를 구하는 표에서 $\dfrac{\lvert m_1 - m_0 \rvert}{\sigma} = \dfrac{\lvert 0.0050 - 0.0040 \rvert}{0.0006} = 1.667$ 이므로 $n = 4, G_0 = 0.822$ 를 얻어서 $\overline{X}_U$ 를 계산하면 다음과 같다.

$$\overline{X}_U = m_0 + G_0 \cdot \sigma = 0.0040 + 0.822 \times 0.006 = 0.00449(\%)$$

(2) σ 기지의 계량규준형 1회 샘플링검사에서, 로트의 평균치를 보증하는 경우로서, 특성치가 높을수록 좋은 경우이다. 따라서 검사방식은 (n, $\overline{X}_L$)로 결정된다.

여기서, m_0 =46, m_1 =43, σ =4이고 주어진 m_0, m_1 을 근거로 하여 n 과 G_0 을 구하는 표

에서 $\dfrac{|m_1 - m_0|}{\sigma} = \dfrac{|43 - 46|}{4} = 0.750$ 이므로 $n = 16, G_0 = 0.411$을 얻어서 $\overline{X}_L$를 계산하면 다음과 같다.

$$\overline{X}_L = m_0 - G_0 \cdot \sigma = 46 - 0.411 \times 4 = 44.4 \,(\mathrm{kgf/mm^2})$$

(08) A사에서는 어떤 부품의 수입검사에 KS Q ISO 2859-1의 계수값 샘플링검사 방식을 적용하고 있다. AQL=1.0%, 검사수준 III으로 하는 1회 샘플링방식을 채택하고 있다.
처음 검사는 보통검사로 시작하였으며 80번 로트에서는 수월한 검사를 실시하였다. KS Q ISO 2859-1의 주 샘플링검사표를 사용하여 답안지 표의 공란을 채우시오.

로트번호	N	샘플문자	n	A_c	부적합품수	합부판정	엄격도 적용
80	2,000	L	80	3	3	합격	수월한 검사 실행
81	1,000	K	50	2	3	불합격	보통검사 전환
82	2,000	L	( )	( )	3	( )	( )
83	1,000	K	( )	( )	5	( )	( )
84	2,000	L	( )	( )	2	( )	( )

[해설]

☞ KS Q ISO 2859-1 AQL지표형 샘플링검사에서 공란 작성 및 합부판정

로트번호	N	샘플문자	n	A_c	부적합품수	합부판정	엄격도 적용
80	2,000	L	80	3	3	합격	수월한 검사 실행
81	1,000	K	50	2	3	불합격	보통검사 전환
82	2,000	L	(200)	(5)	3	(합격)	(보통검사 속행)
83	1,000	K	(125)	(3)	5	(불합격)	(보통검사 속행)
84	2,000	L	(200)	(5)	2	(합격)	(보통검사 속행)

(09) 아래 분수합격 판정에 대한 내용이다. 빈칸을 채우시오.

로트번호	N	샘플문자	n	AQL	당초 A_c	합부판정 스코어 (검사전)	적용 A_c	부적합품수	합부판정	합부판정 스코어 (검사후)	전환 스코어	샘플링 검사의 엄격도
1	180	G	32	1	1/2	5	0	0	합격	5	2	보통검사
2	200	G	32	1	1/2	(①)	(②)	1	합격	(③)	(④)	보통검사
3	250	G	32	1	1/2	5	0	1	불합격	0	0	보통검사
4	450	H	50	1	1	(⑤)	1	1	합격	0	2	보통검사
5	300	H	50	1	1	7	1	1	합격	0	4	보통검사
6	80	E	13	1	0	0	0	1	불합격	0	0	(⑥)

해설

☞ KS Q ISO 2859-1 AQL 지표형 샘플링검사에서 표의 공란 채우기

로트 번호	N	샘플 문자	n	AQL	당초 A_c	합부판정 스코어 (검사전)	적용 A_c	부적합 품수	합부 판정	합부판정 스코어 (검사후)	전환 스코어	샘플링 검사의 엄격도
1	180	G	32		1/2	5	0	0	합격	5	2	보통검사
2	200	G	32	1	1/2	(10)	(1)	1	합격	(0)	(4)	보통검사
3	250	G	32	1	1/2	5	0	1	불합격	0	0	보통검사
4	450	H	50	1	1	(7)	1	1	합격	0	2	보통검사
5	300	H	50	1 1	1	7	1	1	합격	0	4	보통검사
6	80	E	13		0	0	0	1	불합격	0	0	(까다로운 검사로 전환)

[참조]

① 합부판정 스코어(검사전)

㉮ 당초의 $A_c \geq 1$이면 → 전회의 검사후 스코어 + 7

㉯ 당초의 $A_c = 0$이면 → 전회의 검사후 스코어와 동일

㉰ $A_c = 1/2$이면 → 전회의 검사후 스코어 + 5 ($A_c = 1/3$이면 → +3, $A_c = 1/5$이면 → +2)

② 적용하는 A_c (수정적용 A_c)

㉮ 합부판정 스코어(검사전) ≤ 8 → 수정적용 $A_c = 0$으로 함.

㉯ 합부판정 스코어(검사전) ≥ 9 → 수정적용 $A_c = 1$로 함.

　　(단, 당초 A_c가 정수이면 A_c는 종전의 그 정수로 함.)

③ 합부판정 스코어(검사후)

㉮ $d \geq 1$ → 0　　　㉯ $d = 0$ → 검사전 스코어와 동일

④ 전환스코어

㉮ 보통검사 개시 시점부터 계산.

㉯ 전환스코어 갱신과 0으로의 재산정은 합부판정 후에 함.

㉰ 당초 $A_c = 0, 1$ 또는 1/2, 1/3 → 로트합격시 전환스코어에 2를 더함.

㉱ 당초 $A_c \geq 2$ → 로트합격시 전환스코어에 3을 더함.

　　(단, 불합격시에는 0으로 돌림.)

10 $n = 4$의 $\bar{x} - R$ 관리도에서 $\bar{\bar{x}} = 18.50$, $\bar{R} = 3.09$로 관리상태에 있었다. 지금 공정평균이 15.49로 변했다고 하면, 처음의 3σ 관리한계에서 벗어나는 비율은 얼마나 되는가?

해설

☞ 관리한계를 구한 후 σ를 계산하여 3σ 관리한계에서 벗어나는 비율을 구한다.

$$\left.\begin{array}{c} U_{CL} \\ L_{CL} \end{array}\right\} = \overline{\overline{x}} \pm A_2 \overline{R} = 18.50 \pm 0.729 \times 3.09 = 18.50 \pm 2.25 = \begin{cases} 20.75 \\ 16.25 \end{cases} \text{이고,}$$

$$U_{CL} - L_{CL} = 6 \times \frac{\sigma}{\sqrt{n}} \;\rightarrow\; 20.75 - 16.25 = 6 \times \frac{\sigma}{\sqrt{4}} \;\rightarrow\; \sigma = 1.5 \text{이므로,}$$

$$1 - \beta = P_r(\overline{x} > U_{CL}) + P_r(\overline{x} < L_{CL}) = P_r\left(\frac{\overline{x} - \mu'}{\sigma/\sqrt{n}} > \frac{U_{CL} - \mu'}{\sigma/\sqrt{n}}\right) + P_r\left(\frac{\overline{x} - \mu'}{\sigma/\sqrt{n}} < \frac{L_{CL} - \mu'}{\sigma/\sqrt{n}}\right)$$

$$= P_r\left(U > \frac{U_{CL} - \mu'}{\sigma/\sqrt{n}}\right) + P_r\left(U < \frac{L_{CL} - \mu'}{\sigma/\sqrt{n}}\right) = P_r\left(U > \frac{20.75 - 15.49}{1.5/\sqrt{4}}\right) + P_r\left(U < \frac{16.25 - 15.49}{1.5/\sqrt{4}}\right)$$

$$= P_r(U > 7.013) + P_r(U < 1.013) = 0 + 0.8438 = 0.8438 \,(84.38\%)$$

---

11 에나멜 동선의 도장공정을 관리하기 위하여 핀홀의 수를 조사하였다. 시료의 길이가 종류에 따라 변하므로 시료 1,000m당의 핀홀의 수를 사용하여 u관리도를 작성하고자 다음과 같은 데이터 시료를 얻었다. u관리도를 그리고 판정하시오.

시료군의 번호	1	2	3	4	5	6	7	8	9	10
시료의 크기 n (1,000m)	1.0	1.0	1.0	1.0	1.0	1.3	1.3	1.3	1.3	1.3
결점수	5	5	3	3	5	2	5	3	2	1

[해설]

☞ $\sum n = 11.5$, $\sum c = 34$이므로 $\overline{u} = \dfrac{\sum c}{\sum n} = \dfrac{34}{11.5} = 2.96$, $3\sqrt{\overline{u}} = 3\sqrt{2.96} = 5.16$ 이므로,

(1) u관리도의 자료표 작성

시료군 번호	시료의 크기 n	부적합수 c	단위당 부적합수 u	$\dfrac{1}{\sqrt{n}}$	U_{CL} $\overline{u} + 3\sqrt{\overline{u}} \times \dfrac{1}{\sqrt{n}}$	L_{CL} $\overline{u} - 3\sqrt{\overline{u}} \times \dfrac{1}{\sqrt{n}}$
1	1.0	5	5.0	1.000	8.12	–
2	1.0	5	5.0	1.000	8.12	–
3	1.0	3	3.0	1.000	8.12	–
4	1.0	3	3.0	1.000	8.12	–
5	1.0	5	5.0	1.000	8.12	–
6	1.3	2	1.54	1.140	7.49	–
7	1.3	5	3.85	1.140	7.49	–
8	1.3	3	2.31	1.140	7.49	–
9	1.3	2	1.54	1.140	7.49	–
10	1.3	1	0.77	1.140	7.49	–

(2) u관리도의 작성

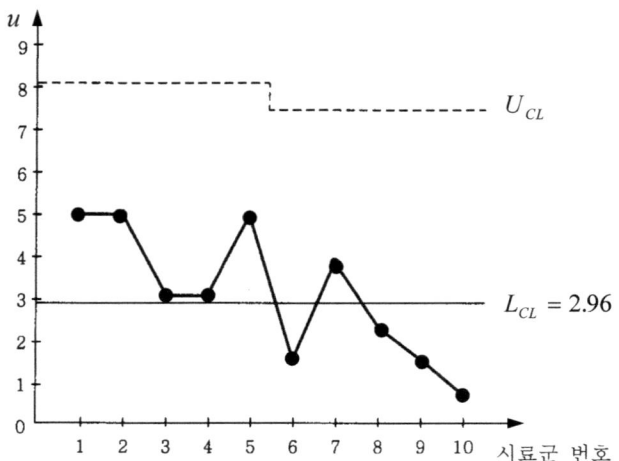

(3) 관리상태 판정 : 관리한계선을 벗어난 점이 없고, 점의 배열에 이상한 버릇(습관)이 없으므로, 공정이 관리상태에 있다고 볼 수 있다.

12) 기계 A에 대하여 n_A=5, k_A=20의 $\bar{x}-R$관리도를 작성한 결과 $\bar{\bar{x}}_A$=72.56, $\bar{R}_A$=6.42, 기계 B는 n_B=5, k_B=25인 $\bar{x}-R$관리도를 작성한 결과 $\bar{\bar{x}}_B$=76.89, $\bar{R}_B$=6.04가 되었다. 기계 A와 기계 B의 평균치에는 차이가 있겠는가를 검정하는 식은 $\left|\bar{\bar{x}}_A - \bar{\bar{x}}_B\right| > A_2\bar{R}\sqrt{\dfrac{1}{k_A}+\dfrac{1}{k_B}}$ 이다. 이때 공통범위인 $\bar{R}$를 구하시오.

해설

☞ $\bar{R} = \dfrac{k_A\bar{R}_A + k_B\bar{R}_B}{k_A + k_B} = \dfrac{6.42 \times 20 + 6.04 \times 25}{20 + 25} = 6.21$

13) 다음은 관리도 데이터이다. p관리도의 자료표를 보고 관리도를 작성하고 판정하시오.

로트번호	시료의 크기	부적합품수	로트번호	시료의 크기	부적합품수
1	40	3	6	30	3
2	40	5	7	50	6
3	40	3	8	50	5
4	30	4	9	50	6
5	30	2	10	50	4

해설

☞ p 관리도 작성 및 판정

(1) 데이터 시트 작성

로트 번호	시료의 크기	부적합수	부적합품률 (%)	$UCL(\%) = \bar{p} + 3\sqrt{\dfrac{\bar{p}(1-\bar{p})}{n}}$	$LCL(\%) = \bar{p} - 3\sqrt{\dfrac{\bar{p}(1-\bar{p})}{n}}$
1	40	3	7.5	26.44	–
2	40	5	12.5	26.44	–
3	40	3	7.5	26.44	–
4	30	4	13.3	24.22	–
5	30	2	6.7	24.22	–
6	30	3	10.0	24.22	–
7	50	6	12.0	22.72	–
8	50	5	10.0	22.72	–
9	50	6	12.0	22.72	–
10	50	4	8.0	22.72	–
계	410	41			
	$\left(\sum n\right)$	$\left(\sum np\right)$	$\bar{p} = \sum np / \sum n = 41 / 410 = 0.1(10\%)$ $\sqrt{\bar{p}(1-\bar{p})} = \sqrt{0.1(1-0.1)} = 0.3(30\%)$		

(2) p 관리도

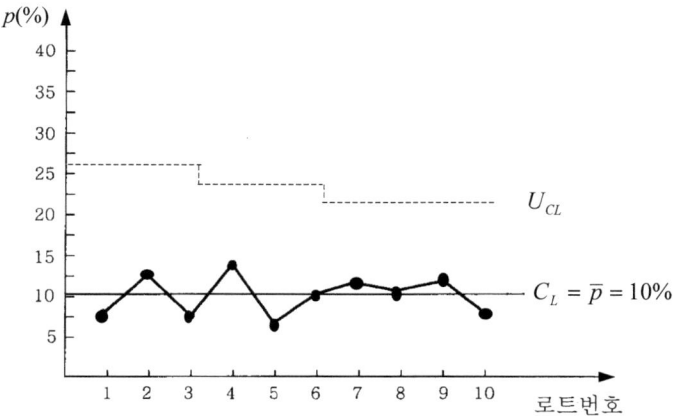

(3) 판정 : 관리한계 이탈 점이 없고, 점의 배열에 이상이 없으므로 관리상태라고 볼 수 있다.

◆ **실험계획법** ◆

14 직교배열표의 장점 3가지를 적으시오.

[해설]

☞ 직교배열표의 장점

① 이론을 잘 모르고도 기계적인 조작으로 일부실시법, 분할법, 교락법 등의 배치를 쉽게 할 수 있다.

② 실험 데이터로부터 요인변동의 계산이 용이하고, 따라서 분산분석표의 작성이 수월하다.

③ 실험의 크기를 확대시키지 않고도 실험에 많은 인자를 짜 넣을 수 있으며, 실험의 실시가 용이하다.

15 어떤 제품을 실험할 때 반응압력 A를 1.0, 1.5, 2.0, 2.5기압의 4수준, 반응시간 B를 30분, 40분, 50분의 3수준으로 하여 데이터를 구한 결과 다음 표를 얻었다. 물음에 답하시오. (단, 데이터는 망대특성이다.)

인자 A / 인자 B	A_1	A_2	A_3	A_4
B_1	7.6	8.6	9.0	8.0
B_2	7.3	8.2	8.0	7.7
B_3	6.7	6.9	7.9	6.5

(1) 인자 A, B의 변동과 총변동을 각각 구하시오.

(2) 분산분석표를 작성하시오.

(3) 분산분석표의 검정결과에서 최적수준조합을 구하시오.

(4) 최적수준조합에 대한 신뢰율 95%로써 구간추정을 행하시오.

[해설]

☞ 반복없는 2원배치의 분산분석 및 추정

(1) 인자 A, B의 변동과 총변동

$T_{1.} = 21.6$, $T_{2.} = 23.7$, $T_{3.} = 24.9$, $T_{4.} = 22.2$, $T_{.1} = 33.2$, $T_{.2} = 31.2$, $T_{.3} = 28.0$, $T = 92.4$

이므로

$$CT = \frac{T^2}{N} = \frac{T^2}{lm} = \frac{T^2}{4 \times 3} = \frac{92.4^2}{12} = 711.48$$

$$S_T = \sum_i \sum_j x_{ij}^2 - CT = (7.6^2 + 7.3^2 + \cdots + 6.5^2) - 711.48 = -717.7 - 711.48 = 6.22$$

$$S_A = \sum_i \frac{T_{i\cdot}^2}{m} - CT = \frac{1}{3}(21.6^2 + 23.7^2 + 24.9^2 + 22.2^2) - 711.48 = 2.22$$

$$S_B = \sum_j \frac{T_{\cdot j}^2}{l} - CT = \frac{1}{4}(33.2^2 + 31.2^2 + 28.0^2) - 711.48 = 3.44$$

$$S_e = S_T - S_A - S_B = 0.56$$

(2) 분산분석표 작성 및 검정

요인	SS	DF	MS	F_0	$F_{0.95}$	$F_{0.99}$
A	2.22	3	0.74	7.96*	4.76	9.78
B	3.44	2	1.72	18.49**	5.14	10.9
e	0.56	6	0.093			
T	6.22	11				

위의 결과로 볼 때 반응온도(A)는 유의하고, 원료(B)는 고도로 유의하다. 따라서 두 인자 모두 제품의 망대특성에 영향을 미친다.

(3) 분산분석표 검정결과에서의 최적수준조합

망대특성이므로 A인자는 A_3, B인자는 B_1에서 최대값을 주는 최적수준이며, 최적수준조합은 $A_3 B_1$이다.

(4) 최적수준조합에 대한 신뢰율 95% 구간추정

$$\hat{\mu}(A_3 B_1) = \overbrace{\mu + a_3 + b_1} = \overbrace{\mu + a_3} + \overbrace{\mu + b_1} - \hat{\mu} = \bar{x}_{3\cdot} + \bar{x}_{\cdot 1} - \bar{\bar{x}} = \frac{24.9}{3} + \frac{33.2}{4} - \frac{92.4}{12} = 8.9$$

$$\therefore \quad \hat{\mu}(A_3 B_1) = (\bar{x}_{3\cdot} + \bar{x}_{\cdot 1} - \bar{\bar{x}}) \pm t_{1-\alpha/2}(\nu_e)\sqrt{\frac{V_e}{n_e}}$$

$$= 8.9 \pm t_{0.975}(6)\sqrt{\frac{0.093}{2}} = 8.9 \pm 2.447 \times 0.216 = 8.9 \pm 0.53 = (8.37,\ 9.43)$$

여기서, 유효반복수 n_e는 $n_e = \dfrac{lm}{\nu_A + \nu_B + 1} = \dfrac{lm}{l+m-1} = \dfrac{4 \times 3}{4+3-1} = 2$

낭비한 시간에 대한 후회는
더 큰 시간낭비이다.
- 메이슨 쿨리 -

부록
통계분포표

\<부표 1\> 정규분포표 (1)

표준화 정규분포표의 확률변수 U 가 $u_{1-\alpha}$ 값
이상이 될 상측 한쪽확률 α 를 구하는 표

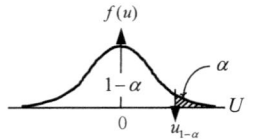

u	*=0	*=1	*=2	*=3	*=4	*=5	*=6	*=7	*=8	*=9
0.0*	.5000	.4960	.4920	.4880	.4840	.4801	.4761	.4721	.4681	.4641
0.1*	.4602	.4562	.4522	.4483	.4443	.4404	.4364	.4325	.4286	.4247
0.2*	.4207	.4168	.4129	.4090	.4052	.4013	.3974	.3936	.3897	.3859
0.3*	.3821	.3783	.3745	.3707	.3669	.3632	.3594	.3557	.3520	.3483
0.4*	.3466	.3409	.3372	.3336	.3300	.3264	.3228	.3192	.3156	.3121
0.5*	.3085	.3050	.3015	.2981	.2946	.2912	.2877	.2843	.2810	.2776
0.6*	.2743	.2709	.2676	.2643	.2611	.2578	.2546	.2514	.2483	.2461
0.7*	.2402	.2389	.2358	.2327	.2296	.2266	.2236	.2206	.2177	.2148
0.8*	.2119	.2090	.2061	.2033	.2005	.1977	.1949	.1922	.1894	.1867
0.9*	.1841	.1814	.1788	.1762	.1736	.1711	.1685	.1660	.1635	.1611
1.0*	.1587	.1562	.1539	.1515	.1492	.1469	.1446	.1423	.1401	.1379
1.1*	.1357	.1335	.1314	.1292	.1271	.1251	.1230	.1210	.1190	.1170
1.2*	.1151	.1131	.1112	.1093	.1075	.1056	.1038	.1020	.1003	.0985
1.3*	.0968	.0951	.0934	.0918	.0901	.0885	.0869	.0853	.0838	.0823
1.4*	.0808	.0793	.0078	.0764	.0749	.0735	.0721	.0708	.0694	.0681
1.5*	.0668	.0655	.0643	.0630	.0618	.0606	.0594	.0582	.0571	.0559
1.6*	.0548	.0537	.0526	.0516	**.0505**	**.0495**	.0485	.0475	.0465	.0455
1.7*	.0446	.0436	.0427	.0418	.0409	.0401	.0392	.0384	.0375	.0367
1.8*	.0359	.0351	.0344	.0336	.0329	.0322	.0314	.0307	.0301	.0294
1.9*	.0287	.0281	.0274	.0268	.0262	.0256	**.0250**	.0244	.0239	.0233
2.0*	.0228	.0222	.0217	.0212	.0207	.0202	.0197	.0192	.0188	.0183
2.1*	.0179	.0174	.0170	.0116	.0162	.0158	.0154	.0150	.0146	.0143
2.2*	.0139	.0136	.0132	.0129	.0125	.0122	.0119	.0116	.0113	.0110
2.3*	.0107	.0104	.0102	.0099	.0096	.0094	.0091	.0089	.0087	.0084
2.4*	.0082	.0080	.0078	.0075	.0073	.0071	.0069	.0068	.0066	.0064
2.5*	.0062	.0060	.0059	.0057	.0055	.0054	.0052	**.0051**	**.0049**	.0048
2.6*	.0047	.0045	.0044	.0043	.0041	.0040	.0039	.0038	.0037	.0036
2.7*	.0035	.0034	.0033	.0032	.0031	.0030	.0029	.0028	.0027	.0026
2.8*	.0026	.0025	.0024	.0023	.0023	.0022	.0021	.0021	.0020	.0019
2.9*	.0019	.0018	.0018	.0017	.0016	.0016	.0015	.0015	.0014	.0014
3.0*	.0013	.0013	.0013	.0012	.0012	.0011	.0011	.0011	.0010	.0010

【주】 u =1.96에 대한 α 는 좌측의 수 1.9에서 우측으로 가서 위의 숫자 6에서 밑으로
내려온 곳에 있는 수를 읽어 α =0.0250을 얻을 수 있다.

<부표 2> 정규분포표 (2)

표준화 정규분포표의 확률변수 U 가 u_α 값
이하가 될 확률 α 를 구하는 표

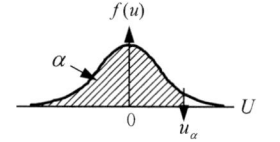

u	*=0	*=1	*=2	*=3	*=4	*=5	*=6	*=7	*=8	*=9
0.0*	.5000	.5040	.5080	.5120	.5160	.5199	.5239	.5279	.5319	.5359
0.1*	.5398	.5438	.5478	.5517	.5557	.5596	.5636	.5675	.5714	.5753
0.2*	.5793	.5832	.5871	.5910	.5948	.5987	.6026	.6044	.6103	.6141
0.3*	.6179	.6217	.6255	.6293	.6331	.6368	.6406	.6443	.6480	.6517
0.4*	.6554	.6591	.6628	.6664	.6700	.6736	.6772	.6808	.6844	.6879
0.5*	.6915	.6950	.6985	.7019	.7054	.7088	.7123	.7157	.7190	.7224
0.6*	.7257	.7291	.7324	.7357	.7389	.7422	.7454	.7486	.7517	.7549
0.7*	.7580	.7611	.7642	.7673	.7704	.7734	.7764	.7794	.7823	.7852
0.8*	.7881	.7910	.7939	.7967	.7995	.8023	.8051	.8078	.8106	.8133
0.9*	.8159	.8186	.8212	.8238	.8264	.8289	.8315	.8340	.8365	.8389
1.0*	.8413	.8438	.8461	.8485	.8508	.8531	.8554	.8577	.8599	.8621
1.1*	.8643	.8665	.8686	.8708	.8729	.8749	.8770	.8790	.8810	.8830
1.2*	.8849	.8869	.8888	.8907	.8925	.8944	.8962	.8980	.8997	.9015
1.3*	.9032	.9049	.9066	.9082	.9099	.9115	.9131	.9147	.9162	.9177
1.4*	.9192	.9207	.9222	.9236	.9251	.9265	.9279	.9292	.9306	.9319
1.5*	.9332	.9345	.9357	.9370	.9382	.9394	.9406	.9418	.9429	.9441
1.6*	.9452	.9463	.9474	.9484	.9495	.9505	.9515	.9525	.9535	.9545
1.7*	.9554	.9564	.9573	.9582	.9591	.9599	.9608	.9616	.9625	.9633
1.8*	.9641	.9649	.9636	.9664	.9671	.9678	.9686	.9693	.9699	.9706
1.9*	.9713	.9719	.9726	.9732	.9738	.9744	.9750	.9756	.9761	.9767
2.0*	.9772	.9778	.9783	.9788	.9793	.9798	.9803	.9808	.9812	.9817
2.1*	.9821	.9826	.9830	.9834	.9838	.9842	.9846	.9850	.9854	.9857
2.2*	.9861	.9864	.9868	.9871	.9875	.9878	.9881	.9884	.9887	.9890
2.3*	.9893	.9896	.9898	.9901	.9904	.9906	.9909	.9911	.9913	.9916
2.4*	.9918	.9920	.9922	.9925	.9927	.9929	.9931	.9932	.9934	.9936
2.5*	.9938	.9940	.9941	.9943	.9945	.9946	.9948	.9949	.9951	.9952
2.6*	.9953	.9955	.9956	.9957	.9959	.9960	.9961	.9962	.9963	.9964
2.7*	.9965	.9966	.9967	.9968	.9969	.9970	.9971	.9972	.9973	.9974
2.8*	.9974	.9975	.9976	.9977	.9977	.9978	.9979	.9979	.9980	.9981
2.9*	.9981	.9982	.9982	.9983	.9984	.9984	.9985	.9985	.9986	.9986
3.0*	.9987	.9987	.9987	.9988	.9988	.9989	.9989	.9989	.9990	.9990
3.1*	.9990	.9991	.9991	.9991	.9992	.9992	.9992	.9992	.9993	.9993
3.2*	.9993	.9993	.9994	.9994	.9994	.9994	.9994	.9995	.9995	.9995
3.3*	.9995	.9995	.9995	.9996	.9996	.9996	.9996	.9996	.9996	.9997
3.4*	.9997	.9997	.9997	.9997	.9997	.9997	.9997	.9997	.9997	.9998

【주】 u =1.96에 대한 α 는 좌측의 수 1.9에서 우측으로 가서 위의 숫자 6에서 밑으로 내려
온 곳에 있는 수를 읽어 빗금면적의 확률 α =0.9750을 얻을 수 있다.

<부표 3> 정규분포표 (3)

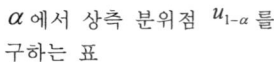

α 에서 상측 분위점 $u_{1-\alpha}$ 를 구하는 표

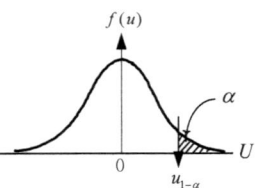

α	*=0	*=1	*=2	*=3	*=4	*=5	*=6	*=7	*=8	*=9
0.000*	∞	3.090	2.878	2.748	2.652	2.576	2.512	2.457	2.409	2.366
0.0*	∞	2.326	2.054	1.881	1.751	1.645	1.555	1.476	1.405	1.341
0.1*	1.282	1.227	1.175	1.126	1.080	1.036	0.994	0.954	0.915	0.878
0.2*	0.842	0.806	0.772	0.739	0.706	0.674	0.643	0.613	0.583	0.553
0.3*	0.524	0.496	0.468	0.440	0.412	0.385	0.358	0.332	0.305	0.279
0.4*	0.253	0.228	0.202	0.176	0.151	0.126	0.100	0.075	0.050	0.025

비고 : u 기호 대신 K 나 z 기호로 나타내기도 함. $u_{1-\alpha} = K_\alpha$, $u_{1-\alpha/2} = K_{\alpha/2}$

<부표 4> 정규분포표 (4)

한쪽·양쪽 확률 겸용표

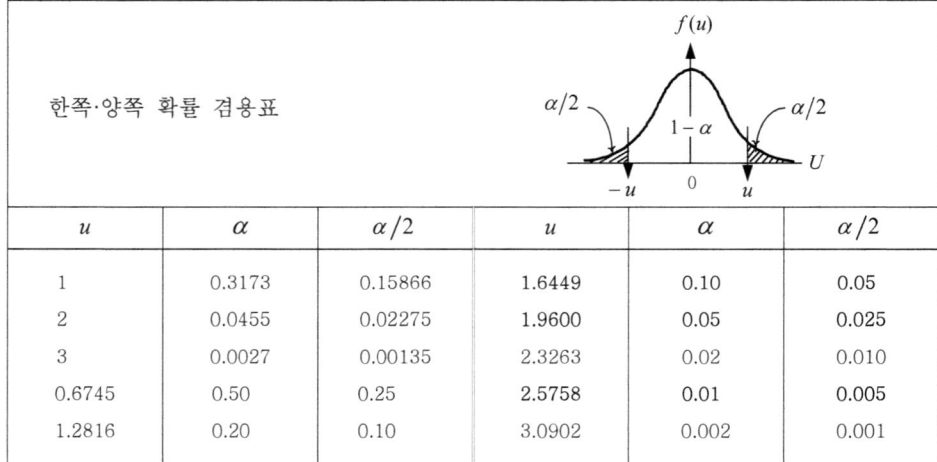

u	α	$\alpha/2$	u	α	$\alpha/2$
1	0.3173	0.15866	1.6449	0.10	0.05
2	0.0455	0.02275	1.9600	0.05	0.025
3	0.0027	0.00135	2.3263	0.02	0.010
0.6745	0.50	0.25	2.5758	0.01	0.005
1.2816	0.20	0.10	3.0902	0.002	0.001

참조 정규분포에서 자주 쓰이는 확률 및 분위점 값

α	한쪽확률의 경우 ($u_{1-\alpha}$, K_α)	양쪽확률의 경우 ($u_{1-\alpha/2}$, $K_{\alpha/2}$)
10%	1.282	1.645
5%	1.645	1.960
1%	2.326	2.576

<부표 5> *t* 분포표 (1)

자유도 ν와 양쪽확률 α에서
$t_{\alpha/2}(\nu)$와 $t_{1-\alpha/2}(\nu)$를 구하는 표

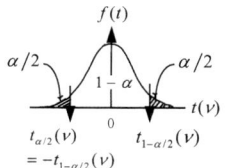

ν \ α	0.50	0.40	0.30	0.20	0.10	0.05	0.02	0.01	0.001	α \ ν
1	1.000	1.376	1.963	3.078	6.314	12.706	31.281	63.657	636.619	1
2	0.816	1.061	1.386	1.886	2.920	4.303	6.965	9.925	31.598	2
3	0.765	0.978	1.250	1.638	2.353	3.182	4.541	5.841	12.941	3
4	0.741	0.941	1.190	1.533	2.132	2.776	3.747	4.604	8.610	4
5	0.727	0.920	1.156	1.476	2.015	2.571	3.365	4.032	6.859	5
6	0.718	0.906	1.134	1.440	1.943	2.447	3.143	3.707	5.959	6
7	0.711	0.896	1.119	1.415	1.895	2.365	2.998	3.499	5.405	7
8	0.706	0.889	1.108	1.397	1.860	2.306	2.896	3.355	5.041	8
9	0.703	0.883	1.100	1.383	1.833	2.262	2.821	3.250	4.781	9
10	0.700	0.879	1.093	1.372	1.812	2.228	2.764	3.169	4.587	10
11	0.697	0.876	1.088	1.363	1.796	2.201	2.718	3.106	4.437	11
12	0.695	0.873	1.083	1.356	1.782	2.179	2.681	3.055	4.318	12
13	0.694	0.870	1.079	1.350	1.771	2.160	2.650	3.012	4.221	13
14	0.692	0.868	1.076	1.345	1.761	2.145	2.624	2.977	4.140	14
15	0.691	0.866	1.074	1.341	1.753	2.131	2.602	2.947	4.073	15
16	0.690	0.865	1.071	1.337	1.746	2.120	2.583	2.921	4.015	16
17	0.689	0.863	1.069	1.333	1.740	2.110	2.567	2.898	3.965	17
18	0.688	0.862	1.067	1.330	1.734	2.101	2.552	2.878	3.922	18
19	0.688	0.861	1.066	1.328	1.729	2.093	2.539	2.861	3.883	19
20	0.687	0.860	1.064	1.325	1.725	2.086	2.528	2.845	3.850	20
21	0.686	0.859	1.063	1.323	1.721	2.080	2.518	2.831	3.819	21
22	0.686	0.858	1.061	1.321	1.717	2.074	2.508	2.819	3.792	22
23	0.685	0.858	1.060	1.319	1.714	2.069	2.500	2.807	3.767	23
24	0.685	0.857	1.059	1.318	1.711	2.064	2.492	2.797	3.745	24
25	0.684	0.856	1.058	1.316	1.708	2.060	2.485	2.787	3.725	25
26	0.684	0.856	1.058	1.315	1.706	2.056	2.479	2.779	3.707	26
27	0.684	0.855	1.057	1.314	1.703	2.052	2.473	2.771	3.690	27
28	0.683	0.855	1.056	1.313	1.701	2.048	2.467	2.763	3.674	28
29	0.683	0.854	1.055	1.311	1.699	2.045	2.462	2.756	3.659	29
30	0.683	0.854	1.055	1.310	1.697	2.042	2.457	2.750	3.646	30
40	0.681	0.851	1.050	1.303	1.684	2.021	2.423	2.704	3.551	40
60	0.679	0.848	1.046	1.296	1.671	2.000	2.390	2.660	3.460	60
120	0.677	0.845	1.041	1.289	1.658	1.980	2.358	2.617	3.373	120
∞	0.674	0.842	1.036	1.282	1.645	1.960	2.326	2.576	3.291	∞

【주】 $\nu = 10$, 양쪽확률 $\alpha = 0.05$에 대한 *t*의 값은 $+t_{0.025}(10) = +2.228$, $-t_{0.025}(10) = -2.228$이다.

이는 자유도 10의 *t* 분포에 따르는 확률변수가 2.228이상의 절대치를 가지고 출현하는 확률이 5%라는 것을 가리킨다.

\<부표 6\> t 분포표 (2)

자유도 ν와 상측 한쪽확률 α에서
$t_{1-\alpha}(\nu)$를 구하는 표

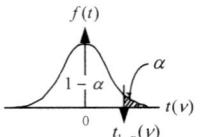

$1-\alpha$ ν	**0.75**	0.80	0.85	0.90	0.95	**0.975**	0.99	**0.995**	0.9995	$1-\alpha$ ν
1	1.000	1.376	1.963	3.078	6.314	12.706	31.281	63.657	636.619	1
2	0.816	1.061	1.386	1.886	2.920	4.303	6.965	9.925	31.598	2
3	0.765	0.978	1.250	1.638	2.353	3.182	4.541	5.841	12.941	3
4	0.741	0.941	1.190	1.533	2.132	2.776	3.747	4.604	8.610	4
5	0.727	0.920	1.156	1.476	2.015	2.571	3.365	4.032	6.859	5
6	0.718	0.906	1.134	1.440	1.943	2.447	3.143	3.707	5.959	6
7	0.711	0.896	1.119	1.415	1.895	2.365	2.998	3.499	5.405	7
8	0.706	0.889	1.108	1.397	1.860	2.306	2.896	3.355	5.041	8
9	0.703	0.883	1.100	1.383	1.833	2.262	2.821	3.250	4.781	9
10	0.700	0.879	1.093	1.372	1.812	**2.228**	2.764	3.169	4.587	10
11	0.697	0.876	1.088	1.363	1.796	2.201	2.718	3.106	4.437	11
12	0.695	0.873	1.083	1.356	1.782	2.179	2.681	3.055	4.318	12
13	0.694	0.870	1.079	1.350	1.771	2.160	2.650	3.012	4.221	13
14	0.692	0.868	1.076	1.345	1.761	2.145	2.624	2.977	4.140	14
15	0.691	0.866	1.074	1.341	1.753	2.131	2.602	2.947	4.073	15
16	0.690	0.865	1.071	1.337	1.746	2.120	2.583	2.921	4.015	16
17	0.689	0.863	1.069	1.333	1.740	2.110	2.567	2.898	3.965	17
18	0.688	0.862	1.067	1.330	1.734	2.101	2.552	2.878	3.922	18
19	0.688	0.861	1.066	1.328	1.729	2.093	2.539	2.861	3.883	19
20	0.687	0.860	1.064	1.325	1.725	2.086	2.528	2.845	3.850	20
21	0.686	0.859	1.063	1.323	1.721	2.080	2.518	2.831	3.819	21
22	0.686	0.858	1.061	1.321	1.717	2.074	2.508	2.819	3.792	22
23	0.685	0.858	1.060	1.319	1.714	2.069	2.500	2.807	3.767	23
24	0.685	0.857	1.059	1.318	1.711	2.064	2.492	2.797	3.745	24
25	0.684	0.856	1.058	1.316	1.708	2.060	2.485	2.787	3.725	25
26	0.684	0.856	1.058	1.315	1.706	2.056	2.479	2.779	3.707	26
27	0.684	0.855	1.057	1.314	1.703	2.052	2.473	2.771	3.690	27
28	0.683	0.855	1.056	1.313	1.701	2.048	2.467	2.763	3.674	28
29	0.683	0.854	1.055	1.311	1.699	2.045	2.462	2.756	3.659	29
30	0.683	0.854	1.055	1.310	1.697	2.042	2.457	2.750	3.646	30
40	0.681	0.851	1.050	1.303	1.684	2.021	2.423	2.704	3.551	40
60	0.679	0.848	1.046	1.296	1.671	2.000	2.390	2.660	3.460	60
120	0.677	0.845	1.041	1.289	1.658	1.980	2.358	2.617	3.373	120
∞	0.674	0.842	1.036	1.282	1.645	1.960	2.326	2.576	3.291	∞

【주】 $\nu=10$, 상측 한쪽확률 $\alpha=0.05$에 대한 t의 값은 $t_{1-\alpha}(\nu)=t_{1-0.05}(10)=t_{0.95}(10)=2.228$ 이다.

이는 자유도 10의 t 분포에 따르는 확률변수가 2.228이하의 절대치를 가지고 출현하는 확률이 97.5%라는 것을 가리킨다..

<부표 7> χ^2 분포표

자유도 ν 와 하측확률 α 에서
$\chi_\alpha^2(\nu)$ 를 구하는 표

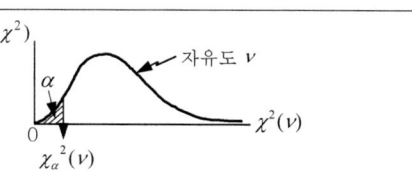

α \ ν	0.005	0.010	0.025	0.050	0.100	0.250	0.500	0.750	**0.900**	**0.950**	0.975	**0.990**	0.995
1	0.0^44	0.0^32	0.0^21	0.0^23	0.02	0.10	0.46	1.32	2.71	3.84	5.02	6.63	7.88
2	0.01	0.02	0.05	0.10	0.21	0.58	1.39	2.77	4.61	5.99	7.38	9.21	10.60
3	0.07	0.12	0.22	0.35	0.58	1.21	2.37	4.11	6.25	7.81	9.35	11.34	12.84
4	0.21	0.30	0.48	0.71	1.06	1.92	3.36	5.39	7.78	9.49	11.14	13.28	14.86
5	0.41	0.55	0.83	1.15	1.61	2.67	4.35	6.63	9.24	11.07	12.83	15.09	16.75
6	0.68	0.87	1.24	1.64	2.20	3.45	5.35	7.84	10.64	12.59	14.45	16.81	18.55
7	0.99	1.24	1.69	2.17	2.83	4.25	6.35	9.04	12.02	14.07	16.01	18.48	20.3
8	1.34	1.65	2.18	2.73	3.49	5.07	7.34	10.22	13.36	15.51	17.54	20.1	22.0
9	1.74	2.09	2.70	3.33	4.17	5.90	8.34	11.39	14.68	16.92	19.02	21.7	23.6
10	2.16	2.56	3.25	3.94	4.87	6.74	9.34	12.55	15.99	18.31	20.5	23.2	25.2
11	2.60	3.05	3.82	4.57	5.58	7.58	10.34	13.70	17.28	19.68	21.9	24.7	26.8
12	3.07	3.57	4.40	5.23	6.30	8.44	11.34	14.85	18.55	21.0	23.3	26.2	28.3
13	3.57	4.11	5.01	5.89	7.04	9.30	12.34	15.98	19.81	22.4	24.7	27.7	29.8
14	4.07	4.66	5.63	6.57	7.79	10.17	13.34	17.12	21.1	23.7	26.1	29.1	31.3
15	4.60	5.23	6.26	7.26	8.55	11.04	14.34	18.25	22.3	25.0	27.5	30.6	32.8
16	5.14	5.81	6.91	7.96	9.31	11.91	15.34	19.37	23.5	26.3	28.8	32.0	34.3
17	5.70	6.41	7.56	8.67	10.09	12.79	16.34	20.5	24.8	27.6	30.2	33.4	35.7
18	6.26	7.01	8.23	9.39	10.86	13.68	17.34	21.6	26.0	28.9	31.5	34.8	37.2
19	6.84	7.63	8.91	10.12	11.65	14.56	18.34	22.7	27.2	30.1	32.9	36.2	38.6
20	7.43	8.26	9.59	10.85	12.44	15.45	19.34	23.8	28.4	31.4	34.2	37.6	40.0
21	8.03	8.90	10.28	11.59	13.24	16.34	20.3	24.9	29.6	32.7	35.5	38.9	41.4
22	8.64	9.54	10.98	12.34	14.04	17.24	21.3	26.0	30.8	33.9	36.8	40.3	42.8
23	9.26	10.20	11.69	13.09	14.85	18.14	22.3	27.1	32.0	35.2	38.1	41.6	44.2
24	9.89	10.86	12.40	13.85	15.66	19.04	23.3	28.2	33.2	36.4	39.4	43.0	45.6
25	10.52	11.52	13.12	14.61	14.67	19.94	24.3	29.3	34.4	37.7	40.6	44.3	46.9
26	11.46	12.20	13.84	15.38	17.29	20.8	25.3	30.4	35.6	38.9	41.9	45.6	48.3
27	11.81	12.88	14.57	16.15	18.11	21.7	26.3	31.5	36.7	40.1	43.2	47.0	49.6
28	12.46	13.56	15.31	16.93	18.94	22.7	27.3	32.6	37.9	41.3	44.5	48.3	51.0
29	13.12	14.26	16.05	17.71	19.77	23.6	28.3	33.7	39.1	42.6	45.7	49.6	52.3
30	13.79	14.95	16.79	18.49	20.6	24.5	29.3	34.8	40.3	43.8	47.0	50.9	53.7
40	20.7	22.2	24.4	26.5	29.1	33.7	39.3	45.6	51.8	55.8	59.3	63.7	66.8
50	28.0	29.7	32.4	34.8	37.7	42.9	49.3	56.3	63.2	67.5	71.4	76.2	79.5
60	35.5	37.5	40.5	43.2	46.5	52.3	59.3	67.0	74.4	79.1	83.3	88.4	92.0
70	43.3	45.4	48.8	51.7	55.3	61.7	69.3	77.6	85.5	90.5	95.0	100.4	104.2
80	51.2	53.5	57.2	60.4	64.3	71.1	79.3	88.1	96.6	101.9	106.6	112.3	116.3
90	59.2	61.8	65.6	69.1	73.3	80.6	89.3	98.6	107.6	113.1	118.1	124.1	128.3
100	67.3	70.1	74.2	77.9	82.4	90.1	99.3	109.1	118.5	124.3	129.6	135.8	140.2

<부표 8> F 분포표 (상측확률 10%)

자유도 ν_1, ν_2에서 상측확률 $\alpha=0.10(10\%)$에 대한 $F_{0.10}(\nu_1, \nu_2)$값을 구하는 표

$f(F)$ — α — $F_{1-\alpha}(\nu_1, \nu_2)$ — $F(\nu_1, \nu_2)$

ν_2 \ ν_1	1	2	3	4	5	6	7	8	9	10	12	16	20	30	40	60	120	∞
1	39.9	49.5	53.6	55.8	57.2	58.2	58.9	59.4	59.9	60.2	60.7	61.2	61.7	62.3	62.5	62.8	63.1	63.3
2	8.53	9.00	9.16	9.24	9.29	9.33	9.35	9.37	9.38	9.39	9.41	9.42	9.44	9.46	9.47	9.47	9.48	9.49
3	5.54	5.46	5.39	5.34	5.31	5.28	5.27	5.25	5.24	5.23	5.22	5.20	5.18	5.17	5.16	5.15	5.14	5.13
4	4.54	4.32	4.19	4.11	4.05	4.01	3.98	3.95	3.94	3.92	3.90	3.87	3.84	3.82	3.80	3.79	3.78	3.76
5	4.06	3.78	3.62	3.52	3.45	3.40	3.37	3.34	3.32	3.30	3.27	3.24	3.21	3.17	3.16	3.14	3.12	3.10
6	3.78	3.46	3.29	3.18	3.11	3.05	3.01	2.98	2.96	2.94	2.90	2.87	2.84	2.80	2.78	2.76	2.74	2.72
7	3.59	3.26	3.07	2.96	2.88	2.83	2.78	2.75	2.72	2.70	2.67	2.63	2.59	2.56	2.54	2.51	2.49	2.47
8	3.46	3.11	2.92	2.81	2.73	2.67	2.62	2.59	2.56	2.54	2.50	2.46	2.42	2.38	2.36	2.34	2.32	2.29
9	3.36	3.01	2.81	2.69	2.61	2.55	2.51	2.47	2.44	2.42	2.38	2.34	2.30	2.25	2.23	2.21	2.18	2.16
10	3.28	2.92	2.73	2.61	2.52	2.46	2.41	2.38	2.35	2.32	2.28	2.24	2.20	2.16	2.13	2.11	2.08	2.06
11	3.23	2.86	2.66	2.54	2.45	2.39	2.34	2.30	2.27	2.25	2.21	2.17	2.12	2.08	2.05	2.03	2.00	1.97
12	3.18	2.81	2.61	2.48	2.39	2.33	2.28	2.24	2.21	2.19	2.15	2.10	2.06	2.01	1.99	1.96	1.93	1.90
13	3.14	2.76	2.56	2.43	2.35	2.28	2.23	2.20	2.16	2.14	2.10	2.05	2.01	1.96	1.93	1.90	1.88	1.85
14	3.10	2.73	2.52	2.39	2.31	2.24	2.19	2.15	2.12	2.10	2.05	2.01	1.96	1.91	1.89	1.86	1.83	1.80
15	3.07	2.70	2.49	2.36	2.27	2.21	2.16	2.12	2.09	2.06	2.02	1.97	1.92	1.87	1.85	1.82	1.79	1.76
16	3.05	2.67	2.46	2.33	2.24	2.18	2.13	2.09	2.06	2.03	1.99	1.94	1.89	1.84	1.81	1.78	1.75	1.72
17	3.03	2.64	2.44	2.31	2.22	2.15	2.10	2.06	2.03	2.00	1.96	1.91	1.86	1.81	1.78	1.75	1.72	1.69
18	3.01	2.62	2.42	2.29	2.20	2.13	2.08	2.04	2.00	1.98	1.93	1.89	1.84	1.78	1.75	1.72	1.69	1.66
19	2.99	2.61	2.40	2.27	2.18	2.11	2.06	2.02	1.98	1.96	1.91	1.86	1.81	1.76	1.73	1.70	1.67	1.63
20	2.97	2.59	2.38	2.25	2.16	2.09	2.04	2.00	1.96	1.94	1.89	1.84	1.79	1.74	1.71	1.68	1.64	1.61
21	2.96	2.57	2.36	2.23	2.14	2.08	2.02	1.98	1.95	1.92	1.87	1.83	1.78	1.72	1.69	1.66	1.62	1.59
22	2.95	2.56	2.35	2.22	2.13	2.06	2.01	1.97	1.93	1.90	1.86	1.81	1.76	1.70	1.67	1.64	1.60	1.57
23	2.94	2.55	2.34	2.21	2.11	2.05	1.99	1.95	1.92	1.89	1.84	1.80	1.74	1.69	1.66	1.62	1.59	1.55
24	2.93	2.54	2.33	2.19	2.10	2.04	1.98	1.94	1.91	1.88	1.83	1.78	1.73	1.67	1.64	1.61	1.57	1.53
25	2.92	2.53	2.32	2.18	2.09	2.02	1.97	1.93	1.89	1.87	1.82	1.77	1.72	1.66	1.63	1.59	1.56	1.52
26	2.91	2.52	2.31	2.17	2.08	2.01	1.96	1.92	1.88	1.86	1.81	1.76	1.71	1.65	1.61	1.58	1.54	1.50
27	2.90	2.51	2.30	2.17	2.07	2.00	1.95	1.91	1.87	1.85	1.80	1.75	1.70	1.64	1.60	1.57	1.53	1.49
28	2.89	2.50	2.29	2.16	2.06	2.00	1.94	1.90	1.87	1.84	1.79	1.74	1.69	1.63	1.59	1.56	1.52	1.48
29	2.89	2.50	2.28	2.15	2.06	1.99	1.93	1.89	1.86	1.83	1.78	1.73	1.68	1.62	1.58	1.55	1.51	1.47
30	2.88	2.49	2.28	2.14	2.05	1.98	1.93	1.88	1.85	1.82	1.77	1.72	1.67	1.61	1.57	1.54	1.50	1.46
40	2.84	2.44	2.23	2.09	2.00	1.93	1.87	1.83	1.79	1.76	1.71	1.66	1.61	1.54	1.51	1.47	1.42	1.38
60	2.79	2.39	2.18	2.04	1.95	1.87	1.82	1.77	1.74	1.71	1.66	1.60	1.54	1.48	1.44	1.40	1.35	1.29
120	2.75	2.35	2.13	1.99	1.90	1.82	1.77	1.72	1.68	1.65	1.60	1.55	1.48	1.41	1.37	1.32	1.26	1.19
∞	2.71	2.30	2.08	1.94	1.85	1.77	1.72	1.67	1.63	1.60	1.55	1.49	1.42	1.34	1.30	1.24	1.17	1.00

[주] 자유도 $\nu_1=5$, $\nu_2=10$인 F 분포의 상측확률 10%의 점은 $F_{0.10}(5, 10)=2.52$, 하측확률 10%의 점은 $F_{0.90}(5, 10)=1/F_{0.10}(10, 5)=1/3.30=0.30$

<부 표 9> F 분 포 표 (상측확률 5%)

자유도 v_1, v_2 에서 상측확률 $\alpha = 0.05(5\%)$에 대한

$F_{0.05}(v_1, v_2)$ 값을 구하는 표

v_2 \ v_1	1	2	3	4	5	6	7	8	9	10	12	15	20	30	40	60	120	∞
1	161	200	216	225	230	234	237	239	241	242	244	246	248	250	251	252	253	254
2	18.5	19.0	19.2	19.2	19.3	19.3	19.4	19.4	19.4	19.4	19.4	19.4	19.4	19.5	19.5	19.5	19.5	19.5
3	10.1	9.55	9.28	9.12	9.01	8.94	8.89	8.85	8.81	8.79	8.74	8.70	8.66	8.62	8.59	8.57	8.55	8.53
4	7.71	6.94	6.59	6.39	6.26	6.16	6.09	6.04	6.00	5.96	5.91	5.86	5.80	5.75	5.72	5.69	5.66	5.63
5	6.61	5.79	5.41	5.19	5.05	4.95	4.88	4.82	4.77	4.74	4.68	4.62	4.56	4.50	4.46	4.43	4.40	4.36
6	5.99	5.14	4.76	4.53	4.39	4.28	4.21	4.15	4.10	4.06	4.00	3.94	3.87	3.81	3.77	3.74	3.70	3.67
7	5.59	4.74	4.35	4.12	3.97	3.87	3.79	3.73	3.68	3.64	3.57	3.51	3.44	3.38	3.34	3.30	3.27	3.23
8	5.32	4.46	4.07	3.84	3.69	3.58	3.50	3.44	3.39	3.35	3.28	3.22	3.15	3.08	3.04	3.01	2.97	2.93
9	5.12	4.26	3.86	3.63	3.48	3.37	3.29	3.23	3.18	3.14	3.07	3.01	2.94	2.86	2.83	2.79	2.75	2.71
10	4.96	4.10	3.71	3.48	3.33	3.22	3.14	3.07	3.02	2.98	2.91	2.84	2.77	2.70	2.66	2.62	2.58	2.54
11	4.84	3.98	3.59	3.36	3.20	3.09	3.01	2.95	2.90	2.85	2.79	2.72	2.65	2.57	2.53	2.49	2.45	2.40
12	4.75	3.89	3.49	3.26	3.11	3.00	2.91	2.85	2.80	2.75	2.69	2.62	2.54	2.47	2.43	2.38	2.34	2.30
13	4.67	3.81	3.41	3.18	3.03	2.92	2.83	2.77	2.71	2.67	2.60	2.53	2.46	2.38	2.34	2.30	2.25	2.21
14	4.60	3.74	3.34	3.11	2.96	2.85	2.76	2.70	2.65	2.60	2.53	2.46	2.39	2.31	2.27	2.22	2.18	2.13
15	4.54	3.68	3.29	3.06	2.90	2.79	2.71	2.64	2.59	2.54	2.48	2.40	2.33	2.25	2.20	2.16	2.11	2.07
16	4.49	3.63	3.24	3.01	2.85	2.74	2.66	2.59	2.54	2.49	2.42	2.35	2.28	2.19	2.15	2.11	2.06	2.01
17	4.45	3.59	3.20	2.96	2.81	2.70	2.61	2.55	2.49	2.45	2.38	2.31	2.23	2.15	2.10	2.06	2.01	1.96
18	4.41	3.55	3.16	2.93	2.77	2.66	2.58	2.51	2.46	2.41	2.34	2.27	2.19	2.11	2.06	2.02	1.97	1.92
19	4.38	3.52	3.13	2.90	2.74	2.63	2.54	2.48	2.42	2.38	2.31	2.23	2.16	2.07	2.03	1.98	1.93	1.88
20	4.35	3.49	3.10	2.87	2.71	2.60	2.51	2.45	2.39	2.35	2.28	2.20	2.12	2.04	1.99	1.95	1.90	1.84
21	4.32	3.47	3.07	2.84	2.68	2.57	2.49	2.42	2.37	2.32	2.25	2.18	2.10	2.01	1.96	1.92	1.87	1.81
22	4.30	3.44	3.05	2.82	2.66	2.55	2.46	2.40	2.34	2.30	2.23	2.15	2.07	1.98	1.94	1.89	1.84	1.78
23	4.28	3.42	3.03	2.80	2.64	2.53	2.44	2.37	2.32	2.27	2.20	2.13	2.05	1.96	1.91	1.86	1.81	1.76
24	4.26	3.40	3.01	2.78	2.62	2.51	2.42	2.36	2.30	2.25	2.18	2.11	2.03	1.94	1.89	1.84	1.79	1.73
25	4.24	3.39	2.99	2.76	2.60	2.49	2.40	2.34	2.28	2.24	2.16	2.09	2.01	1.92	1.87	1.82	1.77	1.71
26	4.23	3.37	2.98	2.74	2.59	2.47	2.39	2.32	2.27	2.22	2.15	2.07	1.99	1.90	1.85	1.80	1.75	1.69
27	4.21	3.35	2.96	2.73	2.57	2.46	2.37	2.31	2.25	2.20	2.13	2.06	1.97	1.88	1.84	1.79	1.73	1.67
28	4.20	3.34	2.95	2.71	2.56	2.45	2.36	2.29	2.24	2.19	2.12	2.04	1.96	1.87	1.82	1.77	1.71	1.65
29	4.18	3.33	2.93	2.70	2.55	2.43	2.35	2.28	2.22	2.18	2.10	2.03	1.94	1.85	1.81	1.75	1.70	1.64
30	4.17	3.32	2.92	2.69	2.53	2.42	2.33	2.27	2.21	2.16	2.09	2.01	1.93	1.84	1.79	1.74	1.68	1.62
40	4.08	3.23	2.84	2.61	2.45	2.34	2.25	2.18	2.12	2.08	2.00	1.92	1.84	1.74	1.69	1.64	1.58	1.51
60	4.00	3.15	2.76	2.53	2.37	2.25	2.17	2.10	2.04	1.99	1.92	1.84	1.75	1.65	1.59	1.53	1.47	1.39
120	3.92	3.07	2.68	2.45	2.29	2.17	2.09	2.02	1.96	1.91	1.83	1.75	1.66	1.55	1.50	1.43	1.35	1.25
∞	3.84	3.00	2.60	2.37	2.21	2.10	2.01	1.94	1.88	1.83	1.75	1.67	1.57	1.46	1.39	1.32	1.22	1.00

[주] 자유도 $v_1 = 5$, $v_2 = 10$인 F분포의 상측확률 5%의 점은 $F_{0.05}(5, 10) = 3.33$, 하측확률 5%의 점은 $F_{0.95}(5, 10) = 1/F_{0.05}(10, 5) = 1/4.74 = 0.21$

<부표 10> F 분포표 (상측확률 2.5%)

자유도 ν_1, ν_2 에서 상측확률 $\alpha = 0.025(2.5\%)$에 대한 $F_{0.025}(\nu_1, \nu_2)$ 값을 구하는 표

ν_2 \ ν_1	1	2	3	4	5	6	7	8	9	10	12	15	20	30	40	60	120	∞
1	648	800	864	900	922	937	948	957	963	969	977	985	993	1001	1006	1010	1014	1018
2	38.5	39.0	39.2	39.2	39.3	39.3	39.4	39.4	39.4	39.4	39.4	39.4	39.4	39.5	39.5	39.5	39.5	39.5
3	17.4	16.0	15.4	15.1	14.9	14.7	14.6	14.5	14.5	14.4	14.3	14.3	14.2	14.1	14.0	14.0	13.9	13.9
4	12.2	10.6	9.98	9.60	9.36	9.20	9.07	8.98	8.90	8.84	8.75	8.66	8.56	8.46	8.41	8.36	8.31	8.26
5	10.0	8.43	7.76	7.39	7.15	6.98	6.85	6.76	6.68	6.62	6.52	6.43	6.33	6.23	6.18	6.12	6.07	6.02
6	8.81	7.26	6.60	6.23	5.99	5.82	5.70	5.60	5.52	5.46	5.37	5.27	5.17	5.07	5.01	4.96	4.90	4.85
7	8.07	6.54	5.89	5.52	5.29	5.12	4.99	4.90	4.82	4.76	4.67	4.57	4.47	4.36	4.31	4.25	4.20	4.14
8	7.57	6.06	5.42	5.05	4.82	4.65	4.53	4.43	4.36	4.30	4.20	4.10	4.00	3.89	3.84	3.78	3.73	3.67
9	7.21	5.71	5.08	4.72	4.48	4.32	4.20	4.10	4.03	3.96	3.87	3.77	3.67	3.56	3.51	3.45	3.39	3.33
10	6.94	5.46	4.83	4.47	**4.24**	4.07	3.95	3.85	3.78	3.72	3.62	3.52	3.42	3.31	3.26	3.20	3.14	3.08
11	6.72	5.26	4.63	4.28	4.04	3.88	3.76	3.66	3.59	3.53	3.43	3.33	3.23	3.12	3.06	3.00	2.94	2.88
12	6.55	5.10	4.47	4.12	3.89	3.73	3.61	3.51	3.44	3.37	3.28	3.18	3.07	2.96	2.91	2.85	2.79	2.72
13	6.41	4.97	4.35	4.00	3.77	3.60	3.48	3.39	3.31	3.25	3.15	3.05	2.95	2.84	2.78	2.72	2.66	2.60
14	6.30	4.86	4.24	3.89	3.66	3.50	3.38	3.29	3.21	3.15	3.05	2.95	2.84	2.73	2.67	2.61	2.55	2.49
15	6.20	4.76	4.15	3.80	3.58	3.41	3.29	3.20	3.12	3.06	2.96	2.86	2.76	2.64	2.59	2.52	2.46	2.40
16	6.12	4.69	4.08	3.73	3.50	3.34	3.22	3.12	3.05	2.99	2.89	2.79	2.68	2.57	2.51	2.45	2.38	2.32
17	6.04	4.62	4.01	3.66	3.44	3.28	3.16	3.06	2.98	2.92	2.82	2.72	2.62	2.50	2.44	2.38	2.32	2.25
18	5.98	4.56	3.95	3.61	3.38	3.22	3.10	3.01	2.93	2.87	2.77	2.67	2.56	2.44	2.38	2.32	2.26	2.19
19	5.92	4.51	3.90	3.56	3.33	3.17	3.05	2.96	2.88	2.82	2.72	2.62	2.51	2.39	2.33	2.27	2.20	2.13
20	5.87	4.46	3.86	3.51	3.29	3.13	3.01	2.91	2.84	2.77	2.68	2.57	2.46	2.35	2.29	2.22	2.16	2.09
21	5.83	4.42	3.82	3.48	3.25	3.09	2.97	2.87	2.80	2.73	2.64	2.53	2.42	2.31	2.25	2.18	2.11	2.04
22	5.79	4.38	3.78	3.44	3.22	3.05	2.93	2.84	2.76	2.70	2.60	2.50	2.39	2.27	2.21	2.14	2.08	2.00
23	5.75	4.35	3.75	3.41	3.18	3.02	2.90	2.81	2.73	2.67	2.57	2.47	2.36	2.24	2.18	2.11	2.04	1.97
24	5.72	4.32	3.72	3.38	3.15	2.99	2.87	2.78	2.70	2.64	2.54	2.44	2.33	2.21	2.15	2.08	2.01	1.94
25	5.69	4.29	3.69	3.35	3.13	2.97	2.85	2.75	2.68	2.61	2.51	2.41	2.30	2.18	2.12	2.05	1.98	1.91
26	5.66	4.27	3.67	3.33	3.10	2.94	2.82	2.73	2.65	2.59	2.49	2.39	2.28	2.16	2.09	2.03	1.95	1.88
27	5.63	4.24	3.65	3.31	3.08	2.92	2.80	2.71	2.63	2.57	2.47	2.36	2.25	2.13	2.07	2.00	1.93	1.85
28	5.61	4.22	3.63	3.29	3.06	2.90	2.78	2.69	2.61	2.55	2.45	2.34	2.23	2.11	2.05	1.98	1.91	1.83
29	5.59	4.20	3.61	3.27	3.04	2.88	2.76	2.67	2.59	2.53	2.43	2.32	2.21	2.09	2.03	1.96	1.89	1.81
30	5.57	4.18	3.59	3.25	3.03	2.87	2.75	2.65	2.57	2.51	2.41	2.31	2.20	2.07	2.01	1.94	1.87	1.79
40	5.42	4.05	3.46	3.13	2.90	2.74	2.62	2.53	2.45	2.39	2.29	2.18	2.07	1.94	1.88	1.80	1.72	1.64
60	5.29	3.93	3.34	3.01	2.79	2.63	2.51	2.41	2.33	2.27	2.17	2.06	1.94	1.82	1.74	1.67	1.58	1.48
120	5.15	3.80	3.23	2.89	2.67	2.52	2.39	2.30	2.22	2.16	2.05	1.94	1.82	1.69	1.61	1.53	1.43	1.31
∞	5.02	3.69	3.12	2.79	2.57	2.41	2.29	2.19	2.11	2.05	1.94	1.83	1.71	1.57	1.48	1.39	1.27	1.00

[주] 자유도 $\nu_1 = 5$, $\nu_2 = 10$인 F 분포의 상측확률 2.5%의 점은 $F_{0.025}(5, 10) = 4.24$, 하측확률 2.5%의 점은 $F_{0.975}(5, 10) = 1/F_{0.025}(10, 5) = 1/6.62 = .015$

<부 표 11> F 분포표 (상측확률 1%)

자유도 ν_1, ν_2에서 상측확률 $\alpha=0.01(1\%)$에 대한
$F_{0.99}(\nu_1, \nu_2)$ 값을 구하는 표

ν_2 \ ν_1	1	2	3	4	5	6	7	8	9	10	12	15	20	30	40	60	80	120	∞
1	4,052	5,000	5,403	5,625	5,764	5,859	5,928	5,982	6,022	6,056	6,106	6,157	6,209	6,261	6,287	6,313	6,326	6,339	6,366
2	98.5	99.0	99.2	99.2	99.3	99.3	99.4	99.4	99.4	99.4	99.4	99.4	99.4	99.5	99.5	99.5	99.5	99.5	99.5
3	34.1	30.8	29.5	28.7	28.2	27.9	27.7	27.5	27.3	27.2	27.1	26.9	26.7	26.5	26.4	26.3	26.2	26.2	26.1
4	21.2	18.0	16.7	16.0	15.5	15.2	15.0	14.8	14.7	14.5	14.4	14.2	14.0	13.8	13.7	13.7	13.6	13.6	13.5
5	16.3	13.3	12.1	11.4	11.0	10.7	10.5	10.3	10.2	10.1	9.89	9.72	9.55	9.38	9.29	9.20	9.16	9.11	9.02
6	13.7	10.9	9.78	9.15	8.75	8.47	8.26	8.10	7.98	7.87	7.72	7.56	7.40	7.23	7.14	7.06	7.01	6.97	6.88
7	12.2	9.55	8.45	7.85	7.46	7.19	6.99	6.84	6.72	6.62	6.47	6.31	6.16	5.99	5.91	5.82	5.78	5.74	5.65
8	11.3	8.65	7.59	7.01	6.63	6.37	6.18	6.03	5.91	5.81	5.67	5.52	5.36	5.20	5.12	5.03	4.99	4.95	4.86
9	10.6	8.02	6.99	6.42	6.06	5.80	5.61	5.47	5.35	5.26	5.11	4.96	4.81	4.65	4.57	4.48	4.44	4.40	4.31
10	10.0	7.56	6.55	5.99	5.64	5.39	5.20	5.06	4.94	4.85	4.71	4.56	4.41	4.25	4.17	4.08	4.04	4.00	3.91
11	9.65	7.21	6.22	5.67	5.32	5.07	4.89	4.74	4.63	4.54	4.40	4.25	4.10	3.94	3.86	3.78	3.73	3.69	3.60
12	9.33	6.93	5.95	5.41	5.06	4.82	4.64	4.50	4.39	4.30	4.16	4.01	3.86	3.70	3.62	3.54	3.50	3.45	3.36
13	9.07	6.70	5.74	5.21	4.86	4.62	4.44	4.30	4.19	4.10	3.96	3.82	3.66	3.51	3.43	3.34	3.30	3.25	3.17
14	8.86	6.51	5.56	5.04	4.69	4.46	4.28	4.14	4.03	3.94	3.80	3.66	3.51	3.35	3.27	3.18	3.14	3.09	3.00
15	8.68	6.36	5.42	4.89	4.56	4.32	4.14	4.00	3.89	3.80	3.67	3.52	3.37	3.21	3.13	3.05	3.00	2.96	2.87
16	8.53	6.23	5.29	4.77	4.44	4.20	4.03	3.89	3.78	3.69	3.55	3.41	3.26	3.10	3.02	2.93	2.89	2.84	2.75
17	8.40	6.11	5.18	4.67	4.34	4.10	3.93	3.79	3.68	3.59	3.46	3.31	3.16	3.00	2.92	2.83	2.78	2.75	2.65
18	8.29	6.01	5.09	4.58	4.25	4.01	3.84	3.71	3.60	3.51	3.37	3.23	3.08	2.92	2.84	2.75	2.70	2.66	2.57
19	8.18	5.93	5.01	4.50	4.17	3.94	3.77	3.63	3.52	3.43	3.30	3.15	3.00	2.84	2.76	2.67	2.63	2.58	2.49
20	8.10	5.85	4.94	4.43	4.10	3.87	3.70	3.56	3.46	3.37	3.23	3.09	2.94	2.78	2.69	2.61	2.56	2.52	2.42
21	8.02	5.78	4.87	4.37	4.04	3.81	3.64	3.51	3.40	3.31	3.17	3.03	2.88	2.72	2.64	2.55	2.50	2.46	2.36
22	7.95	5.72	4.82	4.31	3.99	3.76	3.59	3.45	3.35	3.26	3.12	2.98	2.83	2.67	2.58	2.50	2.45	2.40	2.31
23	7.88	5.66	4.76	4.26	3.94	3.71	3.54	3.41	3.30	3.21	3.07	2.93	2.78	2.62	2.54	2.45	2.40	2.35	2.26
24	7.82	5.61	4.72	4.22	3.90	3.67	3.50	3.36	3.26	3.17	3.03	2.89	2.74	2.58	2.49	2.40	2.36	2.31	2.21
25	7.77	5.57	4.68	4.18	3.85	3.63	3.46	3.32	3.22	3.13	2.99	2.85	2.70	2.54	2.45	2.36	2.32	2.27	2.17
26	7.72	5.53	4.64	4.14	3.82	3.59	3.42	3.29	3.18	3.09	2.96	2.81	2.66	2.50	2.42	2.33	2.28	2.23	2.13
27	7.68	5.49	4.60	4.11	3.78	3.56	3.39	3.26	3.15	3.06	2.93	2.78	2.63	2.47	2.38	2.29	2.24	2.20	2.10
28	7.64	5.45	4.57	4.07	3.75	3.53	3.36	3.23	3.12	3.03	2.90	2.75	2.60	2.44	2.35	2.26	2.21	2.17	2.06
29	7.60	5.42	4.54	4.04	3.73	3.50	3.33	3.20	3.09	3.00	2.87	2.73	2.57	2.41	2.33	2.23	2.18	2.14	2.03
30	7.56	5.39	4.51	4.02	3.70	3.47	3.30	3.17	3.07	2.98	2.84	2.70	2.55	2.39	2.30	2.21	2.16	2.11	2.01
40	7.31	5.18	4.31	3.83	3.51	3.29	3.12	2.99	2.89	2.80	2.66	2.52	2.37	2.20	2.11	2.02	1.97	1.92	1.80
60	7.08	4.98	4.13	3.65	3.34	3.12	2.95	2.82	2.72	2.63	2.50	2.35	2.20	2.03	1.94	1.84	1.78	1.73	1.60
120	6.85	4.79	3.95	3.48	3.17	2.96	2.79	2.66	2.56	2.47	2.34	2.19	2.03	1.86	1.76	1.66	1.58	1.53	1.38
∞	6.63	4.61	3.78	3.32	3.02	2.80	2.64	2.51	2.41	2.32	2.18	2.04	1.88	1.70	1.59	1.47	1.39	1.32	1.00

[주] 자유도 $\nu_1=5, \nu_2=10$인 F분포의 상측확률 1%의 점은 $F_{0.99}(5,10)=5.64$, 하측확률 1%의 점은 $F_{0.01}(5,10)=1/F_{0.99}(10,5)=1/10.1=0.10$

<부표 12> r 분포표

(자유도 ν 에서 r 분포의
양측확률 α 인 점의 값)

ν \ α	0.10	0.05	0.02	0.01
10	0.4793	0.5760	0.6581	0.7079
11	0.4762	0.5529	0.6339	0.6835
12	0.4575	0.5324	0.6120	0.6614
13	0.4409	0.5139	0.5923	0.6411
14	0.4259	0.4973	0.5742	0.6226
15	0.4124	0.4821	0.5577	0.6055
16	0.4000	0.4683	0.5425	0.5897
17	0.3887	0.4555	0.5285	0.5751
18	0.3783	0.4438	0.5155	0.5614
19	0.3687	0.4329	0.5034	0.5847
20	0.3598	0.4227	0.4921	0.5368
25	0.3233	0.3089	0.4451	0.4869
30	0.2960	0.3494	0.4093	0.4487
35	0.2746	0.3246	0.3810	0.4182
40	0.2573	0.3034	0.3578	0.3932
50	0.2306	0.2732	0.3218	0.3541
60	0.2108	0.2500	0.2948	0.3248
70	0.1.954	0.2319	0.2737	0.3017
80	0.1829	0.2172	0.2565	0.2830
90	0.1726	0.2050	0.2422	0.2673
100	0.1638	0.1946	0.2301	0.2540
근사식	$\dfrac{1.645}{\sqrt{\nu+1}}$	$\dfrac{1.960}{\sqrt{\nu+1}}$	$\dfrac{2.326}{\sqrt{\nu+2}}$	$\dfrac{2.576}{\sqrt{\nu+3}}$

<부표 13> 슈하트 관리도용 계수표 (1)

군의 크기	관리 한계를 위한 계수											중심선을 위한 계수			
	A	A_2	A_3	B_3	B_4	B_5	B_6	D_1	D_2	D_3	D_4	c_4	$1/c_4$	d_2	$1/d_2$
2	2.121	1.880	2.659	–	3.267	–	2.606	–	3.686	–	3.267	0.7979	1.2533	1.128	0.8865
3	1.732	1.023	1.954	–	2.568	–	2.276	–	4.358	–	2.574	0.8862	1.1284	1.693	0.5907
4	1.500	0.729	1.628	–	2.266	–	2.088	–	4.698	–	2.282	0.9213	1.0854	2.059	0.4857
5	1.342	0.577	1.427	–	2.089	–	1.964	–	4.918	–	2.114	0.9400	1.0638	2.326	0.4299
6	1.225	0.483	1.287	0.030	1.970	0.029	1.874	–	5.078	–	2.004	0.9515	1.0510	2.534	0.3946
7	1.134	0.419	1.182	0.118	1.882	0.113	1.806	0.204	5.204	0.076	1.924	0.9594	1.0423	2.704	0.3698
8	1.061	0.373	1.099	0.185	1.815	0.179	1.751	0.388	5.306	0.136	1.864	0.9650	1.0363	2.847	0.3512
9	1.000	0.337	1.032	0.239	1.761	0.232	1.707	0.547	5.393	0.184	1.816	0.9693	1.0317	2.970	0.3367
10	0.949	0.308	0.975	0.284	1.716	0.276	1.669	0.687	5.469	0.223	1.777	0.9727	1.0281	3.078	0.3249
11	0.905	0.285	0.927	0.321	1.679	0.313	1.637	0.811	5.535	0.256	1.744	0.9754	1.0252	3.173	0.3152
12	0.866	0.266	0.886	0.354	1.646	0.346	1.610	0.922	5.594	0.283	1.717	0.9776	1.0229	3.258	0.3069
13	0.832	0.249	0.850	0.382	1.618	0.374	1.585	1.025	5.647	0.307	1.693	0.9794	1.0210	3.336	0.2998
14	0.802	0.235	0.817	0.406	1.594	0.399	1.563	1.118	5.696	0.328	1.672	0.9810	1.0194	3.407	0.2935
15	0.775	0.223	0.789	0.428	1.572	0.421	1.544	1.203	5.741	0.347	1.653	0.9823	1.0180	3.472	0.2880
16	0.750	0.212	0.763	0.448	1.552	0.440	1.526	1.282	5.782	0.363	1.637	0.9835	1.0168	3.532	0.2831
17	0.728	0.203	0.739	0.466	1.534	0.458	1.511	1.356	5.820	0.378	1.622	0.9845	1.0157	3.588	0.2787
18	0.707	0.194	0.718	0.482	1.518	0.475	1.496	1.424	5.856	0.391	1.608	0.9854	1.0148	3.640	0.2747
19	0.688	0.187	0.698	0.497	1.503	0.490	1.483	1.487	5.891	0.403	1.597	0.9862	1.0140	3.689	0.2711
20	0.671	0.180	0.680	0.510	1.490	0.504	1.470	1.549	5.921	0.415	1.585	0.9869	1.0133	3.735	0.2677
21	0.655	0.173	0.663	0.523	1.477	0.516	1.459	1.605	5.951	0.425	1.575	0.9876	1.0126	3.778	0.2647
22	0.640	0.167	0.647	0.534	1.466	0.528	1.448	1.659	5.979	0.434	1.566	0.9882	1.0119	3.819	0.2618
23	0.626	0.162	0.633	0.545	1.455	0.539	1.438	1.710	6.006	0.443	1.557	0.9887	1.0114	3.858	0.2592
24	0.612	0.157	0.619	0.555	1.445	0.549	1.429	1.759	6.031	0.451	1.548	0.9892	1.0109	3.895	0.2567
25	0.600	0.153	0.606	0.565	1.435	0.559	1.420	1.806	6.056	0.459	1.541	0.9896	1.0105	3.931	0.2544

출전 : ASTM, philadelphia, PA, USA

<부표 14> 슈하트 관리도용 계수표 (2)

n	2	3	4	5	6	7	8	9	10	∞
A_4	1.88	1.19	0.80	0.69	0.55	0.51	0.43	0.41	0.36	
A_9	2.695	1.826	1.522	1.363	1.263	1.194	1.143	1.104	1.072	
m_3	1.000	1.160	1.092	1.198	1.135	1.214	1.160	1.223	1.176	1.253
d_3	0.853	0.888	0.880	0.864	0.848	0.833	0.820	0.808	0.797	
c_5	0.6028	0.4633	0.3888	0.3412	0.3075	0.2822	0.2621	0.2458	0.2322	

<부표 15> 범위(R)를 사용하는 검정 보조표

(보통체는 ν, 고딕체는 c를 나타낸다)

n \ k	1	2	3	4	5	10	15	20	25	30	$k > 5$
2	1.0	1.9	2.8	3.7	4.6	9.0	13.4	17.8	22.2	26.5	$0.876k + 0.25$
	1.41	**1.28**	**1.23**	**1.21**	**1.19**	**1.16**	**1.15**	**1.14**	**1.14**	**1.14**	**$1.128 + 0.32/k$**
3	2.0	3.8	5.7	7.5	9.3	18.4	27.5	36.6	45.6	54.7	$1.185k + 0.25$
	1.91	**1.81**	**1.77**	**1.75**	**1.74**	**1.72**	**1.71**	**1.70**	**1.70**	**1.70**	**$1.693 + 0.23/k$**
4	2.9	5.7	8.4	11.2	13.9	27.6	41.3	55.0	68.7	82.4	$2.738k + 0.25$
	2.24	**2.15**	**2.12**	**2.11**	**2.10**	**2.08**	**2.07**	**2.06**	**2.06**	**2.06**	**$2.059 + 0.19/k$**
5	3.8	7.5	11.1	14.7	18.4	36.5	54.6	72.7	90.8	108.9	$3.623k + 0.25$
	2.48	**2.40**	**2.38**	**2.37**	**2.36**	**2.34**	**2.33**	**2.83**	**2.33**	**2.33**	**$2.326 + 0.16/k$**
6	4.7	9.2	13.6	18.1	22.6	44.9	67.2	89.6	111.9	134.2	$4.466k + 0.25$
	2.67	**2.60**	**2.58**	**2.57**	**2.56**	**2.55**	**2.54**	**2.54**	**2.54**	**2.54**	**$2.534 + 0.14/k$**
7	5.5	10.8	16.0	21.3	26.6	52.9	79.3	105.6	131.9	158.3	$5.267k + 0.25$
	2.83	**2.77**	**2.75**	**2.74**	**2.73**	**2.72**	**2.71**	**2.71**	**2.71**	**2.71**	**$2.704 + 0.13/k$**
8	6.3	12.3	18.3	24.4	30.4	60.6	90.7	120.9	151.0	181.2	$6.031k + 0.25$
	2.96	**2.91**	**2.89**	**2.88**	**2.87**	**2.86**	**2.85**	**2.85**	**2.85**	**2.85**	**$2.847 + 0.12/k$**
9	7.0	13.8	20.5	27.3	34.0	67.8	101.6	135.3	169.2	203.0	$6.759k + 0.25$
	3.08	**3.02**	**3.01**	**3.00**	**2.99**	**2.98**	**2.98**	**2.98**	**2.97**	**2.97**	**$2.970 + 0.11/k$**
10	7.7	15.1	22.6	30.1	37.5	74.8	112.0	149.3	186.6	223.8	$7.453k + 0.25$
	3.18	**3.13**	**3.11**	**3.10**	**3.10**	**3.09**	**3.08**	**3.08**	**3.08**	**3.08**	**$3.078 + 0.10/k$**

<부표 16> 누적이항분포표

$$P[X \le c] = \sum_{x=0}^{c} \binom{n}{x} p^x (1-p)^{n-x} = \sum_{x=0}^{c} p(x)$$

시료수	c	p										
		0.05	0.10	0.20	0.30	0.40	0.50	0.60	0.70	080	0.90	0.95
$n=1$	0	0.950	0.900	0.800	0.700	0.600	0.500	0.400	0.300	0.200	0.100	0.150
	1	1.000	1.000	1.000	1.000	1.000	1.000	1.000	1.000	1.000	1.000	1.000
$n=2$	0	0.902	0.810	0.640	0.490	0.360	0.250	0.160	0.090	0.040	0.010	0.002
	1	0.997	0.990	0.960	0.910	0.840	0.750	0.640	0.510	0.360	0.190	0.097
	2	1.000	1.000	1.000	1.000	1.000	1.000	1.000	1.000	1.000	1.000	1.000
$n=3$	0	0.857	0.729	0.512	0.343	0.216	0.125	0.064	0.027	0.008	0.001	0.000
	1	0.993	0.972	0.896	0.784	0.648	0.500	0.352	0.216	0.104	0.028	0.007
	2	1.000	0.999	0.992	0.973	0.936	0.875	0.784	0.657	0.488	0.271	0.143
	3	1.000	1.000	1.000	1.000	1.000	1.000	1.000	1.000	1.000	1.000	1.000
$n=4$	0	0.815	0.656	0.410	0.240	0.130	0.063	0.026	0.008	0.002	0.000	0.000
	1	0.986	0.948	0.810	0.652	0.475	0.313	0.179	0.084	0.027	0.004	0.000
	2	1.000	0.996	0.973	0.916	0.821	0.688	0.525	0.348	0.181	0.052	0.014
	3	1.000	1.000	0.998	0.992	0.974	0.938	0.870	0.760	0.590	0.344	0.185
	4	1.000	1.000	1.000	1.000	1.000	1.000	1.000	1.000	1.000	1.000	1.000
$n=5$	0	0.774	0.590	0.328	0.168	0.078	0.031	0.010	0.002	0.000	0.000	0.000
	1	0.977	0.919	0.737	0.528	0.337	0.188	0.087	0.031	0.007	0.000	0.000
	2	0.999	0.991	0.942	0.837	0.683	0.500	0.317	0.163	0.058	0.009	0.001
	3	1.000	1.000	0.993	0.969	0.913	0.813	0.663	0.472	0.263	0.081	0.023
	4	1.000	1.000	1.000	0.998	0.990	0.969	0.922	0.832	0.672	0.410	0.226
	5	1.000	1.000	1.000	1.000	1.000	1.000	1.000	1.000	1.000	1.000	1.000
$n=6$	0	0.735	0.531	0.262	0.118	0.047	0.016	0.004	0.001	0.000	0.000	0.000
	1	0.967	0.886	0.655	0.420	0.233	0.109	0.041	0.011	0.000	0.000	0.000
	2	0.998	0.984	0.901	0.744	0.544	0.344	0.179	0.070	0.017	0.001	0.000
	3	1.000	0.999	0.983	0.930	0.821	0.656	0.456	0.256	0.099	0.016	0.002
	4	1.000	1.000	0.998	0.989	0.959	0.891	0.767	0.580	0.345	0.114	0.033
	5	1.000	1.000	1.000	0.999	0.996	0.984	0.953	0.882	0.738	0.469	0.265
	6	1.000	1.000	1.000	1.000	1.000	1.000	1.000	1.000	1.000	1.000	1.000
$n=7$	0	0.698	0.478	0.210	0.082	0.028	0.008	0.002	0.000	0.000	0.000	0.000
	1	0.956	0.850	0.577	0.329	0.159	0.063	0.019	0.004	0.000	0.000	0.000
	2	0.996	0.974	0.852	0.647	0.420	0.227	0.096	0.029	0.005	0.000	0.000
	3	1.000	0.997	0.967	0.874	0.710	0.500	0.290	0.126	0.033	0.003	0.000
	4	1.000	1.000	0.995	0.971	0.904	0.773	0.580	0.353	0.148	0.026	0.004
	5	1.000	1.000	1.000	0.996	0.981	0.938	0.841	0.671	0.423	0.150	0.044
	5	1.000	1.000	1.000	1.000	0.998	0.992	0.972	0.918	0.790	0.522	0.302
	7	1.000	1.000	1.000	1.000	1.000	1.000	1.000	1.000	1.000	1.000	1.000

<부표 16>의 계속

시료수	c	p										
		0.05	0.10	0.20	0.30	0.40	0.50	0.60	0.70	080	0.90	0.95
n=8	0	0.663	0.430	0.168	0.058	0.017	0.004	0.001	0.000	0.000	0.000	0.000
	1	0.943	0.813	0.503	0.255	0.103	0.035	0.009	0.001	0.000	0.000	0.000
	2	0.994	0.962	9.797	0.552	0.315	0.145	0.050	0.001	0.001	0.000	0.000
	3	1.000	0.995	0.944	0.806	0.594	0.363	0.174	0.058	0.010	0.000	0.000
	4	1.000	0.995	0.990	0.942	0.826	0.637	0.406	0.194	0.056	0.005	0.000
	5	1.000	0.995	0.999	0.989	0.950	0.855	0.685	0.448	0.203	0.038	0.000
	6	1.000	1.000	1.000	0.999	0.991	0.965	0.894	0.745	0.497	0.187	0.000
	7	1.000	1.000	1.000	1.000	0.999	0.996	0.983	0.942	0.832	0.570	0.337
	8	1.000	1.000	1.000	1.000	1.000	1.000	1.000	1.000	1.000	1.000	1.000
n=9	0	0.630	0.387	0.134	0.040	0.010	0.002	0.000	0.000	0.000	0.000	0.000
	1	0.929	0.775	0.436	0.196	0.071	0.020	0.004	0.000	0.000	0.000	0.000
	2	0.992	0.947	0.738	0.463	0.232	0.090	0.025	0.004	0.000	0.000	0.000
	3	0.999	0.992	0.914	0.730	0.483	0.254	0.099	0.025	0.003	0.000	0.000
	4	1.000	0.999	0.980	0.901	0.733	0.500	0.267	0.099	0.020	0.001	0.000
	5	1.000	1.000	0.997	0.975	0.901	0.746	0.517	0.270	0.086	0.008	0.001
	6	1.000	1.000	1.000	0.996	0.975	0.910	0.768	0.537	0.262	0.053	0.008
	7	1.000	1.000	1.000	1.000	0.996	0.980	0.929	0.804	0.564	0.225	0.071
	8	1.000	1.000	1.000	1.000	1.000	0.998	0.990	0.960	0.866	0.613	0.370
	9	1.000	1.000	1.000	1.000	1.000	1.000	1.000	1.000	1.000	1.000	1.000
n=10	0	0.599	0.349	0.107	0.028	0.006	0.001	0.000	0.000	0.000	0.000	0.000
	1	0.914	0.736	0.376	0.149	0.146	0.011	0.002	0.000	0.000	0.000	0.000
	2	0.988	0.930	0.678	0.383	0.167	0.055	0.012	0.002	0.000	0.000	0.000
	3	0.999	0.987	0.879	0.650	0.382	0.172	0.055	0.011	0.001	0.000	0.000
	4	1.000	0.998	0.967	0.850	0.633	0.377	0.166	0.047	0.006	0.000	0.000
	5	1.000	1.000	0.994	0.953	0.834	0.623	0.367	0.150	0.033	0.002	0.000
	6	1.000	1.000	0.999	0.989	0.945	0.828	0.613	0.350	0.121	0.013	0.001
	7	1.000	1.000	1.000	0.998	0.998	0.945	0.833	0.617	0.322	0.070	0.012
	8	1.000	1.000	1.000	1.000	0.998	0.989	0.954	0.851	0.624	0.264	0.086
	9	1.000	1.000	1.000	1.000	1.000	0.999	0.994	0.972	0.893	0.651	0.401
	10	1.000	1.000	1.000	1.000	1.000	1.000	1.000	1.000	1.000	1.000	1.000
n=11	0	0.569	0.314	0.086	0.020	0.004	0.000	0.000	0.000	0.000	0.000	0.000
	1	0.898	0.697	0.322	0.113	0.030	0.006	0.001	0.000	0.000	0.000	0.000
	2	0.985	0.910	0.617	0.313	0.119	0.033	0.006	0.001	0.000	0.000	0.000
	3	0.998	0.981	0.839	0.570	0.290	0.113	0.029	0.004	0.000	0.000	0.000
	4	1.000	0.997	0.950	0.790	0.533	0.274	0.099	0.022	0.002	0.000	0.000
	5	1.000	1.000	0.988	0.922	0.753	0.500	0.247	0.078	0.012	0.000	0.000
	6	1.000	1.000	0.998	0.978	0.901	0.726	0.467	0.210	0.050	0.003	0.000
	7	1.000	1.000	1.000	0.996	0.971	0.887	0.704	0.430	0.161	0.019	0.002
	8	1.000	1.000	1.000	0.999	0.994	0.967	0.881	0.687	0.383	0.090	0.015
	9	1.000	1.000	1.000	1.000	0.999	0.994	0.970	0.887	0.678	0.303	0.102
	10	1.000	1.000	1.000	1.000	1.000	1.000	0.996	0.980	0.914	0.686	0.431
	11	1.000	1.000	1.000	1.000	1.000	1.000	1.000	1.000	1.000	1.000	1.000

<부표 17> 누적포아송분포표

$$P[X \leq c] = \sum_{x=0}^{c} \frac{e^{-m}m^x}{x!}$$

c	\multicolumn{10}{c}{m}
	0.10	0.20	0.30	0.40	0.50	0.60	0.70	0.80	0.90	1.00
0	0.905	0.819	0.741	0.670	0.607	0.549	0.497	0.449	0.407	0.368
1	0.995	0.982	0.963	0.938	0.910	0.878	0.844	0.809	0.772	0.736
2	1.000	0.999	0.996	0.992	0.986	0.977	0.966	0.953	0.937	0.920
3	1.000	1.000	1.000	0.999	0.998	0.997	0.994	0.991	0.987	0.981
4	1.000	1.000	1.000	1.000	1.000	1.000	0.999	0.999	0.998	0.996
5	1.000	1.000	1.000	1.000	1.000	1.000	1.000	1.000	1.000	0.999
6	1.000	1.000	1.000	1.000	1.000	1.000	1.000	1.000	1.000	1.000
7	1.000	1.000	1.000	1.000	1.000	1.000	1.000	1.000	1.000	1.000

c	\multicolumn{10}{c}{m}
	1.11	1.20	1.30	1.40	1.50	1.60	1.70	1.80	1.90	2.00
0	0.333	0.301	0.273	0.247	0.223	0.202	0.183	0.165	0.150	0.135
1	0.699	0.663	0.627	0.592	0.558	0.525	0.493	0.463	0.434	0.406
2	0.900	0.879	0.857	0.833	0.809	0.783	0.757	0.731	0.704	0.677
3	0.974	0.966	0.957	0.946	0.934	0.921	0.907	0.891	0.875	0.857
4	0.995	0.992	0.989	0.986	0.981	0.976	0.970	0.964	0.956	0.947
5	0.999	0.998	0.998	0.997	0.996	0.994	0.992	0.990	0.987	0.983
6	1.000	1.000	1.000	0.999	0.999	0.999	0.998	0.997	0.997	0.995
7	1.000	1.000	1.000	1.000	1.000	1.000	1.000	0.999	0.999	0.999
8	1.000	1.000	1.000	1.000	1.000	1.000	1.000	1.000	1.000	1.000
9	1.000	1.000	1.000	1.000	1.000	1.000	1.000	1.000	1.000	1.000

c	\multicolumn{10}{c}{m}
	2.10	2.20	2.30	2.40	2.50	2.60	2.70	2.80	2.90	3.00
0	0.122	0.111	0.100	0.091	0.082	0.074	0.067	0.061	0.055	0.050
1	0.380	0.355	0.331	0.308	0.287	0.267	0.249	0.231	0.215	0.199
2	0.650	0.623	0.596	0.570	0.544	0.518	0.494	0.469	0.446	0.423
3	0.839	0.819	0.799	0.779	0.758	0.736	0.714	0.692	0.670	0.647
4	0.938	0.928	0.916	0.904	0.891	0.877	0.863	0.848	0.832	0.815
5	0.980	0.975	0.970	0.964	0.958	0.951	0.943	0.935	0.926	0.916
6	0.994	0.993	0.991	0.988	0.986	0.983	0.979	0.976	0.971	0.966
7	0.999	0.998	0.997	0.997	0.996	0.995	0.993	0.992	0.990	0.988
8	1.000	1.000	0.999	0.999	0.999	0.999	0.998	0.998	0.997	0.996
9	1.000	1.000	1.000	1.000	1.000	1.000	0.999	0.999	0.999	0.999
10	1.000	1.000	1.000	1.000	1.000	1.000	1.000	1.000	1.000	1.000
11	1.000	1.000	1.000	1.000	1.000	1.000	1.000	1.000	1.000	1.000
12	1.000	1.000	1.000	1.000	1.000	1.000	1.000	1.000	1.000	1.000

<부표 17>의 계속

c	m									
	3.10	3.20	3.30	3.40	3.50	3.60	3.70	3.80	3.90	4.00
0	0.045	0.041	0.037	0.033	0.030	0.027	0.025	0.022	0.020	0.018
1	0.185	0.071	0.159	0.147	0.136	0.126	0.116	0.107	0.099	0.092
2	0.401	0.380	0.359	0.340	0.321	0.303	0.285	0.269	0.253	0.238
3	0.625	0.603	0.580	0.558	0.537	0.515	0.494	0.473	0.453	0.433
4	0.798	0.781	0.763	0.744	0.725	0.706	0.687	0.668	0.648	0.629
5	0.906	0.895	0.883	0.871	0.858	0.844	0.830	0.816	0.801	0.785
6	0.961	0.955	0.949	0.942	0.935	0.927	0.918	0.909	0.899	0.899
7	0.986	0.983	0.980	0.977	0.973	0.969	0.965	0.960	0.955	0.944
8	0.995	0.994	0.993	0.992	0.990	0.988	0.986	0.984	0.981	0.979
9	0.999	0.998	0.998	0.997	0.997	0.996	0.995	0.994	0.993	0.992
10	1.000	1.000	0.999	0.999	0.999	0.999	0.998	0.998	0.998	0.997
11	1.000	1.000	1.000	1.000	1.000	1.000	1.000	0.999	0.999	0.999
12	1.000	1.000	1.000	1.000	1.000	1.000	1.000	1.000	1.000	1.000
13	1.000	1.000	1.000	1.000	1.000	1.000	1.000	1.000	1.000	1.000
14	1.000	1.000	1.000	1.000	1.000	1.000	1.000	1.000	1.000	1.000

c	m									
	4.50	5.00	5.50	6.00	6.50	7.00	7.50	8.00	8.50	9.00
0	0.011	0.007	0.004	0.002	0.002	0.001	0.001	0.000	0.000	0.000
1	0.061	0.040	0.027	0.017	0.011	0.007	0.005	0.003	0.002	0.001
2	0.174	0.125	0.088	0.062	0.043	0.030	0.020	0.014	0.009	0.006
3	0.342	0.265	0.202	0.151	0.112	0.082	0.059	0.042	0.030	0.021
4	0.532	0.440	0.358	0.285	0.224	0.173	0.132	0.100	0.074	0.055
5	0.703	0.616	0.529	0.446	0.369	0.301	0.241	0.191	0.150	0.116
6	0.831	0.762	0.686	0.606	0.527	0.450	0.378	0.313	0.256	0.207
7	0.913	0.867	0.809	0.744	0.673	0.599	0.525	0.453	0.386	0.324
8	0.960	0.932	0.894	0.847	0.792	0.729	0.662	0.593	0.523	0.456
9	0.983	0.968	0.946	0.916	0.877	0.830	0.776	0.717	0.653	0.857
10	0.993	0.986	0.975	0.957	0.933	0.901	0.862	0.816	0.763	0.706
11	0.998	0.995	0.989	0.980	0.966	0.947	0.921	0.888	0.849	0.803
12	0.999	0.998	0.996	0.991	0.984	0.973	0.957	0.936	0.909	0.876
13	1.000	0.999	0.998	0.996	0.993	0.987	0.978	0.966	0.949	0.926
14	1.000	1.000	0.999	0.999	0.997	0.994	0.990	0.983	0.973	0.959
15	1.000	1.000	1.000	0.999	0.999	0.998	0.995	0.992	0.986	0.978
16	1.000	1.000	1.000	1.000	1.000	0.999	0.998	0.996	0.993	0.989
17	1.000	1.000	1.000	1.000	1.000	1.000	0.999	0.998	0.997	0.995
18	1.000	1.000	1.000	1.000	1.000	1.000	1.000	0.999	0.999	0.998
19	1.000	1.000	1.000	1.000	1.000	1.000	1.000	1.000	0.999	0.999
20	1.000	1.000	1.000	1.000	1.000	1.000	1.000	1.000	1.000	1.000
21	1.000	1.000	1.000	1.000	1.000	1.000	1.000	1.000	1.000	1.000
22	1.000	1.000	1.000	1.000	1.000	1.000	1.000	1.000	1.000	1.000

<부표 18> 이항계수표

$$_nC_r = \binom{n}{r} = \frac{n!}{r!(n-r)!}$$

r \ n	1	2	3	4	5	6	7	8	9	10
0	1	1	1	1	1	1	1	1	1	1
1	1	2	3	4	5	6	7	8	9	10
2		1	3	6	10	15	21	28	36	45
3			1	4	10	20	35	56	84	120
4				1	5	15	35	70	126	210
5					1	6	21	56	126	252
6						1	7	28	84	210
7							1	8	36	120
8								1	9	45
9									1	10
10										1

r \ n	11	12	13	14	15	16	17	18	19	20
0	1	1	1	1	1	1	1	1	1	1
1	11	12	13	14	15	16	17	18	19	20
2	55	66	78	91	105	120	136	153	171	190
3	165	220	286	364	455	560	680	816	969	1140
4	330	495	715	1001	1365	1820	2380	3060	3876	4845
5	462	792	1287	2002	3003	4368	6188	8568	11628	15504
6	462	924	1716	3003	5005	8008	12376	18564	27132	38760
7	330	792	1716	3432	6435	11440	19448	31824	50388	77520
8	165	495	1287	3003	6435	12870	24310	43758	75582	125970
9	55	220	715	2002	5005	11440	24310	48620	92378	167960
10	11	66	286	1001	3003	8008	19448	43758	92378	184756
11	1	12	78	364	1365	4368	12376	31824	75582	167960
12		1	13	91	455	1820	6188	18564	50388	125970
13			1	14	105	560	2380	8568	27132	77520
14				1	15	120	680	3060	11628	38760
15					1	16	136	816	3876	15504
16						1	17	153	969	4845
17							1	18	171	1140
18								1	19	190
19									1	20
20										1

<부표 19> 정규확률분포표

$$f(t) = \phi(z) = \frac{1}{\sqrt{2\pi}} \exp\left(-\frac{1}{2} \cdot z^2\right)$$

z	*=0	*=1	*=2	*=3	*=4	*=5	*=6	*=7	*=8	*=9
0.0*	.3989	.3989	.3989	.3988	.3986	.3984	.3982	.3980	.3977	.3973
0.1*	.3970	.3965	.3961	.3956	.3951	.3945	.3939	.3932	.3925	.3918
0.2*	.3910	.3902	.3894	.3885	.3876	.3867	.3857	.3847	.3836	.3825
0.3*	.3914	.3802	.3970	.3778	.3765	.3752	.3739	.3725	.3712	.3697
0.4*	.3683	.3668	.3653	.3637	.3605	.3605	.3589	.3572	.3555	.3538
0.5*	.3521	.3503	.3485	.3467	.3448	.3429	.3410	.3391	.3372	.3352
0.6*	.3332	.3312	.3292	.3271	.3251	.3230	.3209	.3187	.3166	.3144
0.7*	.3123	.3101	.3079	.3056	.3034	.3011	.2989	.2966	.2943	.2920
0.8*	.2879	.2874	.2850	.2827	.2803	.2780	.2756	.2732	.2709	.2685
0.9*	.2661	.2637	.2613	.2589	.2565	.2541	.2516	.2492	.2468	.2444
1.0*	.2420	.2396	.2371	.2347	.2323	.2299	.2275	.2251	.2227	.2203
1.1*	.2179	.2155	.2131	.2107	.2083	.2059	.2036	.2012	.1989	.1965
1.2*	.1942	.1919	.1895	.1872	.1849	.1826	.1804	.1781	.1753	.1736
1.3*	.1714	.1691	.1669	.1647	.1626	.1604	.1582	.1561	.1539	.1518
1.4*	.1497	.1476	.1456	.1435	.1415	.1394	.1374	.1354	.1334	.1315
1.5*	.1295	.1276	.1257	.1238	.1219	.1200	.1182	.1163	.1146	.1127
1.6*	.1109	.1092	.1074	.1057	.1040	.1023	.1006	.09893	.09728	.09566
1.7*	.09405	.09246	.09089	.08933	.08780	.08628	.08478	.08329	.08183	.08038
1.8*	.07895	.07754	.07614	.07477	.07341	.07206	.07074	.06943	.06814	.06687
1.9*	.06562	.06438	.06316	.06195	.06077	.05959	.05844	.05730	.05618	.05508
2.0*	.05399	.05292	.05186	.05082	.04980	.04879	.04780	.04682	.04586	.04491
2.1*	.04398	.04307	.04217	.04128	.04041	.03955	.03871	.03788	.03706	.03626
2.2*	.03547	.03470	.03394	.03319	.03246	.03174	.03103	.03034	.02965	.02898
2.3*	.02833	.02768	.02705	.02643	.02582	.02522	.02463	.02406	.02349	.02294
2.4*	.02239	.02186	.02134	.02083	.02033	.01984	.01936	.01888	.01842	.01797
2.5*	.01753	.01709	.01667	.01625	.01585	.01545	.01506	.01468	.01431	.01394
2.6*	.01358	.01323	.01289	.01256	.01223	.01191	.01160	.01130	.01100	.01071
2.7*	.01042	.01014	.09871	$.0^2 9606$	$.0^2 9347$	$.0^2 9094$	$.0^2 8846$	$.0^2 8605$	$.0^2 8370$	$.0^2 8140$
2.8*	$.0^2 7915$	$.0^2 7697$	$.0^2 7483$	$.0^2 7274$	$.0^2 7071$	$.0^2 6873$	$.0^2 6679$	$.0^2 6491$	$.0^2 6307$	$.0^2 6127$
2.9*	$.0^2 5953$	$.0^2 5782$	$.0^2 5616$	$.0^2 5454$	$.0^2 5296$	$.0^2 5143$	$.0^2 4993$	$.0^2 4847$	$.0^2 4705$	$.0^2 4567$
3.0*	$.0^2 4432$	$.0^2 4301$	$.0^2 4173$	$.0^2 4049$	$.0^2 3928$	$.0^2 3810$	$.0^2 3695$	$.0^2 3854$	$.0^2 3475$	$.0^2 3370$
3.1*	$.0^2 3267$	$.0^2 3167$	$.0^2 3070$	$.0^2 2975$	$.0^2 2884$	$.0^2 2794$	$.0^2 2707$	$.0^2 2623$	$.0^2 2541$	$.0^2 2461$
3.2*	$.0^2 2384$	$.0^2 2309$	$.0^2 2236$	$.0^2 2165$	$.0^2 2096$	$.0^2 2029$	$.0^2 1964$	$.0^2 1901$	$.0^2 1840$	$.0^2 1780$
3.3*	$.0^2 1723$	$.0^2 1667$	$.0^2 1612$	$.0^2 1560$	$.0^2 1508$	$.0^2 1459$	$.0^2 1411$	$.0^2 1364$	$.0^2 1319$	$.0^2 1275$
3.4*	$.0^2 1232$	$.0^2 1191$	$.0^2 1151$	$.0^2 1112$	$.0^2 1075$	$.0^2 1038$	$.0^2 1003$	$.0^2 9689$	$.0^2 9358$	$.0^2 9037$
3.5*	$.0^3 8727$	$.0^3 8426$	$.0^3 8135$	$.0^3 7853$	$.0^3 7581$	$.0^3 7317$	$.0^3 7061$	$.0^3 6814$	$.0^3 6575$	$.0^3 6343$
3.6*	$.0^3 6119$	$.0^3 5902$	$.0^3 5693$	$.0^3 5490$	$.0^3 5294$	$.0^3 5105$	$.0^3 4921$	$.0^3 4744$	$.0^3 4573$	$.0^3 4408$
3.7*	$.0^3 4248$	$.0^3 4093$	$.0^3 3944$	$.0^3 3800$	$.0^3 3661$	$.0^3 3526$	$.0^3 3396$	$.0^3 3721$	$.0^3 3149$	$.0^3 3032$
3.8*	$.0^3 2919$	$.0^3 2810$	$.0^3 2705$	$.0^3 2604$	$.0^3 2506$	$.0^3 2411$	$.0^3 2320$	$.0^3 2232$	$.0^3 2147$	$.0^3 2065$
3.9*	$.0^3 1987$	$.0^3 1910$	$.0^3 1837$	$.0^3 1766$	$.0^3 1698$	$.0^3 1633$	$.0^3 1569$	$.0^3 1508$	$.0^3 1449$	$.0^3 1393$
4.0*	$.0^3 1338$	$.0^3 1286$	$.0^3 1235$	$.0^3 1186$	$.0^3 1140$	$.0^3 1094$	$.0^3 1051$	$.0^3 1009$	$.0^4 9687$	$.0^4 9299$
4.1*	$.0^4 8926$	$.0^4 8567$	$.0^4 8222$	$.0^4 7890$	$.0^4 7570$	$.0^4 7263$	$.0^4 6967$	$.0^4 6683$	$.0^4 6410$	$.0^4 6147$
4.2*	$.0^5 5894$	$.0^5 5652$	$.0^5 5418$	$.0^5 5194$	$.0^4 4979$	$.0^4 4772$	$.0^4 4573$	$.0^4 4382$	$.0^4 4199$	$.0^4 4023$
4.3*	$.0^4 3854$	$.0^4 3691$	$.0^4 3535$	$.0^4 3386$	$.0^4 3242$	$.0^4 3104$	$.0^4 2972$	$.0^4 2845$	$.0^4 2723$	$.0^4 2606$
4.4*	$.0^4 2494$	$.0^4 2387$	$.0^4 2284$	$.0^4 2185$	$.0^4 2090$	$.0^4 1999$	$.0^4 1912$	$.0^4 1829$	$.0^4 1749$	$.0^4 1672$
4.5*	$.0^4 1598$	$.0^4 1628$	$.0^4 1461$	$.0^4 1393$	$.0^4 1334$	$.0^4 1275$	$.0^4 1218$	$.0^4 1164$	$.0^4 1112$	$.0^4 1062$
4.6*	$.0^4 1014$	$.0^5 9684$	$.0^5 9248$	$.0^5 8850$	$.0^5 8430$	$.0^5 8047$	$.0^5 7681$	$.0^5 7331$	$.0^5 6996$	$.0^5 6676$
4.7*	.06370	$.0^5 6077$	$.0^5 5797$	$.0^5 5530$	$.0^5 5374$	$.0^5 5030$	$.0^5 4796$	$.0^5 4573$	$.0^5 4360$	$.0^5 4156$
4.8*	.03961	$.0^5 3775$	$.0^5 3598$	$.0^5 3428$	$.0^5 3267$	$.0^5 3112$	$.0^5 2965$	$.0^5 2824$	$.0^5 2690$	$.0^5 2561$
4.9*	.02439	$.0^5 2322$	$.0^5 2211$	$.0^5 2105$	$.0^5 2003$	$.0^5 1907$	$.0^5 1811$	$.0^5 1727$	$.0^5 1643$	$.0^5 1563$

【주】 $z = 0.5$ 일 때 $\phi(z) = 0.3521$ 이며, $z = -5$ 일 때도 식에서 z^2 은 (+)값이므로 $\phi(z = -0.5) = 0.3521$ 로 구한다.

<부표 20> 정규누적확률분포표

$$F(t) = \Phi(z) = \int_{-\infty}^{z} \frac{1}{\sqrt{2\pi}} \cdot \exp\left(-\frac{1}{2}z^2\right)dt = \int_{-\infty}^{z} \phi(z)dt = \Phi\left(\frac{t-\mu}{\sigma}\right)$$

z	$\Phi(z)$	z	$\Phi(z)$	z	$\Phi(z)$	z	$\Phi(z)$	z	$\Phi(z)$	z	$\Phi(z)$
.00	.50000	.60	.72575	1.20	.88493	1.80	.96047	2.40	.99180	3.00	.99865
.01	.50339	.61	.72907	1.21	.88686	1.81	.96485	2.41	.99202	3.01	.99869
.02	.50798	.62	.73237	1.22	.88877	1.82	.96562	2.42	.99224	3.02	.99874
.03	.51197	.63	.73565	1.23	.89065	1.83	.96638	2.43	.99245	3.03	.99878
.04	.51595	.64	.73891	1.24	.89251	1.84	.96762	2.44	.99266	3.04	.99882
.05	.51994	.65	.74215	1.25	.89435	1.85	.96784	2.45	.99286	3.05	.99886
.06	.52392	.66	.74537	1.26	.89617	1.86	.96856	2.46	.99305	3.06	.99889
.07	.52790	.67	.74857	1.27	.89795	1.87	.96926	2.47	.99324	3.07	.99893
.08	.53188	.68	.75175	1.28	.89973	1.88	.96995	2.48	.99343	3.08	.99896
.09	.53586	.69	.75490	1.29	.90147	1.89	.97062	2.49	.99361	3.09	.99900
.10	.53983	.70	.75804	1.30	.90320	1.90	.97128	2.50	.99379	3.10	.99903
.11	.54380	.71	.76115	1.31	.90490	1.91	.97193	2.51	.99396	3.11	.99906
.12	.54776	.72	.76424	1.32	.90658	1.92	.97257	2.52	.99413	3.12	.99910
.13	.55172	.73	.76731	1.33	.90824	1.93	.97320	2.53	.99430	3.13	.99913
.14	.55567	.74	.77035	1.34	.90988	1.94	.97381	2.54	.99446	3.14	.99916
.15	.55962	.75	.77337	1.35	.91149	1.95	.97441	2.55	.99461	3.15	.99918
.16	.56356	.76	.77637	1.36	.91308	1.96	.97500	2.56	.99477	3.16	.99921
.17	.56750	.77	.77935	1.37	.91466	1.97	.97558	2.57	.99492	3.17	.99924
.18	.57142	.78	.78230	1.38	.91621	1.98	.97615	2.58	.99506	3.18	.99926
.19	.57535	.79	.78524	1.39	.91774	1.99	.97670	2.59	.99520	3.19	.99929
.20	.57926	.80	.78814	1.40	.91924	2.00	.97725	2.60	.99534	3.20	.99931
.21	.58317	.81	.79103	1.41	.92073	2.01	.97778	2.61	.99557	3.21	.99934
.22	.58706	.82	.79389	1.42	.92220	2.02	.97831	2.62	.99560	3.22	.99936
.23	.59095	.83	.79673	1.43	.92364	2.03	.97882	2.63	.99573	3.23	.99938
.24	.59483	.84	.79955	1.44	.92507	2.04	.97932	2.64	.99585	3.24	.99940
.25	.59871	.85	.80234	1.45	.92647	2.05	.97982	2.65	.99598	3.25	.99942
.26	.60257	.86	.80511	1.46	.92785	2.06	.98030	2.66	.99609	3.26	.99944
.27	.60642	.87	.80785	1.47	.92922	2.07	.98077	2.67	.99621	3.29	.99946
.28	.61026	.88	.81057	1.48	.93056	2.08	.98124	2.68	.99632	3.28	.99948
.29	.61409	.89	.81327	1.49	.93189	2.09	.98169	2.69	.99643	3.29	.99950
.30	.61791	.90	.81594	1.50	.93319	2.10	.98214	2.70	.99653	3.30	.99952
.31	.62172	.91	.81858	1.51	.93448	2.11	.98257	2.71	.99664	3.31	.99953
.32	.62552	.92	.82121	1.52	.93574	2.12	.98300	2.72	.99674	3.32	.99955
.33	.62930	.93	.82381	1.53	.93699	2.13	.98341	2.73	.99683	3.33	.99957
.34	.63307	.94	.82639	1.54	.93822	2.14	.98382	2.74	.99693	3.34	.99958
.35	.63683	.95	.82894	1.55	.93943	2.15	.98422	2.75	.99702	3.35	.99960
.36	.64058	.96	.83147	1.56	.94062	2.16	.98461	2.76	.99711	3.36	.99961
.37	.64431	.97	.83398	1.57	.94179	2.17	.98500	2.77	.99720	3.37	.99962
.38	.64803	.98	.83646	1.58	.94295	2.18	.98537	2.78	.99728	3.38	.99964
.39	.65173	.99	.83891	1.59	.94408	2.19	.98574	2.79	.99736	3.39	.99965
.40	.65542	1.00	.84134	1.60	.94520	2.20	.98610	2.80	.99744	3.40	.99966
.41	.65910	1.01	.84375	1.61	.94630	2.21	.98645	2.81	.99752	3.41	.99968
.41	.66276	1.02	.84614	1.62	.94738	2.22	.98679	2.82	.99760	3.42	.99969
.43	.66640	1.03	.84850	1.63	.94845	2.23	.98713	2.83	.99767	3.43	.99970
.44	.67003	1.04	.85083	1.64	.94950	2.24	.98745	2.84	.99774	3.44	.99971
.45	.67364	1.05	.85314	1.65	.95053	2.25	.98778	2.85	.99781	3.45	.99972
.46	.67724	1.06	.85543	1.66	.95154	2.26	.93809	2.86	.99788	3.46	.99973
.47	.68082	1.07	.85769	1.67	.95254	2.27	.98840	2.87	.99795	3.47	.99974
.48	.68439	1.08	.85993	1.68	.95352	2.28	.98870	2.88	.99801	3.48	.99975
.49	.68793	1.09	.86214	1.69	.95449	2.29	.98899	2.89	.99807	3.49	.99976
.50	.69146	1.10	.86433	1.70	.95543	2.30	.98928	2.90	.99813	3.50	.99977
.51	.69497	1.11	.86650	1.71	.95637	2.31	.98956	2.91	.99819		
.52	.69847	1.12	.86864	1.72	.95728	2.32	.98983	2.92	.99825		
.52	.70194	1.13	.87076	1.73	.95818	2.33	.99010	2.93	.99831		
.54	.70540	1.14	.87286	1.74	.95907	2.34	.99036	2.94	.99836		
.55	.70884	1.15	.87493	1.75	.95994	2.35	.99061	2.95	.99841		
.56	.71226	1.16	.87698	1.76	.96080	2.36	.99086	2.96	.99846		
.57	.71566	1.17	.87900	1.77	.96164	2.37	.99111	2.97	.99851		
.58	.71904	1.18	.88100	1.78	.96246	2.38	.99134	2.98	.99856		
.59	.72240	1.19	.88298	1.79	.96327	2.39	.99158	2.99	.99861		

【주】 $\Phi(z)$는 $-\infty$에서 z까지 적분한 값이므로 $z = 0.5$일 때 $\Phi(0.5) = 0.69146$이고, $z = -0.5$일 때 $\Phi(-0.5) = 1 - 0.69146 = 0.30854$이다

<부표 21> 감마함수표

$$\Gamma(x) = \int_0^\infty t^{x-1} \cdot e^{-t} dt \quad (x > 0)$$

x	$\Gamma(x)$	$10 + \log_{10}\Gamma(x)$	x	$\Gamma(x)$	$10 + \log_{10}\Gamma(x)$	x	$\Gamma(x)$	$10 + \log_{10}\Gamma(x)$
1.00	1.00000	10.00000						
1.01	0.99433	9.99753	1.51	0.88659	9.94772	2.01	1.00427	0.00185
1.02	.98874	9.99513	1.52	.88704	9.94794	2.02	1.00862	.00373
1.03	.98355	9.99280	1.53	.88757	9.94820	2.03	1.01306	.00563
1.04	.97844	9.99053	1.54	.88818	9.94850	2.04	1.01758	.00757
1.05	.97350	9.98834	1.55	.88887	9.94884	2.05	0.02218	.00953
1.06	.96874	9.98621	1.56	.88964	9.94921	2.06	1.02687	.01151
1.07	.96415	9.98415	1.57	.89049	9.94963	2.07	1.03164	.01353
1.08	.95973	9.98215	1.58	.89142	9.95008	2.08	1.03650	.01557
1.09	.95546	9.98021	1.59	.89243	9.95057	2.09	1.04145	.01764
1.10	.95135	9.97834	1.60	.89352	9.95110	2.10	1.04649	.09173
1.11	.94740	9.97653	1.61	.89468	9.95167	2.11	1.05161	.02185
1.12	.94359	9.97478	1.62	.89592	9.95227	2.12	1.05682	.02400
1.13	.93993	9.97310	1.63	.89724	9.95291	2.13	1.06212	.02617
1.14	.93642	9.97147	1.64	.89864	9.95358	2.14	1.06751	.02837
1.15	.93304	9.96990	1.65	.90012	9.95430	2.15	1.07300	.03060
1.16	.92980	9.96839	1.66	.90167	9.95505	2.16	1.07857	.03285
1.17	.92670	9.96694	1.67	.90330	9.95583	2.17	1.08424	.03512
1.18	.92373	9.96554	1.68	.90500	9.95665	2.18	1.09000	.03743
1.19	.92089	9.96421	1.69	.90678	9.95750	2.19	1.09585	.03975
1.20	.91817	9.96292	1.70	.90864	9.95839	2.20	1.10180	.04210
1.21	.91558	9.96169	1.71	.91057	9.95931	2.21	1.10785	.04448
1.22	.91311	9.96052	1.72	.91258	9.96027	2.22	1.11399	.04688
1.23	.91075	9.95940	1.73	.91467	9.96126	2.23	1.12023	.04931
1.24	.90852	9.95834	1.74	.91683	9.96229	2.24	1.12657	.05176
1.25	.90640	9.95732	1.75	.91906	9.96335	2.25	1.13300	.05423
1.26	.90440	9.95636	1.76	.92137	9.96444	2.26	1.13954	.05673
1.27	.90250	9.95545	1.77	.92376	9.96556	2.27	1.14618	.05925
1.28	.90072	9.95459	1.78	.92623	9.96672	2.28	1.15292	.06180
1.29	.89904	9.95378	1.79	.92877	9.96791	2.29	1.15976	.06437
1.30	.89747	9.95302	1.80	.93138	9.96913	2.30	1.16671	.06696
1.31	.89600	9.95231	1.81	.93408	9.97038	2.31	1.17377	.06958
1.32	.89464	9.95165	1.82	.93685	9.97167	2.32	1.18093	.07222
1.33	.89338	9.95104	1.83	.93969	9.97298	2.33	1.18819	.07489
1.34	.89222	9.95047	1.84	.94261	9.97433	2.34	1.19557	.07757
1.35	.89115	9.94995	1.85	.94561	9.97571	2.35	1.20305	.08029
1.36	.89018	9.94948	1.86	.94869	9.97712	2.36	1.21065	.08302
1.37	.88931	9.94905	1.87	.95184	9.97856	2.37	1.21836	.08578
1.38	.88854	9.94868	1.88	.95507	9.98004	2.38	1.22618	.08855
1.39	.88785	9.94834	1.89	.95838	9.98154	2.39	1.23412	.09136
1.40	.88726	9.94805	1.90	.96177	9.98307	2.40	1.24217	.09418
1.41	.88676	9.94781	1.91	.96523	9.98463	2.41	1.25034	.09703
1.42	.88636	9.94761	1.92	.96877	9.98622	2.42	1.25863	.09990
1.43	.88604	9.94745	1.93	.97240	9.98784	2.43	1.26703	.10279
1.44	.88581	9.94734	1.94	.97610	9.98948	2.44	1.27555	.10570
1.45	.88566	9.94727	1.95	.97988	9.99117	2.45	1.28421	.10864
1.46	.88560	9.94724	1.96	.98374	9.99288	2.46	1.29298	.11159
1.47	.88563	9.94725	1.97	.98768	9.99462	2.47	1.30188	.11457
1.48	.88575	9.94731	1.98	.99171	9.99638	2.48	1.31091	.11757
1.49	.88595	9.94741	1.99	.99581	9.99818	2.49	1.32006	.12059
1.50	.88623	9.94754	2.00	1.00000	10.00000	2.50	1.32934	.12364

[주] $\Gamma(x+1) = x\Gamma(x)$, $\Gamma(1/2) = \sqrt{x}$, n이 정수일 때 $\Gamma(n+1) = n$

<부표 22> MTBF(지수분포) 구간추정 계수표 (정시중단)

고장수 r	60%		80%		90%		95%	
	상	하	상	하	상	하	상	하
1	4.481	0.334	9.491	0.257	19.496	0.211	39.498	0.179
2	2.426	0.467	3.761	0.376	5.630	0.318	8.262	0.277
3	1.945	0.544	2.722	0.449	3.669	0.387	4.849	0.342
4	1.742	0.595	2.293	0.500	2.928	0.437	3.670	0.391
5	1.618	0.632	2.055	0.539	2.538	0.476	3.080	0.429
6	1.537	0.661	1.904	0.570	2.296	0.507	2.725	0.459
7	1.479	0.684	1.797	0.595	2.131	0.532	2.487	0.485
8	1.435	0.703	1.718	0.616	2.010	0.554	2.316	0.508
9	1.400	0.719	1.657	0.634	1.917	0.573	2.187	0.527
10	1.372	0.733	1.607	0.649	1.843	0.590	2.085	0.544
11	1.349	0.744	1.567	0.663	1.783	0.604	2.003	0.559
12	1.329	0.755	1.533	0.675	1.733	0.617	1.935	0.572
13	1.312	0.764	1.504	0.686	1.691	0.629	1.878	0.585
14	1.297	0.772	1.478	0.696	1.654	0.640	1.829	0.596
15	1.284	0.780	1.456	0.704	1.622	0.649	1.787	0.606
16	1.272	0.787	1.437	0.713	1.594	0.658	1.750	0.616
17	1.262	0.793	1.419	0.720	1.569	0.667	1.717	0.625
18	1.253	0.799	1.404	0.727	1.547	0.674	1.687	0.633
19	1.244	0.804	1.390	0.734	1.527	0.682	1.661	0.640
20	1.237	0.809	1.377	0.740	1.509	0.688	1.637	0.647
21	1.230	0.813	1.365	0.745	1.492	0.694	1.615	0.654
22	1.223	0.818	1.354	0.750	1.477	0.700	1.596	0.660
23	1.217	0.822	1.344	0.755	1.463	0.706	1.578	0.666
24	1.211	0.825	1.355	0.760	1.450	0.711	1.561	0.672
25	1.206	0.829	1.327	0.764	1.438	0.716	1.545	0.677
26	1.201	0.832	1.319	0.768	1.427	0.721	1.531	0.682
27	1.197	0.835	1.311	0.772	1.417	0.725	1.517	0.687
28	1.193	0.838	1.304	0.776	1.407	0.729	1.505	0.692
29	1.189	0.841	1.298	0.780	1.398	0.733	1.493	0.696
30	1.185	0.844	1.291	0.783	1.389	0.737	1.482	0.700
40	1.156	0.865	1.245	0.810	1.325	0.768	1.400	0.734
50	1.137	0.879	1.214	0.829	1.283	0.790	1.347	0.759
60	1.124	0.839	1.193	0.843	1.254	0.807	1.370	0.777
70	1.113	0.898	1.176	0.854	1.232	0.820	1.283	0.791
80	1.105	0.904	1.163	0.863	1.214	0.830	1.261	0.803
90	1.098	0.910	1.153	0.870	1.200	0.839	1.244	0.814
100	1.093	0.915	1.144	0.877	1.189	0.847	1.229	0.822

<부표 23> MTBF(지수분포) 구간추정 계수표 (정수중단)

고장수 r	60%		80%		90%		95%	
	상	하	상	하	상	하	상	하
1	4.481	0.621	9.491	0.434	19.496	0.334	39.498	0.271
2	2.426	0.668	3.761	0.514	5.630	0.422	8.262	0.359
3	1.945	0.701	2.722	0.564	3.669	0.477	4.849	0.415
4	1.742	0.725	2.293	0.599	2.928	0.516	3.670	0.456
5	1.618	0.744	2.055	0.626	2.538	0.546	3.080	0.488
6	1.537	0.759	1.904	0.647	2.296	0.571	2.725	0.514
7	1.479	0.771	1.797	0.665	2.131	0.591	2.487	0.536
8	1.435	0.782	1.718	0.680	2.010	0.608	2.316	0.555
9	1.400	0.791	1.657	0.693	1.917	0.623	2.187	0.571
10	1.372	0.799	1.607	0.704	1.843	0.637	2.085	0.585
11	1.349	0.806	1.567	0.714	1.783	0.649	2.003	0.598
12	1.329	0.812	1.533	0.723	1.733	0.659	1.935	0.610
13	1.312	0.818	1.504	0.731	1.691	0.669	1.878	0.620
14	1.297	0.823	1.478	0.738	1.654	0.677	1.829	0.630
15	1.284	0.828	1.456	0.745	1.622	0.685	1.787	0.639
16	1.272	0.832	1.437	0.751	1.594	0.693	1.750	0.647
17	1.262	0.836	1.419	0.757	1.569	0.700	1.717	0.654
18	1.253	0.840	1.404	0.763	1.547	0.706	1.687	0.661
19	1.244	0.843	1.390	0.767	1.527	0.712	1.661	0.668
20	1.237	0.846	1.377	0.772	1.509	0.717	1.637	0.674
21	1.230	0.849	1.365	0.776	1.492	0.723	1.615	0.680
22	1.223	0.852	1.354	0.781	1.477	0.728	1.596	0.685
23	1.217	0.855	1.344	0.784	1.463	0.732	1.578	0.691
24	1.211	0.857	1.355	0.788	1.450	0.737	1.561	0.695
25	1.206	0.860	1.327	0.792	1.438	0.741	1.545	0.700
26	1.201	0.862	1.319	0.795	1.427	0.745	1.531	0.705
27	1.197	0.864	1.311	0.798	1.417	0.748	1.517	0.709
28	1.193	0.866	1.304	0.801	1.407	0.752	1.505	0.713
29	1.189	0.868	1.298	0.804	1.398	0.755	1.493	0.717
30	1.185	0.870	1.291	0.806	1.389	0.759	1.482	0.720
40	1.156	0.885	1.245	0.828	1.325	0.785	1.400	0.750
50	1.137	0.896	1.214	0.844	1.283	0.804	1.347	0.772
60	1.124	0.904	1.193	0.856	1.254	0.819	1.370	0.785
70	1.113	0.910	1.176	0.865	1.232	0.830	1.283	0.802
80	1.105	0.915	1.163	0.873	1.214	0.840	1.261	0.813
90	1.098	0.920	1.153	0.879	1.200	0.848	1.244	0.822
100	1.093	0.923	1.144	0.885	1.189	0.855	1.229	0.830

적중 품질경영(산업)기사 CBT 실기 모의고사

2025년 5월 11일 개정2판 1쇄 발행

저 자 권 오 운
펴낸이 이 병 덕
펴낸곳 도서출판 정일
등록날짜 1989년 8월 25일
등록번호 제 3-261호
주소 경기도 파주시 한빛로 11
전화 031) 946-9152(대)
팩스 031) 946-9153
도서 내용 문의 jungilb@naver.com, kwonohw@naver.com
www.atpm.co.kr

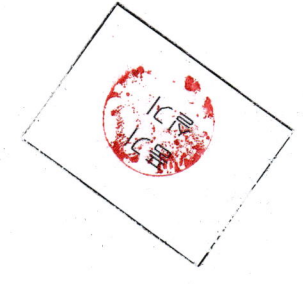